土木工程科技创新与发展研究前沿丛书

装配式混凝土建筑结构技术与构造

谭 玮 颜小锋 林 健 赵 旭 连长江 编著
广东省重工建筑设计院有限公司 组织编写

中国建筑工业出版社

图书在版编目（CIP）数据

装配式混凝土建筑结构技术与构造/谭玮等编著.
—北京：中国建筑工业出版社，2019.8
（土木工程科技创新与发展研究前沿丛书）
ISBN 978-7-112-23863-7

Ⅰ.①装… Ⅱ.①谭… Ⅲ.①装配式混凝土结构
Ⅳ.①TU37

中国版本图书馆CIP数据核字（2019）第114456号

本书基于装配式混凝土建筑结构的关键技术，从结构设计人员的角度出发，简略地分析了装配式混凝土建筑国内外的历史和应用现状，以及装配式混凝土建筑结构的体系类型，重点针对装配式混凝土建筑结构构件的拆分、结构材料及基本规定、叠合构件设计及构造、连接设计及构造、接缝防水及构造、预制楼梯、阳台、空调板等非承重预制构件设计及构造、外围护墙设计及构造、BIM技术应用等结构关键技术，结合设计实践和研究成果，展开了详细的阐述，并辅以丰富的实际工程案例，可为广大结构技术人员提供参考和指南。

本书可供建筑结构设计人员，装配式混凝土建筑结构从业人员，高校师生使用。

责任编辑：聂 伟 王 跃
责任校对：李欣慰

土木工程科技创新与发展研究前沿丛书
装配式混凝土建筑结构技术与构造
谭玮 颜小锋 林健 赵旭 连长江 编著
广东省重工建筑设计院有限公司 组织编写
*
中国建筑工业出版社出版、发行（北京海淀三里河路9号）
各地新华书店、建筑书店经销
北京佳捷真科技发展有限公司制版
北京京华铭诚工贸有限公司印刷
*
开本：787×960毫米 1/16 印张：18¾ 字数：378千字
2019年7月第一版 2019年7月第一次印刷
定价：**68.00**元
ISBN 978-7-112-23863-7
（34172）

▪前　　言▪

我国的预制混凝土结构经历了不同寻常的历程。从基本照搬苏联的技术和经验，推行预制混凝土结构，力图实现建筑的工业化建造；到20世纪70年代中期的唐山大地震，几乎令全社会对预制混凝土结构失去信心，只是后来随着现浇混凝土结构的兴起，才勉强从阴影中走出来；但紧跟着2008年的汶川地震，又几乎再次将勉强树立起来的对预制混凝土结构的信心摧毁。直至传统的既不环保、无法持续又无人力保障的严峻的建筑业形势出现，国务院于2016年9月出台《关于大力发展装配式建筑的指导意见》这一有时代意义的文件，标志着预制混凝土结构，也就是现在所称的装配式混凝土建筑真正不可逆转地走向了市场。

国家从战略层面将建筑业未来的发展即装配式混凝土建筑明确下来，对广大建筑业从业人员来讲是个福音。但作为建筑结构设计人员，必须要有清醒认识，要清楚地认识到为什么我国在装配式建筑方面走了这么些弯路，给全国人民心中一再植下这样不良好的印象甚至阴影，原因在哪里？只有这样，才能从这些原因中找到可行的路，坚决不蹈覆辙。为什么过去的预制混凝土结构未能经受考验，得不到全国人民的认可呢？其实原因也很简单，实际上就在于对苏联技术的盲目信任，拿来主义唱主角，而欠缺对预制混凝土技术理论也就是装配式建筑技术理论的深入研究，兼之对既有的装配式建筑技术的普及远远不够，从而未能立足于国情和工程实际情况，利用建筑结构原理进行甄别研究。

本书的目的恰恰体现了这个思考。首先从装配式混凝土建筑的发展历程切入，分析了装配式混凝土建筑结构技术的应用现状，详细阐述了装配式混凝土建筑结构体系、结构材料、结构分析以及装配式混凝土建筑结构技术最为关键的核心技术，即预制构件拆分设计、叠合构件设计及构造、连接设计及构造、接缝设计及构造、预制外围护墙设计及构造、预制非承重构件设计及构造，直至成本控制技术、BIM应用技术和现有技术存在的问题及未来的技术发展方向等，期望能给广大建筑结构技术人员提供一个有关装配式混凝土建筑结构设计及构造方面的全方位视角。希望通过学习本书，广大建筑结构技术从业人员，无论是高校、设计院，还是建设单位、施工单位，能够熟悉、掌握装配式混凝土建筑结构的设计和构造，特别是对现阶段尚存在的问题以及未来的发展方向有一个清晰认识，在工程实践中能基于这些原理和方法，辩证地灵活应用，而不是一味套用。

本书搜集了大量有关装配式混凝土建筑结构技术方面的资料，重点凝练了笔者在众多实际工程实践中的经验、教训和思考。但因为时间相对仓促，难免存在差错和不足，特别是对有些专业方面的研究还不够深入，对部分数据和资料掌握地不够完整，恳请各位读者给予批评指正。

目　　录

第一章

装配式混凝土建筑概述

第一节　装配式建筑的前世今生

1. 装配式建筑的概念

装配式建筑的概念是：建筑的部分或全部构件在工厂预制完成，然后运输到施工现场，将构件通过可靠的连接方式组装而建成的建筑，简单地讲，即工厂生产的预制部品、部件在施工现场装配而成的建筑。

按照国家标准《装配式混凝土建筑技术标准》GB/T 51231—2016（以下简称《装标》）的定义，装配式建筑就是“结构系统、外围护系统、设备与管线系统、内装系统的主要部分采用预制部品部件集成的建筑”。从这个定义也可以看出，装配式建筑集成了结构系统、外围护系统、设备与管线系统、内装系统四大系统，而不单指传统理解意义上的结构系统。四大系统需要依托建筑设计、加工制造、建造施工三大环节统筹协调，通过标准化设计、工厂化生产、装配化施工、一体化装修，甚至信息化管理、智能化应用等手段，将预制部品部件借助模数协调、模块组合、接口连接、节点构造和施工工法等集成装配而成，在工地高效、可靠装配，实现高质量的装配式建筑，如图 1-1 所示。

装配式建筑有以下几方面的特点：

（1）以完整的建筑产品为对象，以系统集成为方法，体现加工和装配需要的标准化设计；

（2）以工厂精益化生产为主的部品部件；

（3）以装配和干式工法为主的施工现场；

（4）以提升建筑工程质量安全水平、提高劳动生产效率、节约资源能源、减少施工污染和建筑的可持续性发展为目标；

（5）基于 BIM 技术的全链条信息化管理，实现设计、生产、施工、装修和运营维护的协同。

2. 装配式混凝土建筑的概念

顾名思义，结构材料主要采用混凝土的装配式建筑，即为装配式混凝土建筑（国际建筑界习惯简称为 PC 建筑，PC 是 Precast Concrete 的缩写，即预制混凝土的意思）。按国家标准《装标》的定义，装配式混凝土建筑指的就是，建筑的结构系统由混凝土部件（预制构件）构成的装配式建筑。而这些混凝土预制构

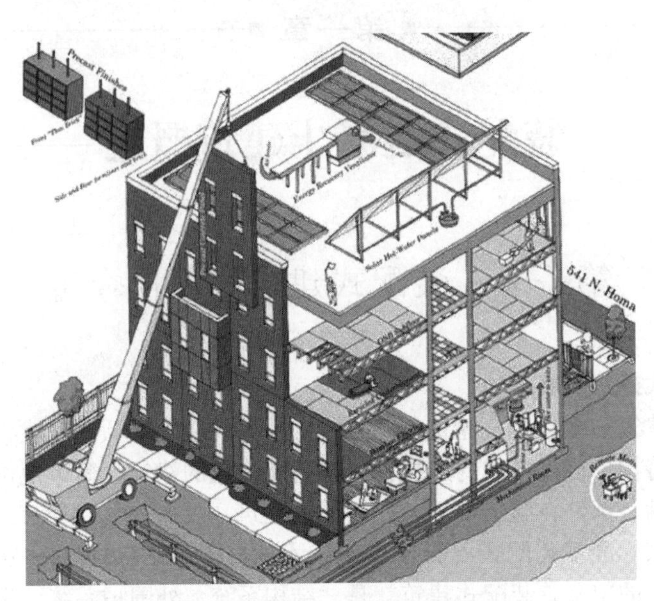

图 1-1 装配式建筑施工示意图

件，或在工厂或在现场预先制作，需要通过可靠的连接方式装配而成。从这点来讲，装配式混凝土建筑的结构设计理论与构造技术，与传统的混凝土建筑结构相比，其显著的差异就在于连接方式的可靠性，连接节点构造与整体结构体系的匹配性，由此带来的结构分析与计算理论的调整与变异。

3. 装配式建筑的发展历程

世界主要国家住宅产业化发展的概况如图 1-2 所示。

（1）国外装配式建筑的发展历程

1）1891 年，巴黎首次使用装配式混凝土梁。

2）第二次世界大战后，欧洲、美国、加拿大、日本等国逐步形成住宅用构件和部品的标准化、系列化、专业化、商品化、社会化。

① 西欧：是预制装配式建筑的发源地，20 世纪 50 年代掀起了住宅工业化的高潮；五、六层以下住宅普遍采用预制装配式，在混凝土结构中占比达到 35％～40％。

② 美国：注重低层建筑，美国的低层装配式住宅体系非常完善；装配式建筑在混凝土结构中所占比例为 35％。

③ 日本：1955 年提出“住宅建设十年计划”，在立法上对装配式建筑给予税收、财政以及技术方面的支持。率先在工厂生产出抗震性能较好的装配式住宅；推广模数化设计生产，给设计者更大的自由。

3）国外装配式建筑的发展主要经历了以下三个阶段：

① 初级阶段

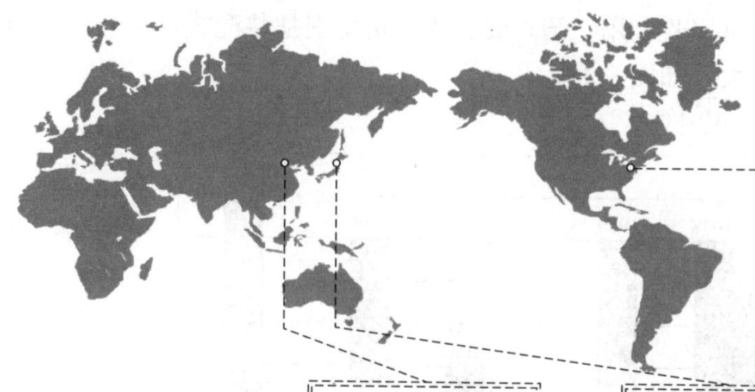

图 1-2　主要国家住宅产业化发展的概况

重点是建立工业化生产体系，满足大批量、快速建造。

② 发展阶段

重点是提高住宅质量和性价比，在质量和多样性方面进步较快，效益明显提高。

③ 成熟阶段

如图 1-3 所示，以德国为代表，装配式建筑转向了低碳化、绿色发展，成为

图 1-3　德国装配式建筑的施工现场

绿色建筑主力军，材料可回收利用。国外装配式建筑特别是装配式住宅建筑方面发展较早，规模逐年扩大，如图 1-4 所示。

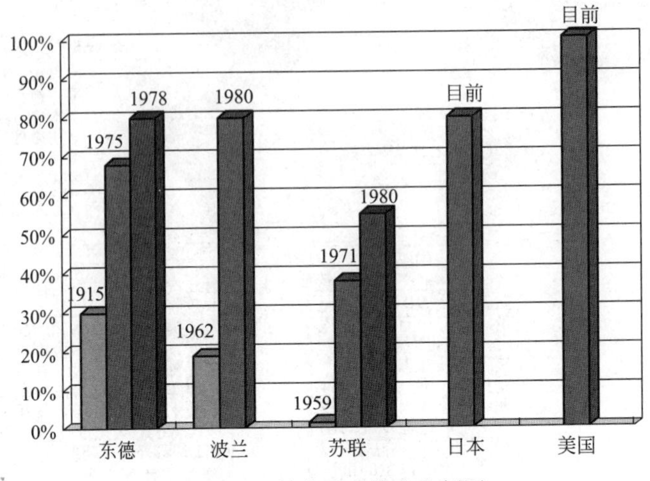

图 1-4　国外装配式住宅比例图

(2) 我国装配式建筑的发展历程

我国装配式建筑的发展历程可以分为以下五个阶段：

1) 发展初期（1950～1976 年）

① 标志

20 世纪 50 年代，从苏联引入工业化建造方式。1956 年国务院发布的《关于加强和发展建筑工业的决定》，在新中国历史上首次提出了“三化”（设计标准化、构件部品化、施工机械化），首次明确建筑工业化的发展方向，部分地区建造了一批装配式建筑项目。

② 特点

在这一时期，我国的建筑技术主要来自苏联，与当时的国际平均水平差距不大。预制技术在大规模基本建设中体现了很大的优势，尤其是规格统一的工业建筑和公共建筑。各种构件中标准化程度最高的当属预应力空心楼板，墙体工业化在上海的硅酸盐砌块和哈尔滨的泡沫混凝土开发基础上得以发展。

③ 存在问题

这一阶段，对建筑技术的科学研究明显落后于项目建设的技术。许多技术没经过科学验证和分析，多种专用材料（如绝热材料、密封材料、防水材料等）的性能尚不过关就用于实际工程，使得这个时期建造的预制装配式建筑物质量低劣，绝大多数经不起地震的考验，即使没有倒塌的，后来也因使用质量不佳而被拆除。

2) 发展停顿期（1976～1982 年）

① 标志

1976 年 7 月 28 日，唐山市发生 7.8 级大地震。

② 特点

该阶段中国城市主要是多层的无筋砖混结构，即以小块黏土砖砌成的墙体承重，而楼板则多采用预制空心楼板，这种结构无法抵御垂直及水平的地震作用。特别是楼板间没有任何拉结，搭接在墙体上的支撑面很少，于是在地震中，墙体剪切破坏，楼板塌下。

③ 存在问题

虽然小块黏土砖砌成的无筋砌体墙无法承受水平地震作用、预制楼板简单地搁置在砌体墙上是导致楼板倒塌的主要原因，但是习惯的形象思维模式的特点是模糊性，重视直观和经验，通过直觉得到粗浅的印象，不作周密详细的分析，把预制装配化的工业化建筑全盘否定了。

数据表明，在这两个阶段期间，装配式建筑得到了一定发展和应用，如图 1-5 所示。

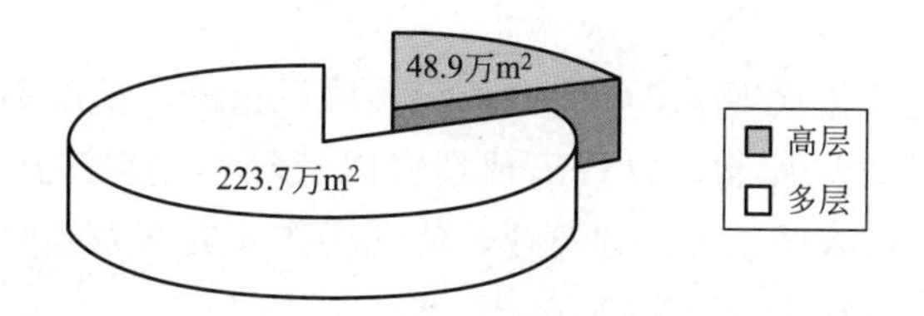

图 1-5　1959～1984 年，北京的装配式大板住宅建筑面积 272.6 万 m^2

3）发展起伏期（1982～1995 年）

① 标志

改革开放以后，又呈现了新一轮发展装配式建筑的热潮。改革开放初期，在总结前 20 年建筑工业化发展的基础上进一步提出了“四化、三改、两加强”（房屋建造体系化、制品生产工厂化、施工操作机械化、组织管理科学化，改革建筑结构、改革地基基础、改革建筑设备，加强建筑材料生产、加强建筑机具生产）。1978 年，《装配式大板居住建筑结构设计和施工暂行规定》试行，标志着我国装配式大板建筑进入新的发展阶段。

② 特点

北方地区形成通用的全装配式住宅体系，北京、上海、天津和沈阳等地采用装配式建筑技术建设了较大规模的居住小区。与此同时，国外现浇混凝土被介绍到我国，现浇混凝土的使用推动了预拌混凝土的发展，促进了预拌混凝土这个新兴行业的出现，并带动了混凝土技术的飞速发展。

③ 存在问题

随着现浇技术的引进，尤其是农民工廉价劳动力大量涌入建筑业，现浇技术成本降低、效率增高，使得装配式建筑发展放缓。部分预制构件不满足提高后的工程质量要求，例如，预制空心楼板因抗震要求而停滞。大板住宅由于不能满足户型多样化需求，逐渐退出历史舞台。

4）发展提升期（1995～2015年）

① 标志

1999年以后，发布《关于推进住宅产业现代化提高住宅质量的若干意见》，明确了住宅产业现代化的发展目标、任务、措施等。住房城乡建设部专门成立住宅产业化促进中心，配合住房城乡建设部指导全国住宅产业化工作，装配式建筑发展进入一个新的阶段。

② 特点

进入21世纪，虽然现浇体系得以大规模发展，但是传统人工支模、商品混凝土质量等问题导致混凝土质量通病普遍存在。一批开发企业也开始全面提升大板体系，建筑产业化呈现规模化增加，装配式住宅与保障性住房的建设相结合，有利于标准化设计与装配式生产建造。

③ 存在问题

由于当时的工业化水平偏低，生产的大板质量粗糙，精度不够，特别是连接节点处理方式缺乏质量控制，以致出现裂缝以及隔声差、漏水等一系列质量问题，再加上低成本的农民工加入建筑业，使现场作业成本大幅度降低，现浇方式迅速取代了大板建筑。

5）大发展期（2015年至今）

① 标志

党的十八大提出“走新型工业化道路”，《我国国民经济和社会发展“十二五”规划纲要》《绿色建筑行动方案》都明确提出推进建筑业结构优化，转变发展方式，推动装配式建筑发展，研究以住宅为主的装配式建筑的政策和标准。2016年，中共中央、国务院发布《关于进一步加强城市规划建设管理工作的若干意见》，提出“大力推广装配式建筑”，“加大政策力度，力争用10年左右时间，使装配式建筑占新建建筑的比例达到30%”。

② 特点

如图1-6所示，以保障性住房为主的装配式建筑试点示范项目已经从少数城市、少数企业、少数项目向区域和城市规模化方向发展。各地形成了一批以国家产业化基地为主的众多龙头企业，并带动整个建筑行业积极探索和转型发展，产业集聚效应日益显现。

③ 存在问题

技术标准尚不健全，观念上接受需要时间；规模效益尚未形成，建筑成本难以降低；对设计单位综合水平要求高；多数企业不具备专业化生产能力；建筑设

图 1-6 装配式建筑结构

计、构件生产、施工安装企业相互独立，重复缴税推高建筑造价；缺少一体化建造模式，成为成本居高不下的一大原因；与我国新开工住宅 10 多亿平方米的建设规模相比，装配式建筑项目的面积总量还比较小，装配式建筑发展任重道远。

4. 装配式建筑兴起的发展背景

(1) 传统建造模式带来的问题凸显

目前我国房屋建造整个生产过程中，高能耗、高污染、低效率、粗放的传统建造模式仍具有普遍性，建筑业作为一个劳动密集型产业，与新型城镇化、工业化、信息化的发展要求相差甚远。房屋建造的工业化水平较低、生产方式落后、劳动力供给不足、高素质建筑工人短缺、房屋建造的质量和效益不高，使得传统的建筑方式越来越难以为继。

问题主要体现在五点：

一是施工建造工艺、工法落后，技术集成能力低；

二是现场施工以手工操作为主，工业化程度低；

三是项目以包代管、层层转包，工程管理水平低；

四是依赖农民工劳务市场分包，工人技能素质低；

五是设计、生产、施工相脱节，整体综合效益低。

从发达国家走过的道路来看，随着全社会生产力发展水平的不断提高，房屋建设必然走工业化、集约化、产业化的道路。装配式混凝土结构是相对于建筑主体结构为现场浇筑的混凝土结构而言，其全部或部分结构构件是在工厂或现场预制、现场安装，体现了房屋建造的工业化生产方式，实现了建筑生产方式的转变，提高了建筑工程质量和劳动效率，降低了劳动强度，减少了现场建筑垃圾。

(2) 建筑产业现代化的需要

“建筑产业现代化”于 2013 年全国政协双周协商会提出，2013 年底，全国住房城乡建设工作会议明确了促进“建筑产业现代化”的要求。

建筑产业现代化是以绿色发展为理念，以住宅建设为重点，以新型建筑工业化为核心，广泛运用现代科学技术和管理方法，以工业化、信息化的深度融合对建筑全产业链进行更新、改造和升级，实现传统生产方式向现代工业化生产方式转变，从而全面提高建筑工程的效率、效益和质量。

“新型建筑工业化”是建筑产业现代化的核心，实现建筑产业现代化的有效途径是新型建筑工业化。新型建筑工业化是以构件预制化生产、装配式施工为生产方式，以“三化”（设计标准化、构件部品化、施工机械化）为特征，能够整合设计、生产、施工等整个产业链，实现建筑产品节能、环保、全生命周期价值最大化的可持续发展的新型建筑生产方式。

作为新型建筑工业化的核心技术体系，装配式混凝土结构有利于提高生产效率，节约能源，发展绿色环保建筑，并且有利于提高和保证建筑工程质量。

5. 装配式建筑优势

（1）缩短工期

精确控制进度，有效缩短工期。由于大量的构件都在工厂生产，从而大量减少了现场施工强度，甚至省去了砌筑和抹灰工序，因此大大缩短了整体工期。

（2）方便施工

工业生产优势、减少现场作业。构件可在工厂内进行产业化生产，施工现场可直接安装，省去了大量支模环节，方便又快捷。

（3）提高质量

构件尺寸精确、建筑品质精良。构件在工厂采用机械化生产，产品质量更易得到有效控制。预制外挂板保温性能较传统建筑的外墙外保温或外墙内保温性能更好，同时，也解决了传统建筑因为做了外保温而带来的外墙面装修脱落现象。

（4）保护环境

减少施工垃圾、降低噪声影响。由于采用工厂化生产，减少施工现场湿作业量，使得施工现场的建筑垃圾大量减少，因而更环保，预制构件的采用还节省了大量模板。

（5）控制成本

降低人工成本、减少材料浪费。构件机械化程度高，可减少现场施工人员配备。因施工现场作业量减少，可在一定程度上降低材料浪费。周转料具投入量减少，料具租赁费用降低。

6. 装配式建筑特点

装配式混凝土建筑的主要特点是生产方式的工业化，具体体现在五个方面：标准化设计、工厂化生产、装配化施工、一体化装修和智能化管理，从根本上克服了传统建造方式的不足，打破了设计、生产、施工装修等环节各自为战的局限性，实现了建造产业链上下游的高度协同，如图 1-7 所示。

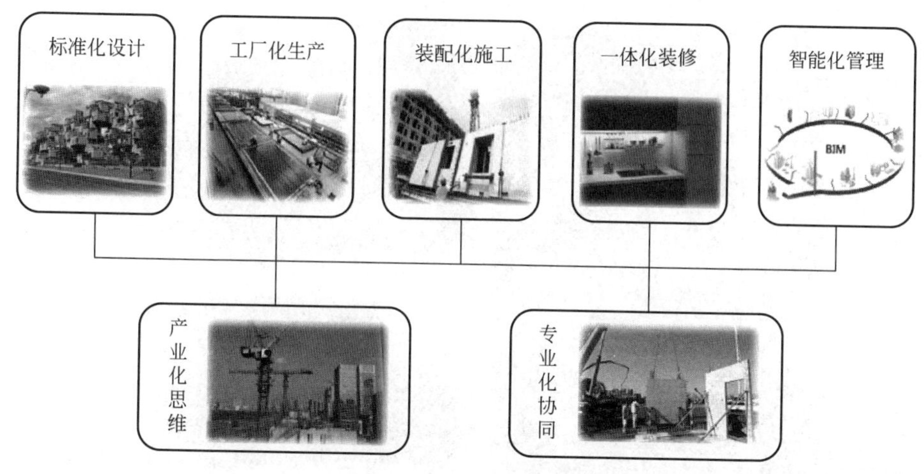

图 1-7　装配式建筑特点

7. 装配式建筑分类

（1）从结构材料划分

① 钢结构

目前，钢结构主要应用于大跨度、高层公共建筑、单层和多层工业建筑，以及部分住宅和市政基础设施中，如图 1-8（a）所示。

② 木结构

现代木结构技术产业化程度高、应用领域广、节能减排效果好。预制装配式木结构建筑具有极高的建筑装配率，最高可达到 80%，具有广阔的发展空间，如图 1-8（b）所示。

③ 装配式混凝土结构

装配式钢筋混凝土结构是我国建筑结构发展的重要方向之一，是以预制构件为主要受力构件经装配、连接而成的混凝土结构。

装配式混凝土结构从结构形式方面可以分为：装配式混凝土框架结构体系、装配式混凝土剪力墙结构体系。

a. 装配式混凝土框架结构体系

装配式混凝土框架结构是装配式结构中结构整体性能、抗震性能较好且研究与应用较多的一种结构体系（图 1-8c）。装配式混凝土框架结构的主要受力体系是叠合板、预制梁和柱，适用于大跨度、空间规则的公共建筑，建筑造价较高。

b. 装配式混凝土剪力墙结构体系

装配式混凝土剪力墙结构的主要受力体系是叠合板和剪力墙，适用于小尺度空间的多样性组合住宅建筑，建筑造价较高，如图 1-8（d）所示。

装配式混凝土结构从受力模型方面可以分为：

(a) (b)

(c) (d)

图 1-8　装配式建筑分类（从材料划分）

（a）钢结构；（b）木结构；（c）装配式混凝土框架结构体系；（d）装配式混凝土剪力墙结构体系

a. 装配整体式混凝土结构

装配整体式混凝土结构是由预制混凝土构件通过可靠的方式进行连接并与现场后浇混凝土、水泥基灌浆料形成整体的装配式混凝土结构。装配整体式混凝土结构的结构性能与现浇混凝土基本等同。该结构适用于各级规范规定的混凝土结构。

b. 全装配式结构

全装配式结构是不满足装配整体式要求的装配式混凝土结构。全装配式结构没有或较少的采用现浇混凝土，其结构性能与现浇混凝土结构不能等同，计算分析方法和构造措施与现浇混凝土差异较大。该结构适用于低层、多层等高宽比较小，以竖向荷载为主的结构。

（2）从构成单元划分

① 结构支撑系统

按结构支撑系统装配式结构可以分为装配式混凝土结构、钢结构、钢与混凝土组合结构、木结构、竹结构和其他结构。

② 外围护系统

外围护系统可以分为屋面系统、幕墙系统、轻型内嵌式围护系统、轻型外挂式围护系统、其他围护系统。

③ 内填充体系

内填充体系可以分为整体隔墙、设备设施、管线集成、内墙地面吊顶等。

（3）从结构形式和施工方法划分

① 砌块建筑

砌块建筑是用预制的块状材料砌成墙体的装配式建筑，适宜建造3～5层建筑，如提高砌块强度或配置钢筋，还可适当增加层数。砌块建筑适应性强，生产工艺简单，施工简便，造价较低，还可利用地方材料和工业废料。建筑砌块有小型、中型、大型之分：小型砌块适于人工搬运和砌筑，工业化程度较低，灵活方便，使用较广；中型砌块可用小型机械吊装，可节省砌筑劳动力；大型砌块现已被预制大型板材所代替。

砌块有实心和空心两类，实心的较多采用轻质材料制成。砌块的接缝是保证砌体强度的重要环节，一般采用水泥砂浆砌筑，小型砌块还可采用套接而不用砂浆的干砌法，可减少施工中的湿作业。有的砌块表面经过处理可作清水墙。

② 板材建筑

板材建筑是由预制的大型内外墙板、楼板和屋面板等板材装配而成，又称大板建筑。它是工业化体系建筑中全装配式建筑的主要类型。板材建筑可以减轻结构重量，提高劳动生产率，扩大建筑的使用面积和抗震能力。板材建筑的内墙板多为钢筋混凝土的实心板或空心板；外墙板多为带有保温层的钢筋混凝土复合板，也可用轻骨料混凝土、泡沫混凝土或大孔混凝土等制成带有外饰面的墙板。建筑内的设备常采用集中的室内管道配件或盒式卫生间等，以提高装配化的程度。

大板建筑的关键问题是节点设计。在结构上应保证构件连接的整体性（板材之间的连接方法主要有焊接、螺栓连接和后浇混凝土整体连接）。在防水构造上要妥善解决外墙板接缝的防水，以及楼缝、角部的热工处理等问题。大板建筑的主要缺点是对建筑物造型和布局有较大的制约性；小开间横向承重的大板建筑内部分隔缺少灵活性（纵墙式、内柱式和大跨度楼板式的内部可灵活分隔）。

③ 盒式建筑

盒式建筑是从板材建筑的基础上发展起来的一种装配式建筑。这种建筑工厂化的程度很高，现场安装快。一般不但在工厂完成盒子的结构部分，而且内部装修和设备也都安装好，甚至可连家具、地毯等一概安装齐全。盒子吊装完成、接好管线后即可使用。盒式建筑的装配形式有：

a. 全盒式，完全由承重盒子重叠组成建筑。

b. 板材盒式，将小开间的厨房、卫生间或楼梯间等做成承重盒子，再与墙板和楼板等组成建筑。

c. 核心体盒式，以承重的卫生间盒子作为核心体，四周再用楼板、墙板或骨架组成建筑。

d. 骨架盒式，用轻质材料制成的许多住宅单元或单间式盒子，支承在承重骨架上形成建筑。也有用轻质材料制成包括设备和管道的卫生间盒子，安置在其他结构形式的建筑内。盒子建筑工业化程度较高，但投资大，运输不便，且需用重型吊装设备，因此其发展受到限制。

④ 骨架板材建筑

骨架板材建筑由预制的骨架和板材组成。其承重结构一般有两种形式：一种是由柱、梁组成承重框架，再搁置楼板和非承重的内外墙板的框架结构体系；另一种是柱子和楼板组成承重的板柱结构体系，内外墙板是非承重的。承重骨架一般多为重型的钢筋混凝土结构，也有采用钢和木做成骨架和板材组合，常用于轻型装配式建筑中。骨架板材建筑结构合理，可以减轻建筑物的自重，内部分隔灵活，适用于多层和高层的建筑。

a. 钢筋混凝土框架结构体系的骨架板材建筑有全装配式、预制和现浇相结合的装配整体式两种。保证这类建筑的结构具有足够的刚度和整体性的关键是构件连接。柱与基础、柱与梁、梁与梁、梁与板等的节点连接，应根据结构的需要和施工条件，通过计算进行设计和选择。节点连接的方法，常见的有榫接法、焊接法、牛腿搁置法和留筋现浇成整体的叠合法等。

b. 板柱结构体系的骨架板材建筑是方形或接近方形的预制楼板同预制柱子组合的结构系统。楼板多数为四角支在柱子上；也有在楼板接缝处留槽，从柱子预留孔中穿钢筋，张拉后灌筑混凝土。

⑤ 升板和升层建筑

升板和升层建筑是板柱结构体系的一种，但施工方法有所不同。这种建筑是在底层混凝土地面上重复浇筑各层楼板和屋面板，竖立预制钢筋混凝土柱子，以柱为导杆，用放在柱子上的油压千斤顶把楼板和屋面板提升到设计高度，加以固定。外墙可用砖墙、砌块墙、预制外墙板、轻质组合墙板或幕墙等；也可以在提升楼板时提升滑动模板、浇筑外墙。升板建筑施工时大量操作在地面进行，减少高空作业和垂直运输，节约模板和脚手架，并可减少施工现场面积。升板建筑多采用无梁楼板或双向密肋楼板，楼板同柱子连接节点常采用后浇柱帽或采用承重销、剪力块等无柱帽节点。升板建筑一般柱距较大，楼板承载力也较强，多用作商场、仓库、工场和多层车库等。

升层建筑是在升板建筑每层的楼板还在地面时先安装好内外预制墙体，一起提升的建筑。升层建筑可以加快施工速度，比较适用于场地受限制的地方。

8. 装配式建筑发展现状概述

（1）国外装配式建筑发展现状

① 美国

美国装配式建筑以政府建设为主，以中低层建设为主。美国重视研究住宅的标准化、系列化、菜单式预制装配，美国住宅建筑市场发育完善，除工厂生产的活动房屋和成套供应的木框架结构的预制构配件外，其他混凝土构件与制品、轻质板材、室内外装修以及设备等产品也十分丰富。厨房、卫生间、空调和电器等设备近年来逐渐趋向组件化，以提高工效、降低造价，便于非技术工人安装，如图 1-9 所示。

② 日本

日本装配式建筑以政府监督、建筑公司建设为主。日本住宅工业化的发展很大程度上得益于住宅产业集团的发展。住宅产业集团是应住宅工业化发展需要而产生出的新型住宅企业组织形式，是以专门生产住宅为最终产品的住宅生产企业。日本的装配式建筑结构体系主要为框架、剪力墙结构，多为中高层建筑，如图 1-9 所示。

图 1-9　美国、日本装配式建筑发展现状

（2）我国装配式建筑发展特点

当前，装配式建筑的发展有以下特点：

① 装配式建筑稳步推进

以试点示范城市和项目为引导，部分地区呈现规模化发展态势。但是，需要指出的是，我国建筑行业仍以传统现浇建造方式为主，沿袭着高消耗、高污染、低效率的“粗放”建造模式，存在着建造技术水平不高、劳动力供给不足、高素

质建筑工人短缺等一系列问题。

② 政策支撑体系逐步建立

在国家的大力推动下，各地政府也积极推进装配式建筑，主要政策有：

a. 土地出让环节明确装配式建筑面积的比例要求；

b. 财政补贴支持装配式建筑试点项目；

c. 对装配式建筑的建设和销售予以优惠鼓励；

d. 通过税收、金融政策支持；

e. 大力鼓励发展成品住宅；

f. 在政府投资工程中大力推进装配式建筑试点项目建设。

③ 技术支撑体系初步建立

初步建立了装配式建筑结构体系、部品体系和技术保障技术，部分单项技术和产品的研发已经达到了国际先进水平。如预制装配式混凝土结构体系、钢结构住宅体系等都得到一定程度的发展，装配式剪力墙、框架外挂板等结构体系施工技术日益成熟，设计、施工与太阳能一体化以及设计、施工与装修一体化项目的比例逐年增高。万科、宇辉等在建筑关键技术上不断发展。

《装配式混凝土结构技术规程》JGJ 1—2014、《装配式混凝土建筑技术标准》GB/T 51231—2016、《装配式建筑评价标准》GB/T 51129—2017 等标准正式施行（图 1-10）；《福建省预制装配式混凝土建筑模数协调技术要求》、《装配式混凝土结构构件制作、施工与验收规程》DB21/T 2568—2016 等地方规范、规程也不断完善成熟。

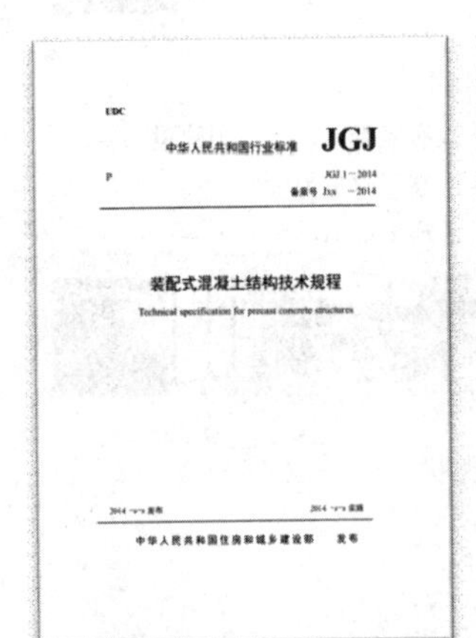
UDC
中华人民共和国行业标准 JGJ
P
JGJ 1－2014
装配式混凝土结构技术规程
Technical specification for precast concrete structures
中华人民共和国住房和城乡建设部 发布

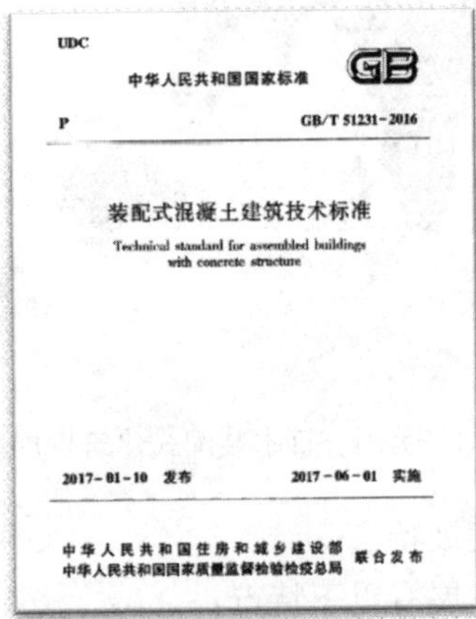
UDC
中华人民共和国国家标准 GB
P GB/T 51231-2016
装配式混凝土建筑技术标准
Technical standard for assembled buildings with concrete structure
2017-01-10 发布 2017-06-01 实施
中华人民共和国住房和城乡建设部
中华人民共和国国家质量监督检验检疫总局 联合发布

UDC
中华人民共和国国家标准 GB
P GB/T 51129-2017
装配式建筑评价标准
Standard for assessment of prefabricated building
2017-12-12 发布 2018-02-01 实施
中华人民共和国住房和城乡建设部
中华人民共和国国家质量监督检验检疫总局 联合发布

图 1-10　与装配式技术相关的部分国家规范和行业标准

④ 试点示范带动成效明显

截至 2017 年 11 月，全国先后批准了 30 个产业化试点（示范）城市和 195

个基地企业，这都为全面推进装配式建筑打下了良好的基础。装配式建筑试点示范项目已经从少数城市、少数企业、少数项目向区域和城市规模化方向发展。国家住宅产业化综合试点城市带动作用明显，这些城市的预制装配式混凝土结构建筑面积占全国总量的比例超过 85%。例如，沈阳的预制装配式混凝土结构 2011～2013 年每年同比增长 100 万 m^2，增速保持在 50%以上；北京 2010 年装配式建筑只有不到 10 万 m^2，到 2012 年新开面积就超过 200 万 m^2。

从基地企业角度而言，万科集团 2010 年以前建造装配式建筑 173 万 m^2，2013 年面积是 2010 年的 4 倍。其他如黑龙江宇辉、杭萧钢构、上海城建、中南建设、宝业集团等基地企业，装配式建筑面积也都保持了较快的增速。

⑤ 行业内生动力持续增强

目前，建筑业面临着生产成本不断提高、劳动力与技工日渐短缺的问题，这就从客观上促使了越来越多的开发商、施工企业投身装配式建筑的工作，装配式建筑技术也成为企业提高劳动生产效率、降低成本的重要途径。随着行业内生动力的不断增强，标准化设计、专业化、社会化大生产模式正在成为发展的方向。

⑥ 产业集聚效应日益显现

各地形成了一批以国家产业化基地为主的龙头企业，主要有四种类型：以房地产开发企业为龙头的产业联盟，以施工总承包企业为龙头的施工总承包类型企业，以大型企业集团主导并集设计、开发、制造、施工、装修为一体的全产业链类型企业，以生产专业化产品为主的生产型企业。

⑦ 工作推进机制初步形成

全国 30 多个省或城市出台了相关政策，在加快区域整体推进方面取得了明显成效，部分城市已经形成规模化发展的局面。如沈阳推进现代化建筑产业化领导小组组长由市主要领导担任，副组长由 5 位副市级领导兼任。良好的决策机制与组织协调机制保障了装配式建筑工作顺利进行。

⑧ 我国香港特别行政区的装配式建筑发展特点

我国香港地区装配式建筑应用比较普遍，香港屋宇署制定了完善的预制建筑设计和施工规范，高层住宅多采用叠合楼板、预制楼梯和预制外墙等方式建造，厂房类建筑一般采用装配式框架结构或钢结构建造。

9. 装配式建筑发展趋势（图 1-11）

（1）从闭锁体系向开放体系转变；

（2）从湿体系向干体系转变；

（3）从只强调结构的装配式，向结构装配式和内装系统化、集成化发展；

（4）信息化的应用：

装配式建筑核心是“集成”，BIM 方法是“集成”的主线。这条主线串联起设计、生产、施工、装修和管理的全过程，服务于设计、建设、运维、拆除的全

图 1-11　畅想未来装配式建筑

生命周期，可以数字化虚拟，信息化描述各种系统要素，实现信息化协同设计、可视化装配，工程量信息的交互和节点连接模拟及检验等全新运用，整合建筑全产业链，实现全过程、全方位的信息化集成。BIM 的运用使得预制装配式技术更趋完善合理。

（5）结构设计多模式发展，目前模块式发展相对较快。

第二节　装配式混凝土建筑的国外应用情况

1. 国外装配式混凝土建筑的发展脉络

建筑工业化概念来自于欧洲。欧洲的建筑工业化之路可以追溯到 17 世纪。当时欧洲处于军事和殖民区扩展阶段，流动的武装部队需要住宿和储存设备的地方，帐篷是轻质、可运送的结构，而且还可以在短时间内组合和拆卸，装配式的模数化建筑系统就从帐篷开始了（图 1-12）。

到 18 世纪时，由于欧洲军备的需求在不断地上升，令更大、可拆卸的平板型木框架结构得以发展（图 1-13）。随着钢铁工业的发展，各种装配式钢框架建筑开始出现。英国人约瑟夫・阿斯帕丁于 1824 年发明了人造水泥，1867 年一个叫约瑟夫・莫尼埃的法国花匠从混凝土花盆打碎而盆里的泥土却完整的现象中受到启发，钢筋混凝土由此出现，钢筋混凝土建筑开始在法国开发，同时也有了预

图 1-12　帐篷

图 1-13　英国殖民区早期移居者使用的木制预制件建成的流动小屋

制混凝土构件。1875 年，英国 W. H. Lascelles 提出了一种新的混凝土建造体系，即在承重骨架上安装集成各项功能的预制混凝土外墙板，作为填充墙，标志着预制混凝土应用起源。当时在一家赌场中第一次采用了预制混凝土构件。1896 年研发的第一组模数化的装配式混凝土建筑，就是安装在法国国家铁路上的看守亭。

由此可以看出，装配式建筑首先是基于现实的需要产生，而又受制于建筑材料的开发。装配式混凝土建筑得益于水泥的发明和钢筋混凝土的问世，而钢筋混凝土就是从预制开始的，钢筋混凝土进入建筑领域，也就伴随着预制混凝土构件的进程。

进入 20 世纪，不断地有民众涌进欧洲各国的大城市，房屋的短缺现象不断显现，特别是在贫民区和犹太人区，情况更为恶劣，特别是经历了两次世界大战，欧洲大陆的建筑遭受重创，劳动力资源短缺，急需要一个新的、低成本的建筑方法，以加快住宅的建设速度。装配式混凝土建筑在住宅建设领域的发展有了时代的契机。

在这样的时代背景下，出现了一批富有强烈社会意识的、世界级的著名建筑师，包括瓦尔特·格罗皮乌斯、勒·柯布西耶、弗兰克·赖特、沙里宁、贝聿铭、山崎实、约翰·伍重、皮埃尔·奈尔维等。其中瓦尔特·格罗皮乌斯早在1910年就提出：钢筋混凝土应当预制化、工厂化，以大幅度降低建筑成本，提高效率，节约资源。他们越来越清醒地认识到，为帮助建筑工业从根本上更新它的形式，建筑物应该在工厂里系列化地生产，而且可以做到标准化和预制化，这样就可以按照模数化的原则在工地现场做装配工作了，像生产汽车一样建造房屋。

正是在这些建筑大师的提倡、引领下，装配式混凝土建筑技术理论日渐充实，装配式混凝土建筑得到大力发展。在这个时期，有代表性的装配式混凝土建筑包括格罗皮乌斯设计的59层纽约泛美大厦、法国建筑师柯布西耶设计的法国马赛公寓、印度昌加迪尔议会大厦、贝聿铭设计的费城社会岭公寓、约翰·伍重设计的悉尼歌剧院、被誉为混凝土诗人的意大利建筑师皮埃尔·奈尔维设计的意大利都灵展览馆、梵蒂冈会堂等，如图1-14～图1-17所示。

图1-14　纽约泛美大厦

图1-15　费城社会岭公寓

图1-16　马赛公寓

图1-17　都灵展览馆

如果说装配式建筑的发展源自现实生活需要，而兴于建筑材料的不断推陈出新，那么对装配式混凝土建筑的应用，除了有前述一批有强烈社会意识的建筑大师的提倡、引领以及劳动力短缺因素外，更有气候环境的必然需求导致装配式混凝土建筑的大规模发展，比如北欧。从某种意义上讲，装配式混凝土建筑的大规模应用始于北欧。北欧冬季漫长，气候寒冷，夜长昼短，一年中可施工时间较少。北欧人冬季在工厂大量预制混凝土构件，到了可施工季节，运到现场安装，不仅提高了效率，降低了成本，也保证了质量。北欧经验随后被欧美、日本、东南亚借鉴。

2. 各国装配式混凝土建筑应用情况和特点

西方发达国家的装配式混凝土建筑发展经过上百年的经验沉淀，日趋成熟、完善，但基本都基于自身的经济、社会、工业化程度，并结合自然环境，选择了适合自己的发展道路和方式。

（1）美国

美国装配式混凝土建筑始于20世纪30年代，从住宅建筑起步。发酵于当时贫民大量需求的汽车房屋的启示，住宅厂家开始研制出了外观与传统住宅房屋无异，但可由汽车拉运组装的工业化住宅。第二次世界大战后，美国受战争影响小，所以其发展装配式混凝土建筑的动力，主要还是来自工业的快速发展和城市化进程的加快。由其完善的市场经济制度决定，完全由市场机制主导装配式混凝土建筑的行业发展，政府在其中发挥引导和辅助的作用，借助法律手段和经济杠杆来推动。1976年美国国会通过了国家工业化住宅建造及安全法案，同时出台了系列严格的行业标准制度（即HUD标准）。只有满足HUD标准，并经第三方检测机构证明的工业化住宅方可出售。该标准沿用至今。1991年美国PCI（预制预应力混凝土协会）年会提出将装配式混凝土建筑的发展作为美国建筑业发展的契机，由此带来装配式混凝土建筑在美国近30年的长足发展。目前混凝土建筑中，装配式混凝土建筑占比达35%。

美国装配式混凝土建筑的关键技术是模块化技术，住宅部品和主体构件生产的社会程度高，构件通用化水平高，基本实现了标准化和系列化，编制有产品目录，呈现商品化供应的模式。美国装配式混凝土建筑的构件连接以干式连接为主，可以实现预制构件在质量保证年限内的重复组装使用。在结构体系方面，林同炎大师发明了预制预应力双T板，在美国PCI协会的推动下，双T板、预制预应力空心板、预制夹心保温外墙技术较普及，构件尺寸都很大，因此生产成本低、安装效率高，总体经济性很好，如图1-18、图1-19所示。

总体来讲，美国装配式混凝土建筑发展的主要特点包括：

1）以低层、多层为主，且大力推广装配式木结构、轻钢结构住宅，抗震能力强。其中木结构以胶合木为主，该木材强度大，结构弱，内应力小，不易开裂

图 1-18　用双 T 板建设的立体停车库（20m 跨度）

图 1-19　预制夹心墙和双 T 板建设游泳馆

和翘曲变形，还有较高耐火性能，可解决部分大跨度耐蚀防蛀问题；预制构件主要有 PC 墙板、预应力楼板等，预制构件之间以干式连接为主。

2）集设计、制作、安装装修整体房屋为一体的集成住宅产业，工厂代生产。随着木结构价格上涨，钢结构住宅已成集成住宅的主力。

3）美国对超高层住宅建设采用装配式混凝土建筑一直很慎重，主要集中在几个大都市区，多采用装配式钢结构。

4）市场主导装配式混凝土建筑发展，政府起引导和辅助作用，依靠法律手段和经济杠杆加以推动。

（2）加拿大

加拿大作为美国的近邻，借鉴了美国的经验和成果，因此其装配式混凝土建筑的发展与美国相似。目前，其装配式混凝土建筑的装配率高，构件通用性高，大量应用装配式剪力墙和预应力空心板技术体系建设多、高层住宅，完全取消了脚手架和模板，现场干净整洁，施工快捷且经济性很好，大城市多为装配式混凝土建筑和钢结构建筑，抗震设防 6 度区以下地区甚至推行全预制混凝土建筑。

（3）德国

德国建筑工业化水平处于世界前列。第二次世界大战后，装配式混凝土建筑在德国广泛应用，预制混凝土大板技术是其最重要的建造方式，该体系也成为德国规模最大、最具影响力的装配式建筑体系。20 世纪 90 年代以来，随着德国强大的机械设备设计加工能力的推动，现代社会审美要求的变化，现浇和预制混合的预制混凝土叠合板体系开始在德国广泛应用和发展，并优化整合建筑策划、设计、施工、管理各个环节，力求建筑个性化与美观性、经济性、功能性、环保性的综合平衡。目前德国的装配式混凝土建筑产业链处在世界领先水平，标准规范体系亦完整全面，建筑、结构、水暖电专业协作配套，施工企业与机械设备供应商合作密切，高校、研发机构不断为企业提供技术研发支持。

德国的装配式混凝土建筑主要采取叠合板、剪力墙结构体系，包括剪力墙板、梁、柱、楼板、内隔墙板、外挂板、阳台板等预制构件。构件预制与装配建设已经进入工业化、专业化设计，标准化、模块化、通用化生产，其构件部品易于仓储、运输，可多次重复使用、临时周转并具有节能低耗、绿色环保的永久性能。现在，德国在推广装配式产品技术、推行环保节能的绿色装配方面已有较长较成熟的经历，建立了非常完善的绿色装配及其产品技术体系，如图 1-20、图 1-21 所示。

预制房屋(Haus)方面

预制多层住宅方面

预制公共建筑方面

图 1-20　德国各种装配式混凝土建筑类型

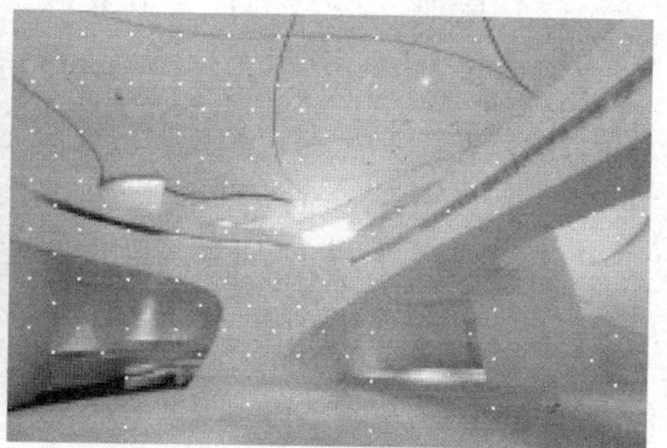

图 1-21　莱昂纳多玻璃立方体展览馆

（内部的网状结构由 187 块白色混凝土预制件连接而成，外部用流水般的预制构件勾勒出优美的长方体轮廓，与周边蜿蜒的道路遥相呼应，浑然一体）

综上所述，德国装配式混凝土建筑的发展特点有：

1）已建立了完善的绿色装配技术体系；从大幅度的节能到被动式建筑，都采取装配式住宅实施，实现装配式住宅与节能标准的充分融合。

2）已建立了绿色装配产品设计体系。

DIN 设计体系：在模数协调的基础上实现了部品的尺寸、连接等标准化、系列化，使德国住宅装配部件的标准发展成熟通用，市场份额达到 80%。

AB 技术体系：即装配式建筑技术体系。形成了盒子式、单元式或大板装配体系等工业化住宅形式。

3）建筑工业化施工程度高，制作的机械化程度高。

（4）法国

法国 1891 年就已实施装配式混凝土构建，是世界上推行建筑工业化最早的国家之一，走过了一条以全装配式大板和工具式模板现浇工艺为标准的建筑工业化的道路。法国装配式建筑以混凝土为主，钢、木结构体系为辅，以世构体系为标志，跟欧洲其他国家类似，多层为主，高层不多，超高层极少，多采用框架或板柱体系，结合预应力混凝土技术向大跨度发展，流行焊接等干式连接方式，推行构件生产与施工分离的原则，发展面向全行业的通用构配件的商品生产，建筑工业化程度高，装配率达到 80%，脚手架量减少 50%，如图 1-22～图 1-24 所示。

图 1-22　预制三层"串烧柱"

图 1-23　先吊装柱再吊装梁

图 1-24　梁柱节点构造大样

（5）瑞典、芬兰为代表的北欧

瑞典早在 20 世纪 50 年代就开始大力发展高性能的预制装配化住宅，研发大型的混凝土预制墙板，编制了《住宅标准法》，将建筑部品的规格化纳入了瑞典工业标准（SIS），在完善的标准体系基础上发展通用部件，实现了部品尺寸、对接尺寸的标准化与系列化，推动装配式建筑产品建筑工业化通用体系和专用体系的发展。目前，瑞典是世界上工业化住宅最发达的国家，其 SIS 工业标准也是世界上最完善的工业化住宅设计标准规则，住宅预制构件达到了 95%之多，全球最高，如图 1-25 所示。

芬兰与瑞典类似，装配式混凝土建筑技术应用很普及，以全装配式结构体系为主，现场湿作业极少，以应对极度严寒的气候。

（6）日本

日本装配式混凝土建筑处于世界先进水平，也是世界上装配式混凝土建筑运用最成熟的国家之一。1968 年，日本提出装配式住宅的概念，预制混凝土构配件生产形成独立行业，并开展了住宅产业标准化五年计划，出台了系列标准化成果。1973 年建立装配式混凝土住宅准入制度，大企业联合组建集团进入住宅产

图 1-25　瑞典装配式混凝土建筑实例

业。1974 年建立了优良住宅部品（BL）认定制度，逐渐形成住宅部品优胜劣汰的机制，接着设立了产业化住宅性能认证制度，以保护购房者的利益。在这过程中，实行住宅技术方案竞赛制度，以此作为促进技术开发的一项重要措施和方式。不仅实现了住宅的大量生产和供给，而且调动了企业进行技术研发的积极性，满足了客户对住宅的多样化需求。到 20 世纪 90 年代，他们采用部件化、工厂化生产方式，提高生产效率、住宅内部结构可变、适应住宅多样化需求的策略加速发展，采用产业化方式生产的住宅达到了竣工住宅总数的 25%～28%。

日本装配式混凝土建筑有一个非常鲜明的特点，即从一开始就追求中高层住宅的配件化生产体系。这种生产体系能满足日本人口比较密集的住宅市场的需求。更重要的是，日本通过立法来保证混凝土构件的质量，在装配式住宅方面制定了一系列的方针政策和标准，逐步形成了统一的模数标准，解决了标准化、大批量生产和多样化需求这三者之间的矛盾，进入良性循环的发展轨道。

由于日本地震设防烈度高，剪力墙等刚度大的结构形式很少得到应用，所以装配式混凝土建筑一般以 PC 框架为主，框架-剪力墙结构和筒体结构也有应用，而且多应用在高层、超高层建筑，预制率比较高，而多层建筑较少用装配式。柱、梁、板的连接以湿式连接为主，PC 框架结构施工安装难度很大、技术质量要求很高，因此对构件的精度要求非常高，需要较高的工人素质和专业化程度才能做好。图 1-26 是 PC 工法分类，其中 W-PC 工法即剪力墙结构预制混凝土工法，R-PC 工法即框架结构预制装配式混凝土工法，WR-PC 工法即框架剪力墙结构预制装配式混凝土工法，SR-PC 工法即预制装配式钢骨混凝土工法。

日本地震频发，因此装配式混凝土的减震抗震技术得到了大力发展和广泛应用。

由表 1-1 可以清晰地看出来 PCa 技术的变化发展轨迹。

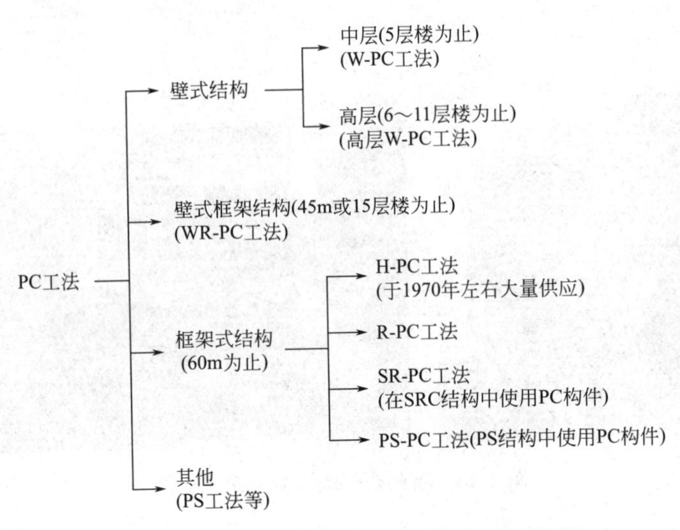

图 1-26　日本装配式混凝土建筑结构类型分类

PCa 技术的变化　　**表 1-1**

年代	20 世纪 70 年代以前	20 世纪 80 年代以后
社会背景	住宅不足	劳动力不足
PCa 化目的	大量建设	大规模建筑
	品质稳定、标准化	个性化建筑
	降低成本	短工期、高质量
	工业化	省力化、文明施工
建筑规模	低层、中层	高层
结构形式	纯剪力墙	框架
结构种类	钢筋混凝土	钢筋混凝土
		钢骨钢筋混凝土
		预应力结构
PCa 范围	全 PCa	半 PCa，按部位选择工法
量与种类	小规模多工程的集约	大规模单工程对应
生产体制	少种类、大批量生产	多种类、小批量生产

（7）新加坡

新加坡在政府政策推动下，进行了三次建筑工业化尝试：1963 年引进法国大板预制体系，由于本地承包商缺乏技术与管理经验导致失败；1971 年引入合资企业，设立构件厂，但施工管理方法不当，并遇上石油危机，也失败；1981 年，同时引进澳洲、法国、日本多种体系，并率先在组屋即保障房大规模推广，最后发展具有本地特色的预制装配整体式结构，如图 1-27、图 1-28 所示。2000 年制定了易建设计规范，规定了不同建筑物易建性的最低得分要求，不达到最低标准不发施工执照，使装配式混凝土建筑得到良好发展，目前已开发出 15～30 层单元化的装配式混凝土住宅，占全国总住宅数的 80%以上，组屋的装配率可达 70%。

图 1-27　预制双联带飘窗剪力墙

图 1-28　装配式混凝土组屋

3. 各国装配式混凝土建筑发展的理念对比与启示

通过上述世界主要国家的装配式混凝土建筑的发展和应用特点，可归纳主要的理念，见表 1-2。

主要国家装配式混凝土建筑的发展和应用特点　　表 1-2

内容＼国家	美国/加拿大	欧洲	日本	新加坡
推动力	市场主导开始发展	市场主导开始发展	政府主导开始发展	政府主导开始发展
技术特点	全预制干连接	全预制干连接；向体系化、机械化、模块化发展	半预制，湿式连接，等同现浇	引进澳洲、法国、日本多种体系，并率先在保障房大规模推广，最后发展具有本地特色的预制装配整体式结构
安全性	有70年以上的发展及使用经验，经过近代主要地震考验	具有较长的历史，在技术上积累了大量的经验，设计中不考虑地震影响	经过近代主要地震考验	虽几乎无地震、台风等天灾，但国家层面安全设施完备，组屋内及楼下均有防空避难设施

同时，从中也可以得到一些启示：

（1）必须立足自身的经济和技术水平，结合所处的地理自然环境，资源供应水平，选择装配式混凝土建筑的发展方向。比如，欧美各国大部分处于非地震区，且建筑物多以低层和多层为主，因此适合采用全预制干连接方式，而日本地处地震频发区，地域狭窄，高层建筑较多，故只有采用抗震性能更优的半预制、等同现浇的湿式连接方式。再比如瑞典木材资源丰富，多以装配式木结构为主，而英国科技水平高，多以装配式钢结构为主。

（2）政府的推动作用不可替代，特别是在装配式混凝土建筑初期更需要多管齐下，强力推动。初期，装配式混凝土建筑建造成本因为没有规模效应，相应的标准化以及产业链远未形成，需要政府配套相关的政策支持，比如财政、税收、资金、售房等各种渠道加以鼓励扶持。

（3）立法先行，从法律上给予装配式混凝土建筑产业上的实施保证。无论是美国，还是日本，都是充分利用了这个利器，在推进装配式混凝土建筑产业上取得事半功倍的效果，能够快速助推装配式混凝土建筑产业走上良性发展轨道上。

（4）装配式混凝土建筑的产业链需要在尽量短时间内完善健全，以尽早充分展示装配式混凝土建筑的优势，发挥出其应有的经济效应、社会效应，获得社会大众的认可，更有力地推动装配式混凝土建筑的技术研究，及产业链的壮大与提升。从欧美、日本、新加坡的经验可以看出，装配式混凝土建筑发展完全得益于其完备的装配式混凝土建筑产业链和相关关键技术研究成果。

第三节　装配式混凝土建筑的国内应用现状

1. 政府政策

（1）全国政策

1）国务院

2016 年 2 月：《中共中央国务院关于进一步加强城市规划建设管理工作的若干意见》颁布。加大政策支持力度，力争用 10 年左右时间，使装配式建筑占新建建筑的比例达到 30%。积极稳妥推广钢结构建筑。

2016 年 3 月：李克强总理在《政府工作报告》中进一步强调，积极推广绿色建筑和建材，大力发展钢结构和装配式建筑，加快标准化建设，提高建筑技术水平和工程质量。

2016 年 9 月：李克强总理在国务院常务会议中提出“决定大力发展装配式建筑，推动产业结构调整升级”。

2016 年 9 月：《关于大力发展装配式建筑的指导意见》颁布。以京津冀、长三角、珠三角三大城市群为重点推进地区，常住人口超过 300 万的其他城市为积极推进地区，其余城市为鼓励推进地区，因地制宜发展装配式混凝土结构、钢结构和现代木结构等装配式建筑。力争用10年左右的时间，使装配式建筑占新建建筑面积的比例达到30%。

2016年9月：国务院举行关于装配式建筑政策例行吹风会，请住房城乡建设部总工程师陈宜明、住房城乡建设部建筑节能与科技司司长苏蕴山介绍发展装配式建筑有关情况，并答记者问。

2017年1月：《“十三五”节能减排综合工作方案》颁布。实施绿色建筑全产业链发展计划，推行绿色施工方式，推广节能绿色建材、装配式和钢结构建筑。

2017年2月：国务院总理李克强主持召开国务院常务会议，深化建筑业“放管服”改革，推广智能和装配式建筑。

2017年2月：《国务院办公厅关于促进建筑业持续健康发展的意见》颁布。要坚持标准化设计、工厂化生产、装配化施工、一体化装修、信息化管理、智能化应用，推动建造方式创新，大力发展装配式混凝土和钢结构建筑，在具备条件的地方倡导发展现代木结构建筑，不断提高装配式建筑在新建建筑中的比例。力争用10年左右的时间，使装配式建筑占新建建筑面积的比例达到30%。

目前全国所有省市出台了装配式建筑专门的指导意见和相关配套措施，不少地方更是对装配式建筑的发展提出了明确要求。越来越多的市场主体开始加入到装配式建筑的建设大军中。在各方共同推动下，2016年全国新开工的装配式建筑面积达到1.1亿m^2，其中上海达到2228万m^2，占新开工建筑总面积的30.3%，北京市达到500万m^2，占新开工建筑总面积的16.73%，深圳市达到430万m^2，占新开工建筑总面积的15.92%，浙江、山东、安徽、江苏四个省份分别达到1659万m^2、936万m^2、860万m^2、581万m^2。截至2015年底，全国装配式建筑构件生产企业约611个，生产线共计1786条，其中装配式混凝土预制构件生产线601条，钢筋混凝土预制构件产能约1亿m^2，装配式建筑配套部品生产企业468个，总生产线有762条。装配式建筑规模化发展格局初步显现。

2）住房城乡建设部

2016年11月：住房城乡建设部在上海召开全国装配式建筑现场会，住房城乡建设部部长陈政高提出“大力发展装配式建筑，促进建筑业转型升级”，并明确了发展装配式建筑必须抓好的七项工作。

2016年12月：《住房城乡建设部办公厅关于开展2016年度建筑节能、绿色建筑与装配式建筑实施情况专项检查的通知》中关于装配式建筑的内容为：重点检查《国务院办公厅关于大力发展装配式装筑的指导意见》（国办发［2016］）印发以来各地推进情况，包括政策措施出台情况、标准规范编制情况、项目推进情况等。

2016年12月：住房城乡建设部印发《装配式建筑工程消耗量定额》，该定额于2017年3月1日实施。

2016年12月：住房城乡建设部印发《装配式混凝土结构建筑工程施工图设计文件技术审查要点》。

2017年1月：住房城乡建设部发布国家标准《装配式混凝土建筑技术标准》、《装配式钢结构建筑技术标准》、《装配式木结构建筑技术标准》，于2017年6月1日起实施。

2017年3月：住房城乡建设部印发《建筑节能与绿色建筑发展“十三五”规划》。大力发展装配式建筑，加快建设装配式建筑生产基地，培育设计、生产、施工一体化龙头企业；完善装配式建筑相关政策、标准及技术体系。积极发展钢结构、现代木结构等建筑结构体系。

2017年3月：住房城乡建设部建筑节能与科技司印发2017年工作要点，将从制定发展规划、完善技术标准体系、提升装配式建筑产业配套能力、加强装配式建筑队伍建设四个方面全面推进装配式建筑。

2017年3月：住房城乡建设部一次性印发《“十三五”装配式建筑行动方案》《装配式建筑示范城市管理办法》《装配式建筑产业基地管理办法》三大文件，全面推进装配式建筑发展。提出：到2020年，全国装配式建筑占新建建筑的比例达到15%以上，其中重点推进地区达到20%以上，积极推进地区达到15%以上，鼓励推进地区达到10%以上；培育50个以上装配式建筑示范城市，200个以上装配式建筑产业基地，500个以上装配式建筑示范工程，建设30个以上装配式建筑科技创新基地。

2017年3月：住房城乡建设部在长沙召开全国装配式建筑工作会议。大力促进装配式建筑发展。

（2）部分省市政策

1）北京

2017年2月，下发《北京市人民政府办公厅　关于加快发展装配式建筑的实施意见》（京政办发〔2017〕8号）。

目标：到2018年，实现装配式建筑占新建建筑面积的比例达到20%以上，到2020年，实现装配式建筑占新建建筑面积的比例达到30%以上。

补助：对于实施范围内的预制率达到50%以上、装配率达到70%以上的非政府投资项目予以财政奖励；对于未在实施范围的非政府投资项目，凡自愿采用装配式建筑并符合实施标准的，按增量成本给予一定比例的财政奖励，同时给予实施项目不超过3%的面积奖励；增值税即征即退优惠；采用装配式建筑的商品房开发项目在办理房屋预售时，可不受项目建设形象进度要求的限制等。

3类项目全部采用装配式建筑：

一是北京市保障性住房和政府投资的新建建筑。

二是通过招拍挂方式取得城六区和通州区地上建筑规模5万平方米（含）以

上国有土地使用权的商品房开发项目。

三是在其他区取得地上建筑规模 10 万平方米（含）以上国有土地使用权的商品房开发项目。

2）上海

2016 年 10 月住房城乡建设部建筑节能与科技司、科技与产业化发展中心共同发布《上海市装配式建筑 2016—2020 年发展规划》，提出：

目标：①各区县政府和相关管委会在本区域供地面积总量中落实的装配式建筑的建筑面积比例，2015 年不少于 50%；2016 年起外环线以内新建民用建筑应全部采用装配式建筑、外环线以外超过 50%；2017 年起外环线以外在 50%基础上逐年增加；②“十三五”期间，全市装配式建筑的单体预制率达到 40%以上或装配率达到 60%以上。外环线以内采用装配式建筑的新建商品住宅、公租房和廉租房项目 100%采用全装修。

2016 年 5 月，上海市建筑建材业市场管理总站和上海市住宅建设发展中心联合下发通知，推进上海市装配整体式混凝土结构保障性住房工程总承包招投标。通知指出，单个项目最高补贴 1000 万。上海市加大政策扶持力度，研究出台了针对装配式建筑的奖励、补贴政策：对总建筑面积达到 3 万平方米以上，且预制装配率达到 45%及以上的装配式住宅项目，每平方米补贴 100 元，单个项目最高补贴 1000 万元；对自愿实施装配式建筑的项目给予不超过 3%的容积率奖励；装配式建筑外墙采用预制夹心保温墙体的，给予不超过 3%的容积率奖励。

2014 年 6 月，上海发布了《绿色建筑发展——三年行动计划》，吹响了全面推进预制装配式建筑的“号角”。

3）广东

2016 年，广东省住房和城乡建设厅发布了广东省标准《装配式混凝土建筑结构技术规程》DBJ 15—107—2016 以及《广东省房屋建筑工程装配式施工质量安全监督管理办法》。

2016 年 4 月广东省住房和城乡建设厅印发《广东省住房城乡建设系统 2016 年工程质量治理两年行动工作方案》。大力推广装配式建筑，积极稳妥推广钢结构建筑。同时，启动装配式、钢结构建筑工程建设计价定额的研究编制工作。

2016 年 7 月，广东省城市工作会议指出，要发展新型建造方式，大力推广装配式建筑，到 2025 年，使装配式建筑占新建建筑的比例达到 30%。

2017 年 4 月，广东省人民政府印发了《广东省人民政府办公厅关于大力发展装配式建筑的实施意见》。该意见指出：2018 年起，以招拍挂方式出让的建筑工程建设用地，将采用装配式建筑的相关要求纳入土地出让公告，并落实到土地使用合同中，满足装配式建筑面积占全市年度新出让用地总建筑面积比例不低于 30%的要求；2020 年起，装配式建筑面积占全市年度新出让用地总建筑面积比例不低于50%。

4）浙江

目标：到2020年，浙江省装配式建筑占新建建筑的比重达到30%。

补助：使用住房公积金贷款购买装配式建筑的商品房，公积金贷款额度最高可上浮20%；对于装配式建筑项目，施工企业缴纳的质量保证金以合同总价扣除预制构件总价作为基数乘以2%费率计取，建设单位缴纳的住宅物业保修金以物业建筑安装总造价扣除预制构件总价作为基数乘以2%费率计取；容积率奖励等。

实施范围：2016年10月1日起，全省各市、县中心城区出让或划拨土地上的新建住宅，全部实行全装修和成品交付。

5）江苏

目标：到2020年，全省装配式建筑占新建建筑比例将达到30%以上。

补助：项目建设单位可申报示范工程，包括住宅建筑、公共建筑、市政基础设施三类，每个示范工程项目补助金额约150万～250万元；项目建设单位可申报保障性住房项目，按照建筑产业现代化方式建造，混凝土结构单体建筑预制装配率不低于40%，钢结构、木结构建筑预制装配率不低于50%，按建筑面积每平方米奖励300元，单个项目补助最高不超过1800万元/个。

6）山东

目标：2017年，装配式建筑面积占新建建筑面积比例达到10%；到2020年，济南、青岛装配式建筑占新建建筑比例达到30%以上，其他设区城市和县（市）分别达到25%、15%以上；到2025年，全省装配式建筑占新建建筑比例达到40%以上。

补助：购房者金融政策优惠；容积率奖励；质量保证金项目可扣除预制构件价值部分、农民工工资、履约保证金可减半征收等。

实施范围：一是全省设区城市规划区内新建公共租赁房、棚户区改造安置住房等项目；二是政府投资工程。

（3）部分副省级市政策

1）广州

2017年9月，《广州市人民政府办公厅关于大力发展装配式建筑加快推进建筑产业现代化的实施意见》提出：

“各区实现装配式建筑占新建建筑的面积比例，到2020年不低于30%，到2025年不低于50%”；“2018年起，以招拍挂方式出让的建筑工程建设用地，将采用装配式建筑的相关要求纳入土地出让公告，并落实到土地使用合同中”；“对自愿实施装配式建筑的新建项目，给予预制外墙或叠合外墙预制部分不计入建筑面积的奖励（奖励的建筑面积不超过±0.000以上计容建筑面积的3%），具体奖励比例在建设工程规划许可文件中明确”；“对2017年以来开工建设，总建筑面积达到3万平方米以上，且装配率较高的装配式建筑工程（政府投资项目除外），财政给予扶持”；“经认定为高新技术企业的装配式建筑相关企业，可依法享受相关优惠政策。购买已认定为装配式建筑项目的商品房，商业贷款、公积金贷款首付比例按政策允许范围内最低首付比例执行，公积金贷款额度可视情况上浮”。

2）深圳

2017年2月，《深圳市住房和建设局关于加快推进装配式建筑的通知》内容包括：“下列项目应当实施装配式建筑：新出让的住宅用地项目；纳入“十三五”开工计划（含棚户区改造和城市更新等配建项目）独立成栋”。

2017年6月，深圳市住房和建设局、深圳市规划和国土资源委员会关于印发《深圳市装配式建筑住宅项目建筑面积奖励实施细则》的通知：“奖励建筑面积不超过符合我市装配式建筑相关技术要求的住宅规定建筑面积总和的3%，最多不超过5000平方米。奖励后的容积率不得超过《深圳市城市规划标准与准则》中规定的容积率上限。奖励建筑面积无需修改已有法定规划”。

2. 装配式建筑定性

装配式建筑是由预制部品部件在工地装配而成的建筑。装配率指的是单体建筑室外地坪以上的主体结构、围护墙和内隔墙、装修和设备管线等采用预制部品部件的综合比例，是评价装配式建筑的重要指标之一，也是政府制定装配式建筑扶持政策的主要依据指标。

（1）国家标准《装配式建筑评价标准》GB/T 51129—2017

装配式建筑的装配化程度由装配率来衡量。构成装配率的衡量指标包括装配式建筑的主体结构（含竖向承重构件、水平受力构件）、围护墙和内隔墙、装修和设备管线等三大部分的装配比例分值。装配式建筑的装配率计算和评价应以单体建筑作为计算和评价单元，并应符合下列规定：

1）单体建筑应按项目规划批准文件的建筑编号确认；

2）建筑由主楼和裙房组成时，主楼和裙房可按不同的单体建筑进行计算和评价；

3）单体建筑的层数为3层及以下，且地上建筑面积不超过500平方米，可由多个单体建筑组成建筑组团共同作为计算和评价单元。

装配式建筑应分两阶段评价：

1）设计阶段宜进行预评价，并应按设计文件计算装配率；

2）项目评价应在项目竣工验收后进行，并应按竣工验收资料计算装配率和确定评价等级。

装配式建筑需满足下列全部条件，才能被评定为装配式建筑：

1）主体结构部分的评价分值不应低于20分；

2）围护墙和内隔墙部分的评价分值不应低于10分；

3）采用全装修；

4）装配率不应低于50％。

其中装配率应根据表1-3中评价项分值按照下式计算：

$$P=\frac{Q_1+Q_2+Q_3}{100-Q_4}\times 100\%$$

式中 P——装配率；

Q_1——主体结构指标实际得分值；

Q_2——围护墙和内隔墙指标实际得分值；

Q_3——装修与设备管线指标实际得分值；

Q_4——评价项目中缺少的评价项分值总和。

装配式建筑评分表 **表1-3**

评价项		评价要求	评价分值	最低分值
主体结构（50分）	柱、支撑、承重墙、延性墙板等竖向构件	35％≤比例≤80％	20～30*	20
	梁、板、楼梯、阳台、空调板等构件	70％≤比例≤80％	10～20*	
围护墙和内隔墙（20分）	非承重围护墙非砌筑	比例≥80％	5	10
	围护墙与保温、隔热、装饰一体化	50％≤比例≤80％	2～5*	
	内隔墙非砌筑	比例≥50％	5	
	内隔墙与管线、装修一体化	50％≤比例≤80％	2～5*	
装修和设备管线（30分）	全装修	—	6	6
	干式工法的楼面、地面	比例≥70％	6	—
	集成厨房	70％≤比例≤90％	3～6*	
	集成卫生间	70％≤比例≤90％	3～6*	
	管线分离	50％≤比例≤70％	4～6*	

注：表中带“*”项的分值采用“内插法”计算，计算结果取1位小数。

当评价项目满足上述规定，且主体竖向构件中预制部品部件的比例不低于35％时，方可进行装配式建筑等级评价。

装配式建筑评价结果应划分为A级、AA级、AAA级，并应符合下列规定：

1）装配率达到60％～75％时，评价为A级装配式建筑；

2）装配率达到76％～90％时，评价为AA级装配式建筑；

3）装配率达到91％及以上时，评价为AAA级装配式建筑。

（2）部分省市出台的装配式建筑评价标准

根据国家标准，全国各省市结合本省市特点，陆续相应制定了关于装配式建筑评价的省、市标准。

1）浙江省（详见《装配式建筑评价标准》DB33/T 1165—2019）

装配率计算公式同国家标准，但装配式建筑评分表见表1-4。

装配式建筑评分表　　**表1-4**

<table>
<tr><th colspan="3">评价项</th><th>评价要求</th><th>评价分值</th><th>最低分值</th></tr>
<tr><td rowspan="4">主体结构
(Q1)
(50分)</td><td rowspan="3">柱、支撑、承重墙、延性墙板等竖向构件</td><td>应用预制部件</td><td>35%≤比例≤80%</td><td>20～30*</td><td rowspan="4">20</td></tr>
<tr><td>现场采用高精度模板</td><td>70%≤比例≤90%</td><td>5～10*</td></tr>
<tr><td>现场应用成形钢筋</td><td>比例≥70%</td><td>4</td></tr>
<tr><td colspan="2">梁、板、楼梯、阳台、空调板等构件</td><td>70%≤比例≤80%</td><td>10～20*</td></tr>
<tr><td rowspan="7">围护墙和内隔墙
(Q_2)
(20分)</td><td colspan="2">非承重围护墙、非砌筑</td><td>比例≥80%</td><td>5</td><td rowspan="7">10</td></tr>
<tr><td rowspan="3">围护墙</td><td>墙体与保温隔热、装饰一体化</td><td>50%≤比例≤80%</td><td>2～5*</td></tr>
<tr><td>采用保温隔热与装饰一体化</td><td>比例≥80%</td><td>3.5</td></tr>
<tr><td>采用墙体与保温隔热一体化</td><td>50%≤比例≤80%</td><td>1.2～3.0*</td></tr>
<tr><td colspan="2">内隔墙非砌筑</td><td>比例≥50%</td><td>5</td></tr>
<tr><td rowspan="2">内隔墙</td><td>采用墙体与管线、装修一体化</td><td>50%≤比例≤80%</td><td>2～5*</td></tr>
<tr><td>采用墙体与管线一体化</td><td>50%≤比例≤80%</td><td>1.2～3.0*</td></tr>
<tr><td rowspan="6">装修和设备管线
(Q_3)
(30分)</td><td colspan="2">全装修</td><td>—</td><td>6</td><td>6</td></tr>
<tr><td colspan="2">干式工法楼面</td><td>比例≥70%</td><td>6</td><td rowspan="5">—</td></tr>
<tr><td colspan="2">集成厨房</td><td>70%≤比例≤90%</td><td>3～6*</td></tr>
<tr><td colspan="2">集成卫生间</td><td>70%≤比例≤90%</td><td>3～6*</td></tr>
<tr><td rowspan="2">管线分离</td><td>竖向布置管线与墙体分离</td><td>50%≤比例≤70%</td><td>1～3*</td></tr>
<tr><td>水平向布置管线与楼板和湿作业楼面垫层分离</td><td>50%≤比例≤70%</td><td>1～3*</td></tr>
</table>

注：表中带“*”项的分值采用内插法计算，计算结果取小数点后1位。

2）山东省（详见《装配式建筑评价标准》DB37/T 5127—2018）

装配率应根据表1-5中评价项分值按照下式计算：

$$P=\frac{Q_1+Q_2+Q_3+Q_4+Q_5}{100-Q'}\times 100\%$$

式中　P——装配率；

Q_1——主体结构指标实际得分值；

Q_2——围护墙和内隔墙指标实际得分值；

Q_3——装修和设备管线指标实际得分值；

Q_4——标准化设计指标实际得分值；

Q_5——信息化技术指标实际得分值；

Q'——评价项目中建筑功能缺少的评价项分值总和，Q_4、Q_5 评价项不包含在内。

装配式建筑评分表　　**表 1-5**

<table>
<tr><th colspan="2">评价项</th><th>应用比例</th><th>评价要求</th><th>评价分值</th><th colspan="2">最低分值</th></tr>
<tr><td rowspan="2">主体结构（Q_1）（50 分）</td><td>柱、支撑、承重墙、延性墙板等竖向构件</td><td>q_{1a}</td><td>20%≤比例≤80%</td><td>15～30*</td><td>—</td><td rowspan="2">20</td></tr>
<tr><td>梁、板、楼梯、阳台、空调板等构件</td><td>q_{1b}</td><td>70%≤比例≤80%</td><td>10～20*</td><td>10</td></tr>
<tr><td rowspan="4">围护墙和内隔墙（Q_2）（20 分）</td><td>非承重围护墙非砌筑</td><td>q_{2a}</td><td>比例≥80%</td><td>5</td><td colspan="2" rowspan="4">10</td></tr>
<tr><td>围护墙与保温、装饰一体化</td><td>q_{2b}</td><td>50%≤比例≤80%</td><td>2～5*</td></tr>
<tr><td>内隔墙非砌筑</td><td>q_{2c}</td><td>比例≥50%</td><td>5</td></tr>
<tr><td>内隔墙与管线、装修一体</td><td></td><td>50%≤比例≤80%</td><td>2～5*</td></tr>
<tr><td rowspan="5">装修和设备管线（Q_3）（25 分）</td><td>全装修</td><td>—</td><td>—</td><td>5</td><td colspan="2">5</td></tr>
<tr><td>干式工法楼面、地面</td><td>q_{3a}</td><td>比例≥60%</td><td>5</td><td colspan="2" rowspan="4">—</td></tr>
<tr><td>集成厨房</td><td>q_{3b}</td><td>70%≤比例≤90%</td><td>3～5*</td></tr>
<tr><td>集成卫生间</td><td>q_{3c}</td><td>70%≤比例≤90%</td><td>3～5*</td></tr>
<tr><td>管线分离</td><td>q_{3d}</td><td>50%≤比例≤70%</td><td>3～5*</td></tr>
<tr><td rowspan="3">标准化设计（Q_4）（3 分）</td><td>平面布置标准化</td><td rowspan="3">—</td><td rowspan="3">—</td><td>1</td><td colspan="2" rowspan="3">—</td></tr>
<tr><td>预制构件与部品标准化</td><td>1</td></tr>
<tr><td>节点标准化</td><td>1</td></tr>
<tr><td colspan="2">信息化技术（Q_5）（2 分）</td><td>—</td><td>—</td><td>2</td><td colspan="2">—</td></tr>
</table>

注：1. 表中带“*”项的分值采用内插法计算，计算结果取小数点后 1 位；

2. 高精度模板内设保温材料现浇一次成形的非承重围护墙体，满足无空腔复合保温结构体要求且比例≥80%时，非承重围护墙非砌筑评价项得 2 分；

3. 采用高精度砌块拼装内隔墙且比例≥80%时，内隔墙非砌筑评价项得 2 分；

4. 围护墙、保温、装饰仅实现两者一体化，评价分值区间应为 1.2～3.0；

5. 内隔墙、管线、装修仅实现两者一体化，评价分值区间应为 1.2～3.0；

6. 高精度模板的混凝土结构表面应达到免找平模灰要求，当分别用于无需设置保温系统、一次成形且符合无空腔复合保温结构体要求的竖向构件时，q_{1a} 应分别乘以 0.12、0.1 的折减系数；

7. 当采用双面叠合剪力墙或预制空心剪力墙时，q_{1a} 应乘以 0.8 的折减系数；而单面叠合剪力墙但另一面采用高精度模板时，可参与评价，但 q_{1a} 应乘以 0.2 的折减系数。

3）湖南省（详见《湖南省绿色装配式建筑评价标准》DBJ43/T 332—2018）

装配率应根据表 1-6 中评价项分值按照下式计算：

$$P=\frac{Q_1+Q_2+Q_3+Q_4+Q_5}{100-Q_6}\times 100\%$$

式中　P——装配率；

Q_1——主体结构指标实际得分值；

Q_2——围护墙和内隔墙指标实际得分值；

Q_3——装修和设备管线指标实际得分值；

Q_4——绿色建筑指标实际得分值；

Q_5——加分项指标实际得分值；

Q_6——评价项目中缺少的评价项分值总和。

绿色装配式建筑评分表　　**表 1-6**

评价项			评价要求	评价分值	最低分值
主体结构 Q_1（45 分）	柱、支撑、承重墙、延性墙板等竖向构件	A. 采用预制构件	35%≤比例≤80%	15～25*	20
		B. 采用高精度模板或免拆模板施工工艺	比例≥85%	5	
	梁、板、楼梯、阳台、空调板等构件	采用预制构件	70%≤比例≤80%	10～20*	
围护墙和内隔墙 Q_2（20 分）	非承重围护墙非砌筑		比例≥80%	5	10
	外围护墙体集成化	A. 围护墙与保温、隔热、装饰一体化	50%≤比例≤80%	2～5*	
		B. 围护墙与保温、隔热、窗框一体化	50%≤比例≤80%	1.4～3.5*	
	内隔墙非砌筑		比例≥50%	5	
	内隔墙体集成化	A. 内隔墙与管线、装修一体化	50%≤比例≤80%	2～5*	
		B. 内隔墙与管线一体化	50%≤比例≤80%	1.4～3.5*	

续表

评价项		评价要求	评价分值	最低分值
装修和设备管线 Q_3（25分）	全装修	—	6	6
	干式工法的楼面、地面	比例≥70%	4	
	集成厨房	70%≤比例≤90%	3～5*	
	集成卫生间	70%≤比例≤90%	3～5*	
	管线分离	50%≤比例≤70%	3～5*	
绿色建筑 Q_4（10分）	绿色建筑基本要求	满足绿色建筑审查基本要求	4	4
	绿色建筑评价标识	一星≤星级≤三星	2～6	
加分项 Q_5	BIM技术应用	设计	1	
		生产	1	
		施工	1	
	采用EPC模式	—	2	

注：1. 表中带“*”项的分值采用“内插法”计算，计算结果取小数点后1位；

2. 高精度模板或免拆模板施工工艺是指采用铝合金模板、大钢模板或其他材料免拆模板等施工工艺以达到免抹灰的效果且成形构件平整度偏差不应大于5mm的竖向构件成形工艺；

3. 表中每得分子项A、B项不同时计分，其余项均可同时计分；

4. 绿色建筑评价标识项，一星计2分、二星计4分、三星计6分。

3. 装配式混凝土建筑技术成果

(1) 装配式混凝土建筑技术应用现状

装配式混凝土建筑是工程化的工业产品，要求功能完善、性能良好、节能环保、造型美观，其生产成为高品质建筑产品的唯一途径就是技术集成化，各专业一体化协同。装配式混凝土建筑从结构专业划分，可分为装配整体式混凝土结构和全装配式混凝土结构。

1) 装配整体式混凝土结构

装配整体式混凝土结构是由预制混凝土构件通过可靠的方式进行连接并与现场后浇混凝土、水泥基灌浆料形成整体的装配式混凝土结构。装配整体式混凝土结构的结构性能与现浇混凝土基本等同，适用于各级规范规定的混凝土结构。基于结构形式、预制构件之间的连接方式考虑，主要有如下几种代表技术：

① 以万科集团为代表的PCF（Precast Concrete Form）内浇外挂技术

突出特点就是内浇外挂体系，结构主体现浇，结构外周大量采用预制混凝土模板作为外部剪力墙的外侧模板，水平构件如梁、楼盖叠合，全预制混凝土构件可在阳台、楼梯、空调板、部分内隔墙板等实现；PCF 技术主要解决了预制剪力墙接缝多、施工难度大、成本增加、施工周期长等问题，通过全预制构件制作及安装技术，并将装饰、保温及窗框与墙板整体预制，也解决了窗框渗水问题，而且减少了现场湿作业量及砌筑等后期施工工序。在搭配铝模板的情况下，还可以省略抹灰等后续工序。为配合该体系的应用，深圳市出台了《预制装配钢筋混凝土外墙技术规程》SJG 24—2012。该技术解决了外墙模板问题，避免了外围脚手架及模板的支设，节约模板并提高施工安全性。但是，该技术中所采用的外墙混凝土模板在设计中并未考虑其对墙体承载力及刚度的贡献，一方面造成了材料浪费，另一方面使计算假定可能与实际结构相差较大，不利抗震。另外，其主体结构即剪力墙几乎为全现浇、楼板为叠合楼板，因此，现浇量仍然较大。

碧桂园推出的 SSGF 工业化建造体系基本属于该技术体系，以“Sci-tech 科技创新”“Safe&share 安全共享”“Green 绿色可持续”“Fine&fast 优质高效”为四大核心理念，以装配、现浇、机电、内装等工业化为基础，整合分级标准化设计、模具空中化装配、全穿插施工管理、人工智能化应用等技术和管理，具有高品质、高速度、低能耗的优点。对外墙采用铝模搭建，通过拉缝工艺对钢筋混凝土一次浇筑成形，墙面平整，无需抹灰，提高整体安全性和防渗性，实现结构自防水，有效解决外墙、窗边渗漏等难题。在内墙建造时，使用工厂生产的预制内墙板进行牢固拼接，摈弃传统砌砖模式，同样免除抹灰环节，有效节省室内使用面积，避免开裂和空鼓。

② 以中南集团为代表的 NPC（New Precast Concrete）技术体系

该技术引自澳大利亚的金属波纹管浆锚搭接连接预制混凝土技术，应用于预制剪力墙的竖向钢筋连接，结合我国设计要求，形成了具有自身特色的技术体系。其原理为在预埋钢筋附近预埋金属波纹管，在波纹管内插入待插钢筋后灌浆完成。竖向构件剪力墙、填充墙等采用全预制，水平构件梁、板采用叠合形式。竖向通过下部构件预留插筋（连接钢筋）、上部构件预留金属波纹浆锚管或套筒实现钢筋浆锚连接，水平向通过适当部位设置现浇混凝土连接带，以现浇混凝土连接；水平构件与竖向构件通过竖向构件预留插筋伸入梁、板叠合层及叠合层现浇混凝土实现连接；通过钢筋浆锚接头、现浇连接带、叠合现浇等形式将竖向构件和水平构件连接形成整体结构。

该技术成本较低，但受力性能差于套筒灌浆连接。该技术已纳入到江苏省地方标准《预制装配整体式剪力墙结构体系技术规程》DGJ32/TJ 125—2011。

③ 以宇辉集团为代表的钢筋约束浆锚搭接连接剪力墙技术体系

螺旋箍筋约束的钢筋浆锚搭接连接技术属于我国自主产权的钢筋连接技术，用于预制装配式剪力墙的竖向钢筋连接。其原理是：在预制构件底部预埋足够长度的带螺纹的套管，预埋钢筋和套管共同置于螺旋箍筋内，浇筑混凝土剪力墙后待混凝土硬化时拔出预埋套管。与套筒灌浆技术不同的是，预埋套筒不等同于套筒，其作用为形成空洞的模板，起到套筒约束作用的是螺旋箍筋。该技术成本较低，更适用于较细的钢筋连接。

④ 合肥西伟德为代表的叠合板式混凝土剪力墙技术

西伟德混凝土预制（合肥）有限公司引进德国“double-wall precast concrete building system”技术，形成了叠合板式混凝土剪力墙结构，结构构件分为叠合式楼板、叠合式墙板以及预制楼梯等。叠合式楼板由底层预制板和格构钢筋组成，可作为后浇混凝土的模板；叠合式剪力墙沿厚度方向分为三层，内、外层预制，中间层现浇，形成“三明治”结构，即由两层预制板与格构钢筋制作而成，两层预制板兼作模板，现场安装就位后可在两层预制板中间浇筑混凝土，格构钢筋可作为预制板的受力钢筋以及吊点，施工便利，速度较快。

该技术内、外层预制板与相邻层的预制板不相连接，因此预制混凝土板部分在水平接缝位置不参与抵抗水平剪力，其在水平接缝处的平面内受剪和平面外受弯有效厚度大幅度减小，因此叠合剪力墙的受剪承载力弱于同厚度的现浇剪力墙或其他形式的装配整体式剪力墙。目前，该技术已作为附录纳入国家标准《装配式混凝土建筑技术标准》GB/T 51231—2016。

⑤ 大地集团为代表的世构体系技术

南京大地集团从20世纪90年代从法国引进世构体系，即键槽式预制预应力钢筋混凝土装配整体式框架结构体系。该体系采用现浇或多段预制混凝土柱、预制预应力混凝土叠合梁、板，通过后浇带连成整体。该体系的独特性在于，除采用预制预应力混凝土叠合梁、板外，梁根部采用了键槽设计，键槽中设置贯通节点的U形钢筋，使用强度等级高一级的无收缩或微膨胀细石混凝土填平键槽，然后利用后浇混凝土梁、板浇筑在一起形成梁柱节点。利用该技术近10年来已完成100万m^2建筑工程，包括南京金盛国际家居广场江北店（5层框架结构、建筑面积16万m^2仅92d即完成主体工程）、仙林国际汽配城、南京审计学院国际学术交流中心等项目。

目前该技术的行业标准《预制预应力混凝土装配整体式框架结构技术规程》JGJ 224—2010已于2010年颁布实施。

⑥ 其他体系技术

对装配整体式框架结构，其梁柱节点还包括通用的节点区后浇、节点整体预制以及不多见的型钢辅助连接等。节点区后浇的装配整体式框架结构，大多采用一字形预制梁、柱构件，梁内纵筋在后浇梁柱节点区搭接或锚固。节点整体预制的装配整体式框架结构，构件可采用一维构件、二维构件和三维构件，其中二维、三维构件由于安装、运输困难，较少应用。型钢辅助连接的装配整体式框架，通常由预制框架柱、叠合梁、叠合板或预制楼板组成，梁柱内预埋型钢，现场施工时通过螺栓或焊接在节点区连接，之后浇筑混凝土，形成整体结构。

对装配整体式剪力墙结构，北京市地方标准《装配式剪力墙结构设计规程》DB 11/1003—2013 还给出了装配式圆孔板剪力墙结构、装配式型钢混凝土剪力墙结构两种结构体系。其中装配式圆孔板剪力墙结构是在墙板中预留圆孔，做成圆孔空心板，现场安装后，上下构件的竖向钢筋网片在圆孔内布置、搭接，然后在圆孔内浇筑微膨胀混凝土形成实心板；装配式型钢混凝土剪力墙结构是在预制墙板的边缘构件设置型钢、拼缝位置设置钢板预埋件，型钢和钢板预埋件在拼缝位置采用焊接或螺栓连接。中建七局还研发了装配式环筋扣合锚接混凝土剪力墙结构体系，即下层预制剪力墙的竖向钢筋伸出墙顶形成倒“U”形，而上层预制剪力墙的竖向钢筋伸出墙底形成“U”形，在连接处形成暗梁区域（高度约为楼板厚），进行钢筋绑扎连接扣合，并穿入水平钢筋，浇筑混凝土连接成整体。

另外，广东省建筑设计研究院研发出一种免模钢-混组合装配式整体结构体系。墙体采用带预制保护层空腹钢桁架剪力墙，墙暗柱由两片厚度较厚的标准钢桁架混凝土预制构件组合而成，中间留空现场浇筑混凝土空间，墙身由钢筋笼、构造构架组合而成，外拼预制混凝土保护层墙身，梁构件主要采用带预制受力模板空腹钢桁架梁。

2）全装配式混凝土结构

全装配式混凝土结构没有或较少的采用现浇混凝土，其结构性能与现浇混凝土结构不能等同，计算分析方法和构造措施与现浇混凝土差异较大。其适用于低层、多层等高宽比较小，以竖向荷载为主的结构。

(2) 装配式技术成果

经过多年研究和努力，随着科研投入不断加大和试点项目推广，各类技术体系逐步完善，相关标准规范陆续出台。

1）装配式混凝土建筑相关的现行国家、行业及地方标准

《装配式建筑评价标准》GB/T 51129—2017

《装配式混凝土建筑技术标准》GB/T 51231—2016

《装配式混凝土结构技术规程》JGJ 1—2014

《预制预应力混凝土装配整体式框架结构技术规程》JGJ 224—2010

《预制带肋底板混凝土叠合楼板技术规程》JGJ/T 258—2011

《整体预应力装配式板柱结构技术规程》CECS 52：2010

《钢筋套筒灌浆连接应用技术规程》JGJ 355—2015

《预应力混凝土用金属波纹管》JG 225—2007

《预制混凝土楼梯》JG/T 562—2018

《装配整体式混凝土结构技术导则》住房城乡建设部住宅产业化促进中心

《装配式剪力墙结构设计规程》DB 11/1003—2013 北京市地方标准

《装配整体式混凝土住宅体系设计规程》DG/TJ 08—2071—2010 上海市地方标准

《预制混凝土夹心保温外墙板应用设计规程》DG/TJ 08—2158—2015 上海市地方标准

《装配式混凝土建筑结构技术规程》DBJ 15—107—2016 广东省地方标准

《叠合板式混凝土剪力墙结构技术规程》DB34/T 810—2008 安徽省地方标准

《预制装配整体式剪力墙结构体系技术规程》DGJ32/TJ 125—2011 江苏省地方标准

《叠合板式混凝土剪力墙结构技术规程》DB33/T 1120—2016 浙江省地方标准

《预制装配钢筋混凝土外墙技术规程》SJG 24—2012 深圳市地方标准

《预制装配整体式钢筋混凝土结构技术规范》SJG 18—2009 深圳市地方标准

2）现行的国家图集

① 结构

《装配式混凝土结构住宅建筑设计示例（建力墙结构）》15J939-1

《装配式混凝土结构表示方法及示例（剪力墙结构）》15G107-1

《装配式混凝土结构预制构件选用目录（一）》16G116-1

《装配式混凝土结构连接节点构造（楼盖和楼梯）》15G310-1

《装配式混凝土结构连接节点构造（剪力墙）》15G310-2

《预制混凝土剪力墙外墙板》15G365-1

《预制混凝土剪力墙内墙板》15G365-2

《预制混凝土外墙挂板（一）》16J110-2、16G333

《桁架钢筋混凝土叠合板（60mm 厚底板）》15G366-1

《预制钢筋混凝土板式楼梯》15G367-1

《装配式混凝土剪力墙结构住宅施工工艺图解》16G906

《全国民用建筑工程设计技术措施建筑产业现代化专篇（装配式混凝土剪力墙结构施工）结构》2016JSCS-7-1

《装配式建筑系列标准应用 实施指南 装配式混凝土结构建筑》2016SSZN-HNT

《钢管混凝土结构构造》06SG524

《型钢混凝土组合结构构造》04SG523

② 外围护系统

《预制混凝土剪力墙外墙板》15G365-1

《预制钢筋混凝土阳台板、空调板及女儿墙》15G368-1

《人造板材幕墙》13J103-7

《双层幕墙》07J103-8

《玻璃采光顶》07J205

《外墙内保温建筑构造》11J122

《平屋面建筑构造》12J201

《坡屋面建筑构造（一）》09J202-1

《种植屋面建筑构造》14J206

《建筑一体化光伏系统电气设计与施工》15D202-4

《变形缝建筑构造》14J936

《太阳能集中热水系统选用与安装》15S128

③ 设备与管线系统

《内装修—室内吊顶》12J502-2

《太阳能集中热水系统选用与安装》15S128

《热水器选用及安装》08S126

《装配式室内管道支吊架的选用与安装》16CK208

④ 内装系统

《内装修—墙面装修》13J502-1

《内装修—室内吊顶》12J502-2

《内装修—楼（地）面装修》13J502-3

《住宅内装工业化设计—整体收纳》17J509-1

《住宅厨房》14J913-2

《住宅卫生间》14J914-2

《住宅排气道》16J916-1

4. 装配式混凝土建筑工程的监管机制

装配式建混凝土筑工程安全、质量好、速度快、效率高、成本可控，是建筑工程实现工业化、形成产业化的有效途径，正适合我国对目前建筑业劳动密集型、建造方式相对落后传统产业的改革。我国现行的工程建设管理法规和制度是针对现浇建造方式设计的，分项招标，分段验收，设计、生产、施工各个环节相互割裂、脱节，与装配式混凝土建筑特点要求不符，装配式混凝土建筑的监管应包括三个阶段：一是构件在工厂加工阶段，二是运输及吊装阶段，三是现场安装及混凝土现浇阶段。

目前各地分别出台了相应的临时性监管措施。

北京市发布了《关于加强装配式混凝土建筑工程设计施工质量全过程管控的通知》（京建法〔2018〕6 号）和《关于明确装配式混凝土结构建筑工程施工现

场质量监督工作要点的通知》(京建〔2018〕371号),明确“市、区质监部门依据法律、法规、国家标准和行业标准对本市生产环节的建筑材料、建筑构配件开展产品质量监督抽查”;“本市装配式混凝土建筑工程质量监督工作遵循属地监管与分类监管相结合、以属地监管为主的原则”;“预制混凝土构件进场验收,主要抽查工程总承包单位或施工单位对预制混凝土构件进行进场验收检查记录及相关质量证明文件”;“监理单位根据装配式混凝土建筑工程特点,编制专项实施细则和预制混凝土构件连接处、套筒灌浆连接等关键部位和关键工序旁站监理方案;以及审查灌浆操作人员专项培训情况”。

上海市印发了《关于进一步加强本市装配整体式混凝土结构工程质量管理的若干规定》(沪建质安(2017)241号),明确“预制构件作为材料、产品进场时,由施工单位、监理单位进行核验,预制构件生产单位组织生产首件验收”。

江苏省《省住房城乡建设厅关于做好装配式混凝土预制构件生产质量监理工作的指导意见》(苏建函建管〔2018〕680号),明确“建设单位委托工程监理单位对装配式混凝土建筑工程项目实施监理的,监理单位应当对混凝土预制构件的生产质量进行监理,必要时可以安排监理人员驻厂”。

山东省印发《山东省装配式混凝土建筑工程质量监督管理工作导则》(鲁建建字〔2015〕25号),将预制构件生产企业列为主要质量责任单位,质量监督机构除对质量责任主体和有关单位的质量行为和施工现场实体质量进行监督外,还应当对构件生产过程进行监督;实施首批构件监理驻厂监造,对于非首批构件的监管,监理单位可以通过加强进场检验的方式,减少生产环节的监督检查力度。

广东省明确“加强全过程监管,建设和监理等相关方可采用驻厂监造或质量保证体系认证等方式加强部品部件生产质量管控”。深圳市要求“质量安全监督机构应当加强装配式建筑项目预制构件生产环节的监督检查,监督抽检工作前移,采取进厂抽检和飞行检查的方式”;“预制构件生产地不在深圳市的,其质量检验检测工作可就近委托具有相应资质的检测单位实施”。

从上述各地政策可看出,针对预制混凝土构件质量的监管,责任与权限略有不同,但总的来讲这些监管措施主要都是从政府监管、基本规定、质量安全责任、工程验收、监督管理等方面进行规定。

(1) 政府监管

省、自治区、直辖市住房城乡建设主管部门及其委托的建设工程质量安全监督机构应对全省、自治区、直辖市装配式建筑工程的质量安全实行统一的监督管理。

县级以上地方政府住房城乡建设行政主管部门及其委托的工程质量安全监督

机构对本行政区域内装配式建筑工程的质量安全实施监督管理。

（2）基本规定

建设单位根据装配式建筑工程的特点，负责全面协调工作。在工程建设的全过程中，建设单位应承担装配式建筑设计、预制构件生产、施工等各方之间的综合管理协调责任，促进各方之间的紧密协作。

（3）质量安全责任

质量安全责任主体包括建设单位、设计单位、施工图审查单位、监理单位、施工单位、预制构件生产单位。

1）建设单位质量安全责任

① 应将装配式建筑工程发包给具有相应资质的设计、监理、施工单位。

② 必须按有关规定将装配式建筑施工图设计文件送审图机构审查。

③ 应建立预制构件验收制度：

a. 对首批预制构件，应组织设计、监理、施工、生产单位等参建各方进行验收，验收合格后方可进行后续生产。

b. 应协调监理、总承包单位建立预制构件出厂检验和进场验收制度。

④ 应建立装配式建筑工程验收制度。

2）设计单位质量安全责任

① 施工图设计文件中应明确装配式建筑的结构类型、装配率、预制构件种类、装配式构造节点做法等，并编制装配式建筑设计说明专篇，对可能存在的重大风险提出专项设计要求。

② 应加强建筑、结构、电气、设备、装饰装修等各专业之间的沟通协作，装配式建筑设计应考虑预制构件生产、运输以及装配式施工的要求。

③ 应就装配式建筑设计内容向监理、施工、预制构件生产单位进行设计交底，并参与装配式建筑专项施工方案的讨论。

④ 应核实预制构件深化图与施工图设计文件的符合性，未经核实通过严禁进行预制构件生产加工。

⑤ 应参加建设单位组织的预制构件、装配式结构、施工样板质量验收，对构件生产和装配式施工是否符合设计要求进行检查。

3）施工图审查单位质量安全责任

① 应对装配式建筑的装配率进行重点审查，并出具明确的审查意见，如后期设计修改涉及装配率的内容必须重新进行审核。

② 应对装配式建筑涉及结构安全和建筑性能的关键环节进行重点审查，主要包括预制构件布置、节点连接设计、保温隔热做法、防水做法、防雷做法等。

4）监理单位质量安全责任

① 编制装配式建筑监理实施细则，经审批后实施。

② 应对预制构件生产单位、施工单位的质量保证体系进行审核，对预制构件生产单位编制的预制构件制作方案及施工单位编制的施工组织设计和装配式建筑施工方案进行审批。

③ 应对预制构件的生产制作全过程进行监理；应对预制构件的施工安装过程进行监理。

5）施工单位质量安全责任

① 应充分配合设计单位进行施工图深化设计，及时提供塔吊和施工机械布置方案、脚手架布置方案、工具式模板施工方案、预制构件安装方案、机电施工方案、装配式内墙板施工方案、装修深化图等，以保证装配式建筑设计与施工协调一致。

② 应进行工具式模板深化设计，提前完成模拟安装，并编制工具式模板施工方案，经监理审批后实施。

③ 应对预制构件生产单位编制的预制构件生产、运输方案进行审核确认，并配合监理单位实施预制构件生产过程的驻厂监理。

④ 应编制施工组织设计，对预制构件的场内运输、存放、安装，以及外围护接缝处密封防水、机电管线安装、装配式内墙板安装、集成式卫生间安装、装修施工、穿插流水施工工序等关键工程编制专项施工方案，报请监理审批，并严格按照施工图和专项施工方案组织施工。

⑤ 应建立健全预制构件施工安装过程质量检验制度。

⑥ 装配式建筑起重机械的安装、拆卸及使用必须严格执行相关规范、标准规定。

6）预制构件生产单位质量安全责任

① 应与施工单位一起配合设计单位完成施工图深化设计，保证预制构件生产和安装质量。

② 应对检查合格的预制构件进行标识，标识不全的不得出厂，出厂的预制构件应提供完整的质量证明文件。预制构件存放和吊运应采取防倾覆措施。

③ 应编制预制构件的成品保护、运输方案，并配合施工单位完成预制构件吊装施工。

④ 应向施工单位提交材料检验报告、过程验收资料、预制构件合格证等质量证明文件。

⑤ 生产吊运设备应经有资质的第三方检测单位检测合格并定期复检。

（4）工程验收

装配式建筑主体结构验收可根据装配式建筑施工特点分段分层进行，分段分层内主体结构验收合格后，可进行机电设备安装和装饰装修。装配式建筑工程验收按照现行国家相关规范标准进行。

现行的国家规范、行业标准及技术规程如下：

1）《混凝土结构工程施工质量验收规范》GB 50204—2015

2）《装配式混凝土结构技术规程》JGJ 1—2014

3）《钢筋套筒灌浆连接应用技术规程》JGJ 355—2015

4）《钢筋连接用灌浆套筒》JG/T 398—2012

5）《钢筋连接用套筒灌浆料》JG/T 408—2013

6）预制构件、配件产品标准

（5）监督管理

各级建设行政主管部门及其委托的监督机构应根据装配式建筑的特点，对装配式建筑工程实体质量实施监督，重点是涉及工程结构安全、重要使用功能的工程实体部位所使用的注浆料、套筒、外墙密封胶、连接件等原材料，构件连接、构造防水、防水施工等关键环节，结构实体混凝土强度、结构实体钢筋保护层厚度、结构实体位置与尺寸偏差检验、钢结构节点、焊缝、防腐、防火等。对装配式建筑工程施工安全进行监督检查的重点是起重吊装、安全防护以及其他涉及安全生产、文明施工措施的落实情况。

第二章

装配式混凝土建筑的结构体系

第一节　装配式混凝土建筑的结构特点及分类

1. 装配式混凝土建筑的结构特点

装配式混凝土建筑所选用的混凝土材料往往可以就地取材，加工方便，制作成熟，成本较低，结构刚度大，抗侧向作用的稳定感强，加之耐久性好，在工程建设中应用广泛，我国中、高层建筑80%以上都是混凝土建筑。

基于劳动力的日趋短缺、绿色友好环境的日益重视等因素，我国正在大力推行装配式建筑，实现工厂化、机械化、产业化。混凝土结构构件便于预制成形，适合标准化生产，机械化施工，容易形成产业化。如此大规模的混凝土建筑一旦实现装配化，施工现场湿作业将大大减少，而转移到工厂内完成，可以大大减少能源消耗，降低污染，节省成本，对工程质量、作业人员、社会都将是功在千秋的大益事。因此装配式混凝土建筑的推广势在必行。

根据《装配式混凝土结构技术规程》JGJ 1—2014，装配式混凝土建筑的结构包括装配整体式混凝土结构和全装配混凝土结构。两者最大的区别在于，全装配混凝土结构基本都是干连接，结构体预制构件基本都是通过螺栓连接、焊接连接或预应力筋压接等装配而成，与现浇混凝土结构的受力性能截然不同；而装配整体式混凝土结构以湿连接为主，预制构件连接后需要通过现场后浇混凝土、水泥基灌浆料等形成整体，以达到等同现浇的性能。这也是由现有现浇体系建立的相关结构技术特点所决定的。从这一点也可以看出，对装配整体式混凝土结构，其结构分析、内力计算、构件配筋和构造与现浇结构基本相同，而全装配混凝土结构则不同，可以从以下两点进一步说明两者的特点：

（1）装配整体式混凝土结构，其性能等同于现浇，因此结构分析模型、构件间力的传递均可参考现浇混凝土结构，只不过预制构件配筋一般还需要考虑连接构造加强构造措施，而全装配混凝土结构构件间采用焊接连接或螺栓连接等，结构内力呈现非连续传力特点，需要建立与此匹配的结构分析模型，对构件本身也需要结合实际受力进行分析设计。

（2）装配整体式混凝土结构中的预制构件配筋主要参照现浇混凝土结构完成的，因此预制构件之间的连接必须要保证钢筋受拉和混凝土受压的连续性，同时所有构件往往需要通过水平叠合构件的现浇层、梁板节点、梁柱（墙）节点、板柱（墙）节点的现浇层，或者竖向构件间预留的后浇带，来实现结构的整体性能，增强结构空间共同工作性能，因此后浇混凝土层的作用十分重要。

正是因为装配整体式混凝土结构有机融合了现浇混凝土结构和全装配混凝土结构的优点，更易于被理解和认可，在我国广泛应用。目前，大多数多层和全部高层、超高层装配式混凝土结构都是装配整体式混凝土结构，而预制钢筋混凝土单层厂房和部分抗震设防烈度低的地区的多层建筑采用全装配混凝土结构。本书涉及的结构技术与构造主要基于装配整体式混凝土结构。

2. 国外装配整体式混凝土结构体系特点

（1）美国

美国最早将预应力技术引入到预制混凝土结构中，通过对大型预应力预制构件的应用，或后张预应力技术的应用，将预制构件拼成整体，更充分地发挥了装配式混凝土结构的优越性。在这个基础上，20 世纪 90 年代与日本联合针对预制抗震结构体系进行研究，积累了大量的研究成果。整个进程中，预制/预应力混凝土协会（PCI）一直在引领并予推动，并制定了 PCI 设计手册，不断地、适时地更新，详细规定了预制/预应力混凝土结构的应用范围、设计与分析以及构件、节点的设计与施工等方面的要求，目前已更新至第 7 版。

美国装配式混凝土技术更多地应用在学校、医院、办公等公共建筑及停车库、单层厂房等建筑。其细部构造不同于整体式混凝土，主要以干式连接为主，快速施工。其主要结构体系以多层柱梁结构为主，也有框架剪力墙和框架核心筒结构。

针对装配整体式混凝土结构，美国 PCI 设计手册重点对装配整体式剪力墙结构和装配整体式混凝土框架结构的关键节点连接做法进行详细规定和推荐。

如对装配整体式混凝土剪力墙结构，上下层预制剪力墙板间的水平连接，在楼板处节点采用灌浆或现浇混凝土湿连接，以保证混凝土压力的连续传递，同时按强连接原则（即节点在地震作用过程中始终保持弹性），楼板钢筋在节点处或贯通，或以斜向钢筋方式穿过节点锚入另一侧楼板现浇区域，实现有效锚固；剪力墙竖向钢筋采用钢筋搭接连接、机械连接或套筒灌浆连接，保证钢筋拉、压力传递。在底部加强部位或底部预制剪力墙与基础连接部位，强调钢筋接头要达到“Type2”机械连接性能，能受拉受压，且应至少发挥 1.25 倍钢筋拉、压屈服强度。而对同层预制剪力墙间的竖向连接，一般采用现浇混凝土实现整体连接。

对装配整体式混凝土框架结构，一般要求节点与梁柱整体预制，构件常见形式有 L 形、T 形、十字形、H 形等，梁柱在反弯点处断开，预制柱之间采用套筒灌浆连接，预制梁之间采用现浇混凝土连接。当直线预制构件时，节点或与梁柱整体预制，此时预制梁在节点部位预埋孔道，便于框架柱竖向钢筋穿越，框架柱则在柱根部通过套筒灌浆连接；或采用现浇混凝土，此时框架梁采用叠合梁，底部钢筋锚入节点，框架柱照常在柱根部通过套筒灌浆连接。

（2）日本

日本的预制混凝土技术遵循“等同现浇”理念，其对混凝土预制化工法定义就是“将钢筋混凝土结构分割并制成预制件的技术”。预制混凝土主要有壁式结构（W-PC，剪力墙结构）、框架结构（R-PC）、壁式框架结构（WR-PC，框架剪力墙结构）。但日本的装配式混凝土建筑多为框架结构、框架-剪力墙结构和筒体结构，很少用剪力墙结构。其中框架结构结合隔震、减震技术应用广泛。其结构体系主要特点为：

1）框架-剪力墙的剪力墙位置上、下层对应；剪力墙和筒体中的剪力墙现浇。

2）地下室、首层或标准层不一样的底部裙楼、顶层楼盖采用现浇混凝土。

3）构件拆分的结构原则是在应力小的地方设置接缝；超高层建筑（即60m以上高度建筑），其柱、梁的连接节点避开塑性铰位置，即不在梁端部、首层柱底和最顶层等设置套筒连接。接缝处进行受剪承载力验算。

4）梁、柱的结合面分别以键销、粗糙面为主。

5）结构连接采用套筒连接和后浇筑相结合的方式，楼盖为叠合楼盖或预应力叠合楼盖。

6）用高强混凝土，最低为设计强度21MPa（比C30略高），一般构件混凝土强度标准值最高为80MPa（相当于C120以上），柱子混凝土设计强度标准值最高为100MPa（日本超高层使用寿命都在100年以上）。

7）用高强度、大直径钢筋，柱、梁主筋用屈服极限490MPa以上的钢筋，最高用到屈服极限1275MPa的钢筋。

8）对R-PC工法，预制柱的水平连接一般采用钢筋套筒灌浆连接。结构底层，底层柱局部现浇，预制柱连接部位位于底层柱高的中部，预制梁叠合层混凝土与节点整体浇筑，预制梁端部设置抗剪键，端部伸出钢筋锚入节点内；一般楼层，节点与柱整体预制，预制柱连接部位位于底层柱高的中部，叠合梁端部一定范围现浇；采用十字形预制构件时，预制柱之间与预制梁之间的连接部位均在柱、梁的中部，预制梁在连接部位附近做成叠合梁形式。

9）对预制混凝土剪力墙、柱及梁，也可采用“半预制”构件，即通过预制混凝土充当构件的侧模或底模，核心部位混凝土现浇。

（3）欧洲

以法国、德国为代表的欧洲国家，强调设计、材料、工艺和施工的完美结合，装备制造业非常发达，预制构件制作自动化程度很高。具有代表性的结构体系包括装配整体式混凝土剪力墙体系的“Double Wall”，即叠合板式剪力墙结构体系，以及装配整体式混凝土框架结构体系的“Scope”，即世构体系。

1）对装配整体式混凝土叠合板式剪力墙结构体系，预制墙板之间通过核心空腔内增设竖向连接钢筋与后浇混凝土连接，墙板与楼板之间则通过增设穿越节点的水平附加钢筋（内墙）或锚入节点的附加弯折钢筋（外墙）与叠合层现浇混凝土连接；预制墙板间的竖向连接，通过跨越竖向节点的U形钢筋与现浇混凝土实现连接。同时，为保证连接处内、外叶墙板的整体性，要求在连接节点300mm范围内必须设置一道钢筋桁架。

2）对世构体系，梁、板采用预制预应力构件，柱采用预制混凝土构件。预制柱之间采用预留孔插筋法连接，当采用预制多节柱时，节点采用混凝土现浇，并应在柱纵筋外侧加焊交叉钢筋；预制预应力叠合梁端设置键槽，键槽放置跨越节点或锚入节点的U形钢筋，键槽内混凝土与叠合梁叠合层混凝土现场浇筑。

3）欧洲标准对装配式混凝土结构连接节点的要求包括：标准化、简单化、具有抗拉能力、延性、适用主体结构变形能力、抗火、耐久性、美学。

3. 装配整体式混凝土建筑的主要结构分类

（1）按建筑高度分类

按建筑高度可分为，低层装配整体式混凝土结构、多层装配整体式混凝土结构、高层装配整体式混凝土结构、超高层装配整体式混凝土结构。

（2）按装配率分类

局部使用预制构件的装配整体式混凝土结构：装配率小于5%；

低装配率的装配整体式混凝土结构：装配率5%～20%；

普通装配率的装配整体式混凝土结构：装配率20%～50%

高装配率的装配整体式混凝土结构：装配率50%～70%；

超高装配率的装配整体式混凝土结构：装配率大于70%。

（3）按结构体系分类

装配整体式混凝土建筑按结构体系划分，可分为装配整体式混凝土剪力墙结构、装配整体式混凝土框架结构、装配整体式混凝土框架-剪力墙结构、装配整体式混凝土筒体结构、装配整体式混凝土无梁板结构以及多层装配式墙板结构。

本书重点针对装配整体式混凝土剪力墙结构、装配整体式混凝土框架结构、多层装配式墙板结构进行阐述。

第二节　装配整体式混凝土框架结构

框架结构是由梁、板、柱构件组合而成的、传力途径清晰简洁的一种结构体系，是一种空间刚性连接的杆系结构，由梁、板、柱构成框架共同承担竖向荷载和水平侧向力。梁柱节点以刚性节点为主，也有局部铰接节点。对装配式混凝土框架结构而言，需要预制构件之间的节点通过合理构造，精心处理，满足刚接或局部铰接的要求，确保等同现浇性能，形成装配整体式混凝土框架结构。

所以按照《装配式混凝土结构技术规程》JGJ 1—2014 的定义，装配整体式混凝土框架结构是“全部或部分框架梁、柱采用预制构件建成的装配整体式混凝土结构”，也就是说，全部或部分框架梁、柱采用预制构件通过可靠的方式进行连接并与现场后浇混凝土、水泥基灌浆料形成整体的装配式混凝土结构，即为装配整体式混凝土框架结构。

值得指出的是，《装配式混凝土结构技术规程》JGJ 1—2014 等现行行业标准给出了装配整体式混凝土框架结构的相关规定，同样也适用于装配整体式混凝土框架剪力墙结构、装配整体式混凝土框架筒体结构中的框架梁柱。

1. 装配整体式混凝土框架结构特点

装配整体式混凝土框架结构因为其突出的特点和优势，是应用非常广泛的装配式结构体系，特别是在日本、欧美国家。日本对这种结构情有独钟的理由是：就如日本制造车辆中的防撞技术那样，他们更信任柔性抗震，尤其是混凝土框架结构经历了地震的考验；日本高层、超高层的建筑寿命大多数是 100 年或 100 年以上，房屋的土地又是永久产权，框架结构因为空间布局的灵活性，可以使不同时代不同年龄段的居住者根据需要和喜好进行户内布置调整；日本住宅往往都是精装修，而且其框架结构都是较大跨结构，普遍达到 12m，凸梁凸柱的影响几乎不存在；框架结构的管线布置比较方便。

从以上也可以略窥装配整体式混凝土框架结构的特点所在。

但在我国装配整体式混凝土框架结构主要还是用在学校、医院、办公楼、停车场、商场等多层或小高层的公共建筑，很少用在住宅中。其原因主要还是抗震的理念，凸梁凸柱损失实用面积、影响观瞻和不方便室内布置等，但随着隔震减震技术的提升和普及，住宅精装修的推广应用，装配整体式混凝土框架结构在住宅中的应用前景将非常大，即缘于该体系固有的优势。概括来讲，装配整体式混凝土框架结构固有优势和特点有以下几方面：

（1）装配整体式混凝土框架结构等同现浇，而现浇混凝土框架结构传力途径清晰简洁，其计算分析理论比较成熟。

（2）相比剪力墙结构，框架结构的梁、柱单元更加易于模数化、标准化和定型化，有利于统一的模具在工厂进行流水化制造。

（3）装配式框架结构易于形成大空间，便于满足建筑功能和生产工艺需要；空间布置灵活，用户体验较为丰富，可以根据需求调整内部空间，水暖电等管线布置较为方便。

（4）预制构件之间连接形式多样，连接节点较简单，种类较少，有利于在现场进行机械化、高效率的吊装，构件连接的可靠性容易得到保证；等同现浇的设计理念容易实现。

（5）装配式框架结构的单个构件重量较小，吊装方便，对现场起重设备的起重量要求不高。

（6）可以根据具体情况制定预制方案，结合外墙板、内墙板及预制楼板、预制楼梯等应用，可方便得到高预制率。

可以说，装配整体式混凝土框架结构在建筑工业化进程中，具有得天独厚的推广应用优势。

但装配整体式混凝土框架结构最主要的问题是高度受到限制。按照我国现行规范，现浇混凝土框架结构，无抗震设计时最大建筑适用高度为70m，有抗震设计时根据抗震设防烈度不同，最大建筑高度主要为35～60m，而装配整体式混凝土框架结构的适用高度与现浇结构基本一致，只是在高烈度区8度（0.3g）地震设防时低了5m。

2. 装配整体式混凝土框架结构主要方式

我国推动建筑装配化的近10年来，结构设计与施工均形成了一些特点和习惯。比如，目前大范围推广的装配整体式混凝土框架结构，主要采用了叠合现浇方式进行连接的装配式混凝土框架，主要预制构件有预制梁、预制柱、预制外挂墙板、预制内隔墙板、预制楼板、预制阳台板、预制空调板、预制挑檐板、预制遮阳板、预制楼梯等。

根据现有的研究和实践，我国装配整体式混凝土框架结构的外围护结构通常采用预制混凝土外挂墙板，梁板绝大部分是叠合构件，楼梯、空调板、女儿墙等采用预制构件，其他构件主要形成方式有以下几方面：

（1）竖向承重构件即框架柱现浇，梁、板、楼梯采用叠合构件，或梁、板、楼梯采用预制构件，同时设置后浇带。

（2）按照《装配式混凝土结构技术规程》JGJ 1—2014中的方式，竖向构件及水平构件均预制，梁柱节点设置后浇区，实现整体连接，这也是最常用的做法。

（3）梁柱节点与周边构件整体预制，在梁柱构件应力较小处设置后浇带连接，形成整体。可避免节点区钢筋相互交叉的问题，但运输难度加大，吊能和吊点设计需要专门考虑，而且对预制构件的精度要求高。

（4）借助型钢辅助连接，即梁、柱内预埋型钢，通过螺栓或焊接连接，结合节点区浇筑混凝土，形成整体，往往采用预制柱、叠合梁板或预制楼梯等。

（5）采用装配整体式混凝土预应力框架结构（可参见行业标准《预制预应力混凝土装配整体式框架结构技术规程》JGJ224）。主要适用在非抗震设防区及抗震设防烈度6度和7度区。构件混凝土强度等级C40以上，键槽节点部分混凝土强度需要提高，采用不低于C45的无收缩细石混凝土。

当采用多段预制混凝土柱（一次成形的预制柱长度不超过 14m 和 4 层层高），或现浇柱，预应力预制混凝土叠合梁、板，通过后浇部分将梁、板、柱及节点连成整体。

（6）采用框架梁、柱预制，通过后张预应力自复位连接，或者采用螺栓或焊接连接，节点性能介于刚性连接与铰接之间。

（7）结合钢支撑或耗能减震装置，形成装配整体式混凝土框架-钢支撑结构体系，既可提高结构抗震性能，又能提高适用高度。

3. 装配整体式混凝土框架结构概念设计

框架结构在地震时的破坏主要来自结构的破坏和延性的不足。框架柱的震害通常表现为柱端出现塑性铰，发生弯曲破坏，短柱则出现剪切破坏，框架梁在地震时往往发生梁端的剪切破坏，梁柱节点区域出现剪切破坏、箍筋滑落、钢筋锚固失效等现象。基于这些震害表现，规范强调了柱、梁的强剪弱弯、强柱弱梁、强节点弱构件等概念。

装配整体式混凝土框架结构，等同于现浇性能，说明还没有完全达到现浇混凝土结构的性能，更是要严格遵循“强剪弱弯、强柱弱梁、强节点弱构件”的设计理念，并有针对性地进行设计分析，构造加强，其中节点的构造处理更是重中之重。综合来讲，主要有以下几方面：

（1）牢牢把握强连接与延性连接的概念。结构在地震作用下达到最大侧向位移时结构构件进入塑性状态，而连接部位仍保持弹性状态的连接为强连接；延性连接指的是结构在地震作用下，连接部位可以进入塑性状态并具有满足要求的塑性变形能力的连接。通常预制柱的连接位置在柱底，预制梁的连接位置在梁端，因此连接节点处的抗弯、抗剪承载力计算，以及节点的加强与构造是装配整体式混凝土框架结构设计的重点。

（2）为确保刚性节点，达到等同现浇的性能目标，对结构部分部位需要明确现浇的要求。比如高层建筑的地下室和首层宜采用现浇结构，以保证结构很好的延性和抗震性能；结构的顶层采用现浇混凝土楼盖甚至适当加厚，结构转换层、平面复杂或开洞较大的楼层，宜采用现浇楼盖，一方面考虑保证结构的整体性，另一方面也为加强顶部的约束，提高抗风、抗震能力，同时抵抗温度应力的不利影响。

（3）装配整体式混凝土框架结构的整体性，还主要体现在预制构件之间、预制构件与后浇混凝土之间的连接节点上。因此在连接节点上接缝粗糙面的处理、键槽的设置，钢筋连接锚固技术，设置的各类附加钢筋、构造钢筋等，既要适当、合理，又要方便施工。

（4）针对预制构件之间的节点和接缝，应确保受力明确，构造可靠。因此需要选用经过充分的力学性能试验研究、施工工艺和实际工程检验验证的节点做法。节点和接缝的承载力、延性和耐久性等一般通过对构造、施工工艺等的严格要求来满足，必要时要单独进行验算分析。

（5）装配整体式混凝土框架结构的材料宜采用高强混凝土、高强钢筋。预制构件在工厂加工生产，便于高强混凝土技术的应用，且可以提早脱模提高生产效率；高强混凝土可以减小构件尺寸，便于吊装；也可以减少钢筋数量，简化连接节点，便于施工，降低成本。

（6）为避免梁柱等节点钢筋过分拥挤，可适当加大梁柱截面，适当集中配筋。采用大直径钢筋、少根数、大间距配筋方式。

（7）柱网布置要对齐，梁柱布置要对中，梁柱贴边设置会严重影响节点的连接，这与现浇结构大量的梁柱贴边设置存在显著区别。梁梁相交时梁底宜留设高差，否则钢筋会相撞，不便施工。

4. 装配整体式混凝土框架结构与现浇结构的差异分析

《装配式混凝土结构技术规程》JGJ 1—2014、《装配式混凝土建筑技术标准》GB/T 51231—2016 所述条文，已经明确指出了装配整体式混凝土框架结构与现浇结构的差异，在这里归纳出其中主要内容。

（1）适用高度的差异

在采取了可靠的节点连接方式和合理的构造措施后，在等同现浇的前提下，装配整体式混凝土框架结构与现浇结构在非高抗震设防烈度区基本保持一致，只是在8度（0.3g）抗震设防烈度区体现了差异，装配整体式混凝土框架结构适用高度为30m，比现浇框架结构少了5m，另外，在9度抗震设防烈度区已经不适用于装配式混凝土结构。值得注意的是，一旦节点和接缝构造措施的性能达不到现浇结构的要求，其最大适用高度就要降低。这也表明，抗震设防高烈度区下的研究还不够，现有的建筑也未能经历高震级的检验，所以在抗震设防高烈度区从严控制。

（2）部分分析参数和控制指标选取不一

对装配整体式混凝土框架结构，内力和变形验算时，应计入填充墙对结构刚度的影响，当采用轻质隔墙板时，可采用周期折减系数的方法考虑其对结构刚度的影响，对于框架结构，周期折减系数取0.7～0.9。

另外，还包括其他参数，如梁刚度放大参数、层间位移比等，参见后文，这里不再赘述。

（3）部分设计构造存在差异

装配整体式混凝土框架结构的梁柱构件截面比现浇结构要大，主要考虑预制构件钢筋排布的便利性。比如预制柱矩形截面边长不宜小于400mm，圆形截面直径不宜小于450mm，且不小于同方向梁宽度的1.5倍。在现浇结构中，抗震等级为一、二、三级及层数超过二层时，才必须满足这个截面要求，但不需要满足“不小于同方向梁宽度的1.5倍”的条件。

另外，为了简化结构的连接，便于预制构件的生产和安装，装配整体式混凝土框架结构要求采用大直径、高强度的钢筋。比如，柱筋的选用，受力钢筋直径不宜小于20mm；纵向受力钢筋的间距不宜大于200mm，不应大于400mm。对于现浇结构，非抗震设计时，纵向受力钢筋的间距不宜大于300mm，抗震设计时，当柱大于400mm时，才要求纵向受力钢筋的间距不宜大于200mm，无论抗震还是非抗震设计，柱受力筋直径均不宜小于12mm。

其他梁柱的构造特别是叠合梁的设计和构造详见后文，这里不再赘述。

（4）混凝土强度要求更高

装配整体式混凝土框架结构，为了减小构件截面尺寸，减少钢筋用量，混凝土强度等级要求不宜低于C30，而现浇混凝土，混凝土强度等级只要求不应低于C20，采用HRB400级及以上钢筋时，混凝土强度等级不应低于C25。

（5）计算内容增多

装配整体式混凝土框架结构，除了增加了叠合梁的计算外，还要求在偶遇地震作用下，预制柱水平接缝不宜出现拉力，因为水平接缝处的受剪承载力受柱轴力影响较大，一旦柱受拉时，水平接缝抗剪能力很差，易发生滑移，对结构安全造成影响，所以计算时需要增加预制柱底水平接缝处抗剪承载力验算。

第三节　装配整体式混凝土剪力墙结构

现浇钢筋混凝土剪力墙结构是由钢筋混凝土墙体代替框架结构中的梁柱，来承担竖向荷载、抵抗水平作用的结构，也是由剪力墙和楼盖组成的空间体系。现浇钢筋混凝土剪力墙结构体系主要包括钢筋混凝土墙肢、连梁两种构件。墙体贯通建筑全高，可以作为建筑的房间分割构件和围护构件。连梁是很好的耗能构件，与特别设置的边缘构件、底部加强区一起，为现浇钢筋混凝土剪力墙结构体系打造良好的抗震性能。现浇钢筋混凝土剪力墙结构的整体性好，刚度大，能有效抵抗地震、风等侧向作用，侧向变形小，特别适合高层建筑，因此在我国应用广泛。加之该体系无梁、柱外露的特点，在我国居住建筑得到普遍应用。这与国外应用不多的现象形成鲜明的对比。

按照《装配式混凝土结构技术规程》JGJ 1—2014的定义，装配整体式混凝土剪力墙结构是“全部或部分剪力墙采用预制墙板建成的装配整体式混凝土结构”，也就是说，全部或部分剪力墙采用预制墙板通过可靠的方式进行连接并与现场后浇混凝土、水泥基灌浆料形成整体的装配式混凝土结构，即为装配整体式混凝土剪力墙结构。

1. 装配整体式混凝土剪力墙结构特点

装配整体式混凝土剪力墙结构国外应用不多，相关的研究和实践均比较少，几乎没有可供借鉴的经验。在国内，装配整体式混凝土剪力墙结构的应用也是近几年的事，因地产行业的盛行而在住宅建筑中实际应用普遍，但相关的试验和研究却相对滞后。因此无论是《装配式混凝土结构技术规程》JGJ 1—2014，还是《装配式混凝土建筑技术标准》GB/T 51231—2016，对该体系的规范和要求都很谨慎，明确以等同现浇为原则，通过湿式连接的方式加强预制构件之间的连接，强化拼缝的构造措施，使结构性能达到现浇结构基本相同的目标，同时基于现行的现浇混凝土规范从严控制。

装配整体式混凝土剪力墙结构主要预制构件包括全预制或叠合形式的墙板、楼板、连梁以及阳台板、空调板、楼梯等，各构件间通过受力钢筋连接或现浇混凝土连接形成“等同现浇”的整体结构，有效地保证了结构的整体性能和抗震性能，其主要特点有：

（1）装配整体式混凝土剪力墙结构没有梁、柱凸出在室内的问题，楼板直接支承在墙上，房间墙面及天花平整，特别适用于住宅、宾馆等建筑；

（2）将预制构件拆分成以板式构件为主，平板式构件较多，以适于流水线制作工艺，有利于实现自动化生产；

（3）构件在工厂制作，比现浇质量有保证，板式预制件模具成本相对较低；

（4）装配整体式混凝土剪力墙结构可大大提高结构尺寸的精度和住宅的整体质量；减少模板和脚手架作业，提高施工安全性；外墙保温材料和结构材料复合一体工厂化生产，节能保温效果明显，保温系统的耐久性得到极大提高；石材反打或者瓷砖反打，节省了干挂石材工艺的龙骨费用，也省去了外装修环节和工期，瓷砖的粘结力大大加强，减少脱落率；

（5）装配整体式混凝土剪力墙结构的构件通过标准化生产，土建和装修一体化设计，减少浪费；户型标准化，模数协调，房屋使用面积相对较高，节约土地资源；采用装配式建造，减少现场湿作业，降低施工噪声和粉尘污染，减少建筑垃圾和污水排放；

（6）剪力墙作为主要的竖向和水平受力构件，在对剪力墙板进行预制时，可以得到较高的预制率。

但装配整体式混凝土剪力墙结构的缺点很明显，主要为以下方面：

（1）结构自重较大，建筑平面布置局限性大，较难获得大的建筑空间；

（2）由于单块预制剪力墙板的重量通常较大，吊装时对塔吊的起重能力要求较高；

（3）剪力墙装配式的相关试验和经验相对较少，较多的后浇区对装配式效率有较大的影响；

（4）与装配整体式混凝土框架结构相比，预制构件多，结构连接的面积较大，钢筋直径小，钢筋间距小，连接点多，预埋件多，墙体之间在边缘构件水平后浇混凝土连接节点湿作业多，配筋量增大，劳动力需求大，连接成本高。也正因为预制构件多，后浇混凝土部位多，连接点多，连接节点质量不容易保证；

（5）预制剪力墙板都需要三面预留钢筋，底面预留套筒；预制楼板四面伸出钢筋，施工现场水平连接节点和后浇混凝土量多，增加工作量且无法实现机械化、自动化，与现浇结构相比，生产效率优势不明显；

（6）装饰装修、机电管线等受结构墙体约束较大。

装配整体式混凝土剪力墙结构存在的上述问题，根本原因还在对该体系的试验和研究还不够，特别是预制楼板出筋的必要性、墙板连接节点的方式等需要进一步进行科学试验和分析研究，尽量做到少出筋、少后浇、简化连接节点，真正发挥装配整体式混凝土剪力墙结构的优势。

2. 装配整体式混凝土剪力墙结构主要分类

根据主要受力构件的预制化程度及连接方式，装配整体式混凝土剪力墙结构主要分为五种：全部或部分预制剪力墙结构；叠合板式混凝土剪力墙结构、预制圆孔板剪力墙结构、型钢混凝土剪力墙结构、内浇外挂剪力墙结构。

（1）全部或部分预制剪力墙结构

这是《装配式混凝土结构技术规程》JGJ 1—2014 推荐的主要体系。全部或部分预制剪力墙通过竖缝节点区的后浇混凝土和水平缝节点区的后浇混凝土带或圈梁，实现结构的整体连接，达到与现浇结构基本相同性能的目的。这种体系工业化程度较高，预制内外墙参与抗震计算，但对外墙板的防水、防火、保温的构造要求高。

考虑到全预制必然带来连接面积大，连接节点多的问题，建议部分剪力墙预制，部分剪力墙现浇，现浇剪力墙作为装配式剪力墙结构的第二道防线，既可确保结构的安全，又能实现施工的便利和高效。

（2）叠合板式混凝土剪力墙结构

这是引自德国的结构体系。所谓叠合板式混凝土剪力墙，指的是采用部分预制、部分现浇工艺生产的钢筋混凝土剪力墙。在工厂预制成形的部分为预制剪力墙板，其外墙板外侧饰面可根据需要在工厂一体化成形，运输到施工现场吊装就位后兼作剪力墙外侧模板，施工完成后，与现浇体共同受力，这样的结构即为叠合板式混凝土剪力墙结构。其与全现浇剪力墙结构性能相似，整体性好，主体结构施工节省了模板，也不需要搭设外脚手架，但与全现浇相比，墙厚加大了，现场吊装时，墙板定位及支撑难度大，预制墙板设有桁架筋，现浇部分钢筋布置比较困难，相应的预制率不高。

叠合板式混凝土剪力墙结构可分为单侧叠合混凝土剪力墙结构和双面叠合混凝土剪力墙结构两种方式。

1）单侧叠合混凝土剪力墙结构

单侧叠合混凝土剪力墙结构，其单侧预制的剪力墙板一般作为结构的外墙，可兼作外侧模板，预制墙板一侧设置叠合筋，现场施工时需单侧支模，绑扎钢筋并浇筑混凝土叠合层。

2）双面叠合混凝土剪力墙结构

该结构体系的预制墙板可作为内外侧的模板，既可用于外墙又可用于内墙，预制部分由两片预制墙板和格构钢筋组成，在现场吊装就位后两层板中间穿钢筋并浇筑混凝土。该结构体系已作为附录纳入国家标准《装配式混凝土建筑技术标准》GB/T 51231—2016。之前也早已纳入安徽省地方标准《叠合板式混凝土剪力墙结构技术规程》DB34/T 810—2008、浙江省地方标准《叠合板式混凝土剪力墙结构技术规程》DB33/T 1120—2016 等。上海市地方标准《装配整体式混凝土住宅体系设计规程》DG/T J08—2071—2010 也涉及了预制叠合剪力墙，湖北、山东等省也陆续出台了相应的专项规程。

该结构体系最大适用高度：6 度、7 度区分别为 90m、80m，8 度区 0.2g、0.3g 分别为 60m、50m。叠合剪力墙空腔内宜浇筑自密实混凝土。单叶预制墙板厚不宜小于 50mm，空腔厚度不宜小于 100mm；底部加强区部位宜现浇；楼层内相邻双面叠合剪力墙之间应采用后浇段实现整体式接缝连接；双面叠合剪力墙水平接缝高度不宜小于 50mm，接缝处现浇混凝土应浇筑密实，水平接缝处应设置竖向钢筋，并通过计算确定。

为适应我国的实际情况，该体系尚在进一步研发与改良中。比如，增加后浇边缘构件或采用多扣连续箍筋约束的边缘构件构造方式，后者同时将边缘构件的竖向受力主筋移至后浇区内，如图 2-1 所示。

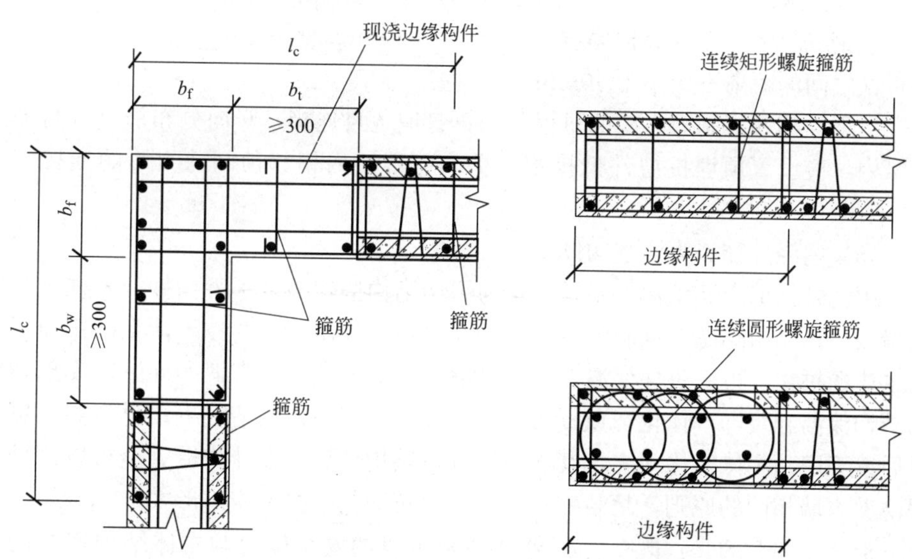

图 2-1　叠合剪力墙结构边缘构件改进措施示意图

(3) 预制圆孔板剪力墙结构

该结构体系已纳入到北京市地方标准《装配式剪力墙结构设计规程》DB11/1003—2013中，最大适用高度45～60m，适用于墙体采用预制钢筋混凝土圆孔板的预制剪力墙结构。

预制圆孔墙板宽度可为600mm、900mm、1200mm、1500mm，厚度不应小于160mm。预制圆孔墙板混凝土强度等级不宜低于C30，圆孔直径不应小于100mm，相邻圆孔之间混凝土的最小厚度不宜小于30mm，边缘的圆孔与墙板侧面之间混凝土厚度不宜小于100mm。

预制圆孔墙板的每个圆孔内应配置连续的竖向钢筋网，并应浇筑微膨胀混凝土，使预制圆孔板成为实体。预制圆孔板的两侧面应从墙板内伸出U形贴模钢筋；楼层内相邻预制圆孔板应设置后浇段，后浇段应配置箍筋，箍筋应与预制圆孔板的贴模钢筋连接；上下层现浇段的竖向钢筋应连续；上墙板的板腿与下层圈梁之间预留10～20mm的间隙，且应坐浆密实；现浇段是保证圆孔墙板剪力墙结构整体性的关键之一。转角、纵横连接、门窗洞口、同一方向墙板之间都应设置现浇段。

(4) 型钢混凝土剪力墙结构

该结构体系已纳入到北京市地方标准《装配式剪力墙结构设计规程》DB11/1003—2013中，最大适用高度45～60m；预制墙的边缘构件位置中预埋型钢，在水平缝位置通过焊接或机械连接进行连接；水平缝位置设置钢板抗剪键抵抗水平剪力；竖缝采用钢板抗剪键连接。

型钢混凝土剪力墙结构可采用现浇剪力墙结构分析，但要考虑竖缝刚度低于现浇结构对整体计算的影响；在罕遇地震下的弹塑性层间位移角不应大于1/120。

型钢混凝土剪力墙墙板厚度不应小于180mm。型钢混凝土剪力墙板的型钢与板面之间的距离不应小于40mm。

上下层相邻预制剪力墙的每根竖向钢骨应各自连接，竖向分布筋宜各自伸入圈梁内，应设置预埋抗剪件抵抗水平剪力。楼层内相邻预制剪力墙的连接如图2-2所示。

(5) 内浇外挂剪力墙结构体系

内浇外挂剪力墙结构体系是现浇剪力墙结构搭配叠合水平构件、外挂预制围护墙板、预制内隔墙、预制阳台、预制空调板、预制楼梯的技术体系，避免了结构主体的拼接，可解决外保温寿命、外墙防水等现浇结构常遇的问题，实现外墙的结构保温和装饰一体化和免砌筑；在搭配使用铝模板的情况下，也省略了抹灰等后续工序。主体结构现浇，其适用高度、结构计算和设计构造完全可以遵循与现浇剪力墙相同的原则，是装配式混凝土建筑的初级技术应用形式。

但需要注意的是：既要保证外挂墙板本身的安全以及与主体结构连接的安全，又要避免对主体结构的刚度及内力分布造成不利影响；挂板与主体结构之

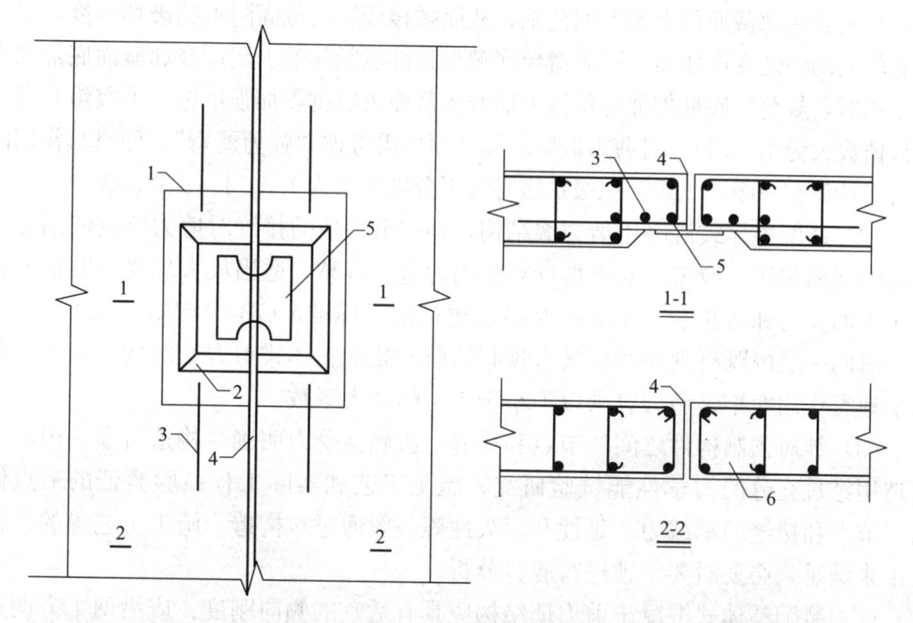

图 2-2 竖缝钢板预埋件连接示意图

1—预埋连接钢板；2—凹槽；3—锚筋；4—安装缝隙；5—后焊连接钢板；6—构造边缘构件

间、挂板之间缝隙要进行防水、防火、隔声、保温等处理，缝隙避免刚性材料填充；外挂墙板需要采取平面外的定位、限位措施。

3. 装配整体式混凝土剪力墙结构概念设计

竖向构件截面长边、短边比值大于 4 时，宜按墙的要求设计。这就是剪力墙定义的出处。剪力墙在地震作用下要具有一定延性。高宽比大于 3 的细高墙体易发生弯曲破坏，当墙段超过 8m 时，受弯后会出现较大裂缝，短肢剪力墙（厚度不大于 300mm，高厚比小于 8 大于 4）抗震性能很差，当其承担的倾覆力矩不小于结构底部总倾覆力矩的 30%时，房屋最大适用高度要降低。剪力墙的底部截面弯矩最大，最容易出现塑性铰，当钢筋屈服的范围扩大而形成塑性铰区，塑性铰区也是剪力最大的部位，容易出现斜裂缝，反复荷载作用形成交叉裂缝而剪切破坏。而对开洞的联肢墙，在强震作用下连梁先屈服，接着墙肢的底部钢筋屈服，形成塑性铰。墙肢的塑性变形能力和抗地震倒塌能力除与纵向配筋相关外，还与截面形状、截面相对受压区高度以及墙两端的约束范围（包括约束范围内的箍筋配箍特征值）有关，设置了边缘约束构件，可使墙肢端部成为箍筋约束混凝土，具有较大受压能力，但在强震作用下剪力墙依旧可能压溃，丧失承担承载能力。所以对剪力墙结构，墙肢的设置，底部加强区良好的延性和耗能能力，约束边缘构件的设置，以及轴压比的控制极为重要。

（1）为使墙肢的塑性铰在底部加强部位的范围内得到发展，不是集中在底层，而是扩大到底部截面以上不大的范围，从而减轻墙肢底截面附近的破坏程度，使墙肢有较大的塑性变形能力，同时避免底部加强部位紧邻的上层墙肢屈服而底部加强区不屈服，规范对底部加强部位以上墙肢各截面采取抗震加强措施（地震组合弯矩设计值放大为1.2倍）；对剪力墙肢底部截面也需考虑“强剪弱弯”，即对其作用的剪力设计值在一级、二级、三级抗震等级下分别放大为1.6、1.4、1.2倍。

（2）装配整体式混凝土剪力墙结构，预制剪力墙的接缝对剪力墙抗侧刚度有一定的削弱作用，应考虑对弹性计算的内力进行调整，适当放大现浇墙肢在地震作用下的剪力和弯矩。《装配式混凝土建筑技术标准》GB/T 51231—2016中明确，对同一层内既有现浇墙肢又有预制墙肢的装配整体式剪力墙结构，现浇墙肢水平地震作用弯矩、剪力宜乘以不小于1.1的增大系数。

（3）针对预制构件之间的节点和接缝，应确保受力明确，构造可靠。因此需要选用经过充分的力学性能试验研究、施工工艺和实际工程检验验证的节点做法。节点和接缝的承载力、延性和耐久性等一般通过对构造、施工工艺等的严格要求来满足，必要时要单独进行验算分析。

（4）装配整体式混凝土剪力墙结构应具有适宜的侧向刚度，应沿两个方向布置剪力墙，平面布置宜简单、规则、自下而上宜连续布置，质量、刚度和承载力分布宜均匀，不应采用严重不规则的平面布置；预制墙的门窗洞口宜上下对齐、成列布置，以形成明确的墙肢及连梁；洞口设置宜避免形成墙肢长度相差悬殊的情况；抗震等级一、二、三级剪力墙的底部加强部位不应采用上下洞口对齐的错洞墙，全高不应采用局部重叠的叠合错洞墙；不宜采用转角窗。楼面梁不宜支撑在叠合连梁上，以避免连梁扭转产生斜裂缝，出现脆性剪切破坏。

（5）装配整体式混凝土剪力墙结构的材料宜采用高强混凝土、高强钢筋。预制构件在工厂加工生产，便于高强混凝土技术的应用，且可以提早脱模提高生产效率；高强混凝土可以减小构件尺寸，便于吊装；也可以减少钢筋数量，简化连接节点，便于施工，降低成本。

（6）要确保刚性节点，达到等同现浇的性能目标，对结构部分部位需要明确现浇的要求。

① 高层建筑的地下室和首层宜采用现浇结构，以保证结构很好的、整体性和抗震性能；另外，因为地下室及首层建筑功能比较复杂，结构构件少且不具规则性，构件重复少，加上往往受力大，构件截面也大配筋多，节点复杂，不适合采用预制结构构件。

② 结构的顶层采用现浇混凝土楼盖甚至适当加厚，结构转换层、平面复杂或开洞较大的楼层，宜采用现浇楼盖。一方面考虑保证结构的整体性，另一方面也为加强顶部的约束，提高抗风、抗震能力，同时抵抗温度应力的不利影响。

③ 底部加强部位及相邻上一层宜采用现浇结构，尤其高烈度区应采用现浇

结构，可以保证结构具有很好的延性性能及抗震性能。

④ 宜在电梯筒、楼梯间、公共管道井和通风排烟竖井、结构重要的连接部位以及应力集中的部位如转换梁、转换柱等采用现浇结构。

⑤ 对部分框支剪力墙结构的框支层因受力较大且在地震作用下易破坏，为加强整体性，底部框支层不宜超过 2 层，且框支层及相邻上一层应采用现浇结构。

⑥ 对装配整体式混凝土框架-剪力墙结构，要求剪力墙采用现浇结构，以保证结构整体的抗震性能。

4. 装配整体式混凝土剪力墙结构与现浇结构的主要差异分析

《装配式混凝土结构技术规程》JGJ 1—2014、《装配式混凝土建筑技术标准》GB/T 51231—2016 所述条文，已经详细指出了装配整体式混凝土剪力墙结构与现浇结构的差异，在这里归纳出其中主要的内容。

(1) 适用高度的差异

装配整体式混凝土剪力墙结构中，墙体之间的接缝数量多且构造复杂，接缝的构造措施及施工质量对结构整体的抗震性能影响较大，使装配整体式混凝土剪力墙结构抗震性能很难完全等同现浇结构，加之国内外相应研究较少，因此对该体系从严控制，首先表现在适用高度上，与现浇结构相比适当降低了最大适用高度。当预制剪力墙承担的底部剪力较大时，对其最大适用高度控制更严格。

装配整体式混凝土剪力墙结构比现浇剪力墙结构低 10～20m。《装配式混凝土结构技术规程》JGJ 1—2014 规定，抗震设计时，高层装配整体式混凝土剪力墙结构不应全部采用短肢剪力墙；抗震设防烈度为 8 度时，不宜采用具有较多短肢剪力墙结构，否则房屋最大适用高度要适当降低，抗震设防烈度为 7 度和 8 度时，宜分别降低 20m。具体的高度差异详见表 2-1（《高规》为《高层建筑混凝土结构技术规程》JGJ 3—2010，《装规》为《装配式混凝土结构技术规程》JGJ 1—2014）。

装配整体式混凝土剪力墙结构与现浇剪力墙结构最大适用高度对比（单位：m）

表 2-1

结构体系	非抗震设计		抗震设防烈度							
			6 度		7 度		8 度(0.2g)		8 度(0.3g)	
	《高规》	《装规》	《高规》	《装规》	《高规》	《装规》	《高规》	《装规》	《高规》	《装规》
剪力墙结构	150	140(130)	140	130(120)	120	110(100)	100	90(80)	80	70(60)
框支剪力墙结构	130	120(110)	120	110(100)	100	90(80)	80	70(60)	50	40(30)

注：1. 装配整体式混凝土剪力墙结构与装配整体式混凝土框支剪力墙结构，在规定的水平力作用下，当预制剪力墙结构底部承担的总剪力大于该层总剪力的 50%时，其最大适用高度适当降低；当预制剪力墙结构底部承担的总剪力大于该层总剪力的 80%时，其最大适用高度应取括号内数值；

2. 装配整体式混凝土剪力墙结构与装配整体式混凝土框支剪力墙结构，当剪力墙边缘构件竖向钢筋采用浆锚搭接连接时，房屋最大适用高度应比表中数值降低 10m。

（2）部分分析参数和控制指标选取不一

对装配整体式混凝土剪力墙结构，内力和变形验算时，应计入填充墙对结构刚度的影响，当采用轻质隔墙板时，可采用周期折减系数的方法考虑其对结构刚度的影响，对于剪力墙结构，周期折减系数取0.8～1.0。

对同一层内既有现浇墙肢又有预制墙肢的装配整体式剪力墙结构，现浇墙肢水平地震作用弯矩、剪力宜乘以不小于1.1的增大系数，以考虑预制剪力墙的接缝造成墙肢抗侧刚度的削弱，故弹性计算的内力需要调整，适当放大现浇墙肢在水平地震作用下的剪力和弯矩。

另外，还包括其他参数，如梁刚度放大参数、层间位移比、抗震等级等，参见后幅篇章，这里不再赘述。

（3）部分设计构造存在差异

装配整体式混凝土双面（或单侧）叠合剪力墙结构的墙板截面比现浇结构要大；当预制外墙采用夹心墙板时，外叶墙板不应小于50mm，夹心外墙板的夹层厚度不宜大于120mm；主要考虑预制构件吊装的稳定性。

端部无边缘构件的预制剪力墙，宜在端部设置2根直径12mm的竖向构造钢筋，拉筋直径不小于6mm，间距不大于250mm，以形成边框，保证墙板在形成整体之前的刚度、延性及承载力。

预制剪力墙开有边长小于800mm的洞口且在结构整体计算中不考虑其影响时，应沿洞口周边配置补强钢筋；补强钢筋的直径不应小于12mm，截面面积不应小于同方向被洞口截断的钢筋面积；该钢筋自孔洞边角算起伸入墙内的长度，非抗震设计时不应小于 l_a，抗震设计时不应小于 l_{aE}，如图2-3所示。

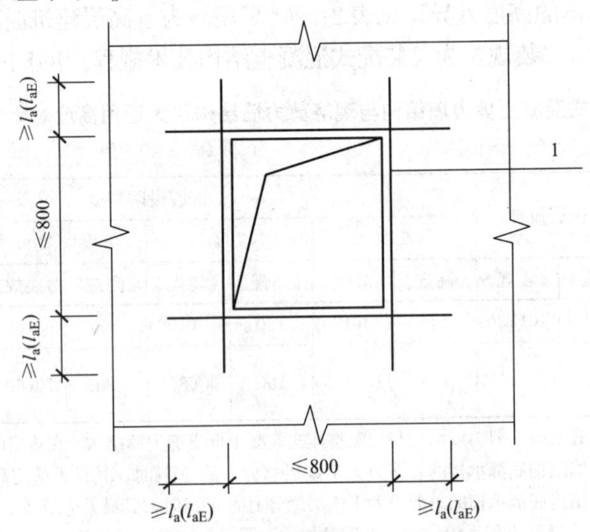

图2-3 预制剪力墙洞口补强钢筋配置示意图

1—洞口补强钢筋

当采用套筒灌浆连接时，自套筒底部至顶部并向上延伸 300mm 范围内，预制剪力墙的水平分布筋应加密，加密区水平分布筋的最大间距及最小直径应分别符合 100mm、8mm（一、二级抗震等级），150mm、8mm（三、四级抗震等级）的要求，套筒上端第一道水平分布钢筋距离套筒顶部不应大于 50mm。以此提高墙板的抗剪能力和变形能力，并使该区域的塑性铰可以充分发展，提高墙板的抗震性能，如图 2-4 所示。

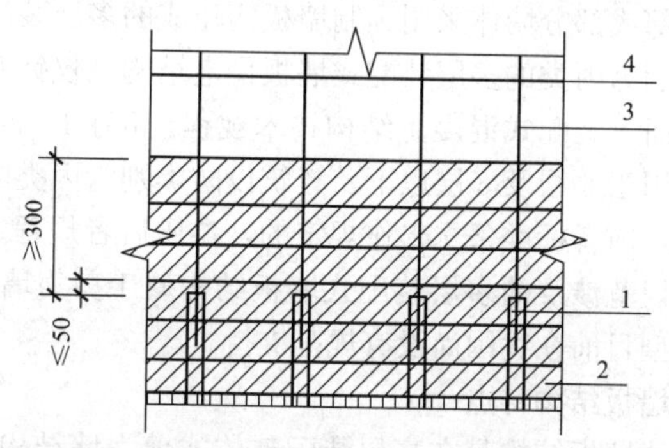

图 2-4 钢筋套筒灌浆连接部位水平分布钢筋的加密构造示意图
1—灌浆套筒；2—水平分布钢筋加密区域；（阴影区域）；3—竖向钢筋；4—水平分布钢筋

屋面及立面收进的楼层，应在剪力墙顶部设置封闭的后浇混凝土圈梁，以有效连接楼盖结构预制剪力墙，保证结构整体性和稳定性；楼层处无圈梁时，应设置连续的水平后浇带，起到保证结构整体性和稳定性，连接楼盖和预制剪力墙的作用。

其他剪力墙的构造详见后幅篇章，这里不再赘述。

（4）混凝土强度要求更高

装配整体式混凝土剪力墙结构，为了减小构件截面尺寸，较少钢筋用量，混凝土强度等级要求不宜低于 C30，而现浇混凝土，混凝土强度等级只要求不应低于 C20，采用 HRB400 级及以上钢筋时，混凝土强度等级不应低于 C25。

（5）计算荷载和计算内容有所不同

装配整体式混凝土剪力墙结构，增加了剪力墙的水平缝的受剪承载力计算，与现浇剪力墙一级抗震等级时剪力墙的抗剪验算公式相同，主要采用剪摩擦的原理，考虑了钢筋和轴力的作用。

当采用夹心保温剪力墙板时，荷载增加；当预制剪力墙外墙洞口下墙体用混凝土替代或者采取部分填充轻质材料，荷载相对砌体结构有所增加。

第四节 多层装配式墙板结构

1. 概述

多层墙板结构由墙板与楼板组成，墙既作为承重构件，又作为房间的隔断，是居住建筑中最常用最经济的结构形式，有三种类型：剪力墙型、框架板型和全装配型。装配式多层墙板在欧洲大量应用，有些属于框架板型，板中设有暗梁、暗柱，看起来像板，实际上属于框架结构体系。而在前文提到的贝聿铭设计的普林斯顿大学学生宿舍是全装配型，墙板与墙板、墙板与楼板，都用螺栓连接。

按照《装配式混凝土建筑技术标准》GB/T 51231—2016 的定义，多层装配式墙板结构是“全部或部分墙体采用预制墙板构建成的多层装配式混凝土结构”，适用于抗震设防类别为丙类的多层装配式墙板住宅结构，仅针对我国中小城镇建设中的多层住宅。而《装配式混凝土结构技术规程》JGJ 1—2014 中涉及的是多层剪力墙结构，适用于 6 层及 6 层以下、建筑设防类别为丙类的装配式剪力墙结构。两者的联系是，前者标准条文未作规定的，参照后者规程。这也表明，从体系上讲，我国现行规范涉及的多层装配式墙板结构属于剪力墙结构体系的一种。框架板型和全装配型目前在我国尚没有规范支持。

2. 多层装配式墙板结构特点

我国多层装配式墙板结构是在高层装配整体式剪力墙结构基础上进行简化，并参照原行业标准《装配式大板居住建筑设计与施工规程》JGJ 1—91 的相关节点构造，制定的一种主要用于多层建筑的装配式结构。该结构体系构造简单、施工方便、成本低，可在广大城镇地区多层住宅中推广使用。其预制墙板采用后浇混凝土湿连接，楼板采用叠合楼板，也属于装配整体式结构类型。

多层装配式墙板结构跨度总体较小，室内平面布置得灵活性较差，目前正在向大开间方向发展。

多层装配式墙板结构在重力、风荷载及地震作用下的分析可采用线弹性方法，地震作用可采用底部剪力法计算，各抗震墙肢按照负荷面积承担地震作用。在计算中，采用后浇混凝土连接的预制墙肢可作为整体构件考虑；采用预埋件焊接连接、螺栓连接等无后浇混凝土的分离式拼缝连接的墙肢应作为独立的墙肢进行计算及截面设计，计算模型中应包括墙肢的连接节点，墙肢底部的水平缝可按照整体接缝考虑，并取墙肢底部的剪力进行水平接缝的受剪承载力计算：

$$V_{uE}=0.6f_yA_{sd}+0.6N$$

式中 f_y——垂直穿过结合面的钢筋抗拉强度设计值；

N——与剪力设计值 V 相应的垂直于结合面的轴向力设计值，压力为正，拉力为负；

A_{sd}——垂直穿过结合面的抗剪钢筋面积。

预制剪力墙的竖向接缝采用后浇混凝土连接时，受剪承载力与整体现浇混凝土结构接近，不必计算其受剪承载力。采用水平锚环灌浆连接墙体可作为整体构件考虑，结构刚度宜乘以 0.85～0.95 的折减系数。在风荷载或多遇地震作用下，按弹性方法计算的楼层层间最大水平位移与层高之比不宜大于 1/1200。

多层装配式墙板结构最大适用层数、最大适用高度、最大高宽比在抗震设防烈度 6 度、7 度、8 度（0.2g）下分别为（9 层、28m、3.5）、（8 层、24m、3.0）、（7 层、21m、2.5）。

3. 多层装配式墙板结构设计及构造

（1）结构抗震等级在设防烈度为 8 度时取三级，设防烈度为 6、7 度时取四级；预制墙板的轴压比，三级时不应大于 0.15，四级时不应大于 0.2；轴压比计算时，墙体混凝土强度等级超过 C40，按 C40 计算。

（2）预制墙板不宜小于 140mm，且不宜小于层高的 1/25。应配置双排双向分布钢筋网。剪力墙中的水平及竖向分布筋的最小配筋率不应小于 0.15%。

（3）抗震等级为三级的多层装配式墙板结构，在预制剪力墙转角、纵横墙交接部位应设置后浇混凝土暗柱，其截面高度不宜小于墙厚，且不应小于 250mm，截面宽度可取墙厚，内配竖向钢筋（底层最小 4ϕ12、其他层 4ϕ10）和箍筋（最小直径 ϕ6，沿竖向最大间距：底层 200mm、其他层 250mm）。

（4）抗震等级为四级的预制剪力墙转角、纵横墙交接部位以及楼层内相邻预制剪力墙之间可采用水平钢筋锚环灌浆连接，预制墙板侧边应预留水平钢筋锚环，其直径和水平间距均可同预制墙板的水平分布筋直径和间距或更高标准，竖向间距不宜大于 4d（d 为水平钢筋直径），且不应大于 50mm；交接处的预制墙板边缘设置构造边缘构件；竖向接缝处设置后浇段连接，后浇段截面面积不小于 0.01m^2，且截面边长不宜小于 80mm，后浇段设置竖向钢筋，插入墙板侧边的钢筋环内（上下层节点后插筋可不连接）应配置截面面积不小于 200mm^2，配筋率不应小于墙体竖向分布筋配筋率，且不宜小于 2ϕ12，后浇段应采用水泥基灌浆料灌实，水泥基灌浆料强度不应低于预制墙板混凝土强度等级。

预制剪力墙板应在水平或竖向尺寸大于 800mm 的洞边、一字墙端部、纵横墙交接处设置构造边缘构件，截面高度不宜小于墙厚，且不宜小于 200mm，宽度同墙厚，内应配纵向受力筋（抗震等级三级、四级的分别不小于底层 1ϕ25、1ϕ22，其他层 1ϕ22、1ϕ20）、箍筋（最小直径 ϕ6，最大间距：三级抗震等级底层为 150mm，四级抗震等级其他层为 250mm，其他情况均 200mm）、不伸出预制墙板表面的箍筋架立筋（其最小量，对三级抗震等级底层为 4ϕ10，其他情况均为 4ϕ8），上下层纵向受力钢筋应直接连接；水平接缝宜设置在楼面标高处，接缝厚宜 20mm，接缝处应设置连接节点，连接节点不宜大于 1m；穿过接缝的连接钢筋的数量应满足接缝抗剪承载力的要求，且配筋率不应小于墙体竖向钢筋配筋率，连接钢筋直径不应小于 14mm。

（5）当房屋层数大于 3 层时，屋面、楼面宜采用叠合楼盖，沿各层墙顶应设置水平后浇带，当抗震等级为三级时，应在屋面设置封闭的后浇钢筋混凝土圈梁；当不大于 3 层时，楼面可采用预制楼板，搁置在墙上长度不应小于 60mm，当墙厚不能满足搁置长度要求时可设置挑耳；板端后浇混凝土接缝宽度不宜小于50mm，接缝内应配置连续的通长钢筋，钢筋直径不应小于8mm，当板端不伸出锚固钢筋时，应沿板跨方向布置连系钢筋，连系钢筋直径不应小于10mm，间距不应大于600mm，连系钢筋应与预制墙板可靠连接，并于支承墙伸出的钢筋、板端接缝内设置的通长钢筋拉结。

(6) 连梁宜与剪力墙整体预制，也可在跨中拼接，预制剪力墙洞口上方的预制连梁可与后浇混凝土圈梁或水平后浇带形成叠合连梁。

(7) 预制剪力墙与基础连接时，基础顶面应设置现浇钢筋混凝土圈梁，圈梁上表面应设粗糙面；剪力墙后浇暗柱和竖向接缝内的纵向钢筋应在基础中可靠锚固，且宜伸入到基础底部。

第三章

装配式混凝土建筑的结构设计基础规定

第一节　装配式混凝土建筑的结构设计基本理念

1. 树立工业化思维理念

（1）秉持装配化集成设计技术

装配式混凝土建筑应采用系统集成的方法统筹建设、设计、生产运输、施工安装各方之间的关系，加强建筑、结构、设备、装修等专业之间的协同，强调集成设计，突出设计过程中的结构系统、外围护系统、设备与管线系统以及内装系统的综合考虑、一体化设计，实现全过程的配合。

由此可看出装配式混凝土结构与传统全现浇结构的设计和施工过程中的差异所在。对装配式混凝土结构，需要在方案阶段即进行建设、设计、施工、制作等各单位之间的协同工作，共同对建筑平面和立面根据标准化原则进行优化，对应用预制构件的技术可行性和经济性进行论证，共同进行整体策划，提出最佳方案。与此同时各专业也应密切配合，对预制构件的尺寸和形状、节点构造等提出具体技术要求，并对制作、运输安装和施工全过程的可行性及造价做出判断。

（2）坚持建筑模数协调

装配式混凝土建筑设计要坚持建筑模数协调，遵循少规格、多组合、标准化重要原则，以满足建造装配化与部品部件标准化、通用化的要求，在满足建筑功能的前提下，实现基本单元的标准化定型，减少部品部件的规格种类，提高定型的标准化建筑构配件的重复使用率，有利于部品部件的生产制造与施工，提高生产速度和工人的劳动效率，降低造价。

坚持建筑模数协调，可促进建筑工程建设从粗放型生产转化为集约型的社会化协作生产，包括尺寸和安装位置各自的模数协调，和尺寸与安装位置之间的模数协调。

（3）功能模块化，部品部件工业化标准化

功能模块化也非常重要。模块化是工业体系的设计方法，是标准化形式的一种。装配式混凝土建筑的平面和空间设计宜采用模块化方法，可在模数协调的基础上以建筑单元或套型为单位进行设计，其标准模块包括楼梯、卫生间、楼板、墙板、管井、使用空间等。模块化设计将预制部品部件进行系列设计，形成鲜明的套系感和空间特征，使之具有系列化、标准化、模数化、多样化以及工业化的特征。

（4）匹配装配化的结构布置原则

装配式混凝土建筑的结构整体性能在目前国内的研究尚不深入，依然借助于现浇结构理论，其结构布置应与现浇结构一样，首先要考虑抗震设计原则，包括选择有利场地，保证基础承载力刚度以及足够的抗滑移、抗倾覆能力，合理设置结构沉降缝、伸缩缝、防震缝，合理选择结构体系，保证结构具有足够的承载力、节点的承载力大于构件的承载力，确保结构具有足够的变形能力和耗能能力、平面形状宜简单、规则、对称、质量刚度分布宜均匀等，部分布置原则要严于现浇结构。对特别不规则的建筑，考虑到会出现各种非标准的构件，且在地震作用下内力分布较为复杂，不适用于装配式结构。

由于装配式混凝土建筑的预制构件在工厂加工制造，现场拼装，为减少装配的数量及减小装配中的施工难度，需尽量减少设置次梁，为节约造价，尽可能使用标准件，在综合考虑建筑结构的安全性、经济性、适用性等因素，需遵循下述原则：

1）建筑宜选用开大洞、大进深的布局；

2）承重墙柱等竖向构件宜上下连续；

3）门窗洞口宜上下对齐、成列布置，其平面位置和尺寸应满足结构受力及预制构件设计要求；剪力墙结构不宜出现转角窗；

4）厨房和卫生间的平面布置应合理，其平面尺寸宜满足标准化整体橱柜及整体卫浴的要求；厨房和卫生间的水电设备宜采用管井集中布置，竖向管井宜布置在公共空间；

5）住宅套型设计宜做到套型平面内基本间、连接构造、各类预制构件、配件及各类设备管线的标准化；

6）空调板宜集中布置，并宜与阳台合并设置。

2. 等同现浇原理

等同现浇原理是装配式混凝土建筑或者严格点讲是装配整体式混凝土建筑的结构设计中最重要的基本原理。即通过采用可靠的连接技术与必要的构造措施，将装配式混凝土结构连接成一个整体，使装配式混凝土结构与现浇混凝土结构达到基本相同的力学性能，进而可以采用现浇结构的分析方法进行装配式混凝土结构的内力分析和设计计算。现行国家装配式混凝土技术规程、标准中，高层装配式混凝土建筑的结构设计主要概念，就是在选用可靠的预制构件受力钢筋连接技术的基础上，采用预制构件与后浇混凝土相结合的方法，通过连接节点合理的构造措施，来达到等同现浇的目标。

要实现等同现浇效果，结构构件可靠的连接是根本保障。当然还需配套相关的结构构造加强措施，在应用条件上也比现浇混凝土结构限制得更严。从这点来说，等同现浇原来并不是一个严谨的科学原理，而是一个技术目标，受制于现有的研究成果的折中之举。在现有的结构体系中，装配整体式混凝土框架结构基本可以实现等同现浇目标。但装配整体式混凝土剪力墙结构因其研究成果少、接缝数量多、连接复杂，接缝的施工质量对结构整体抗震性能的影响较大，离实现等同现浇目标还有一定距离，将最大适用高度降低，要求边缘构件现浇等规定就是该点的体现。

为实现等同现浇目标，规范还特别要求：

1）应采取有效措施加强结构的整体性；

2）装配式混凝土结构宜采用高强混凝土、高强钢筋；

3）装配式混凝土结构的节点和接缝应受力明确、构造可靠，并满足承载力、延性和耐久性等要求；不仅要满足结构的力学性能，还需满足建筑物理性能要求；

4）应根据连接节点和接缝的构造方式和性能，确定结构的整体计算模型；

5）装配式混凝土结构中，预制构件的连接部位宜设置在结构受力较小的部位，划分预制构件时，宜将连接设置在应力水平较低处，如梁、柱的反弯点处等；其尺寸和形状应满足建筑使用功能、模数、标准化要求，并进行优化设计，应根据预制构件的功能和安装部位、加工制作及精度等要求，确定合理的公差；应满足制作、运输、堆放、安装及质量控制要求。

3. 极限状态设计方法

装配式混凝土结构与现浇结构一样，采用极限状态设计方法。

极限状态设计方法以概率理论为基础，分为三类：承载能力极限状态、正常使用极限状态和耐久性极限状态。在进行强度和失稳等承载能力设计时，采用承载能力极限设计方法；在进行挠度、裂缝等设计时，采用正常使用极限状态设计方法。

承载能力极限状态对应于结构和构件的安全性、可靠性和耐久性。对装配式结构的构件，包括连接件、预埋件、拉结件等。

正常使用极限状态对应于结构的装饰性，当其挠度超过了规定的限值，或出现表面裂缝或局部裂缝等局部破坏情况，即认为超过了正常使用极限状态。

耐久性极限状态对应于结构的构件材料性能，当出现影响承载能力和正常使用的材料性能劣化、影响耐久性能的裂缝、变形、缺口、外观、材料削弱等状态时，可认为超过了耐久性极限状态。

设计时要根据所设计功能要求属于哪个状态来进行荷载选取、计算和组合。

装配式混凝土结构构件及节点应进行承载能力极限状态、正常使用极限状态设计和耐久性极限状态设计。装配式混凝土结构的承载能力极限状态、正常使用极限状态、耐久性极限状态的作用效应分析可采用弹性方法。对持久设计状况，需要进行承载能力极限状态设计及正常使用极限状态设计，并宜进行耐久性极限状态设计；对短暂设计状况和地震设计状况应进行承载能力极限状态设计，并根据需要进行正常使用极限状态设计；对偶然设计状况应进行承载能力极限状态设计，可不进行正常使用极限状态设计和耐久性极限状态设计。

装配式混凝土结构进行抗震性能设计时，结构在设防烈度地震及罕遇地震作用下的内力和变形分析，可根据受力状态采用弹性分析方法或弹塑性分析方法。装配式混凝土结构进行弹塑性分析时，构件及节点均可能进入塑性状态。构件的模拟与现浇混凝土结构相同，而节点及接缝的全过程非线性行为的模拟是否准确，是决定分析结果是否准确的关键因素。试验结果表明，受力过程能实现等同现浇的湿式连接节点，可按照连续的混凝土结构模拟，忽略接缝的影响。

4. 结构概念设计

结构概念设计是结构设计人员必须掌握的一项技能，是结构设计工程师必须树立的一个设计理念。什么是结构概念设计？简单地讲就是，依据结构原理对结构安全进行分析判断和总体把握，特别是对结构计算解决不了的问题，进行定性分析，做出正确设计。

在装配式混凝土结构设计中，考虑到基本沿用既有的现浇混凝土结构设计原理，结构概念设计更显重要，比具体计算、画图重要得多，不仅需要现浇混凝土结构的概念设计意识，更需要装配式混凝土结构的概念设计意识。

（1）装配式混凝土结构整体性概念设计

装配整体式混凝土结构设计的基本原理就是等同现浇原理。即通过采用可靠的连接技术和必要的结构构造措施，使装配整体式混凝土结构与现浇混凝土结构的效能基本等同。因此在装配式结构方案设计和拆分设计中，必须贯彻结构整体性的概念设计，对于需要加强结构整体性的部位，有意识地加强。

通过概念设计确保结构整体性的关注点还包括不规则的特殊楼层及特殊部位的关键构件、平面凹凸及楼板不连续形成的弱连接部位、层间受剪承载力突变的薄弱层、侧向刚度不规则的软弱层、挑空空间形成的穿层柱等。结构设计师不能盲目追求预制率，不做区分地做预制方案。

（2）强柱弱梁设计

强柱弱梁，是指柱本身设计时，做到在大震作用下，使梁先于柱进入屈服状态，柱的设计强度要高于因大震作用而进入屈服强度的要求。简单地说就是框架柱不先于梁破坏。因为框架梁破坏是局部的破坏，而一旦框架柱破坏，那就可能是系统的、整体的破坏，其严重程度要比框架梁的破坏要大得多。这里的强“柱”是个相对概念，实际指的是强的竖向构件。特别是对于装配式结构，因为竖向构件接缝的存在，如何使竖向构件保持一个“强”的整体，避免出现柱铰的屈服机制，充分考验结构设计师们的智慧。如装配式混凝土结构强调楼板采用叠合楼盖，楼板厚普遍比现浇混凝土结构要大，刚度、配筋也要大。这样引起的梁刚度的增加、梁端承载力的提高会不会削弱柱的“强”，这需要我们深入思考研究。

(3) 强剪弱弯

强剪弱弯是指构件自身强度的强弱对比，要求构件实际抗剪承载力高于作用效应，抗弯承载力不宜过多的富余，在大震下保证受弯破坏先于受剪破坏。钢筋混凝土构件剪切破坏属于毫无征兆的脆性破坏，危害性极大。所以混凝土结构设计时，任何构件都一定要避免剪切破坏。而构件受弯破坏属于延性破坏，有显性预兆特征，如开裂、挠变形等。装配式混凝土结构中，梁端接缝的加强构造处理就是这个概念的体现。

(4) 强节点弱构件设计

所谓强节点弱构件，是指连接核心区不能先于构件破坏，以确保结构整体安全。所以强节点是设计的核心。梁柱截面适当加大，以便于梁柱节点钢筋的摆放布置，保证节点混凝土浇筑质量，就是为了加强节点的抗力性能。

(5) 强接缝结合面弱斜截面受剪设计的概念

欲使装配式混凝土结构能基本达到现浇混凝土结构的性能，实现等同现浇的目标，预制构件间的节点处理和接缝构造是成败的关键。所以对接缝结合面，要实现强连接，保证接缝结合面不先于斜截面破坏。如对梁端、柱底、柱顶接缝进行附加钢筋处理，就是实现强接缝结合面的目的。

(6) 刚度影响概念

非承重外围护墙、内隔墙的刚度对结构的整体刚度、地震作用分配、相邻构件的破坏模式都有影响，其中预制混凝土墙体影响更大。因此在不得不选用预制混凝土墙时，要采取合适的设计构造，如设置拉缝等，来削弱对主体结构刚度的影响。

第二节　装配式混凝土建筑的结构材料要求

1. 混凝土、钢筋、钢材

(1) 混凝土

装配式混凝土结构所采用的混凝土、钢筋、钢材的力学性能指标和耐久性要求等应符合现行国家标准《混凝土结构设计规范》GB 50010—2010（2015 年版）、《钢结构设计标准》GB 50017—2017 的相应规定。

预制构件的混凝土强度等级不宜低于 C30；预应力混凝土预制构件的混凝土强度等级不宜低于 C40，且不应低于 C30；现浇混凝土的强度等级不应低于 C25。承受重复荷载的钢筋混凝土构件，混凝土强度等级不应低于 C30。

预制构件节点及接缝处后浇混凝土强度等级不应低于预制构件的混凝土强度等级；多层整体式墙板结构中墙板水平接缝坐浆材料的强度等级应大于被连接构件的混凝土强度等级。

（2）钢筋、钢材

普通钢筋采用套筒灌浆连接和浆锚搭接连接时，钢筋应采用热轧带肋钢筋，通过热轧钢筋的肋，可以使钢筋与灌浆料之间产生足够的摩擦力，有效地传递应力，从而形成可靠的接头。

预制构件的吊环应采用未经冷加工的 HPB300 级钢筋制作，吊装用内埋式螺母或吊杆的材料应符合国家现行相关标准的规定。

2. 连接材料

（1）钢筋套筒灌浆连接接头

预制构件的连接技术是装配式混凝土结构关键核心技术。其中钢筋套筒灌浆连接接头技术是目前最为成熟的连接技术。

钢筋套筒灌浆连接接头所采用的套筒应符合现行行业标准《钢筋连接用灌浆套筒》JG/T 398—2012 的规定。钢筋套筒灌浆连接接头所采用的灌浆料应符合现行行业标准《钢筋连接用套筒灌浆料》JG/T 408—2013 的规定。钢筋套筒灌浆连接接头尚应符合《钢筋套筒灌浆连接应用技术规程》JGJ 355—2015 的规定。

钢筋灌浆套筒应具有较大的刚度和较小的变形能力，其材料可以采用碳素结构钢、合金结构钢或球墨铸铁等。我国台湾地区多年来一直采用球墨铸铁用铸造方法制造灌浆套筒，而大陆近年来开发了碳素结构钢或合金结构钢材料用机械加工方法制作的灌浆套筒，经受了工程实践的考验，具有良好的、可靠的连接性能。

钢筋套筒灌浆连接接头的另一个关键技术是灌浆材料质量，灌浆料应具有高强、早强、无收缩和微膨胀等基本特性，以使其能与套筒、被连接钢筋更有效地结合在一起共同工作，同时满足装配式混凝土结构快速施工的要求。

（2）钢筋浆锚搭接连接接头

钢筋浆锚搭接连接接头，是在预留孔洞内完成搭接连接的方式，其技术的关键在于孔洞的成形技术、灌浆料的质量以及对被搭接钢筋形成约束的方法等。钢筋浆锚搭接连接接头应采用水泥基灌浆料，并满足相应性能要求。用于钢筋浆锚搭接连接的镀锌波纹管应符合现行工业标准《预应力混凝土用金属波纹管》

JG225—2007 的有关规定。镀锌波纹管的钢带厚度不宜小于 0.3mm，波纹高度不应小于 2.5mm。

（3）钢筋挤压套筒机械连接接头

用于钢筋机械连接的挤压套筒，其原材料及实测力学性能应满足现行行业标准《钢筋机械连接用套筒》JG/T 163—2013 的有关规定。

（4）水平钢筋锚环灌浆连接接头

用于水平钢筋锚环灌浆连接的水泥基灌浆材料应符合现行国家标准《水泥基灌浆材料应用技术规范》GB/T 50448—2015 的有关规定。

（5）钢筋锚固板、预埋件等其他连接用材

当建筑物层数较低时，也可采用钢筋锚固板、预埋件进行连接。钢筋锚固板的材料应符合现行行业标准《钢筋锚固板应用技术规程》JGJ 256—2011 的规定。受力预埋件的锚板及锚筋材料应符合现行国家标准《混凝土结构设计规范》GB 50010—2010（2015 年版）的有关规定，其他连接用焊接材料、螺栓、锚栓和铆钉等紧固件，应分别符合国家或行业相关标准的规定。

（6）夹心外墙板中内外叶墙板的拉结件

夹心外墙板中内外叶墙板的拉结件应具有规定的承载力、变形和耐久性，并应经过试验验证，还应满足夹心外墙板的节能设计要求。在美国多采用高强玻璃纤维制作，欧洲则采用不锈钢制作金属拉结件，我国目前还没有相应产品标准，主要参考美国和欧洲的相关标准。

3. 其他材料

（1）外墙板接缝处密封材料

外墙板接缝处密封材料应与混凝土具有相容性，满足规定的抗冲切和伸缩变形能力等力学性能；密封胶尚应满足防霉、防水、耐候等建筑物理性能要求。密封胶的宽度和厚度应通过计算确定。

硅酮、聚氨酯、聚硫建筑密封胶应分别符合行业标准《硅酮和改性硅酮建筑密封胶》GB/T 14683—2017、《聚氨酯建筑密封胶》JC/T 482—2003、《聚硫建筑密封胶》JC/T 483—2006 的相关规定。

夹心外墙板接缝处填充用保温材料的燃烧性能应满足国家标准《建筑材料及制品燃烧性能分级》GB 8624—2012 中 A 级的要求。

（2）夹心外墙板保温材料

夹心外墙板中的保温材料，其导热系数不宜大于 0.04W/(m·K)，其体积吸水率不宜大于 0.3%，燃烧性能不应低于国家标准《建筑材料及制品燃烧性能分级》GB 8624—2012 中 B_2 级的要求。

根据美国的使用经验，由于挤塑聚苯乙烯板（XPS）的抗压强度高、吸水率低，在夹心外墙板中应用最为广泛，使用时还需对其进行界面隔离处理，以允许外叶墙板的自由收缩。当采用改性聚氨酯（PIR）时，美国多采用带有塑料表皮的改性聚氨酯板材。

我国夹心外墙板应用历史短，还没有足够的研究和实践经验，目前参考美国PCI手册的要求，综合、定性地提出基本要求。

第三节　装配式混凝土建筑的结构设计基本规定

1. 适用范围

现行装配式混凝土建筑的结构设计、施工和验收，仅限于民用建筑非抗震设计及抗震设防烈度为6～8度抗震设计的乙类及乙类以下的装配式混凝土结构，不包括甲类建筑以及9度抗震设计的装配式结构，如需采用，应进行专门论证。

适用的建筑主要为住宅和公共建筑，以住宅、宿舍、教学楼、酒店、办公楼、公寓、商业、医院病房等为主，不包括重型厂房，原则上也不适用于排架结构类型的工业建筑。但使用条件和结构类型与民用建筑相似的工业建筑，如轻工业厂房可参照执行。

2. 最大适用高度

装配式混凝土建筑的整体性程度直接决定了与现浇混凝土结构性能的接近程度。装配式混凝土建筑的最大适用高度也与其整体性直接相关，还与结构形式、地震设防烈度、建筑是A级高度还是B级高度等因素有关。

《装配式混凝土结构技术规程》JGJ 1—2014（简称《装规》）、《装配式混凝土建筑技术标准》GB/T 51231—2016（简称《装标》）与《高层建筑混凝土结构技术规程》JGJ 3—2010（简称《高规》）分别规定了装配式混凝土结构和现浇混凝土结构的最大适用高度，两者比较如下：

1）框架结构，装配式与现浇一样；

2）框架-现浇剪力墙结构，装配式与现浇一样；

3）结构中竖向构件全部现浇，仅楼盖采用叠合梁、叠合板时，装配式与现浇一样；

4）剪力墙结构，装配式比现浇降低10～30m；

5）框架-现浇核心筒结构与现浇一样。

《装规》《装标》《高规》对装配式混凝土结构与现浇混凝土结构的建筑适用最大高度的比较见表3-1，并符合下述规定：

1）当结构中竖向构件全部为现浇且楼盖采用叠合梁板式，房屋的最大适用高度可按现行《高规》的规定使用；

2）抗震设计时，高层装配整体式混凝土剪力墙结构不应全部采用短肢剪力墙；抗震设防烈度为 8 度时，不宜采用具有较多短肢剪力墙的剪力墙结构，当采用较多短肢剪力墙的剪力墙结构时，应符合下列规定：

① 在规定的水平地震作用下，短肢剪力墙承担的底部倾覆力矩不宜大于结构底部总地震倾覆力矩的 50%；

② 房屋最大适用高度要适当降低，抗震设防烈度为 7 度和 8 度时，宜分别降低 20m。

装配整体式混凝土结构与现浇混凝土结构最大适用高度对比（单位：m）　表 3-1

结构体系	非抗震设计		抗震设防烈度							
			6 度		7 度		8 度(0.2g)		8 度(0.3g)	
	《高规》	《装规》	《高规》	《装规》	《高规》	《装规》	《高规》	《装规》	《高规》	《装规》
框架结构	70	70	60	60	50	50	40	40	35	30
框架剪力墙结构	150	150	130	130	120	120	100	100	80	80
剪力墙结构	150	140(130)	140	130(120)	120	110(100)	100	90(80)	80	70(60)
框支剪力墙结构	130	120(110)	120	110(100)	100	90(80)	80	70(60)	50	40(30)
框架核心筒	160		150	150	130	100	100	100	90	90
筒中筒	200		180		150		120		100	
板柱剪力墙结构	110		80		70		55		40	

注：1. 装配整体式混凝土剪力墙结构与装配整体式混凝土框支剪力墙结构，在规定的水平力作用下，当预制剪力墙结构底部承担的总剪力大于该层总剪力的 50%时，其最大适用高度适当降低；当预制剪力墙结构底部承担的总剪力大于该层总剪力的 80%时，其最大适用高度应取括号内数值；

2. 装配整体式混凝土剪力墙结构与装配整体式混凝土框支剪力墙结构，当剪力墙边缘构件竖向钢筋采用浆锚搭接连接时，房屋最大适用高度应比表中数值降低 10m。

3. 最大适用高宽比

高层建筑的高宽比是对结构刚度、整体稳定性、承载能力以及宏观性的宏观评价指标。对装配式剪力墙结构，高宽比较大时，结构在设防烈度地震作用下，结构底部可能出现较大的拉应力区，对预制墙板竖向连接的承载力要求会显著增加，对结构抗震性能的影响较大。因此对装配式混凝土剪力墙结构建筑的高宽比应更严格控制，以提高结构的抗倾覆能力，避免墙板水平接缝在受剪的同时又受拉，保证装配式混凝土剪力墙结构的安全性和经济性。

《高规》和《装标》分别规定了现浇混凝土结构和装配式混凝土结构的最大高宽比，两者比较见表 3-2。

4. 抗震设计规定

（1）抗震等级

乙类装配整体式混凝土结构应按本地区抗震设防烈度提高一度的要求加强其抗震措施；当本地区抗震设防烈度为 8 度且抗震等级为一级时，应采取比一级更高的抗震措施；当建筑场地为Ⅰ类时，仍按本地区抗震设防烈度的要求采取抗震构造措施。

装配整体式混凝土结构与现浇混凝土结构最大高宽比对比　　表 3-2

<table>
<tr><th rowspan="3">结构体系</th><th colspan="2" rowspan="2">非抗震设计</th><th colspan="6">抗震设防烈度</th></tr>
<tr><th colspan="2">6 度</th><th colspan="2">7 度</th><th colspan="2">8 度</th></tr>
<tr><th>《高规》</th><th>《装标》</th><th>《高规》</th><th>《装标》</th><th>《高规》</th><th>《装标》</th><th>《高规》</th><th>《装标》</th></tr>
<tr><td>框架结构</td><td>5</td><td>5</td><td>4</td><td>4</td><td>4</td><td>4</td><td>3</td><td>3</td></tr>
<tr><td>框架现浇剪力墙结构</td><td>7</td><td>6</td><td>6</td><td>6</td><td>6</td><td>6</td><td>5</td><td>5</td></tr>
<tr><td>剪力墙结构</td><td>7</td><td>6</td><td>6</td><td>6</td><td>6</td><td>6</td><td>5</td><td>5</td></tr>
<tr><td>框架核心筒结构</td><td>8</td><td></td><td>7</td><td>7</td><td>7</td><td>7</td><td>6</td><td>6</td></tr>
</table>

丙类装配整体式混凝土结构的抗震等级详见表 3-3。

装配整体式混凝土结构的抗震等级　　表 3-3

<table>
<tr><th colspan="2" rowspan="2">结构体系</th><th colspan="8">抗震设防烈度</th></tr>
<tr><th colspan="2">6 度</th><th colspan="3">7 度</th><th colspan="3">8 度</th></tr>
<tr><td rowspan="3">框架结构</td><td>高度(m)</td><td>≤24</td><td>>24</td><td>≤24</td><td colspan="2">>24</td><td>≤24</td><td colspan="2">>24</td></tr>
<tr><td>框架</td><td>四</td><td>三</td><td>三</td><td colspan="2">二</td><td>二</td><td colspan="2">一</td></tr>
<tr><td>大跨度框架</td><td colspan="2">三</td><td colspan="3">二</td><td colspan="3">一</td></tr>
<tr><td rowspan="3">框架-现浇剪力墙结构</td><td>高度(m)</td><td>≤60</td><td>>60</td><td>≤24</td><td>>24 且≤60</td><td>>60</td><td>≤24</td><td>>24 且≤60</td><td>>60</td></tr>
<tr><td>框架</td><td>四</td><td>三</td><td>四</td><td>三</td><td>二</td><td>三</td><td>二</td><td>一</td></tr>
<tr><td>剪力墙</td><td>三</td><td>三</td><td>三</td><td>二</td><td>二</td><td>二</td><td>一</td><td>一</td></tr>
<tr><td rowspan="2">框架-核心筒结构</td><td>框架</td><td colspan="2">三</td><td colspan="3">二</td><td colspan="3">一</td></tr>
<tr><td>核心筒</td><td colspan="2">二</td><td colspan="3">二</td><td colspan="3">一</td></tr>
<tr><td rowspan="2">剪力墙结构</td><td>高度(m)</td><td>≤70</td><td>>70</td><td>≤24</td><td>>24 且≤70</td><td>>70</td><td>≤24</td><td>>24 且≤70</td><td>>70</td></tr>
<tr><td>剪力墙</td><td>四</td><td>三</td><td>四</td><td>三</td><td>二</td><td>三</td><td>二</td><td>一</td></tr>
<tr><td rowspan="4">部分框支剪力墙结构</td><td>高度(m)</td><td>≤70</td><td>>70</td><td>≤24</td><td>>24 且≤70</td><td>>70</td><td>≤24</td><td colspan="2">>24 且≤70</td></tr>
<tr><td>现浇框支框架</td><td>二</td><td>二</td><td>二</td><td>二</td><td>一</td><td>一</td><td colspan="2">一</td></tr>
<tr><td>底部加强部位剪力墙</td><td>三</td><td>二</td><td>三</td><td>二</td><td>一</td><td>二</td><td colspan="2">一</td></tr>
<tr><td>其他区域剪力墙</td><td>四</td><td>三</td><td>四</td><td>三</td><td>二</td><td>三</td><td colspan="2">二</td></tr>
</table>

注：1. 大跨度框架指跨度不小于 18m 的框架；

2. 高度不超过 60m 的装配整体式混凝土框架-核心筒结构按装配整体式混凝土框架-剪力墙结构的要求设计时，应按表中装配整体式混凝土框架-剪力墙结构的规定确定其抗震等级。

从上表可看出，对丙类装配整体式混凝土结构：

1）框架结构，框架-剪力墙结构和框架-现浇核心筒结构，装配式混凝土结构与现浇混凝土结构的抗震等级一样；

2）装配式混凝土剪力墙结构和部分框支剪力墙结构，装配式比现浇更严，划分高度比现浇结构降低 10m，从 80m 降到 70m。

（2）抗震性能设计

1）抗震设计的高层装配式混凝土结构，当其房屋高度、规则性、结构类型等超过《高规》的规定或抗震设防标准有特殊要求时，可按现行行业标准《高规》的有关规定进行结构抗震性能设计。

2）抗震设计时，抗震调整系数应按表 3-4 中采用。当仅考虑竖向地震作用时，承载力调整系数应取 1.0，预埋件锚筋截面计算的承载力调整系数应取 1.0。

抗震调整系数取值一览表　　**表 3-4**

<table>
<tr><th rowspan="3">结构构件类别</th><th colspan="5">正截面承载力计算</th><th>斜截面承载力计算</th><th rowspan="3">受冲切、接缝受剪承载力计算</th></tr>
<tr><th rowspan="2">受弯构件</th><th colspan="2">偏心受压柱</th><th rowspan="2">偏心受拉构件</th><th rowspan="2">剪力墙</th><th rowspan="2">各类构件及框架节点</th></tr>
<tr><th>轴压比小于 0.15</th><th>轴压比不小于 0.15</th></tr>
<tr><td>抗震调整系数</td><td>0.75</td><td>0.75</td><td>0.8</td><td>0.85</td><td>0.85</td><td>0.85</td><td>0.85</td></tr>
</table>

3）当同一层内既有预制又有现浇抗侧力构件时，地震状况下宜对现浇抗侧力构件在地震作用下的弯矩和剪力进行适当放大。

4）对应同一层内既有现浇墙肢又有预制墙肢的装配整体式剪力墙结构，现浇墙肢水平地震作用弯矩和剪力乘以不小于 1.1 的增大系数。

5）装配式混凝土结构应采取措施保证结构的整体性。安全等级为一级的高层装配式混凝土结构尚应按照现行行业标准《高规》的有关规定进行连续倒塌概念设计。

5. 作用及作用组合

装配式混凝土建筑主体结构在使用阶段的作用和作用组合计算，与现浇混凝土结构一致，没有特殊规定。

不同之处在于混凝土构件在工厂预制，预制构件在脱模、吊装等环节所承受的荷载是现浇混凝土结构所没有的。首先预制构件存在脱模强度的要求，一方面要求脱模时混凝土必须达到的强度，规范明确预制构件脱模时混凝土抗压强度不应低于 $15N/mm^2$；一方面还需验算脱模时构件承载力。脱模强度与构件重量和吊点布置有关，需根据计算确定。而夹心保温构件外叶板在脱模或翻转时所承受的荷载作用可能比使用期间更不利，拉结件锚固设计应按脱模强度计算。

预制构件在短暂设计状态下的要求同国家规范《混凝土结构工程施工规范》GB 50666相同，即：预制构件在翻转、运输、吊运、安装等短暂设计状况下的施工验算，应将构件自重标准值乘以动力系数后作为等效静力荷载标准值。构件运输、吊运时动力系数宜取1.5；构件翻转及安装过程中就位、临时固定时，动力系数可取1.2。

预制构件进行脱模时，受到的荷载包括自重、脱模起吊瞬间的动力效应、脱模时模板与构件表面的吸附力。其中，动力效应采用构件自重标准值乘以动力系数计算，动力系数不宜小于1.2；脱模吸附力是作用在构件表面的均布力，与构件表面和模具状态有关，应根据构件和模具的实际状况取用，且不宜小于1.5kN/m²。等效静力荷载标准值取构件自重标准值乘以动力系数后与脱模吸附力之和，且不宜小于构件自重标准值的1.5倍。

对外挂墙板按围护结构进行设计计算时，不考虑分担主体结构所承受的荷载和作用，只考虑直接施加在外墙上的荷载和作用。竖直外墙板所承受的作用包括自重、风荷载、地震作用和温度作用；外墙板倾斜时，其荷载应参考屋面板考虑，还有雪荷载、施工维修时的集中荷载。

6. 结构分析和变形验算

（1）结构分析方法

基于等同现浇原理，各种设计状况下的装配式混凝土结构，可采用与现浇混凝土结构相同的方法进行结构分析。但当同一层内既有预制又有现浇抗侧力构件时，地震状况下宜对现浇抗侧力构件在地震作用下的弯矩和剪力进行适当放大。

装配式混凝土结构的承载能力极限状态、正常使用极限状态及耐久性极限状态的作用效应分析可采用弹性方法。装配式混凝土结构进行抗震性能设计时，结构在设防烈度地震及罕遇地震作用下的内力和变形分析，可根据受力状态采用弹性分析方法或弹塑性分析方法。装配式混凝土结构进行弹塑性分析时，宜根据节点和接缝在受力全过程中的特性进行节点和接缝的模拟。

（2）节点和接缝模拟

装配式混凝土结构，节点和接缝的成功模拟是决定计算分析成功与否的关键环节。因此计算模型中，应准确模拟连接节点和接缝的实际状况，并计算出节点和接缝的内力，以进行节点和接缝连接及预埋件的承载力复核。连接和接缝的实际刚度可通过试验或有限元分析得到。

在装配式混凝土结构中，存在等同现浇的湿式连接节点，也存在非等同现浇的湿式或干式连接节点，在现行标准明确的节点及接缝构造做法，根据已有的试验结果和实践经验，均能实现等同现浇的要求。故只要能满足现行标准明确的节点和接缝构造要求，节点和接缝均可按现浇混凝土结构进行模拟。而对其他的节点和接缝构造，只要有充足的试验依据表明其能满足等同现浇性能要求，也可按连续的混凝土结构进行模拟，而不须考虑接缝对结构刚度的影响，否则，则应按实际情况模拟。

比如，对于干式连接节点，可按实际受力状态模拟为刚接、铰接或者半刚接节点。当梁、柱之间采用牛腿、企口搭接，其钢筋不连接时，则模拟为铰接节点；当梁柱之间采用后张预应力压紧连接或螺栓压紧连接，可模拟为半刚接节点。

（3）外挂墙板和预制楼梯

当预制外挂墙板采用点支承式连接时，计算分析可不计入其刚度影响；当预制外挂墙板采用线支承式连接时，当其刚度对整体结构受力有利时，可不计入其刚度影响，当其刚度对整体结构受力计算不利时，应计入其刚度影响，具体情况可详见后面的预制外挂墙板章节。

预制楼梯通常采用一端固定或简支，一端滑动支座连接，能有效消除斜撑效应，可不考虑楼梯参与整体结构的计算分析，但其滑动变形能力应满足罕遇地震作用下的变形要求。

（4）楼盖刚度

在结构内力与位移计算时，对现浇楼盖和叠合楼盖，均可假定楼盖在其自身平面内为无限刚性。楼面梁的刚度可以增大；梁刚度增大系数可根据翼缘情况近似取为1.3～2.0。当近似考虑楼面对梁刚度的影响时，可根据翼缘尺寸与梁截面尺寸的比例关系确定增大系数的取值。但与现浇混凝土结构相比，叠合楼盖梁刚度增大系数可适当减小。

叠合楼板中预制部分之间采用整体式接缝，则考虑预制楼板对梁刚度的贡献，否则仅考虑叠合楼盖现浇部分对梁刚度的贡献。对装配整体式混凝土结构的边梁，其一侧有楼板，另一侧有外挂墙板，应同时考虑楼板和预制外挂墙板对边梁刚度的贡献。

无现浇层的装配式楼盖对梁刚度的增大作用有限，设计中可忽略。

（5）填充墙刚度影响

非承重外围护墙、内隔墙的刚度对结构的整体刚度、地震作用的分布、相邻构件的破坏模式等都有影响，影响大小与围护墙及隔墙的数量、刚度、与主体结构连接的刚度直接相关。

所以内力和变形计算时，应计入填充墙对结构刚度的影响。对外围护墙，与主体结构一般采用柔性连接，对主体结构的影响和处理详见后文。对内隔墙，当采用轻质复合墙板、条板内隔墙时，可按现浇混凝土结构的处理方式，采用周期折减的方法考虑其对结构刚度的影响，当轻质隔墙板刚度较小，结构刚度较大时，如剪力墙结构，其周期折减系数取0.8～1.0；当轻质隔墙板刚度较大，结构刚度较小时，如框架结构，其周期折减系数取0.7～0.9。当采用砌块内隔墙，周期折减系数可参考现浇混凝土结构的有关规定取值。当采用内嵌非承重预制混凝土墙时，对结构整体刚度影响最大，应当从设计构造上来削弱填充墙预制件对主体结构的影响，合理评估结构周期折减系数的取用。

(6) 装配式混凝土框架结构调幅计算

《高层建筑混凝土结构技术规程》JGJ 3—2010 明确，在竖向荷载作用下，可考虑框架梁端塑性变形内力重分布对梁端负弯矩乘以调幅系数进行调幅，装配整体式框架结构梁端负弯矩调幅系数可取 0.7～0.8。

而根据广东省地方标准《装配式混凝土建筑结构技术规程》DBJ15—107—2016，对装配式混凝土框架结构，在竖向荷载作用下，框架梁端负弯矩往往较大，配筋困难，不方便施工，施工质量不好保证，故允许考虑框架梁端塑性变形内力重分布，对梁端负弯矩乘以 0.75～0.85 的调幅系数进行调幅。同时梁跨中弯矩应按平衡条件相应增大。

(7) 装配式混凝土剪力墙结构增大系数

抗震设计时，对同一层内既有现浇墙肢也有预制墙肢的装配整体式混凝土剪力墙结构，现浇墙肢水平地震作用弯矩、剪力宜乘以不小于 1.1 的增大系数。

(8) 变形验算

装配式混凝土结构按弹性方法计算的风荷载或多遇地震标准值作用下的楼层层间最大位移 Δu 与层高 h 之比（弹性层间位移角限值）的限值，对于装配整体式混凝土框架结构和剪力墙结构均与现浇混凝土结构相同，但对多层装配式剪力墙结构，当按现浇结构计算而未考虑墙板间的接缝影响时，计算得到的层间位移会偏小，因此需要严控层间位移角限值，详见表 3-5。

楼层层间最大位移与层高之比的限值（弹性层间位移限角）　　表 3-5

结构类型	$\Delta u/h$
装配整体式框架结构	1/550
装配整体式框架-现浇剪力墙结构、装配整体式框架-现浇核心筒结构	1/800
装配整体式剪力墙结构、装配整体式部分框支剪力墙结构	1/1000
多层装配式剪力墙结构	1/1200

罕遇地震作用下，结构薄弱层（部位）弹塑性层间位移角限值（弹塑性层间位移与层高之比）详见表 3-6。

弹塑性层间位移限角　　表 3-6

结构类型	$[\theta_p]$
装配整体式框架结构	1/50
装配整体式框架-现浇剪力墙结构、装配整体式框架-现浇核心筒结构	1/100
装配整体式剪力墙结构、装配整体式部分框支剪力墙结构	1/120

7. 预制构件设计一般规定

（1）通用规定

1）预制构件的设计应满足标准化的要求，尽量减少梁、板、柱、墙等预制构件的种类，保证模具能够多次重复使用，以降低造价；宜采用建筑信息模型（BIM）技术进行一体化设计，确保预制构件的钢筋与预留洞口、预埋件等相协调，简化预制构件连接节点施工。

2）预制构件的形状、尺寸、重量等应满足制作、运输、安装等各环节的要求。

3）预制构件的配筋设计，应便于工厂化生产和现场连接，如宜采用大直径、大间距的配筋方式等。

（2）计算规定

1）对持久设计状况，应对预制构件进行承载力、变形、裂缝控制验算；

2）对地震设计状况，应对预制构件进行承载力验算；

3）对制作、运输、堆放、安装等短暂设计状况下的预制构件验算，应符合国家规范《混凝土结构工程施工规范》GB 50666—2011 的有关规定，既要进行承载能力验算，也要进行相应的安全性分析。主要分为以下三项设计验算：

① 脱模、翻转、吊装吊点设计与结构验算；

② 堆放、运输支承点设计与结构验算；

③ 安装过程临时支撑设计与结构验算。

对短暂设计状况下的预制构件验算，要给予特别注意，因为这也是装配式混凝土建筑的结构设计相比现浇混凝土结构非常特殊也很重要的地方。制作、施工安装阶段的荷载、受力状态和计算模式往往与使用阶段不同，而且在这阶段尚未达到混凝土设计强度，导致许多预制构件的截面及配筋设计，在该阶段起控制作用，即在非使用阶段起控制作用。

（3）保护层

预制梁、柱构件由于节点区钢筋布置空间的需要，保护层往往比较大。在设计计算时保护层厚度的取值要特别注意。特别是采用套筒灌浆连接时，保护层厚度宜从套筒外表面开始计起，相应构件钢筋的保护层都随着加大。当预制构件的钢筋保护层大于 50mm 时，宜采取增设钢筋网片等有效的构造措施，控制混凝土保护层的裂缝及在受力过程中的剥离脱落。

（4）预制板式楼梯

预制板式楼梯在吊装、运输及安装过程中，受力状况比较复杂，因此要求梯段板底应配置通长的纵向钢筋，板面宜配置通长的纵向钢筋，具体配置的钢筋量可根据加工、运输、吊装过程中的承载力及裂缝控制验算结果确定。

当楼梯两端都不能滑动时，在侧向力作用下楼梯会起到斜撑的作用，楼梯中会产生轴向拉力，因此要求板面和板底均应配置通长钢筋。

（5）其他预埋件

用于固定连接件的预埋件与预埋吊件、临时支撑用预埋件不宜兼用；当兼用时，应同时满足各种设计工况要求。

预制构件中外露预埋件凹入构件表面的深度不宜小于10mm，便于封闭处理。其验算应符合国家标准《混凝土结构设计规范》GB 50010—2010（2015年版）、《钢结构设计标准》GB 50017—2017和《混凝土结构工程施工规范》GB 50666—2011等的有关规定。

8. 预制构件负面清单

（1）结构中不宜做预制构件的部位或结构

1）当设置地下室时，地下室结构宜采用现浇混凝土。

2）剪力墙结构和部分框支剪力墙结构的底部加强部位宜采用现浇混凝土。

3）框架结构的首层柱应采用现浇混凝土；顶层宜采用现浇混凝土。

4）当底部加强部位的剪力墙、框架结构的首层柱采用预制混凝土时，应采取可靠技术措施。

5）当采用部分框支剪力墙结构时，底部框支层不宜超过2层，且框支层及相邻上一层应采用现浇混凝土结构。

6）部分框支剪力墙以外的结构中，转换梁、转换柱宜采用现浇混凝土。

7）剪力墙结构屋顶层可采用预制剪力墙及叠合楼板，但考虑到结构整体性和构件种类、温度应力等因素，建议采用现浇混凝土。

8）住宅标准层卫生间、电梯前室、公共交通走廊宜采用现浇混凝土。

9）电梯井、楼梯间剪力墙宜采用现浇混凝土。

10）折板楼梯宜采用现浇混凝土。

11）装配整体式混凝土结构楼盖宜采用叠合楼盖，不宜做全预制楼盖。

12）现阶段，装配整体式混凝土框架-剪力墙结构、装配整体式混凝土框架-核心筒结构中的剪力墙和核心筒应采用现浇混凝土。

13）甲类建筑不应做装配式结构。

（2）结构中预制构件的特殊要求

1）装配整体式混凝土框架结构中，预制柱水平接缝不宜出现拉力；预制柱的水平接缝处，受剪承载力受柱轴力影响较大。当柱受拉时，水平接缝的抗剪能力较差，易发生接缝的滑移错动，因此应通过合理的结构布置，避免柱水平接缝处出现拉力。

2）在正常使用状态，预制构件结合面不应产生影响使用功能的有害残余变形。梁水平结合面滑移变形量与抗剪强度有关，参照国外经验，滑移变形控制量在0.3mm以内，以保证结合面的滑移变形不影响使用功能要求。

3）在罕遇地震下，不允许与预制构件的结合面发生剪切破坏先于塑性铰出现和构件坠落的情况，以保证装配整体式混凝土结构与现浇混凝土结构具有相同的破坏形态和基本等同的能力。

4）叠合构件的恢复力特性、变形能力应与现浇混凝土结构没有明显差异。恢复力特性关系到结构消耗地震能量的能力。恢复力特性基本等同指，结合面变形控制在很小范围，使结合面附加变形引起的结构位移占比很小，以保证在同一振幅反复变形时，装配整体式混凝土结构的耗能能力基本相当于现浇混凝土结构，达到装配整体式混凝土结构的地震反应基本相当于现浇混凝土结构的地震反应。

第四节　装配式混凝土建筑的结构设计流程及主要内容

1. 结构设计流程

先比较装配式建筑项目和传统现浇项目的建设流程。

传统现浇项目的建设流程如下：

项目立项→建筑工程设计→施工图审查→整体施工→内装施工→验收使用。

其中装修设计可在建筑工程设计与装修施工之间开展并完成。

而装配式建筑项目在建设过程中包含了一个主要的环节，那就是预制构件在预制构件厂内的加工制作生产，由此增加了预制构件加工图设计环节，即通常意义上的构件深化设计。根据装配式建筑工程特点，主体结构施工需与内装修设计同步进行，意味着内装修设计在装配式建筑项目中需要在整体施工前完成。

另外，装配式建筑技术含量较高，容错性很差，一旦设计阶段发生错误将造成很大损失，所以在建设前期还需要增加一个技术策划环节，而且这个技术策划阶段非常重要，需要分析产业政策，同时考虑客户的利益需求最大化，决定了项目采用装配式建造的可行性、合理性、经济性，对后续阶段的预制装配方向、平面布置、立面效果等技术方向起到关键性作用，对成本影响特别大。

再加上，装配式建筑项目设计和传统现浇项目设计之间的一个典型差异在于，装配式建筑项目设计存在贯穿始终的协同设计过程，从技术策划直到主体施工、内装施工都要与业主、设计各专业、施工单位、制作单位等保持协同、协作。

装配式建筑项目的建设流程如图 3-1 所示。

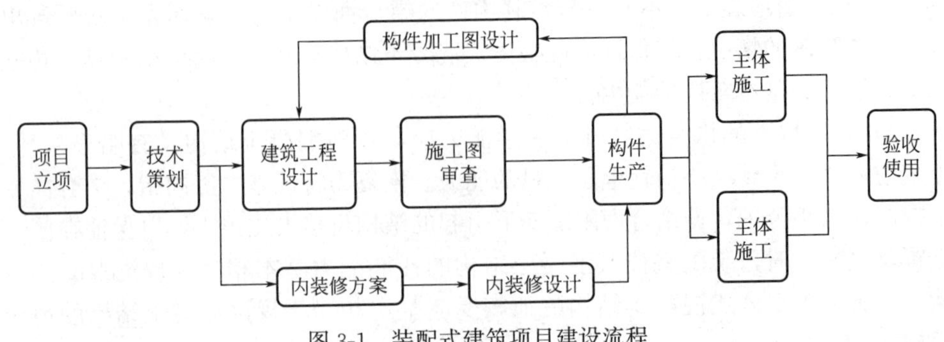

图 3-1 装配式建筑项目建设流程

装配式建筑项目的结构设计主要包括结构整体计算分析、结构构件设计、预制构件拆分设计、预制构件连接节点设计、预制构件深化设计，其主要设计流程图如图 3-2、图 3-3 所示。

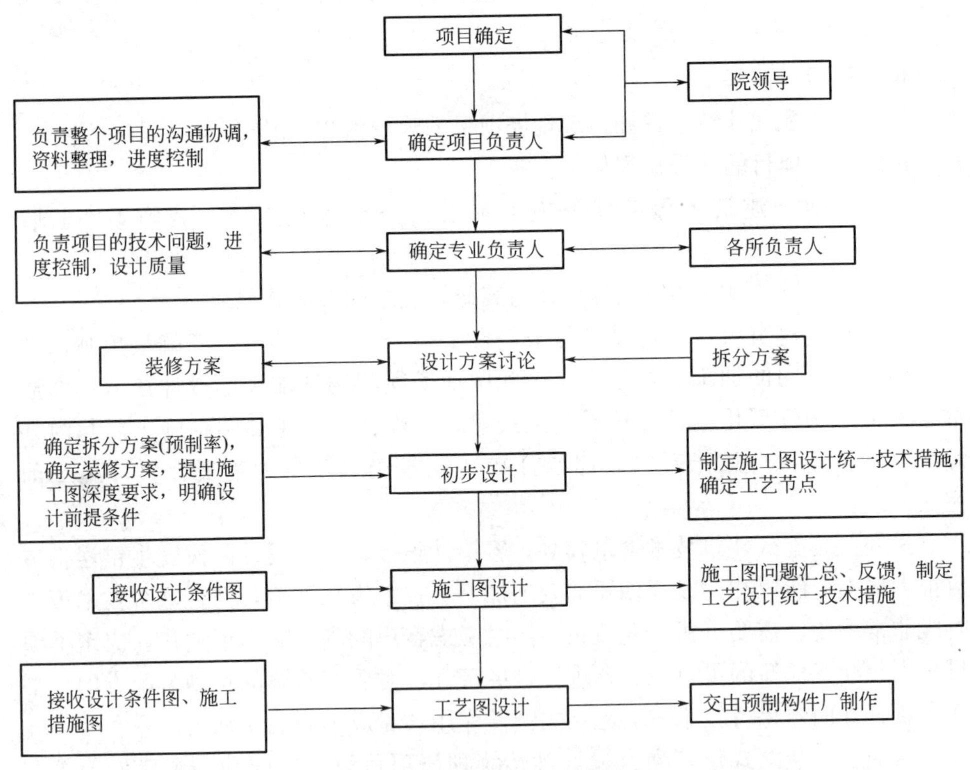

图 3-2 装配式混凝土建筑设计流程

技术协同需贯穿设计全过程。传统现浇项目的设计基本停留在设计内部建筑、结构、设备等各专业的协同，专业配合少。但装配式建筑项目的设计，单以内装设计的配合为例，就极其重要，与生产单位、建设单位、施工单位都需要协

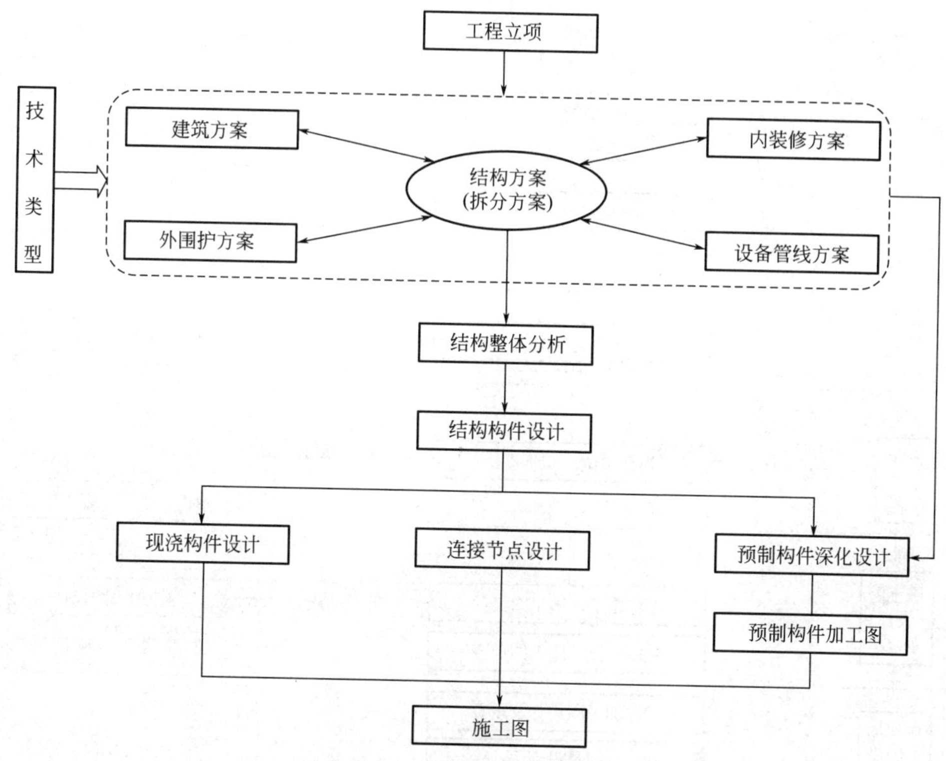

图 3-3　装配式混凝土建筑结构设计流程

作，几乎贯穿项目建设全过程。技术协同贯穿设计具体流程见图 3-4。

2. 结构设计主要内容

（1）结构设计主要内容

1）选择适宜的结构体系

在选择确定结构体系时，要进行多方案技术经济分析，在设计高层住宅项目时应打破非剪力墙不可的心理，进行功能、成本、装配式适宜性的全面分析。

2）进行结构概念设计

依据结构原理和装配式结构特点，对涉及结构整体性、抗震设计等与结构安全有关的重点问题进行概念设计，确定连接节点设计和构造设计的基本原则，详见前述内容。

3）进行拆分设计

确定接缝位置。

4）选择结构连接方式

确定连接方式，进行连接节点设计，选定连接材料，给出连接方式试验验证的要求，进行后浇混凝土结构设计。

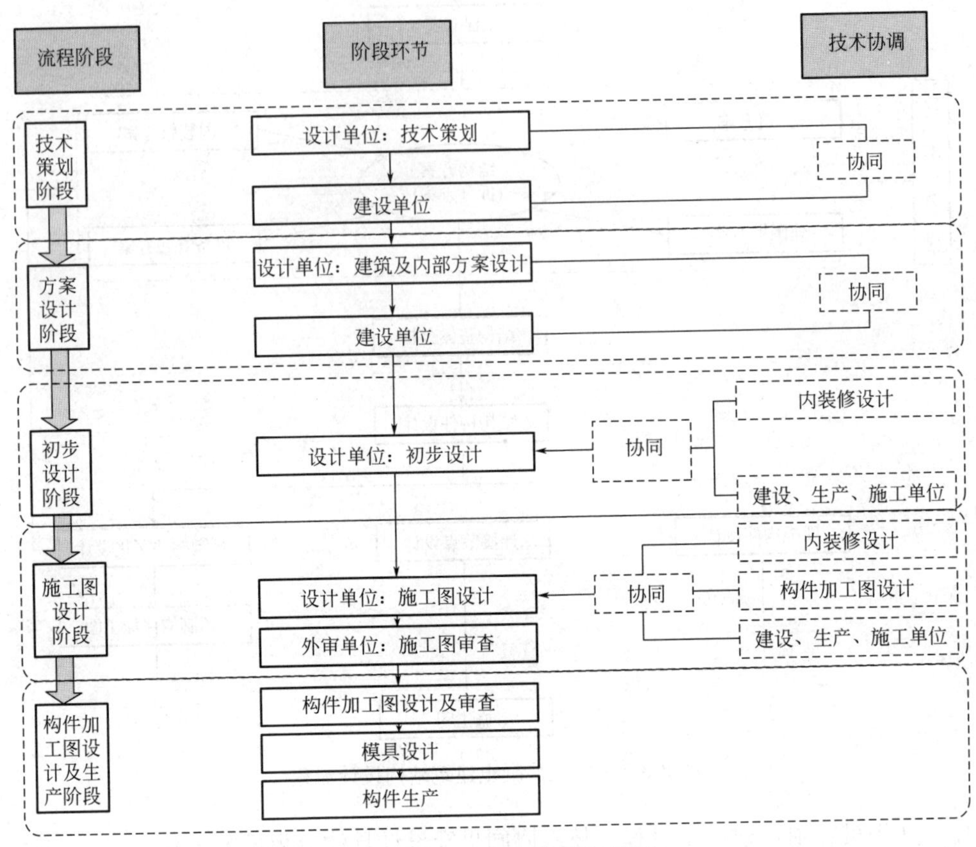

图 3-4　技术协同贯穿设计流程

5）拉结件设计

选择夹芯保温构件拉结方式和拉结件，进行拉结节点布置、外叶板结构设计和拉结件结构计算，明确给出拉结件的物理力学性能要求和耐久性要求，明确给出试验验证的要求。

6）预制构件设计

① 对预制构件承载力和变形验算，包括在脱模、翻转、吊运、存放、运输、安装和安装后临时支撑时的承载力和变形验算，给出各种工况吊点、支撑点的设计。

② 进行预制构件结构设计，将建筑、装饰、水、暖、电等专业需要在预制构件中埋设的管线、预埋件、预埋物、预留沟槽；连接需要的粗糙面和键槽要求；施工环节需要的预埋件等，无一遗漏地汇集到构件制作图中。

③ 给出构件制作、存放、运输和安装后临时支撑的要求，包括临时支撑拆除条件设定等。

（2）施工图设计文件深度

一份完整的施工图设计，结构专业设计文件应包含图纸目录、设计说明、设计图纸、计算书。除一般混凝土建筑结构施工图设计文件深度规定的内容外，装配式混凝土建筑结构图还应包含与项目相适应的内容。

1）结构设计总说明

除结构设计总说明的一般内容外，装配式混凝土建筑应补充如下内容：

① 工程概况应说明结构类型及采用的预制构件类型、预制构件的连接方式等；

② 装配式加工连接材料的种类和要求。包括连接套筒、浆锚金属波纹管、冷挤压接头性能等级要求、预制夹心外墙内的拉结件、套筒灌浆料、水泥基灌浆料性能指标，螺栓材料及规格、接缝材料及其他连接方式所使用的材料。

2）应有装配式结构设计专项说明

① 设计依据及配套图集

a. 装配式结构采用的主要法规和标准（包括标准的名称、编号、年号和版本号）。

b. 配套的相关图集（包括图集的名称、编号、年号和版本号）。

c. 采用的材料及性能要求。

d. 预制构件详图及加工图。

② 预制构件的生产和检验要求。

③ 预制构件的运输和堆放要求。

④ 预制构件现场安装要求。

⑤ 连接节点施工质量检测要求。

⑥ 装配式结构验收要求。

⑦ 在生产、运输、堆放、吊装等各阶段与工艺相关的荷载工况下预制构件承载力复核要求。

3）装配式结构专业设计图纸

① 装配式建筑墙、柱结构拆分图中，用不同的填充符号标明预制构件和现浇构件，采用预制构件时注明预制构件的编号，给出预制构件编号与型号对应关系以及详图索引号。此外，还要给出预制剪力墙顶部后浇圈梁或水平后浇带的平面定位及详图索引。

② 装配式建筑墙、柱结构拆分图中，给出预制板的跨度方向、板号、数量及板底标高，标出预留洞大小及位置；给出预制梁、洞口过梁的位置和型号、梁底标高；给出板端、板侧、板缝的节点详图索引。

③ 建筑、机电设备、精装修等专业在预制构件上的预留洞口、预埋管线、预埋件和连接件等的设计综合图。

④ 预制构件应绘出：

a. 构件模板图，应表示模板尺寸、预留洞及预埋件位置、尺寸，预埋件编号、必要的标高等；后张预应力构件尚需表示预留孔道的定位尺寸、张拉端、锚固端等；

b. 构件配筋图：纵剖面表示钢筋形式、箍筋直径与间距，配筋复杂时宜将非预应力筋分离绘出；横剖面注明断面尺寸、钢筋规格、位置、数量等；

c. 需作补充说明的内容。

注：对形状简单、规则的现浇或预制构件，在满足上述规定前提下，可用列表法绘制。

⑤ 预制构件的连接节点

装配式结构的节点，梁、柱与墙体锚拉等详图应绘出平、剖面，注明相互定位关系，构件代号、连接材料、附加钢筋（或埋件）的规格、型号、性能、数量，并注明连接方法以及对施工安装、后浇混凝土的有关要求等。

装配式混凝土建筑结构施工图除满足结构计算和构造要求外，尚应满足预制构件制作及安装施工的要求。预制构件详图应包括模板图、配筋图、连接节点图，由设计院完成并应送施工图审查。预制构件加工制作图示、预制构件详图的深化，可由构件加工厂完成，由设计院负责审核确认。

3. 结构设计的一点体会

结合从事结构设计近 25 年的经验，特别是近几年来从事装配式建筑结构设计的体会，总结出在装配式混凝土建筑的结构设计中需要注意遵循以下事项：

（1）将规范读“厚”，但最终要读“薄”

结构设计人念念不忘铭记在心的主要遵循依据，就是结构专业领域的各项规范、规程、标准，有国家的，也有地方的；有行业的推荐性标准，也有国家的强制性规范。结构设计师们首先要做的就是熟读、理解、掌握各规范、规程、标准的内容，充实自身的专业技术知识和素养，提升自己的专业知识水平。但要牢牢记住，掌握这些规范、规程、标准最终是为了应用到实际工程中去。所以是否正确运用这些规范、规程、标准成了设计师水平高低的分水岭。这就需要设计师们将这些规范、规程、标准读“薄”，融会贯通于各个条款，熟知各条款，做到合则拿来主义地大胆用，不合则巧妙地、批判地用，切忌机械、死板地照搬套用。

装配式混凝土建筑的结构设计，受当前的技术研究不够深入所限，未能另起炉灶自成体系，基本上沿用已有的现浇混凝土结构技术体系。因此，指导装配式混凝土结构设计的各项规定要求，基本都建立在使装配式混凝土结构最终等同现浇混凝土结构性能的基础上制定出来的。但也要记住装配式混凝土结构毕竟还是有自身的结构特点，因此需要从结构设计一开始就要贯彻落实，并贯穿整个结构设计过程。

（2）概念设计

装配式结构设计不是简单的“规范＋计算＋照搬标准图画图”，更不是让计算机软件代替设计。结构设计要牢牢抓住概念设计这个法宝。概念设计往往比精确计算更重要。在计算机软件计算的基础上，辅助以概念设计手段，这才是真正意义上的结构设计工程师！

（3）灵活拆分

各个项目情况千变万化。所以要针对项目的具体情况，因地制宜地进行拆分设计，尽最大可能实现装配式建筑的效益和效率，是结构设计人员的重要任务。预制构件要拆分多大重量合适，是需要分析对比当地的基础设施情况，塔式起重机的吊能情况，构件厂制作能力情况等，这些情况就是灵活拆分的基础。

（4）聚焦结构安全

比如钢筋浆锚连接节点的安全性能、夹芯保温墙拉结件及其锚固的可靠性、预制构件吊点、外挂墙板安装节点的可靠性等，都需要结构设计师们去面对，去思索。

（5）协同清单

装配式结构设计必须与各个环节、各个专业密切协同，避免预制构件遗漏预埋件、预埋物等，为此需要列出详细的协同清单，逐一核对确认是否设计到位。

第四章

装配式混凝土建筑的结构构件拆分设计

第一节　拆分设计的基本原则

装配式混凝土建筑的结构预制构件拆分设计是结构设计中最重要的环节，也是整个设计过程的核心，对主体结构受力状况、预制构件承载能力、建筑功能、建筑平立面、建造成本、装配率等控制指标影响非常大，最耗人力，也最容易出现问题。拆分原则涉及诸多方面，包括结构合理性、预制构件在制作、运输、安装等环节的可行性、便利性以及是否影响到建筑的使用功能及艺术效果。所以预制构件拆分是一项综合性很强的工作，既要考虑技术的合理性，外部环境的可行性，还要考虑经济的合理性和建筑方案的稳定性。作为结构设计师，需要与建设方一起充分调研当地的生产能力、道路运输能力、施工单位的吊装能力等等外部情况，协调好建筑师、设备工程师，最后做出适合所设计项目的构件拆分方案。

构件的拆分设计在主要考虑结构受力的合理性，以及预制构件的制作、运输、施工安装的便利可行且成本可控之外，对建筑外立面构件拆分还需要考虑建筑艺术和建筑功能。

1. 拆分设计通用原则

（1）符合标准和政策要求原则

这是拆分设计需要遵循的根本。预制构件拆分设计符合国家、行业、地方等相关规程、标准，意味着拆分设计的成果使装配式混凝土结构的安全性有了基本保障；而预制构件拆分设计满足项目所在地方政策的需求，又可以基本确保拆分成果包括预制楼梯、叠合楼盖、预制墙板的比例、预制装配率等在内的可实施性。

（2）协同原则

协同原则在装配式混凝土结构设计中是一个相比现浇混凝土结构设计来说更显重要的原则。可以这么说，闭门造车造出来的预制构件拆分设计只能是个半成品。因为这个协同，不仅包括了建筑、结构、风、水、电、装修甚至预算等各专业之间的协同，还包括了建设方、施工方、预制构件制作方甚至还有质监部门等在内的整个建设各个环节的协同。

(3) 模数协调原则

根据模数协调原则优化各预制构件的尺寸和拆分位置，尽量减少预制构件的种类，使建筑部品实现通用性和互换性，保证房屋在建设过程中，在功能、质量、技术和经济等方面获得最优的方案。

(4) 约束条件原则

对装配式混凝土结构而言，预制构件的拆分无法做到随心所欲，不能为了安装效率和施工便利而想做多大就做多大，因为存在制作、运输、安装的可行性等诸多问题，受制约的因素很多。既要考虑制作厂家起重机效能、模台或生产线尺寸，又要考虑交通法限制的运输限高、限宽、限重以及道路路况的约束，还要结合施工现场塔吊吊能的因素。以下是一些通用数据和注意事项：

① 工厂起重机的起重能力，一般工厂桁架式起重机起重量为 12～24t；

② 施工塔式吊机的起重量一般为 10t 以内；

③ 汽车起重机起重量范围较大，一般在 8～1600t；

④ 运输车辆限重一般为 20～30t，还要考虑运输途中道路、桥梁的限重；

⑤ 运输超宽尺寸限制为 2.2～2.5m；

⑥ 运输超高尺寸限制为 4m，车体高度的尺寸限制为 1.2m，构件高度的尺寸限制在 2.8m 以内。有专业运输预制板的低车体车辆，构件高度可达到 3.5m；

⑦ 运输长度依据车辆不同，最长不超过 15m；

⑧ 还要注意调查道路转弯半径、途中隧道或过道电线通信线路的限高等；

⑨ 一般特殊运输车上路需要提前向当地交管部门报备。

(5) 形状限制原则

需要注意预制构件的形状也会受到制作、运输、安装等影响。往往是一维线形构件或二维平面构件较容易制作和运输、安装，而三维立体构件的制作和运输、安装会带来意想不到的麻烦。

(6) 指标报批原则

装配式混凝土结构的构件拆分设计等装配式方案，需要依据项目相关审批文件规定的预制率等指标要求进行，以确定预制构件的范围。

(7) 经济性原则

拆分设计对装配式混凝土结构的成本影响很大。结构设计师需要牢牢记住经济性这根弦，与预算人员一起多做些拆分方案进行经济比选，尤其是要控制预制构件种类，以控制成本。

(8) 结构合理性原则

这也是构件拆分设计最重要的一个原则。构件拆分设计往往由结构专业完成也是基于这个原因。从结构专业而言，预制构件拆分直接决定了预制构件设计与连接设计，以确保装配式混凝土结构的整体性能和抗震性能。

① 作为结构设计师，首先必须了解规范规定的现浇区域，不适宜甚至不适应做预制构件的部位，比如剪力墙底部加强部位的剪力墙、框架结构的首层柱、平面复杂或开洞较大的楼层楼盖转换层的转换构件等，可详见前述关于预制构件负面清单的相关内容。

② 预制构件拆分应尽量遵循少规格、多组合、标准化原则，统一和减少构件规格和种类。

③ 拆分应考虑结构的合理性，应尽量选择应力较小或变形不集中的部位进行预制构件拆分，当无法避免，必须采取有效加强措施。

④ 相邻构件拆分应考虑构件连接处构造的合理性；合理确定预制构件的截面形式、连接位置和连接方式。

⑤ 相邻构件的拆分应考虑相互的协调，如叠合楼板与支承楼板的预制剪力墙板应考虑施工的可行性与协调性等。

（9）建筑外立面构件拆分原则

建筑外立面混凝土构件的拆分不仅需要考虑结构的合理性和实现的便利性，更需要考虑建筑功能和艺术效果，因此建筑和结构两专业要密切配合共同完成预制构件拆分，建筑外立面构件拆分应考虑的因素有：

① 建筑功能的需要，如围护功能、保温功能、采光功能；

② 建筑艺术的需要；

③ 建筑、结构、保温、装饰一体化；

④ 对外墙或外围柱、梁后浇区域的表皮处理；

⑤ 构件规格尽可能少；

⑥ 整间墙板尺寸或重量超过了制作、运输、安装条件许可的应对办法；

⑦ 符合结构设计标准的规定和结构的合理性及可安装性。

2. 叠合楼盖拆分具体原则

叠合楼盖作为传递竖向和水平荷载的重要构件，一般通过叠合现浇层保证结构水平荷载的传递，而竖向荷载的传递则与其拆分方案关联密切。叠合楼盖的拆分方案相对简单，但也要考虑板宽的规格化以及拼缝方向，以免板块型号过多影响经济性或拼缝交错带来施工不便。从这几点出发，叠合楼盖的拆分主要遵循如下原则：

（1）在板的次要方向拆分，即板缝应当垂直于板的长边；

（2）在板的受力较小部位分缝；

（3）板的宽度不超过运输超宽的限制和工厂线模台宽度的限制，一般为 3.5m；

（4）尽可能统一或减少板的规格；

（5）有管线穿过的楼板，拆分时需考虑避免管线和钢筋或桁架筋冲突；

（6）顶棚无吊顶时，板缝应避开灯具、接线盒或吊扇位置；

（7）叠合楼盖宜结合墙、柱、梁等竖向构件结构平面位置拆分；

（8）注意与剪力墙、框架柱、框架主次梁等其他构件拆分的协调性。

3. 装配式混凝土框架结构拆分具体原则

装配式混凝土框架结构是应用最广泛、技术最成熟的结构体系，也是目前国内比较容易实现等同现浇性能的结构体系，相关的抗震标准几乎与现浇混凝土结构无异。对该体系而言，其构件拆分，主要集中在预制柱、梁的拆分，拆分设计时应遵循的原则包括：

（1）铭记必须现浇的部位。如叠合梁与叠合楼板的连接必须现浇，叠合楼板面层必须现浇，当梁、柱构件独立，拆分点在梁、柱节点区域内，梁、柱连接节点区域必须现浇；

（2）遵守宜现浇构件的理念。比如首层柱，考虑到首层的剪切变形远大于其他各层，首层出现塑性铰的框架结构，其倒塌可能性大。在目前设计和施工经验尚不充足的情况下采用现浇柱，可最大限度保证结构的抗地震倒塌能力。否则，对首层柱采用预制，就需要经过专项研究和论证，采用可靠的技术措施，特别加强措施，严格控制制作加工和现场施工质量，同时重点提高连接接头性能，确保实现强柱弱梁的目标；

（3）拆分部位宜设置在构件受力最小部位；

（4）梁与柱的拆分节点应避开塑性铰位置；

（5）预制柱一般按楼层高度拆分，拆分位置一般在楼层标高处，其长度可为1层、2层或3层，也可在水平荷载效应较小的柱高、中部进行拆分；

（6）预制梁可按其跨度拆分，即在梁端拆分，也可在水平荷载效应较小的梁跨中拆分；拆分位置在梁端部时，梁纵向钢筋套管连接位置距离柱边不宜小于1.0h（h为梁高），不应小于0.5h。

（7）预制柱、梁与预制楼板的拆分要协调。

4. 装配式混凝土剪力墙结构拆分具体原则

对装配整体式混凝土剪力墙结构的构件拆分，主要集中在预制墙板的拆分。其应遵循的原则有：

（1）铭记宜现浇部位。设置的地下室、底部加强部位、抗震设防烈度为8度时的电梯井筒等；

（2）结构方案比较原则，即根据结构方案进行综合因素比较和多因素分析，选择灵活合理的拆分方案；

（3）预制剪力墙宜按建筑开间和进深尺寸划分，高度不宜大于层高，竖向拆分宜在各层层高进行，接缝位于楼板标高处；同时考虑制作、运输、吊运、安装等尺寸限制；比如制作，常用模具宽度3～4m，可生产的预制墙板宽度比模具一般小300mm左右，而剪力墙一般竖向堆放运输，住宅层高3m左右，基本可满足整片墙预制的要求；再比如吊装，一般高层建筑常用塔吊的悬臂半径45m居多，若最大吊重5t的话，预制墙板3.2m宽约4.6t，满足吊能需求；

（4）应符合模数协调原则，优化预制构件的尺寸和形状，减少种类；

（5）水平拆分应根据剪力墙位置（拐角处、相交处等）进行确定，保证门窗洞口的完整性，并考虑非结构构件的设计要求，便于部品标准化生产；

（6）结构构件受力较复杂、较大时，如剪力墙结构最外部转角应采取加强措施，当不满足设计构造要求时可采用现浇构件；或剪力墙配筋较多的部位，为避免套筒灌浆连接或浆锚搭接连接的对位困难，施工难度较大情况，也可考虑采用现浇；

（7）预制剪力墙板宜为规整的一字形截面的平板类构件，以利于简化模具，降低制作成本。单个剪力墙控制在5t以内，预制长度不超过4m。

（8）预制墙板、预制楼板的拆分要协调。

5. 预制外挂墙板拆分具体原则

（1）尽量增大墙板尺寸，减少节点数量，前提是符合运输安装要求；

（2）应考虑窗口位置及其对窗洞口的处理；

（3）拼缝宜处于梁或柱轴线位置；

（4）注意与作为支座的剪力墙、框架柱、框架梁等主体构件拆分的协调性。

第二节　装配式混凝土建筑的框架结构拆分形式

前一节主要介绍了装配式混凝土建筑的主要拆分原则。从本节开始具体介绍各结构类型的拆分形式。

装配式混凝土框架结构的拆分主要是结构构件的拆分，包括框架柱、框架梁、叠合楼盖、外墙板、楼梯等，如图4-1、图4-2所示。

1. 现浇柱、整跨叠合梁

这是装配式混凝土建筑的低级形式，辅以叠合楼盖、预制楼梯、预制雨篷、预制外挂墙板等。结构性能几乎与现浇混凝土框架结构无异，如图4-3所示。

2. 单/多层预制柱、整跨叠合梁与梁柱节点现浇

这是常用的拆分形式，如图4-4所示。框架柱视需要整层预制，也可以连续2～3层预制做成串烧柱形式，而框架梁整跨预制叠合，接缝在梁柱接口附近，梁柱节点现浇。楼板采用叠合楼盖，再加预制楼梯、预制雨篷、预制外挂墙板等。该结构形式的整体性在装配式混凝土建筑中最好。但梁柱节点内钢筋较多，拥挤，叠合梁伸出的底筋又较长，容易打架、碰撞，施工复杂，施工难度大，甚至会影响到施工进度。

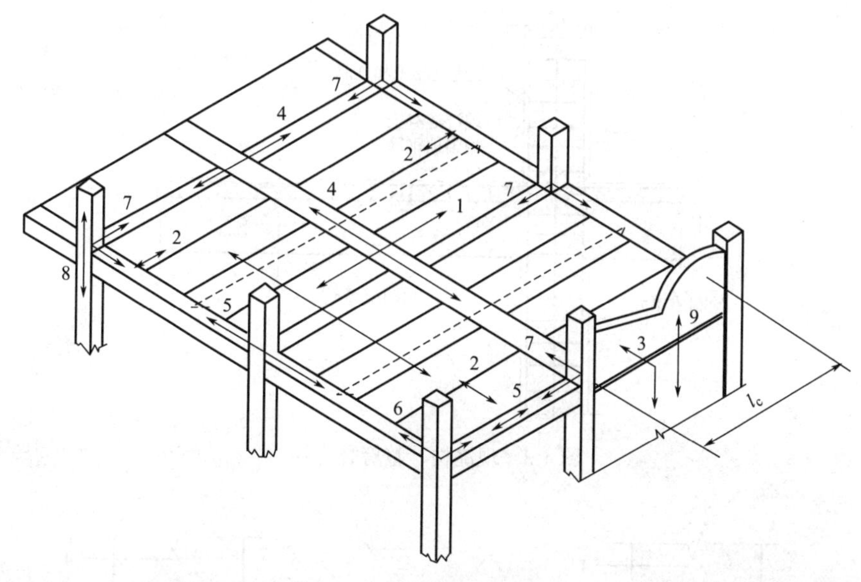

图 4-1　框架结构主要构件

1—内部楼板；2—周边楼板；3—楼板与墙；4—内部梁；5—周边梁；6—角柱；7—边柱；8—竖向柱；9—竖向墙

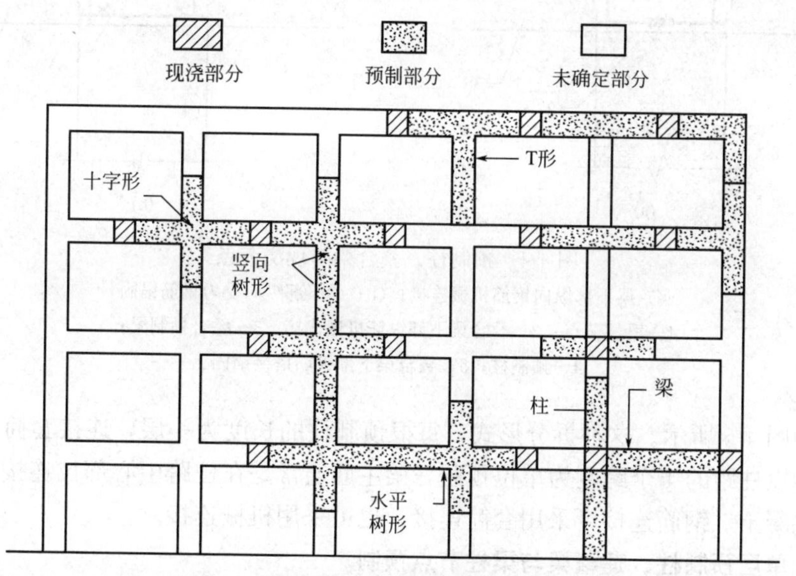

图 4-2　装配式混凝土框架结构的拆分示意

3. 单层预制柱、叠合梁跨中及梁柱节点现浇

单层或多层预制柱、叠合梁在跨中现浇，梁柱节点现浇，并采用叠合楼盖

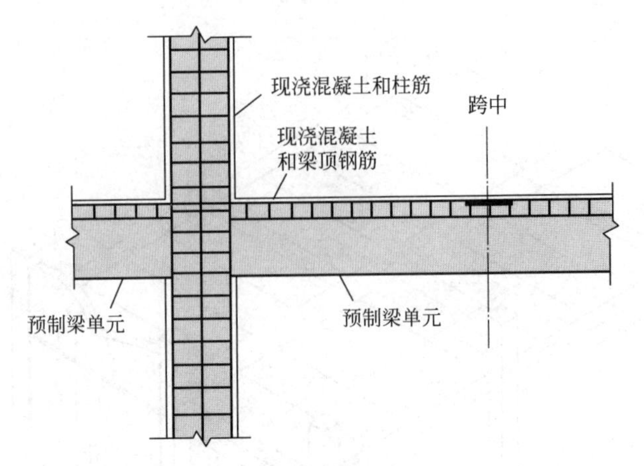

图 4-3　现浇柱、整跨叠合梁

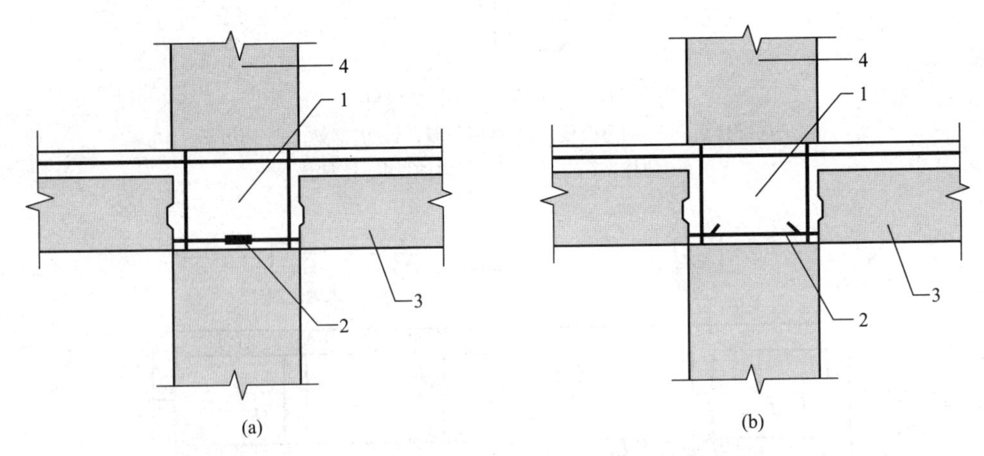

图 4-4　预制柱、叠合梁与现浇节点

(a) 梁下部纵向钢筋机械连接；(b) 梁下部纵向受力钢筋锚固

1—梁柱节点；2—叠合梁下部纵筋机械连接；3—叠合预制梁；

4—预制柱；5—叠合梁下部纵筋搭接锚固

等，如图 4-5 所示。这种拆分形式，每根预制柱的长度为一层，连接套筒埋在柱底，梁以柱距的 1 个跨度为单位预制，梁主筋通常是在柱跨中心部位连接，然后浇筑混凝土，钢筋连接可采用套筒连接，也可采用机械连接。

4. 单层预制柱、莲藕梁与梁柱节点预制

框架结构中，梁柱节点的纵向钢筋汇集，受力需要配置的箍筋往往较多，导致节点处钢筋密集，施工难度大。尤其是装配式混凝土框架结构中，梁柱节点往往会影响施工进度和效率，且施工质量难以保证，体现不出装配式建筑应有的优势。

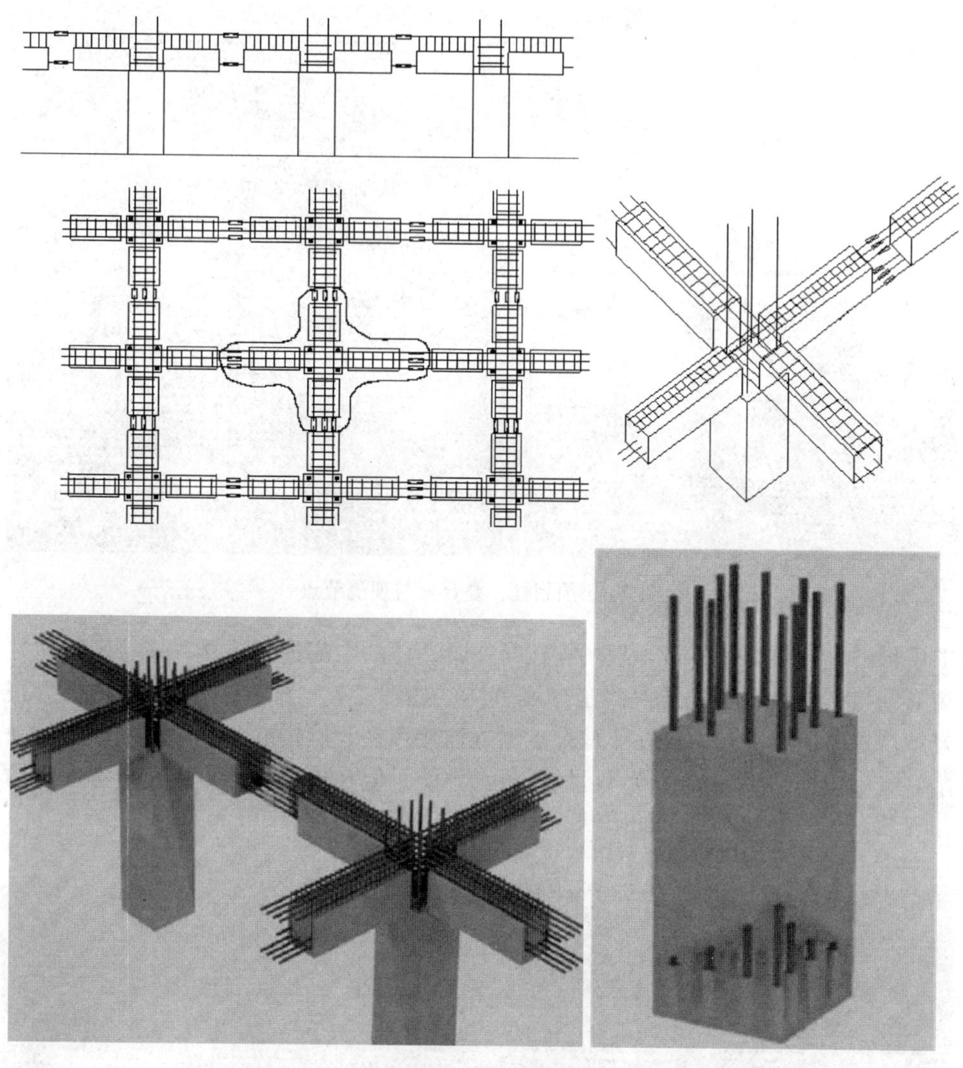

图 4-5　预制柱、叠合梁与现浇节点

采用梁柱节点预制可较好地解决了上述问题。将梁在跨中进行拆分，形成“莲藕梁”形式，柱一般按单层楼拆分，为单层楼高减去节点区高度，如图 4-6 所示。

该拆分方式保证了节点区的制造质量，实现了强连接，结构性能好，但莲藕梁的节点需要预留孔道，便于预制柱纵向钢筋穿过，对制造和施工要求较高，同时莲藕梁形状相对不规则，制作和运输难度较高。

5. 十字形或 T 字预制柱梁

该拆分形式，框架梁、柱均在中间弯矩较小处进行拆分，形成类似十字形或

图 4-6　预制柱、叠合梁与现浇节点

T 字形的整体预制梁柱体，现场连接时在梁、柱的中部进行连接，连接区域往往留有缺口，通过现场浇筑混凝土形成整体，如图 4-7、图 4-8 所示。这种拆分很好地规避了前述拆分方式在梁柱节点附近连接存在天然拼缝，影响结构性能的缺陷，进一步提高了梁、柱节点区的质量和性能。但在构件设计时应充分考虑运输与安装对构件尺寸和重量的限制。

图 4-7　十字形预制梁柱

6. 梁柱单构件拆分形式

按上述所述，柱一般按层高进行拆分，也有拆分成多节柱。由于多节柱的脱模、运输、吊装、支撑都比较困难，且吊装过程中钢筋连接部位易变形，使构件

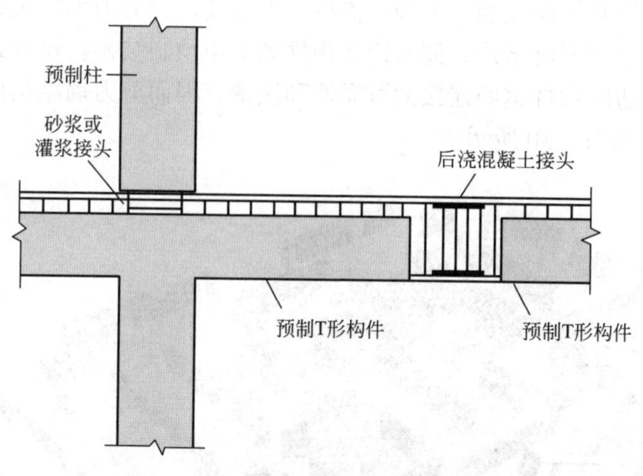

图 4-8 T 字形预制梁柱

垂直度难以控制。故设计时柱还是多按层高拆分为单节柱，以保证垂直度，简化预制柱的制造、运输及吊装，保证质量，如图 4-9 所示。

图 4-9 单层柱、多节柱

而对梁，在装配式混凝土框架结构中，主要包括框架梁、次梁。框架梁一般按柱网拆分成单跨梁，跨距较小时可拆分为双跨梁；次梁以框梁间距为单元拆分成单跨梁。

第三节 装配式混凝土建筑的剪力墙结构拆分形式

装配式混凝土建筑中，剪力墙结构的拆分与框架结构存在很多相类似之处。由于装配式混凝土剪力墙结构的应用研究和灾害检验在高层建筑中较缺乏，因此其技术性能特别是抗震性能，工程界仍持审慎态度。对剪力墙的关键部位，如边缘构件仍要求采用现浇结构。而非边缘构件则采用预制结构。这样最基本的拆分方式，保证了边缘构件钢筋连接的可靠性和质量，因而剪力墙结构的整体性能也得到了保证，如图 4-10 所示。

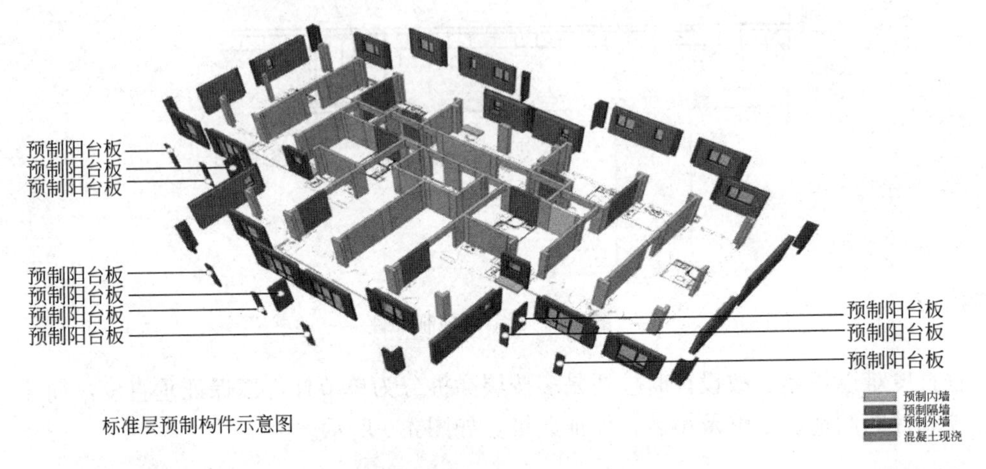

图 4-10 剪力墙结构拆分示意图

1. 剪力墙结构拆分对建筑平面、结构布置的要求

(1) 建筑平面

建筑平面的凹凸形式能带来建筑立面的丰富感和层次感，这是建筑师比较钟爱的建筑平面布局方式。但对装配式混凝土建筑特别是其中的剪力墙结构却很不适宜。装配式混凝土剪力墙结构的构件拆分，需要建筑平面简单、规则、对称，结构上质量、刚度分布均匀，长宽比、高宽比、局部突出或凹凸尺度均不宜过大，规范有明确的要求，见表 4-1。

建筑平面尺寸限值 **表 4-1**

装配整体式混凝土剪力墙结构	非抗震地区	抗震设防烈度		
		6 度	7 度	8 度
长宽比	≤6.0	≤6.0	≤6.0	≤5.0
高宽比	≤6.0	≤6.0	≤6.0	≤5.0

对平面不规则、凹凸感较强的建筑，剪力墙容易出现较难拆分的转角短墙，而短小墙体在拆分时需要避免。短小墙体预制构件将降低装配式建筑的施工效率。平面南北侧墙体、东西山墙尽可能采用一字形墙体，楼梯间及电梯间、局部凹凸处可现浇墙体。户型设计宜凸出墙面设计，不宜将阳台、厨房、卫生间等凹

入主体结构范围内。

（2）结构布置

装配式混凝土结构尤其是剪力墙结构的布置应连续、均匀、规则，避免抗侧力结构的侧向刚度和承载力沿竖向突变。厨房、卫生间等开关插座、管线集中的地方应尽量布置填充墙，利于管线施工。若管线不能避开混凝土墙体，宜将管线布置在混凝土墙体现浇部位，避开边缘构件位置。

装配式混凝土剪力墙结构洞口宜居中布置，上下对齐、成列布置，形成明确的墙肢和连梁。预制剪力墙拆分时要注意带洞口单体构件的整体性，避免出现悬臂窗上梁或窗下墙，洞口两侧的墙肢宽度不应小于200mm，洞口上方连梁高度不宜小于250mm。

2. 结合现浇量的拆分形式

（1）外墙全部预制或部分预制、内墙全现浇

这种拆分形式的外墙全部采用预制构件或部分预制，但内部墙体全部现浇，如图4-11、图4-12所示。即所谓的内浇外挂体系。从实现绿色施工的需求上讲，该体系提供了很好的解决方案，没有外脚手架，施工现场的外表清爽美观，作业安全也大大提升。从结构性能，该体系内部承重墙体全部现浇，承受全部的水平方向的风荷载、地震作用，几乎与现浇混凝土结构无异。

图4-11 预制外墙

图4-12 内墙采用铝模现浇

但该体系最大的问题是与国家发展装配式建筑的理念相差很大，因为依然有大量的现浇湿作业，而且预制率很低，只能算是装配式建筑的初级阶段。为此，后续发展了内部墙体部分预制部分现浇的拆分形式，预制率有所提高，但根本问题并无明显改善。

（2）剪力墙边缘构件全现浇

这种拆分形式除了剪力墙边缘构件全部现浇外，其余内、外剪力墙全部采用预制，大大减少了现浇量，如图4-13所示。考虑到剪力墙边缘构件是剪力墙受力的关键构件，对剪力墙的延性和耗能能力等抗震性能影响显著，为此要求剪力

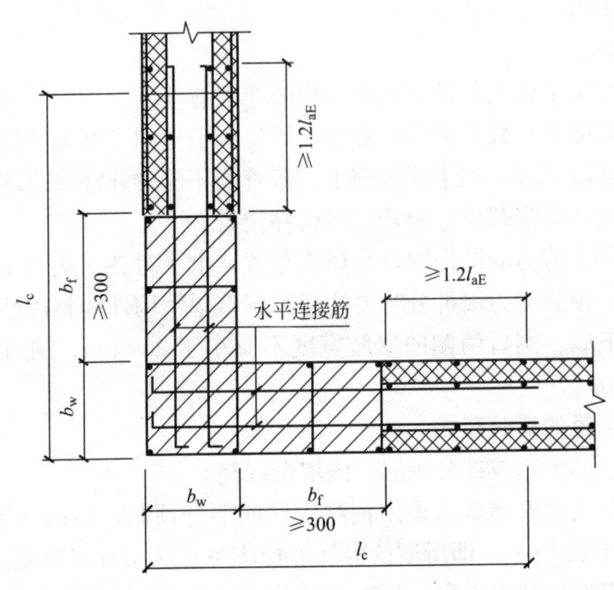

图 4-13 剪力墙结构边缘构件全部现浇

墙边缘构件全部现浇，以实现等同现浇的性能目标。这也是国家现行规程、标准推荐的结构形式。

但剪力墙边缘构件尺寸较大，有时为满足水平钢筋锚固长度要求，边缘构件的现浇区域还要进一步加大，现浇混凝土量还是较大。

（3）剪力墙边缘构件部分现浇部分预制

这种拆分形式是为了解决边缘构件全部现浇仍存在较多现浇混凝土量的问题而提出的。现浇带主要集中在墙端，通过合理的钢筋配置和合适的现浇长度与位置设置，以保证结构体的整体性和抗震性能。该拆分形式有效提高了预制效率，大大减少了现浇量。但因研究和试验深度还不够，其实际的受力整体性能还没得到权威认证。

在上述三种拆分形式中，连梁由于跨度较小，且常与门窗洞口连在一起，一般与剪力墙整体预制。在没有条件时，也有单独预制，现场再与剪力墙连接。

剪力墙结构中的填充墙一般均采用预制构件。与剪力墙同平面的填充墙，一般与剪力墙整体预制（图 4-14）；与剪力墙垂直的填充墙，现场与剪力墙实现连接（图 4-15）。

3. 剪力墙外墙拆分形式

对装配式混凝土剪力墙结构，其预制剪力墙宜采用一字形，也可采用 L 形、T 形或 U 形。根据与门窗等构件是否一体来划分，剪力墙外墙的拆分形式有三种，即整间板方式、窗间墙条板方式、L 形或 T 形立体墙板方式。

图 4-14　填充墙与剪力墙整体预制

图 4-15　填充墙单独预制

（1）整间板方式

剪力墙与门窗、保温和装饰一体化形成整间板，在边缘构件处进行现浇混凝土连接，是目前最常用的拆分方式，也是标准图给出的拆分方式，如图 4-16 所示。其优点是构件为板式构件，适于流水作业，可实现门窗一体化。最大的问题是外墙后浇混凝土部位多，现浇混凝土量大，预制墙体混凝土量仅占整层墙体混凝土量的 30%，施工麻烦，成本高；窗下墙与剪力墙一体预制增加了刚度，对结构有不利影响；而且这种流水作业仅限于流动的模台，因为其墙板一边预留套筒或浆锚孔，其余三边要出筋甚至出环形筋，无法实现自动化。

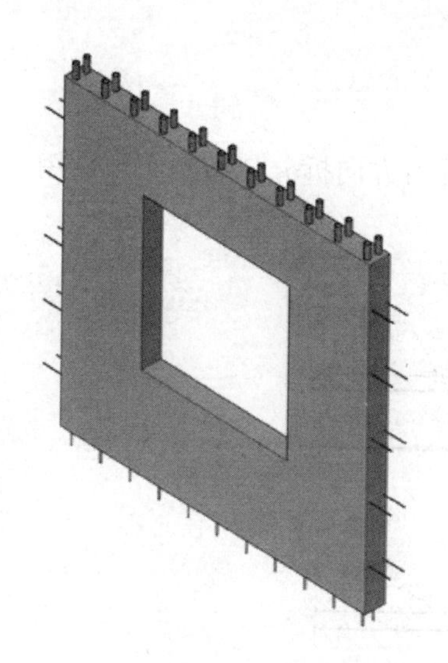

图 4-16　整间板方式

（2）窗间墙条板方式

剪力墙外墙的门窗间墙采取预制方式，与门窗洞口上部预制叠合连梁同剪力墙后浇连接，窗下采用轻质预制墙板，窗间墙、连梁与窗下墙板用拼接的方式形成门窗洞口。窗间墙与横墙采用后浇混凝土连接，设置在横墙端部。

该方式最大的好处是现场现浇混凝土量大大减少，预制墙体混凝土量约占整层墙体混凝土量的 40%，仅连梁与墙板连接部位有少量后浇混凝土，现场作业便利，减少人工工作量。但构件不能用流水线工艺制作，只能在固定模台上生产，制作难度不是很大。

(3) L 形或 T 形立体墙板方式

剪力墙外墙的窗间墙连同边缘构件一起预制，形成 L 形或 T 形预制构件，窗洞口上部预制叠合连梁同剪力墙后浇连接，窗下采用预制墙板，用拼接的方式形成窗洞口，预制墙体混凝土量约占整层墙体混凝土量的 50%。这种预制构件可以在固定模台生产，制作难度不很大，现场节点连接后浇混凝土量小，可节约工期，装配率有所提高，成本上提高不多。

4. 剪力墙内墙拆分形式

对内部的剪力墙，一般采用整间板的拆分方式。剪力墙内墙板连同顶部连梁一起预制，水平方向在后浇节点区进行连接。

第四节　装配式混凝土建筑的叠合楼板及其他构件拆分形式

1. 叠合楼板拆分形式

(1) 单向叠合板拆分

当叠合楼板设计为单向叠合板时，楼板应沿非受力方向拆分，预制底板采用分离式接缝，可在任意位置拼接，见图 4-17。

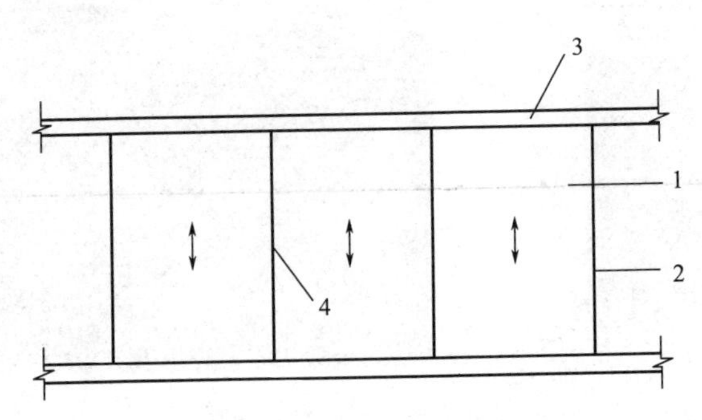

图 4-17　单向叠合板拆分

1—叠合板；2—叠合板边支座；3—叠合板端部；4—叠合板接缝

（2）双向叠合板拆分

当拆分为双向叠合板时，预制底板之间采用整体式接缝，接缝位置宜设在叠合板的次要受力方向上且在该处受力较小。预制底板之间宜设置 300mm 宽后浇带，用于预制板底钢筋连接，见图 4-18。

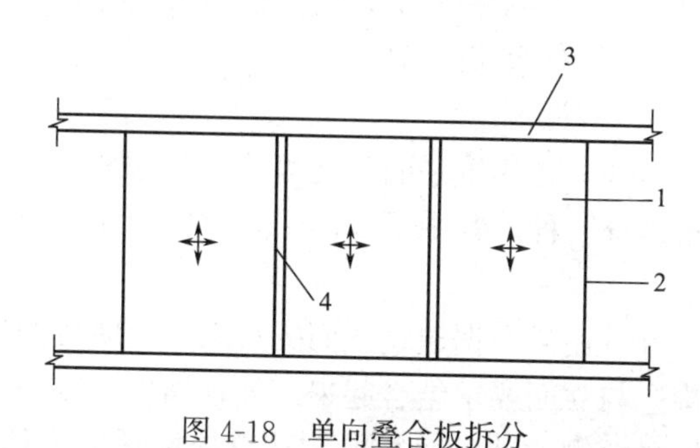

图 4-18　单向叠合板拆分

1—叠合板；2—叠合板边支座；3—叠合板端部；4—接缝后浇带

（3）拆分其他要求

为方便运输，预制板一般宽度不超过 3m，跨度一般不超过 5m。

在一个房间内拆分时，预制板应尽可能选择等宽拆分，以减少预制板类型，如图 4-19 所示。当楼板宽度不大时，板缝应设在有内隔墙的部位，可以免除板缝再处理。

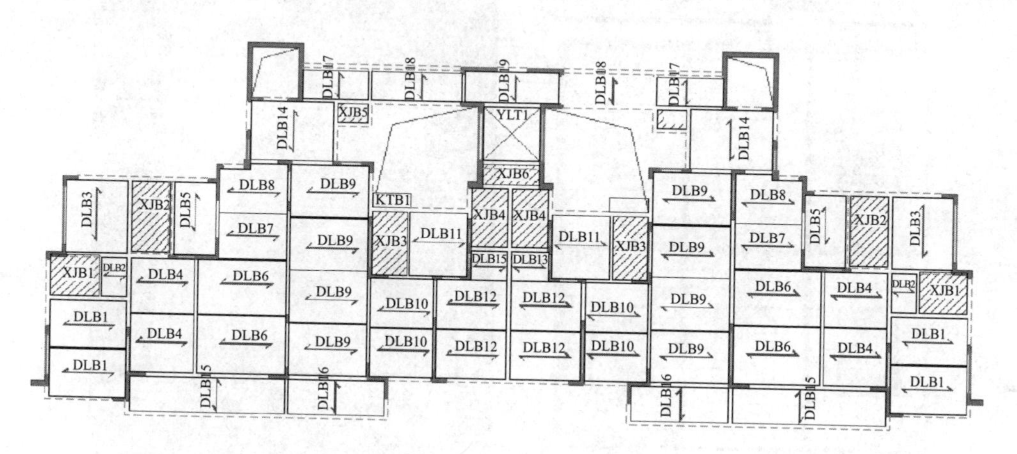

图 4-19　叠合楼板布置

2. 预制外挂墙板的拆分形式

预制外挂墙板需安装在主体结构上，即结构柱、梁、楼板或结构墙体上。因此其墙板拆分必须考虑与主体结构连接的可行性。当主体结构无法满足支点要求时，应设置次梁或构造柱等受力构件，以服从建筑功能和艺术效果的要求。预制外挂墙板一般用 4 个节点与主体结构连接，宽度小于 1.2m 的板也可以用 3 个节点连接。

预制外挂墙板的几何尺寸要符合施工、运输条件等，当构件尺寸较长或过高时，如跨越两个层高，主体结构层间位移对外挂墙板的内力影响较大。所以预制外挂墙板的拆分仅限于一个层高和一个开间。较多采用的方式是一块墙板覆盖一个开间和层高范围，称作整间板。其中要注意开口墙板的边缘宽度不宜低于 300mm。

预制外挂墙板的拆分，在建筑平面的转角处可分为平面阳角直角拆分、平面斜角拆分、平面阴角拆分三种。其中平面阳角直角拆分或直角平接或直角折接或直角对接。

预制外挂墙板的拆分还需根据建筑立面的特点，使墙板的接缝位置与建筑立面相对应，将接缝构造与立面要求结合起来。外挂墙板不应跨越主体结构的变形缝。主体结构的变形缝两侧的外挂墙板的构造缝应能适应主体结构的变形要求。从立面效果可分以下几种拆分方式：

(1) 独窗式即墙挂板式

该方式最为普遍，窗框直接预制在混凝土中，单元整齐划一，如图 4-20 所示。

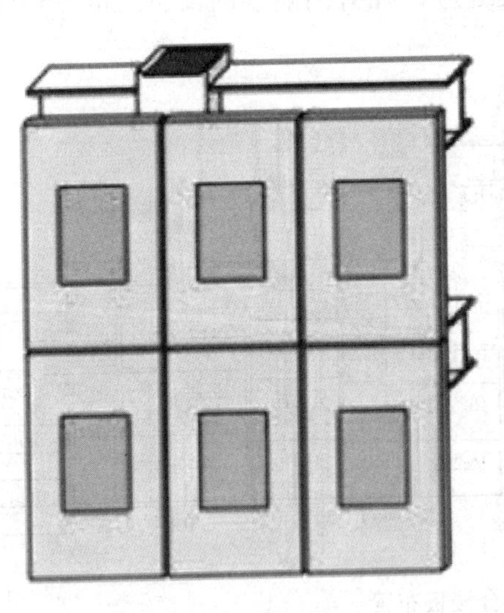

图 4-20 独窗式

(2) 连窗式（梁挂板）

此种形式的墙板固定到结构梁上，每层的窗横向连通，因其不受层间位移的影响，外挂板的安装相对比较简单，如图 4-21 所示。

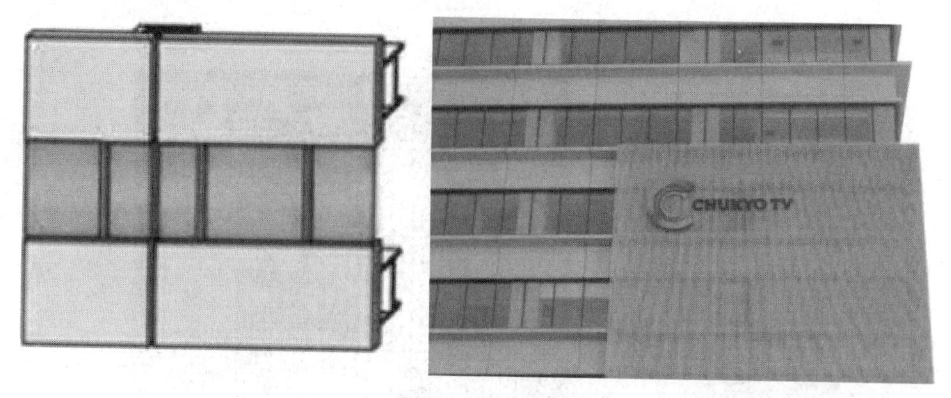

图 4-21　连窗式

（3）柱通式（柱挂板）

此种形式是外观柱子上下连通，给人以挺拔的感觉，如图 4-22 所示。设计时需要充分考虑层间位移。

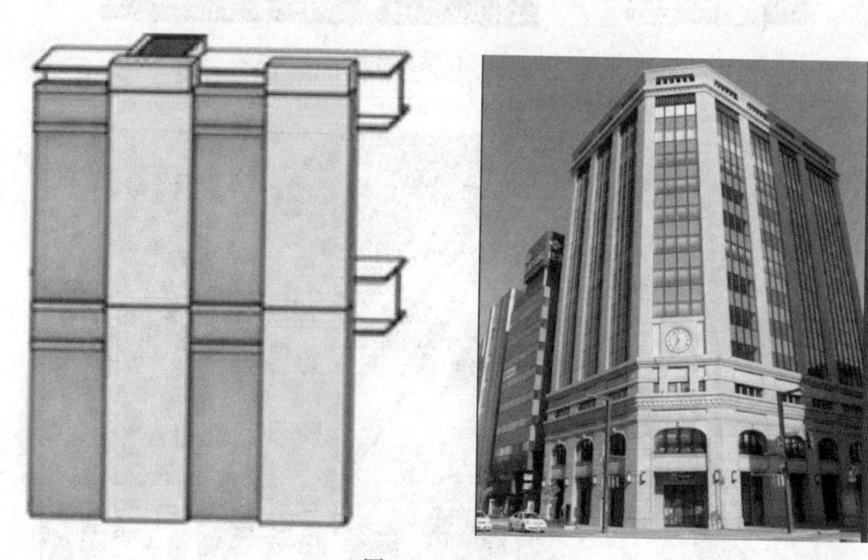

图 4-22　柱通式

（4）柱梁复合式

此种方式组合比较自由，可以通梁也可以通柱，如图 4-23 所示。

（5）非标准化模式

这种形式往往出现在设计造型独特的建筑中，混凝土外挂墙板要求根据建筑造型进行深度设计和定制，通常采用玻纤装饰混凝土来完成其独特造型，如图 4-24 所示。

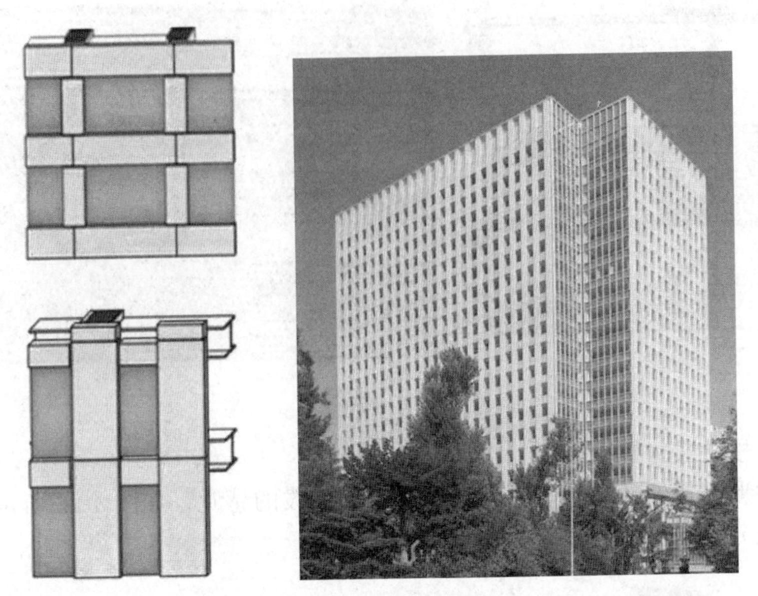

图 4-23 柱梁复合式

图 4-24 非标准化模式

3. 预制楼梯拆分形式

预制楼梯有板式楼梯与梁式楼梯之分。其中板式楼梯有不带平台板的直板式楼梯和带平台板的折板式楼梯。对板式楼梯，可分为双跑楼梯（图 4-26）和剪刀楼梯（图 4-25），双跑楼梯一层楼两个楼梯段，长度短，而剪刀楼梯一层楼一个楼梯段，长度较长。

图 4-25　剪刀楼梯

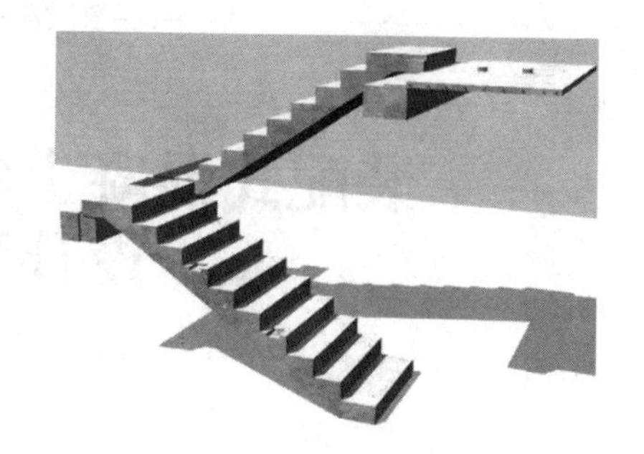

图 4-26　双跑楼梯

对双跑楼梯，其半层处的休息平台，可以现浇，也可以与楼梯板一起预制，或者做成叠合板。

对剪刀楼梯，宜以一跑楼梯为单元进行拆分，为减少预制混凝土楼梯的重量，可考虑将剪刀楼梯设计成梁式楼梯。建议尽量不要在楼梯中段设置梯梁，人为分成两个梯段，因为施工复杂，吊装难度较大。

第五章

装配式混凝土建筑的叠合构件设计及构造

装配式混凝土建筑的技术核心在于预制构件的连接节点性能的可靠性。按现有的等同现浇的设计原理，各种连接节点性能需要达到等同现浇的整体性能要求。而在众多的连接构造中，一部分预制，一部分后浇，通过后浇混凝土将预制构件整体连接形成结构构件共同受力的连接构造，是整体性能最优、最接近等同现浇性能的方式，也是装配整体式混凝土建筑的主要构造手段。

这种部分工厂混凝土预制，部分现场混凝土后浇，并通过叠合面拉毛或设置钢筋桁架、马镫筋等界面抗剪构造钢筋连接而成的、以两阶段成形的整体受力构件就是叠合构件。其包括水平叠合构件（叠合楼板、叠合梁)、竖向叠合构件(叠合墙、叠合柱)。其中叠合楼板和叠合梁，是预制混凝土梁、板顶部在现场后浇混凝土而形成的整体受弯构件，又称为混凝土叠合受弯构件。

第一节　叠合构件设计的一般规定

1. 叠合构件受力性能

叠合构件分两阶段形成最终结构，其特点是两阶段成形，两阶段受力。第一阶段即预制构件，第二阶段则为后续配筋、浇筑而形成整体的叠合混凝土构件，兼有预制装配和整体现浇的优点。

叠合构件按受力性能可分为一次受力叠合结构和二次受力叠合结构。按现行国家规范《混凝土结构设计规范》GB 50010—2010（2015 年版），当施工过程中有可靠支撑，其预制部分在施工阶段充当模板所产生的变形很小，可认为其对结构成形后的内力和变形影响可以忽略，可以按整体构件设计计算，即一次受力叠合结构。而当叠合构件在施工过程中无可靠支撑时，其预制部分在施工阶段将产生较大变形，影响到结构成形后截面应力分布和变形，此时应按两阶段进行设计计算，即为二次受力叠合结构。

对叠合板，对其变形控制要求较为严格，且对作为永久模板的预制底板在施工阶段的变形有严格要求，挠度不得大于 1/250，所以一般将叠合板视为一次受力叠合结构。

2. 叠合构件两阶段受力计算分析

叠合构件在实际工程应用中，其内力计算需要按两个阶段进行计算：一个阶段是脱模、起吊阶段；另一个是安装就位后的阶段。其中安装就位后的阶段又可分为后浇混凝土强度未达到设计值的阶段和后浇混凝土强度达到设计值之后的阶段。

（1）脱模、起吊阶段

叠合构件在脱模时，要进行脱模计算。叠合构件脱模时，受到的荷载包括：自重；脱模起吊瞬间的动力效应；脱模时模板与构件表面的吸附力。其中动力效应采用构件自重标准值乘以动力系数表达，脱模吸附力是作用在构件表面的均布力，与构件表面和模具状况有关。

进行脱模验算时，等效静力荷载标准值应取构件自重标准值乘以动力系数与脱模吸附力的组合值，且不宜小于构件自重标准值的1.5倍。其中，动力系数不宜小于1.2，脱模吸附力应根据构件和模具的实际情况取用，不宜小于1.5kN/m^2。

叠合构件在翻转、运输、吊运、安装等短暂施工状况下，应进行施工验算。此时等效静力荷载标准值为构件自重标准值乘以动力系数，当构件运输、吊运时，动力系数宜取1.5，构件翻转及安装过程中就位、临时固定时，动力系数可取1.2。

叠合构件起吊时荷载效应组合的设计值应按下式计算：

$$S_d = \alpha \gamma_G S_{G1k}$$

式中 α——动力系数；

γ_G——永久荷载分项系数；

S_{G1k}——按预制构件自重荷载标准值计算的荷载效应值；

S_d——结构构件在作用基本组合设计值下的效应。

（2）安装就位后的阶段

① 叠合层混凝土强度未达到设计值时的阶段

此时，荷载由预制构件承担，荷载包括预制构件自重、预制楼板自重、叠合层自重以及本阶段的施工活荷载。

② 叠合层混凝土强度达到设计值之后的阶段

此时，叠合构件按整体结构计算，荷载考虑下述两种情况并取较大值：

施工阶段，考虑叠合构件自重、预制楼板自重、面层、吊顶等自重以及本阶段的施工活荷载；

使用阶段，考虑叠合构件自重、预制楼板自重、面层、吊顶等自重以及使用阶段的可变荷载。

安装就位后施工时，荷载效应组合的设计值按下式计算：

$$S_d=\gamma_G S_{G1k}+\gamma_G S_{G2k}+\gamma_Q S_{Qk}$$

式中 S_{G2k}——按叠合层自重荷载标准值计算的荷载效应值；

γ_Q——可变荷载分项系数；

S_{Qk}——施工活荷载和使用阶段可变荷载标准值在计算截面产生的效应值中的较大值。

第二节 叠合楼板设计

叠合楼板是叠合构件的重要形式，也是装配式混凝土建筑所有预制构件中应用最普遍的构件，对保证装配整体式混凝土建筑的等同现浇性能起到关键性作用。叠合楼板由预制底板和叠合现浇层构成一个整体，共同工作，如图 5-1、图 5-2 所示。

图 5-1 叠合楼板（钢筋桁架）

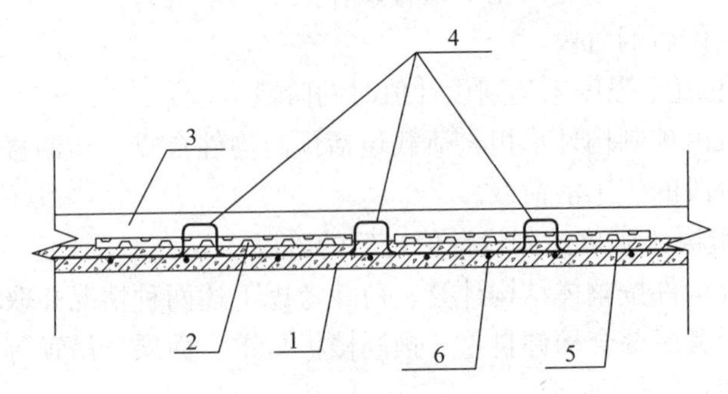

图 5-2 叠合楼板（马凳筋）

1—预制板；2—粗糙面；3—现浇层；4—马凳筋；

5—板底纵向筋；6—板底横向筋

其中预制底板内铺设了叠合楼板的底部受力钢筋，在施工阶段可充当现浇钢筋混凝土叠合层的永久性施工底模，承担其自重及其上施工荷载，在使用阶段又作为构件的一部分，与同样铺设叠合楼板顶部受力钢筋的现浇叠合层一起作为一个整体构件发挥其结构承载力。叠合楼板整体性好，刚度大，可节省施工模板，现浇叠合层内可照样埋设水平机电管线，板底表面平整，易于装修饰面。

1. 叠合楼板分类

叠合楼板主要包括普通叠合楼板、带肋预应力叠合楼板、空心预应力叠合楼板、双 T 形预应力叠合楼板等形式。

(1) 普通叠合楼板

普通叠合楼板是装配式混凝土建筑中最常用的叠合楼板形式，又可分为钢筋桁架叠合楼板和无钢筋桁架的叠合楼板。

当叠合楼板跨度较大时，为满足预制楼板脱模、吊装时的整体刚度，在预制底板配置正常的受力钢筋外，还配置凸出板面的弯折型细钢筋桁架，即为钢筋桁架叠合楼板，如图 5-1 所示。其中钢筋桁架将混凝土楼板的上下层钢筋连接起来，组成能承受荷载的空间小桁架，可增加预制底板与现浇叠合层之间水平界面的抗剪性能和整体刚度，作为楼板下部的受力钢筋及板面钢筋的架立筋构件。施工阶段，验算预制板的承载力及变形时，可考虑钢筋桁架的作用，减小预制板下的临时支撑，在预制板制作、运输过程中，钢筋桁架又起到加强筋的作用。

无钢筋桁架的普通楼板，如图 5-2 所示，其预制底板跨度相对较小，一般预埋马凳筋作为界面层的抗剪构造钢筋。

(2) 带肋预应力叠合楼板

带肋预应力叠合楼板是以预制预应力带肋薄板为底板，在板肋预留孔中布设横向穿孔钢筋及在底板拼缝处布置折线形抗裂钢筋，再浇筑混凝土形成的双向配筋楼板，如图 5-3 所示。板肋的作用类似于桁架钢筋，提高了薄板的刚度和施工阶段的承载力，增加了预制薄板与现浇叠合层界面的抗剪性能，使预制底板运输和施工过程中不易折断，减少临时支撑的设置。其包括无架立筋和有架立筋两种。

(3) 空心预应力叠合楼板

空心预应力叠合楼板，如图 5-4 所示，是以预制预应力空心楼板为底板，板上现浇混凝土叠合层并配置受力钢筋形成的连续装配整体式叠合楼板结构。为保证预制底板的刚度和叠合板的整体性，楼板往往较厚、自重大。

(4) 双 T 形预应力叠合楼板

双 T 形预应力叠合板，其肋朝下，在板面浇筑混凝土形成叠合楼板，如图 5-5 所示，多适用于公共建筑、厂房和车库等。当肋朝上时，则形成倒双 T 形预应力空腹叠合楼板。

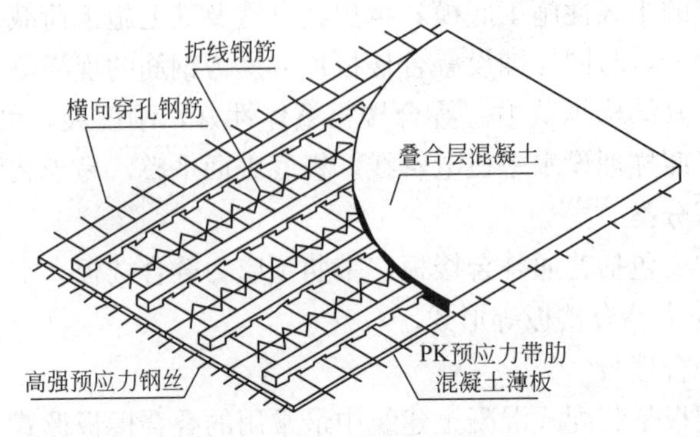

图 5-3　带肋预应力叠合楼板

图 5-4　预应力空心叠合楼板

图 5-5　双 T 形预应力叠合楼板

2. 叠合楼板适用性及基本规定和构造

(1) 叠合楼板适用性

装配整体式混凝土结构的楼盖宜采用叠合楼盖。

结构转换层、平面复杂或开洞较大的楼层、作为上部结构嵌固部位的地下室楼层不适宜采用叠合楼盖，而宜采用现浇楼盖。

住宅建筑电梯间的公共区域因铺设较多机电管线，不宜采用叠合楼盖，宜采用现浇楼盖。

屋面层和平面受力复杂的楼层也不适宜采用叠合楼盖，宜采用现浇。当屋面层采用叠合楼板时，为增强顶层楼板的整体性，需提高后浇混凝土叠合层的厚度和配筋要求，并设置钢筋桁架。此时，楼板的后浇叠合层厚度不小于 100mm，且在后浇层内应采用双向通长配筋，钢筋直径不宜小于 8mm，间距不宜大于 200mm。

空调板、阳台板宜采用叠合构件或预制构件。预制构件应与主体结构可靠连接；叠合构件的负弯矩钢筋应在相邻叠合板的后浇混凝土中可靠锚固。

（2）叠合楼板基本规定

叠合楼板的预制板厚不宜小于60mm，主要考虑了脱模、吊装、运输、施工等因素。当采取可靠的构造措施，如设置钢筋桁架或板肋等，可以考虑将其厚度适当减少。

叠合楼板后浇层厚度不应小于60mm，以保证楼板整体性，满足管线预埋、面筋铺设、施工误差等方面的需求。

当叠合板的预制板采用空心板时，板端空腔需要封堵。

当叠合板跨度大于3m时，宜采用钢筋桁架叠合楼板。以增强预制板的整体刚度和水平界面的抗剪性能。叠合板中后浇层与预制板之间的结合面，在外力、温度等作用下，界面上会产生水平剪力。对大跨度板、有相邻悬挑板的上部钢筋锚入等情况，叠合界面上的水平剪力尤其大。需要配置截面抗剪构造钢筋来保证水平截面的抗剪能力。设置钢筋桁架就是其中最常见的抗剪构造措施，如图5-6所示。当没有设置钢筋桁架，可考虑设置马凳形状钢筋，钢筋直径、间距及锚固长度应满足叠合界面的抗剪要求。

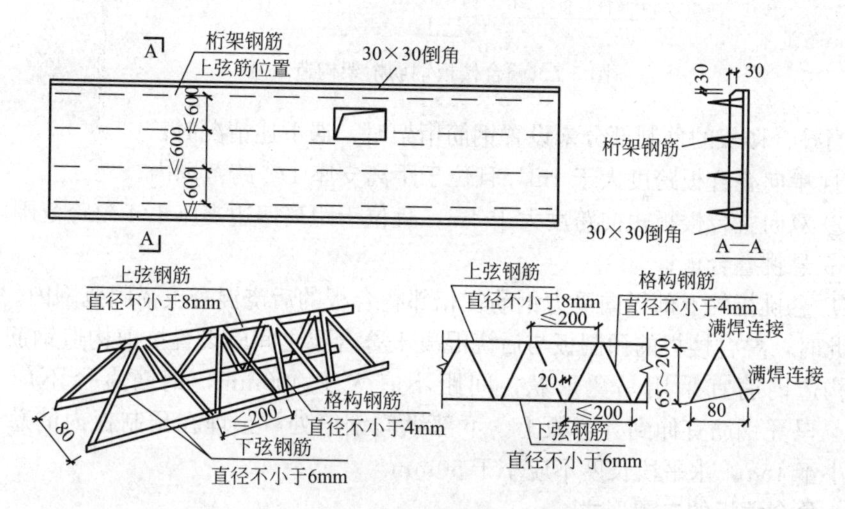

图5-6　叠合楼板钢筋桁架构造示意

当叠合板跨度大于6m时，宜采用预应力叠合楼板。此时采用预应力混凝土预制板经济性较好。如板厚大于180mm，推荐采用空心楼板，可在预制板上设置各种轻质模具如轻质泡沫等，浇筑混凝土后就形成空心，可有效减轻楼板自重，节约材料。

（3）叠合楼板其他构造

叠合板的预制板宽度不宜过小，过小经济性差，不宜过大，过大则运输吊装困难。所以叠合楼板的预制板宽度不宜大于3m，且不宜小于600mm。拼缝位置宜避开叠合板受力较大位置。

叠合板的预制板拼缝处边缘宜设 30mm×30mm 的倒角（图 5-6），可保证结合面钢筋保护层厚度，与梁墙柱相交处可不设。

对钢筋桁架叠合楼板，钢筋桁架应沿主要受力方向布置。钢筋桁架距板边不应大于 300mm，间距不宜大于 600mm；钢筋桁架弦杆钢筋直径不宜小于 8mm，保护层不应小于 15mm，腹杆钢筋直径不应小于 4mm，如图 5-7 所示。

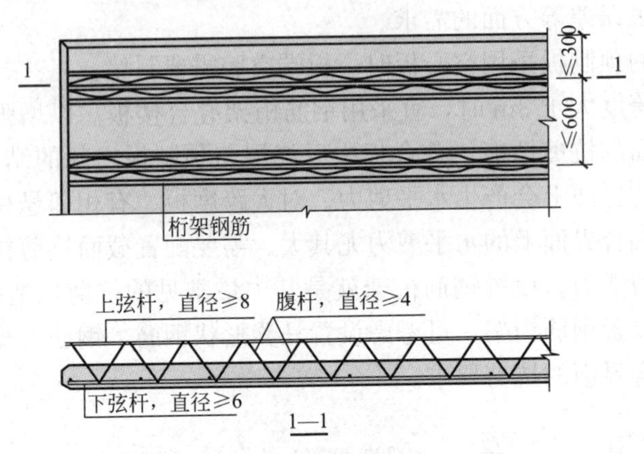

图 5-7　叠合楼板钢筋桁架构造示意

当叠合楼板的预制部分未设置钢筋桁架时，遇下述情况时：

① 单向叠合板跨度大于 4m，且位于距离支座 1/4 跨范围内；

② 双向叠合楼板短向跨度大于 4m，且位于距离四边支座 1/4 短跨范围内；

③ 悬挑叠合板；

④ 悬挑板的上部纵向受力钢筋在相邻叠合板的后浇混凝土锚固范围内。

此时，叠合楼板的预制板与后浇混凝土叠合层之间应设置抗剪构造钢筋，该抗剪构造钢筋宜采用马凳形状，间距不宜大于 400mm，钢筋直径不应小于 6mm，马凳钢筋宜伸到叠合板上、下部纵向钢筋处，预埋在预制板内的总长度不应小于 $15d$，水平段长度不应小于 50mm。

3. 叠合楼板的布置形式

叠合楼板可设计为单向板，也可设计为双向板。研究表明，叠合楼板实际的开裂荷载、破坏荷载均要小于现浇楼板，但要高于按单向现浇板计算的结果，开裂特征类似单向板，承载力高于单向板，挠度小于单向板大于双向板。叠合楼板受力性能介于按板缝划分的单向板和整体双向板之间，与跨度、板厚、接缝钢筋数量有关，总体表现为单向板特性，但现浇层对各板块之间受力具有协同作用，而且当现浇层较厚时，可接近双向板的性能，其中预制板间拼缝只传递剪力和位移，不传递弯矩。

所以需要妥当进行叠合楼盖布置，布置时需要考虑三个因素：构件的生产、构件的运输和吊装、构件的连接。这三个问题都是装配式结构区别于现浇混凝土结构的要点，且具体的布置形式还会影响到主体结构的设计，如图 5-8 所示。

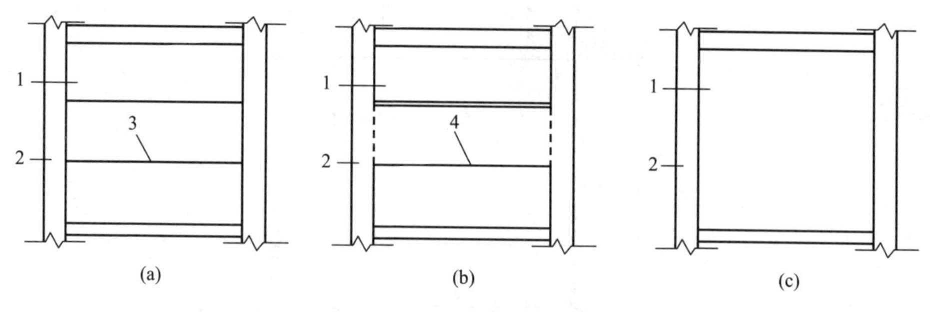

图 5-8　叠合楼板布置形式

(a) 单向叠合板；(b) 带接缝的双向叠合板；(c) 无接缝双向叠合板

1—预制板；2—梁或墙；3—板侧分离式接缝；4—板侧整体式接缝

当叠合楼板的预制板之间按分离式接缝时，宜按单向板进行设计。

对长宽比不大于 3 的四边支承叠合板，当其预制板之间采用整体式接缝或无接缝时，可按双向板进行设计计算。

对长宽比小于 2，明显为双向板区隔的楼板，当现浇层较厚时，楼板破坏之前基本表现为双向板特性，宜按双向板设计，如按单向板设计，则支座负筋宜按单向板模型和双向板模型包络设计。

4. 叠合楼板计算

(1) 叠合楼板的预制板正弯矩承载力计算

① 弯矩的取值（后浇层混凝土强度未达到设计值之前阶段为控制值，按简支）：

$$M_1 = M_{1G} + M_{1Q}$$

式中　M_{1G}——预制板自重和叠合层自重在计算截面产生的弯矩设计值；

M_{1Q}——第一阶段施工阶段活荷载在计算截面产生的弯矩设计值。

② 吊点的布置

预制板的吊点设置要求：一般采用 4 点起吊，为使吊点处板面的负弯矩与吊点之间的正弯矩大致相等，确定吊点位置一般为 0.207a（a 为板长）或 0.207b（b 为板宽），如图 5-9 所示。

③ 计算截面的确定

板类构件按等代梁分别从长和宽两个截面计算，等代梁宽一般取 1/2 板宽或板长，且不超过 15h（h 为板厚）。

④ 验算强度及裂缝

采用标准组合；

取两种组合的大值验算：1.5×自重；1.2×自重+1.5；

控制受拉区混凝土拉应力 $M_1/W < f_{tk}$。

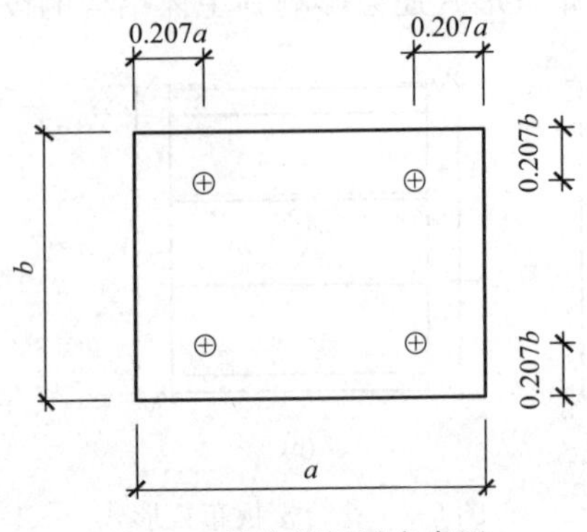

图 5-9 叠合楼板吊点布置

⑤ 堆放要求

平运，采用两点支放方式，支点位置为 0.207a 的位置，叠放层数 6 层，不超 2m，最底层支垫通长设置。

(2) 叠合板正弯矩承载力计算

叠合板的正弯矩取值：

$$M=M_{1G}+M_{2G}+M_{2Q}$$

叠合板的负弯矩取值：

$$M=M_{2G}+M_{2Q}$$

式中 M_{1G}——预制板自重和叠合层自重在计算截面产生的弯矩设计值；

M_{2G}——第二阶段后浇层、吊顶等自重在计算截面产生的弯矩设计值；

M_{2Q}——第二阶段可变荷载在计算截面产生的弯矩设计值；取本阶段施工活荷载和使用阶段可变荷载在计算截面产生的弯矩设计值中的较大值。

(3) 叠合楼板斜截面受剪承载力计算

楼板一般不需进行抗剪计算。必要时可参考《混凝土结构设计规范》GB 50010—2010 (2015 年版) 计算。

(4) 未配置抗剪构造筋的叠合面计算

当叠合面粗糙程度符合《装配式混凝土结构技术规程》JGJ 1—2014 等有关规定时，可参考下式计算：

$$V/bh_0 \leqslant 0.4\ (\mathrm{N/mm^2})$$

式中 V—— 竖向荷载作用下支座剪力设计值；

b、h_0——分别为叠合面的宽度和有效高度。

(5) 叠合楼板板端接缝处计算

叠合板板端与梁、剪力墙连接处，其竖向接缝的受剪承载力可参考下式计算：

$$V \leqslant 1.65A_{sd}\sqrt{f_c f_y(1-\alpha^2)}$$

式中 V——竖向荷载作用下单位长度内板端边缘剪力设计值；

A_{sd}——垂直穿过结合面的所有钢筋的面积。当钢筋与结合面法向夹角为 θ 时，乘以 $\cos\theta$ 折减；

f_c——叠合楼板混凝土强度设计值；

f_y——垂直穿过结合面钢筋抗拉强度设计值；

α——板端负弯矩钢筋拉应力标准值与钢筋强度标准值之比。

钢筋拉应力可按下式计算：

$$\sigma_s = M_s / 0.87h_0A_s$$

式中 M_s——按标准组合计算的弯矩值；

h_0——计算截面的有效高度；当预制底板内的纵向受力钢筋伸入支座时，计算截面取叠合板厚度；否则，取后浇叠合层厚度；

A_s——板端负弯矩钢筋的面积。

5. 叠合楼板支座接缝处钢筋构造

（1）通用规定

板端支座处，预制板内的纵向受力钢筋宜从板端伸出并锚入支承梁或墙的后浇混凝土中，锚固长度不应小于 $5d$（d 为纵向受力钢筋直径），且宜伸过支座中心线，如图 5-10 所示。

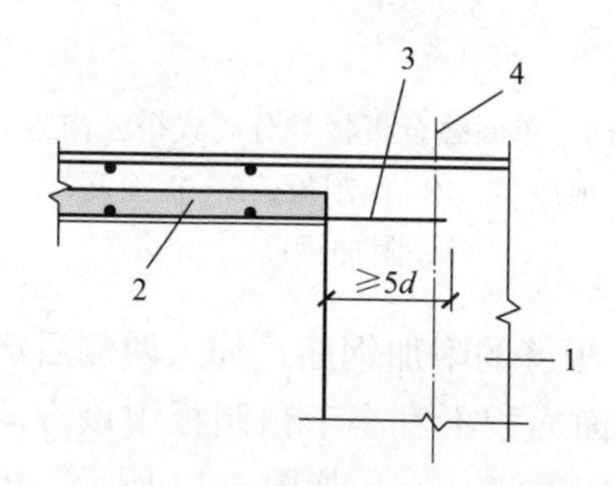

图 5-10 叠合楼板板端支座构造

1—板端支座；2—预制板；3—胡子筋；4—支座中心线

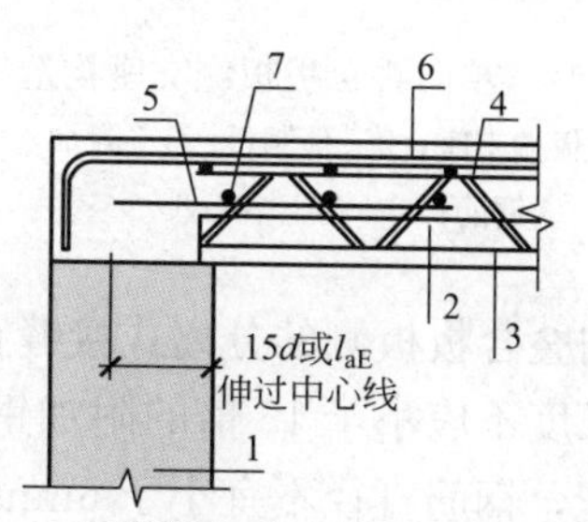

图 5-11 钢筋桁架叠合楼板板端支座构造

1—板端支座；2—预制板；3—板底筋；4—钢筋桁架；5—附加筋；6—板面筋；7—板端加强筋

对钢筋桁架叠合楼板，其后浇叠合层厚度不小于 100mm，且不小于预制板厚度的 1.5 倍时，支承端预制板内纵向受力筋可采用间接搭接方式，即分离式搭接锚固，预制板板底钢筋伸到预制板板端，后浇层内设置附加钢筋锚入支承梁或墙的后浇混凝土中。这样的构造，因无胡子筋伸出，方便预制板加工和施工，但加大了板厚，增大了自重，仅适于大跨度楼板和多层建筑，不适于小跨度楼板及高层建筑，如图 5-11 所示。

此时，附加钢筋的面积需计算确定，且不少于受力方向跨中板底钢筋面积的1/3，直径不宜小于8mm，间距不宜大于250mm；当附加钢筋为构造钢筋时，伸入楼板长度不应小于与板底钢筋的受压搭接长度，伸入支座不应小于15倍的附加钢筋直径且宜伸过支座中心线；当附加钢筋承受拉力时，伸入楼板的长度不应小于与板底钢筋的受拉搭接长度，伸入支座的长度不应小于受拉钢筋锚固长度；同时垂直于附加钢筋的方向应布置横向分布钢筋，在搭接范围内不宜少于3根，钢筋直径不宜小于6mm，间距不宜大于250mm。

(2) 单向叠合板分离式接缝

单向叠合板的板侧支座处，当板底分布筋不伸入支座时，宜在后浇层内设置截面面积不小于预制板内同向分布筋面积的附加钢筋，间距不宜大于600mm，伸入支座和后浇层内均不应小于15倍的附加钢筋直径且宜伸过支座中心线，如图5-12所示。

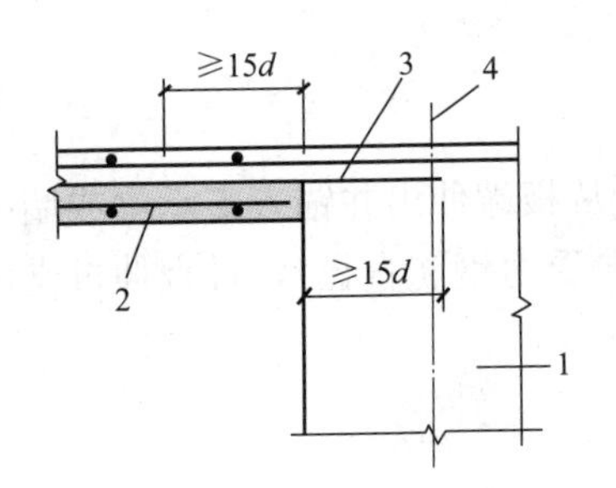

图5-12 单向叠合板板侧支座构造

1—板端支座；2—预制板；3—附加钢筋；4—支座中心线

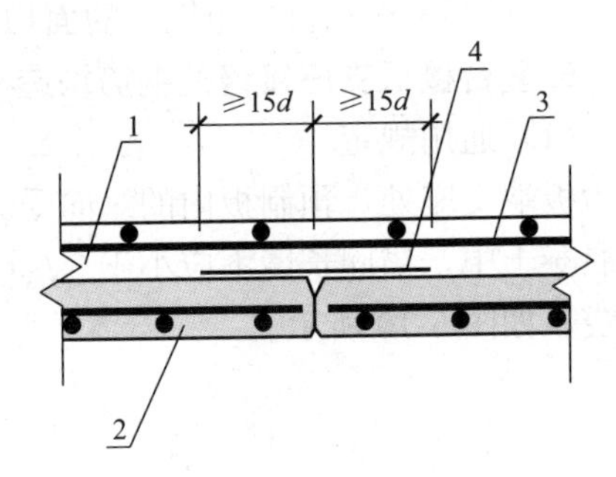

图5-13 单向叠合板板侧分离式拼缝构造

1—现浇层；2—预制板；3—板面筋；4—附加钢筋

单向叠合板板侧的分离式接缝宜配置垂直于板缝的附加钢筋，伸入两侧后浇层锚固长度不应小于15倍的附加钢筋直径，截面面积不宜小于预制板中该方向钢筋面积，钢筋直径不宜小于6mm，间距不宜大于250mm，如图5-13所示。板缝接缝边界主要传递剪力，弯矩传递能力较差，接缝附加钢筋按构造要求确定，主要目的是保证接缝处不发生剪切破坏，控制接缝处裂缝的发展。

(3) 双向叠合板整体式接缝

与整体板相比，预制板接缝处应力集中，缝宽较大，导致挠度略大，接缝处受弯承载力有降低，故接缝应避开双向板的主要受力方向和跨中方向，否则设计时按弹性板计算配筋并适当加大。双向叠合板板侧的整体式接缝宜设置在叠合板的次要受力方向上且避开最大弯矩截面，可设置在次要受力方向净跨的1/5～1/3处。当在受力较大部位设置双向叠合板拼缝时，必须采用如设置加强暗梁等构造加强措施。

接缝可采用后浇带形式：后浇带宽度不宜小于 200mm，以保证钢筋连接或锚固空间，并保证后浇与预制之间整体性。后浇带两侧板底纵向受力钢筋可在后浇带中焊接、搭接连接、弯折锚固、机械连接。

① 后浇带钢筋搭接连接时

预制板底外伸钢筋的锚固长度应符合现行国家标准《混凝土结构设计规范》GB 50010—2010（2015 年版）有关规定，当预制板底外伸钢筋为直线时，其构造见图 5-14。

预制板底外伸钢筋端部为 135°时，弯钩弯后直段长度 $5d$，构造见图 5-15。

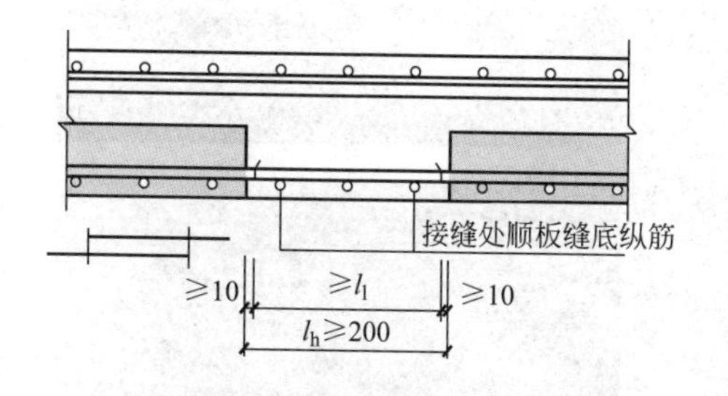

图 5-14　双向叠合板后浇带钢筋直线搭接构造

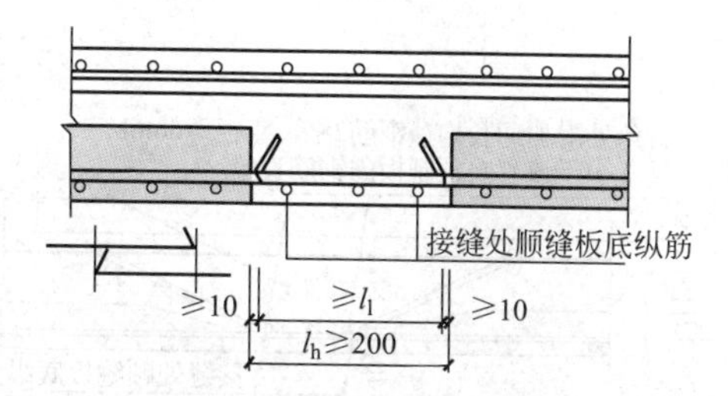

图 5-15　双向叠合板后浇带钢筋端部 135°搭接构造

预制板底外伸钢筋端部为 90°时，弯钩弯后直段长度 $12d$，构造见图 5-16。

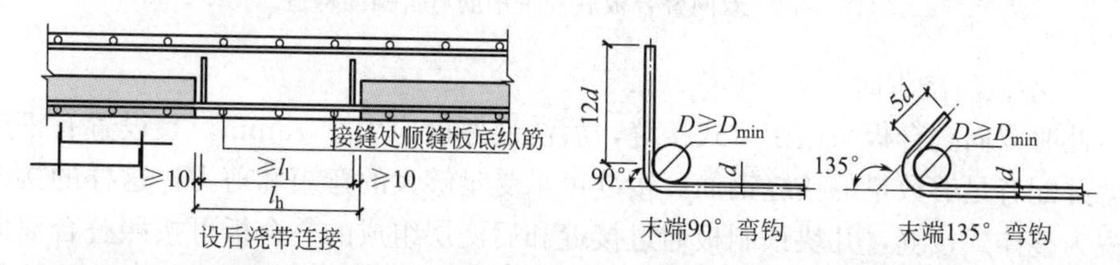

图 5-16　双向叠合板后浇带钢筋端部 90°搭接构造

② 后浇带钢筋弯折锚固时

叠合板厚度不应小于 $10d$，且不应小于 120mm（d 为弯折钢筋直径的较大值），接缝处预制板侧伸出的纵向受力钢筋应在后浇层内锚固，且锚固长度不应

小于 l_a，两侧钢筋在接缝处重叠长度不应小于 $10d$，以实现应力传递；弯折角度不应大于 30°，以实现顺畅传力；弯折处沿接缝方向应配置不少于 2 根直径不应小于该方向预制板内钢筋直径的通长构造钢筋，以防止挤压破坏。其构造见图 5-17。

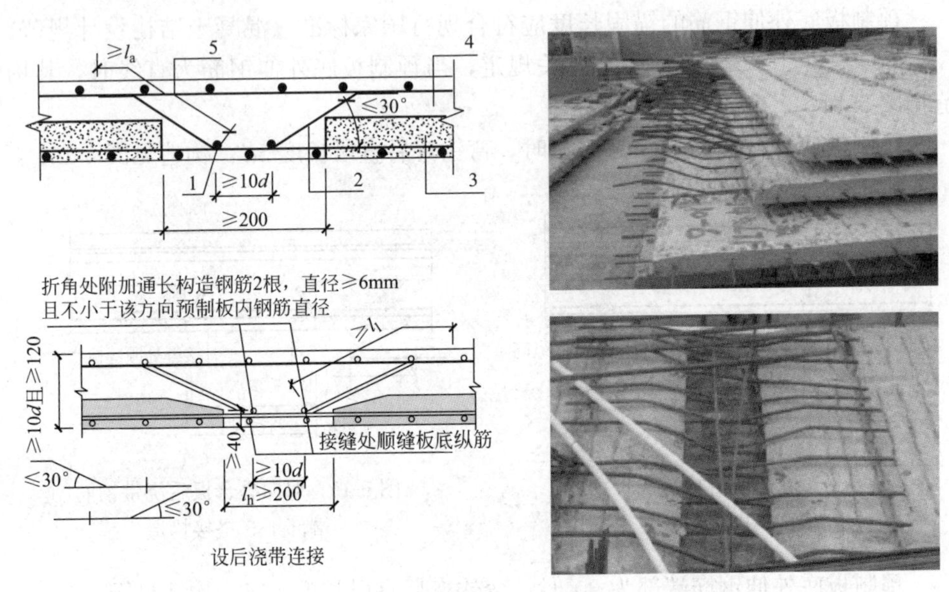

图 5-17　双向叠合板后浇带钢筋弯折锚固构造

③ 不设后浇带时

此时双向叠合板采用密拼式接缝，后浇层厚度应大于 75mm，且设置有钢筋桁架并配有足够数量的接缝钢筋。接缝可承受足够大的弯矩和剪力，这样的接缝可视为整体式接缝，几块预制板通过接缝和后浇层组成的叠合板可按照叠合双向板设计，并应按照接缝处的弯矩设计值及后浇层的厚度计算接缝处需要的钢筋数量，如图 5-18 所示。

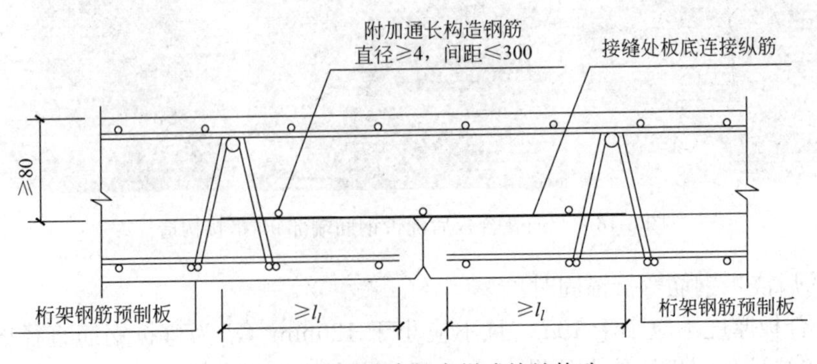

图 5-18　双向叠合板密拼式接缝构造

第三节　叠合梁设计

叠合梁与全预制梁属于预制混凝土梁的两种形式。叠合梁顶部在现场后浇混凝土而形成整体受弯构件，叠合梁下部主筋在工厂完成预制并浇筑混凝土，上部主筋需在现场绑扎，并后浇混凝土，便于与预制柱和叠合楼板连接，使结构整体性增强，一般与叠合板同时采用，如图 5-19、图 5-20 所示。

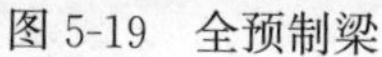

图 5-19　全预制梁

图 5-20　叠合梁

1. 叠合梁分类

叠合梁按受力性能可划分为一阶段受力叠合梁和二阶段受力叠合梁；按预制部分的截面形式又可分为矩形截面叠合梁和凹口截面叠合梁。

（1）按受力性能分

一阶段受力叠合梁：施工阶段在预制梁下设有可靠支撑，能保证施工阶段作用的荷载不使预制梁受力而全部传给支撑，待叠合层后浇混凝土达到一定强度后，再拆除支撑，由整个截面来承受荷载。

二阶段受力叠合梁：施工阶段在简支的预制梁下不设支撑，施工阶段作用的全部荷载完全由预制梁承担，此时，其内力计算分两个阶段，一是叠合层混凝土强度未达到设计值之前的阶段；二是叠合层混凝土强度达到设计值之后的阶段。叠合梁按整体梁计算。

（2）按截面形式分

矩形截面叠合梁：当板的总厚度不小于梁的后浇层厚度要求时，可采用矩形截面叠合梁，见图 5-21。

凹口截面叠合梁：当板的总厚度小于梁的后浇层厚度要求时，可采用凹口截面叠合梁，主要是为增加梁的后浇层厚度，见图 5-22。

某些情况，叠合梁也有采用倒 T 形截面或者花篮梁形截面。

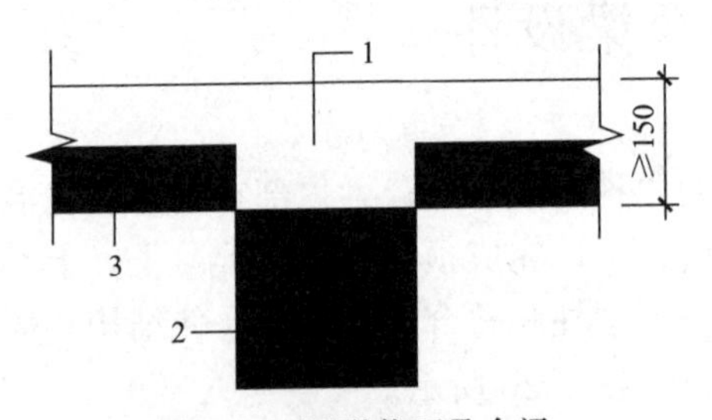

图 5-21　矩形截面叠合梁

1—现浇层；2—预制梁；3—预制板

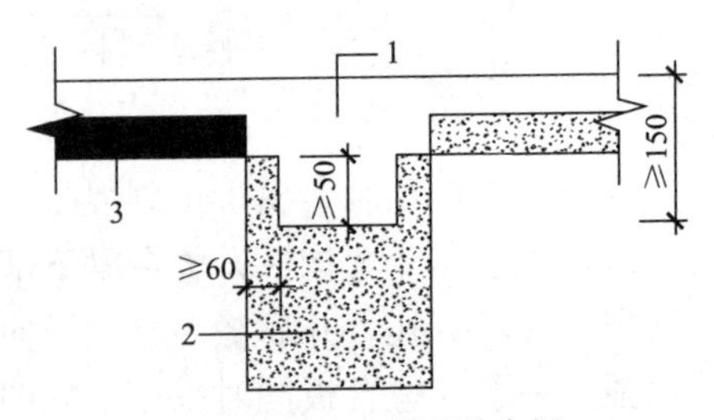

图 5-22　凹口截面叠合梁

1—现浇层；2—预制梁；3—预制板

2. 叠合梁计算

（1）叠合梁的预制梁正弯矩承载力计算

弯矩的取值（后浇层混凝土强度未达到设计值之前阶段为控制值，按简支）：

$$M_1 = M_{1G} + M_{1Q}$$

（2）叠合梁正弯矩承载力计算

叠合梁的正弯矩取值：

$$M = M_{1G} + M_{2G} + M_{2Q}$$

叠合梁的负弯矩取值：

$$M = M_{2G} + M_{2Q}$$

式中　M_{1G}——预制梁自重和叠合层自重、预制楼板自重在计算截面产生的弯矩设计值；

M_{1Q}——第一阶段施工阶段活荷载在计算截面产生的弯矩设计值；

M_{2G}——第二阶段后浇层、吊顶等自重在计算截面产生的弯矩设计值；

M_{2Q}——第二阶段可变荷载在计算截面产生的弯矩设计值；取本阶段施工活荷载和使用阶段可变荷载在计算截面产生的弯矩设计值中的较大值。

计算中，正弯矩区段的混凝土强度等级，按叠合层取用，负弯矩区段的混凝土强度等级，按计算截面受压区的实际情况取用。

（3）叠合梁叠合面受剪承载力计算

当叠合梁符合国家现行标准《混凝土结构设计规范》GB 50010—2010（2015年版）相关各项构造要求时，叠合面的受剪承载力应符合下式规定：

$$V \leqslant 1.2 f_t b h_0 + 0.85 f_{yv} \frac{A_{sv}}{s} h_0$$

式中　V——验算截面的剪力设计之值；

f_t——混凝土的抗拉强度设计值，取叠合层和预制构件中的较低值；

f_{yv}——箍筋抗拉强度设计值；

b、h_0——分别为叠合梁宽度和有效高度；

A_{sv}——配置在同一截面内箍筋各肢的全部截面面积；

s——沿构件长度方向的箍筋间距。

（4）叠合梁端竖向接缝的受剪承载力计算

叠合梁端结合面主要包括框架梁与节点区的结合面、梁自身连接的结合面以及次梁与主梁的结合面等类型。结合面的受剪承载力的组成主要包括：新旧混凝土结合面的粘结力、键槽的抗剪能力、后浇混凝土叠合层的抗剪能力、梁纵向钢筋的销栓抗剪作用。一般不考虑混凝土的自然粘结作用，这也是偏安全的考虑。取混凝土抗剪键槽的受剪承载力、后浇层混凝土的受剪承载力、穿过结合面的钢筋的销栓抗剪作用之和，作为结合面的受剪承载力。地震往复作用下，对后浇层混凝土部分的受剪承载力进行折减，参照混凝土斜截面受剪承载力设计方法，折减系数取0.6。

叠合梁端竖向接缝的受剪承载力设计值应按下列公式计算：

持久设计状况

$$V_u = 0.07 f_c A_{c1} + 0.10 f_c A_k + 1.65 A_{sd} \sqrt{f_c f_y}$$

地震设计状况

$$V_{uE} = 0.04 f_c A_{c1} + 0.06 f_c A_k + 1.65 A_{sd} \sqrt{f_c f_y}$$

式中　A_{c1}——叠合梁端截面后浇混凝土叠合层截面面积；

f_c——预制构件混凝土轴心抗压强度设计值；

f_y——垂直穿过结合面钢筋抗拉强度设计值；

A_k——各键槽的根部截面面积（图5-23）之和，按后浇键槽根部截面和预制键槽根部截面分别计算，并取二者的较小值；

A_{sd}——垂直穿过结合面所有钢筋的面积，包括叠合层内的纵向钢筋。

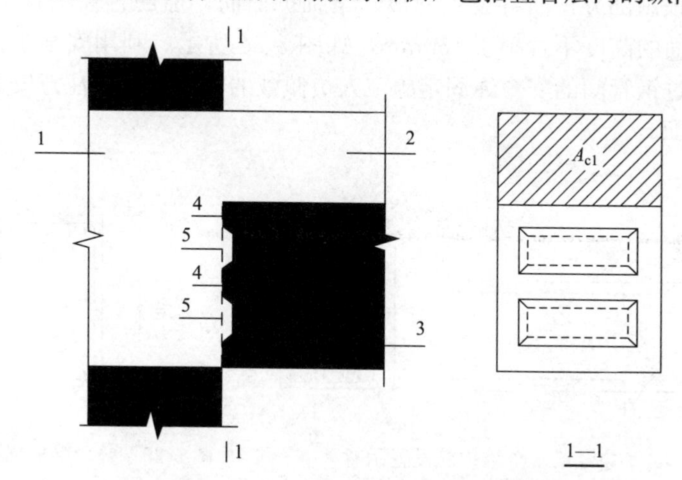

图5-23　叠合梁端受剪承载力计算参数示意

1—后浇节点区；2—后浇混凝土叠合层；3—预制梁；4—预制键槽根部截面；5—后浇键槽根部截面

研究表明，混凝土抗剪键槽的受剪承载力一般为（0.15～0.2）$f_c A_k$，但由于混凝土抗剪键槽的受剪承载力和钢筋的销栓抗剪作用一般不会同时达到最大值，因此在计算公式中，对混凝土抗剪键槽的受剪承载力进行折减，取 $0.1f_c A_k$。抗剪键槽的受剪承载力取各抗剪键槽根部受剪承载力之和；梁端抗剪键槽数量一般较少，沿高度方向一般不会超过3个，不考虑群键作用。抗剪键槽破坏时，可能沿现浇键槽或预制键槽的根部破坏，因此计算抗剪键槽受剪承载力时应按现浇键槽和预制键槽根部剪切面分别计算，并取二者的较小值。设计中，应尽量使现浇键槽和预制键槽根部剪切面积相等。

钢筋销栓作用的受剪承载力计算公式主要参照日本的装配式框架设计规程中的规定，以及中国建筑科学研究院的试验研究结果，同时考虑混凝土强度及钢筋强度的影响。

3. 叠合梁构造设计

（1）叠合层厚度要求

在装配整体式混凝土框架结构，叠合框架梁的后浇混凝土叠合层厚度不宜小于150mm，次梁的后浇混凝土叠合层厚度不宜小于120mm；当采用凹口截面预制梁时，凹口深度不宜小于50mm，凹口边厚度不宜小于60mm，见图5-21、图5-22。

（2）加强腰筋设置要求

预制梁的预制面以下100mm范围内，应设置2根直径不小于12mm的加强腰筋，以考虑构件在制作、吊装、运输安装等不利荷载组合下的受力情况，如图5-25所示。其他位置腰筋仍按现行国家规范设置。

（3）安全维护筋设置要求

叠合梁预制部分顶面各设置一根安全维护插筋，插筋直径不宜小于28mm，出预制梁顶面的高度不宜小于150mm，如图5-24所示。利用安全维护插筋来固定钢管，通过钢管间的安全绳固定施工人员佩戴的安全帽，要注意安全筋直径和钢管内径匹配。

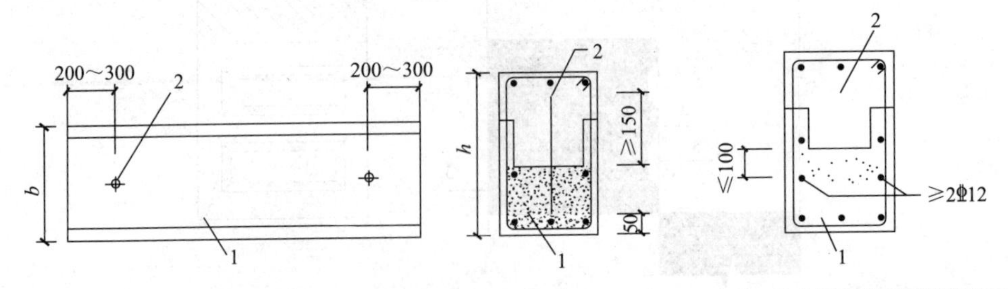

图5-24　叠合梁安全维护筋设置示意

1—预制梁；2—安全维护插筋

图5-25　叠合梁加强腰筋设置示意

1—预制梁；2—叠合层

（4）箍筋设置要求

① 整体封闭箍筋

抗震等级为一、二级的叠合框架梁端箍筋加密区宜采用整体封闭箍筋。当叠合梁受扭时宜采用整体封闭箍筋，且整体封闭箍筋的搭接部分宜设置在预制部分，见图 5-26。框架梁箍筋加密区长度内的箍筋肢距，一级抗震等级不宜大于 200mm 和 20 倍箍筋直径的较大值，且不应大于 300mm；二、三级抗震等级，不宜大于 250mm 和 20 倍箍筋直径的较大值，且不应大于 350mm；四级抗震等级，不宜大于 300mm，且不应大于 400mm。

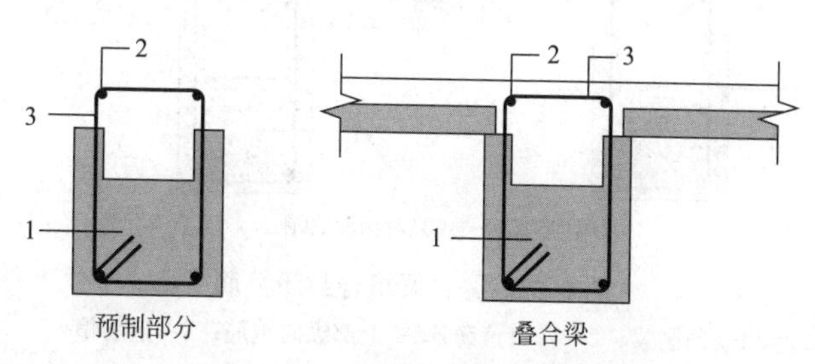

图 5-26 叠合梁整体封闭箍筋

1—预制梁；2—上部纵向钢筋；3—封闭箍筋

② 组合封闭箍筋

采用组合封闭箍筋时，开口箍筋上方两端应做成 135°弯钩，对框架梁弯钩平直段长度不应小于 10 倍箍筋直径，次梁则不应小于 5 倍箍筋直径。现场应采用箍筋帽封闭开口箍，箍筋帽末端应做成 135°弯钩，也可做成一端 135°，另一端 90°弯钩，但两者弯钩应沿纵向受力钢筋方向交错设置，框架梁弯钩平直段长度不应小于 10 倍箍筋直径，次梁 135°弯钩平直段长度不应小于 5 倍箍筋直径，90°弯钩平直段长度不应小于 10 倍箍筋直径，如图 5-27 所示。非抗震设计时，弯钩平直段长度不应小于 5 倍箍筋直径。

（5）叠合梁对接连接

叠合梁可采用对接连接。连接处应设置后浇段，后浇段长度应满足梁下部钢筋连接（宜机械连接、套筒灌浆连接或焊接）作业的空间需求；后浇段内的箍筋应加密，箍筋间距不应大于 5 倍纵筋直径且不宜大于 100mm。梁下部纵向钢筋如采用机械连接时，一般只能采用加长丝扣形直螺纹接头或套筒灌浆接头，无法用滚轧直螺纹加丝头，具体见图 5-28。

（6）叠合梁主次梁连接

叠合梁次梁与主梁之间的连接宜采用铰接连接，也可采用刚接连接。

① 铰接连接

当采用铰接连接时，可采用企口连接或钢企口连接。考虑到次梁与主梁连接节点的实际构造特点，在实际工程中很难完全实现理想的铰接连接节点，在次梁

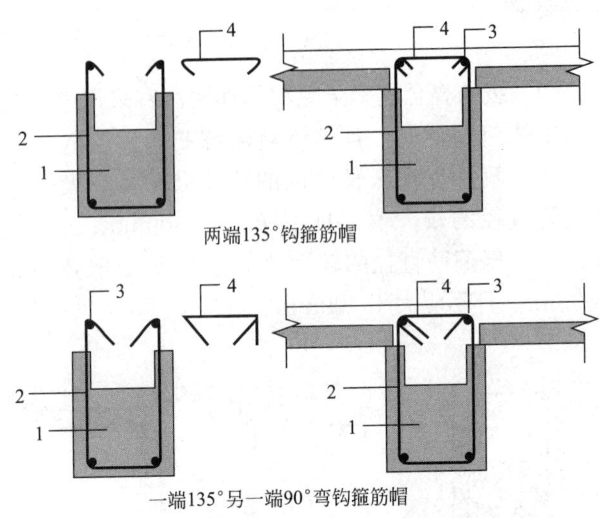

图 5-27 叠合梁组合封闭箍筋

1—预制梁；2—开口箍筋；3—上部纵向钢筋；4—箍筋帽

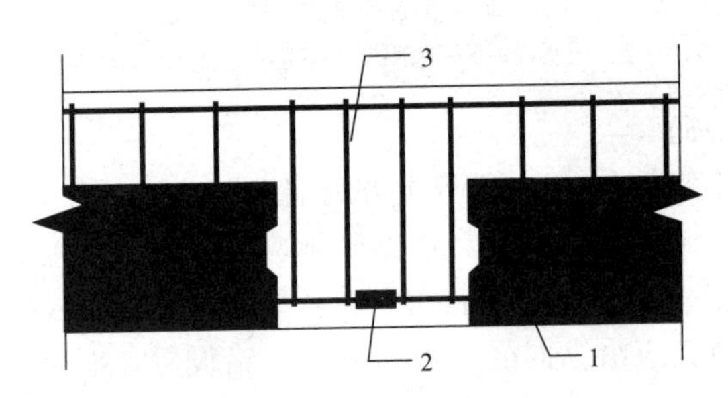

图 5-28 叠合梁对接连接

1—预制梁；2—钢筋连接接头；3—后浇段

铰接端的端部实际受到部分约束，存在一定的负弯矩作用，为避免次梁端部产生负弯矩裂缝，需在次梁端部配置足够的上部纵向钢筋。

如次梁不直接承受动力荷载且跨度不大于 9m 时，可采用钢企口连接。此时钢企口两侧应对称布置抗剪栓钉，钢板厚度不应小于栓钉直径的 0.6 倍；预制主梁与钢企口连接处应埋设预埋件，主梁与钢企口连接处应设置横向钢筋，次梁端部 1.5 倍的梁高范围内箍筋间距不应大于 100mm，见图 5-29。

钢企口接头应能够承受施工及使用阶段的荷载，钢材选用 Q235B 钢；应验算钢企口截面 A 处在施工及使用阶段的抗弯、抗剪强度，截面 B 处在施工及使用阶段的抗弯强度；凹槽内灌浆料未达到设计强度之前，应验算钢企口外挑部分的稳定性；应验算栓钉的抗剪强度及钢企口搁置处的局部受压承载力，见图 5-30。

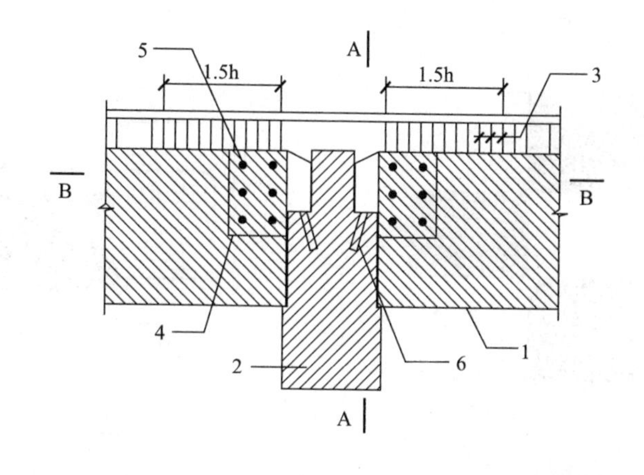

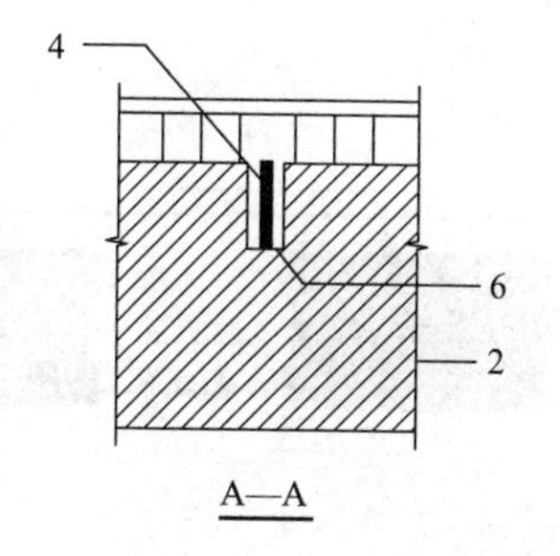

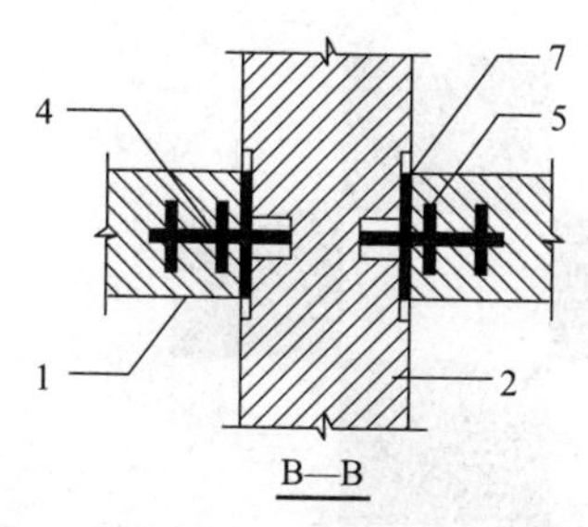

图 5-29　叠合梁对接连接

1—预制次梁；2—预制主梁；3—次梁端部加密箍筋；4—钢板；5—栓钉；6—预埋件；7—灌浆料

抗剪栓钉，其直径不宜大于 19mm，单侧抗剪栓钉排数及列数均不应小于 2；栓钉间距不应小于杆径的 6 倍且不宜大于 300mm；栓钉至钢板边缘的距离不宜小于 50mm，至混凝土构件边缘距离不应小于 200mm，钉头内表面至连接钢板的净距不宜小于 30mm；栓钉顶面的保护层不应小于 25mm。

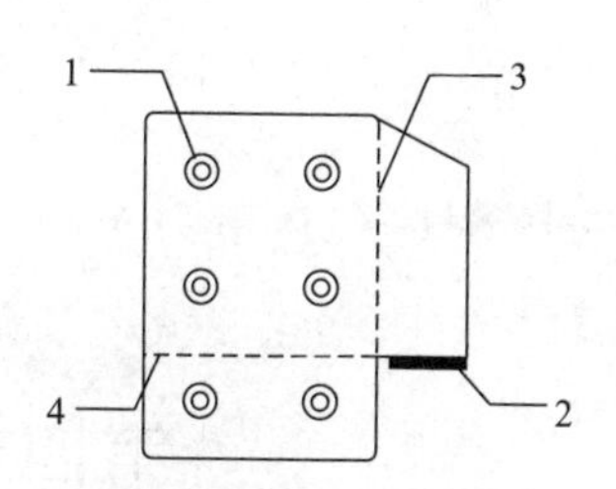

图 5-30　钢企口计算简图

1—栓钉；2—预埋件；3—截面 A；4—截面 B

② 刚接连接

叠合次梁与主梁采用刚接连接，通常采用后浇段连接方式。

端部节点处，次梁下部纵向钢筋伸入主梁后浇段的长度不应小于 12d，上部纵筋应在主梁后浇段内锚固，弯折锚固或锚固板时，锚固直段长度不应小于 0.6l_{ab}，如钢筋应力不大于钢筋强度设计值的 50%，锚固直段长度不应小于 0.35l_{ab}，弯折锚固的弯折后直段长度不应小于 12d（d 为纵向钢筋直径）。

中间节点处，两侧次梁下部纵向钢筋伸入主梁后浇段长度不应小于 12d，次梁上部纵向钢筋应在现浇层内贯通，如图 5-31 所示。

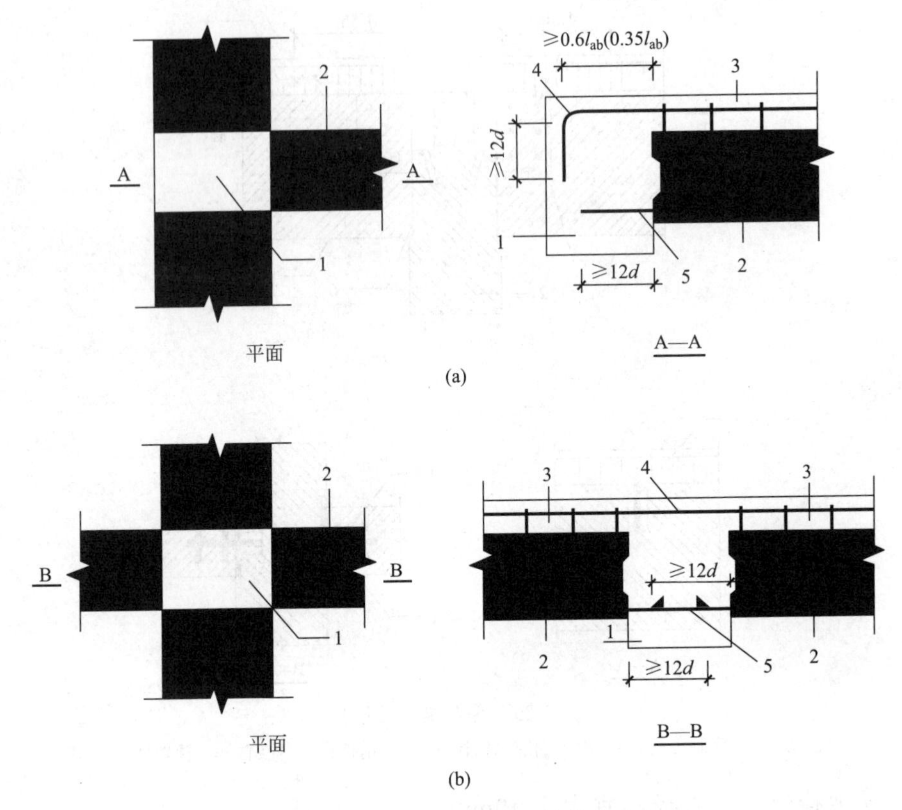

图 5-31　叠合主次梁刚接连接节点构造

（a）端部节点；（b）中间节点

1—主梁后浇段；2—次梁；3—后浇混凝土叠合层；4—次梁上部纵向钢筋；5—次梁下部纵向钢筋

第四节　叠合墙设计

装配式混凝土建筑发展到现阶段，由于对整体预制剪力墙的研究相对滞后，加之预制剪力墙钢筋直径小，连接作业量大且施工很不方便，整体预制剪力墙的实际工程应用不太普遍。这种情况下，与现浇剪力墙结构整体性能类似的叠合剪力墙结构就逐渐得到应用。叠合剪力墙，又称叠合板式混凝土剪力墙，简称叠合墙，指的是采用部分预制、部分现浇工艺生产的钢筋混凝土剪力墙，在工厂预制成形的部分为预制剪力墙板，其外墙板外侧饰面可根据需要在工厂一体化成形，运输到施工现场吊装就位后兼作剪力墙内外侧模板，施工完成后，与现浇体共同受力。

1. 叠合墙分类

叠合墙按预制墙板单侧预制还是双面预制可分为单侧叠合墙和双面叠合墙。

(1) 单侧叠合墙

将预制混凝土外墙板作为预制模板，在外墙内侧绑扎钢筋、支模并浇筑混凝土，预制混凝土外墙板通过粗糙面和叠合筋与现浇混凝土剪力墙结合成整体。预制外墙板还可带装饰面预制，因此外墙面也不需要二次装修，完全省去脚手架。其中预制混凝土外墙板的钢筋桁架的主要作用包括：在预制模板脱模、存放、安装及浇筑混凝土时提供必要的强度和刚度，承受施工荷载以及混凝土的挤压力，避免预制外模板损坏开裂，同时是保证预制外墙板与叠合现浇部分结合在一起具有很好的整体性，避免出现界面破坏或预制剪力墙外模板边缘翘起现象。

单侧叠合墙的受力变形、破坏模式、设计计算和普通剪力墙相同，仅制作过程和生产工艺不同，其结构体系与普通现浇混凝土剪力墙结构具有相同的结构性能，因此可采用与普通现浇混凝土剪力墙结构相同的设计原则、方法和构造要求。

(2) 双面叠合墙

双面叠合墙，是由内外两片厚度不小于 50mm 的钢筋混凝土预制墙板组成，两片预制板通过钢筋桁架连接，并在两片预制板之间的中间部位现浇混凝土，与钢筋桁架和内外预制混凝土墙板形成完整的整体，共同承受结构竖向荷载和水平荷载。钢筋混凝土预制墙板既作为中间混凝土的侧模，也已根据结构计算配置相应的水平和竖向受力钢筋，用于承载参与结构工作。

双面叠合墙通过全自动进口流水线生产，适应设计一体化、生产自动化以及施工装配化的要求，其生产过程是首先预制一侧带钢筋桁架的混凝土板，并养护成形，再浇筑另一侧钢筋混凝土板，在其混凝土初凝前且提前预制的一侧混凝土板达到设计要求强度后，采用专用设备将其翻转并压入新浇筑的另一侧板中，通过数字控制技术严格控制压入深度，以保证双面墙的整体厚度及内部空腔厚度，最后送入养护窑成形。

双面叠合墙具有尺寸精准度高、质量稳定、防水性好、结构整体性好、施工快捷、节能环保、施工效率高等优点。其受力性能与整体现浇的剪力墙基本相同。内外侧预制板与核心现浇混凝土部分能较好地共同工作，但其承载力比整体现浇混凝土剪力墙有一定程度的降低，原因主要在于，内外侧预制墙板上下层间的钢筋不直接连接，通过中间夹层内现浇混凝土插筋连接，在水平接缝处的平面内受剪和平面外受弯等，有效墙厚大幅度减小。

双面叠合墙设计时，应通过计算确定墙中的水平钢筋，防止发生剪切破坏，通过构造措施防止发生剪拉破坏和斜压破坏。

单侧叠合墙的设计和构造与整体现浇剪力墙基本一致，本节不作具体介绍，下面重点针对双面叠合墙的设计与构造进行详细介绍。

2. 双面叠合墙基本规定

(1) 双面叠合墙适用最大高度（表 5-1）

双面叠合剪力墙房屋的最大适用高度（m） **表 5-1**

结构类型	抗震设防烈度			
	6 度	7 度	8 度(0.20g)	8 度(0.30g)
双面叠合剪力墙结构	90	80	60	50

(2) 材料要求

双面叠合剪力墙空腔内宜浇筑自密实混凝土。自密实混凝土具有高流动度而不离析、不泌水和高均匀性的特点，能在不经振捣或少振捣的情况下自流平充满空腔达到充分密实。当采用普通混凝土时，混凝土粗骨料的最大粒径不宜大于20mm，并应采取保证后浇混凝土浇筑质量的措施。为保证空腔内后浇混凝土质量，在后浇混凝土之前，墙板内表面及楼板表面应用水充分湿润，用规定等级及相应坍落度的混凝土均匀地按水平方向分层浇筑，并用内置振动棒仔细振捣密实。

双面叠合墙预制部分混凝土强度等级不宜低于 C35，不应低于 C30。现浇混凝土强度等级不宜低于 C30。

(3) 尺寸及构造要求

双面叠合墙厚度不宜小于 200mm；单叶预制墙厚不宜小于 50mm，如小于 50mm，单侧板刚度较差，预制构件自身承载力低，在构件制作、运输和施工中易产生裂缝造成损坏，不能保证双面叠合墙的工程质量，而且单叶预制墙板内配置有水平和竖向钢筋、钢筋桁架，会导致钢筋桁架距墙板内侧距离过小，混凝土浇筑过程中易被拉出，难以抵抗混凝土浇筑过程中产生的侧向力；空腔净距也不宜小于 100mm，否则会增加现场墙板安装、水平钢筋放置、混凝土浇筑的施工难度。

双面叠合墙的预制墙板内、外叶内表面应设置粗糙面，粗糙面凹凸深度不应小于 4mm，以有效增加预制剪力墙板和现浇混凝土骨料之间的咬合作用，提高双面叠合墙的整体性。

抗震设计时，双面叠合墙体系不应采用框支剪力墙结构。

双面叠合墙的钢筋桁架应满足运输、吊装和现浇混凝土施工的要求，并宜竖向设置，单片预制叠合墙墙肢不应少于 2 榀；钢筋桁架中心间距不宜大于 400mm，且不宜大于竖向分布筋间距的 2 倍，其距叠合墙预制墙板边的水平距离不宜大于 150mm；钢筋桁架上弦钢筋直径不宜小于 10mm，下弦钢筋及腹杆钢筋直径不宜小于 6mm；钢筋桁架应与两层分布筋网片可靠连接，可采用焊接，可起到拉筋的作用，保证其与两层分布钢筋可靠连接，见图 5-32。

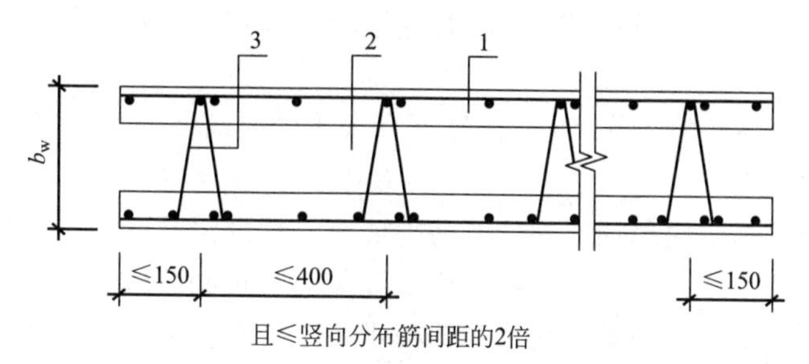

图 5-32　双面叠合墙钢筋桁架构造

1—预制部分；2—现浇部分；3—钢筋桁架

3. 双面叠合墙拆分设计

（1）连梁设置

双面叠合墙结构宜采用双面叠合连梁，或普通叠合连梁，也可采用现浇混凝土连梁。当双面叠合剪力墙与连梁整体制作时，连梁宜采用双面叠合连梁形式，即在工厂预制连梁两侧混凝土，待墙板运送到现场安装完成后，在中间空腔浇筑混凝土形成连梁。叠合连梁的纵向钢筋应与现浇混凝土暗柱、边缘构件进行可靠连接，如图 5-33 所示。

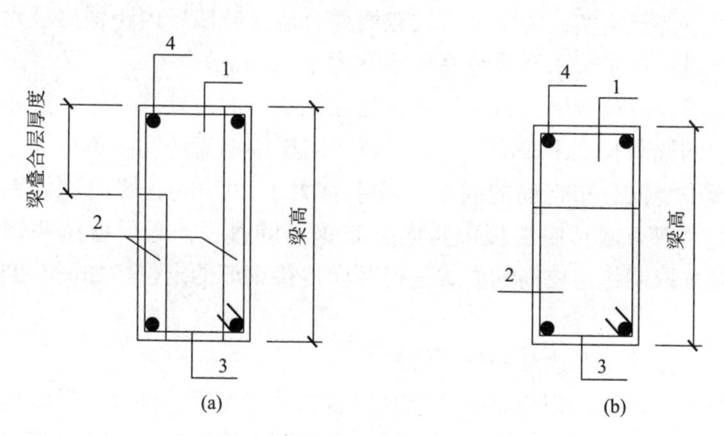

图 5-33　双面叠合墙连梁设置

（a）双面叠合连梁；（b）叠合连梁

1—后浇部分；2—预制部分；3—连梁箍筋；4—连梁纵筋

连梁不宜开洞。当需开洞时，洞口宜埋设套管，洞口上、下截面的有效高度不宜小于梁高的 1/3，且不宜小于 200mm，被洞口削弱的连梁截面应进行承载力验算，洞口处应配置补强纵向钢筋和箍筋，补强纵向钢筋直径不应小于 12mm。

（2）叠合墙设置

叠合墙宜采用一字形。开洞时，洞口宜居中布置，洞口两侧的墙肢宽度，外墙不应小于 500mm，内墙不应小于 300mm，洞口上方连梁高度不宜小于 400mm。

叠合墙板宽度不宜大于 6m，高度不宜大于楼层高度。

（3）其他规定

双面叠合墙结构底部加强部位的剪力墙宜采用现浇混凝土。楼层内相邻双面叠合墙之间应采用整体式接缝连接，后浇混凝土与预制墙板应通过水平连接钢筋连接，水平连接钢筋的间距宜与预制墙板中水平分布钢筋的间距相同，且不宜大于 200mm，水平连接钢筋的直径不应小于叠合剪力墙预制墙板中水平分布钢筋直径。

双面叠合墙结构的截面设计应参考现行行业标准《高层建筑混凝土结构技术规程》JGJ3—2010 的有关规定，其中双面叠合墙偏心受压正截面受压承载力、偏心受拉正截面受拉承载力、偏心受压和偏心受拉斜截面受剪承载力等构件承载力计算中的剪力墙厚度可取双面叠合墙的全截面厚度。

4. 双面叠合墙连接设计

（1）水平接缝

双面叠合剪力墙水平接缝宜设在楼层处，接缝高度不宜小于 50mm，接缝处现浇混凝土应浇筑密实。为保证两块双面叠合墙外叶墙板内跨楼层处水平钢筋竖向间距符合设计要求，水平接缝高度不宜大于 100mm。

水平接缝处应设置竖向连接钢筋，连接钢筋应通过计算确定，连接钢筋在上下层墙板中的锚固长度不应小于 $1.2l_{aE}$，竖向连接钢筋的间距不应大于叠合剪力墙预制墙板中竖向分布钢筋的间距，且不宜大于 200mm；竖向连接钢筋的直径不应小于叠合剪力墙预制墙板中竖向分布钢筋的直径。为保证这些钢筋构造设置，具体可采取制作定位筋的方式进行竖向连接钢筋的定位，如图 5-34、图 5-35 所示。

（2）竖向接缝（非边缘构件位置）

非边缘构件位置，相邻双面叠合剪力墙之间应设置后浇段，后浇段的宽度不应小于墙厚且不宜小于 200mm，后浇段内应设置不少于 4 根竖向钢筋，钢筋直径不应小于墙体竖向分布筋直径且不应小于 8mm；两侧墙体与后浇段之间应采用水平连接钢筋连接，并锚入双面叠合墙内内不应小于 $1.2l_{aE}$，水平连接钢筋的间距宜与叠合墙预制墙板内水平分布筋的间距相同，且不宜大于 200mm，直径不应小于叠合墙预制墙板内水平分布筋的直径，如图 5-36 所示。

（3）竖向接缝（边缘构件位置）

叠合剪力墙结构约束边缘构件、构造边缘构件内的配筋及构造要求应符合标

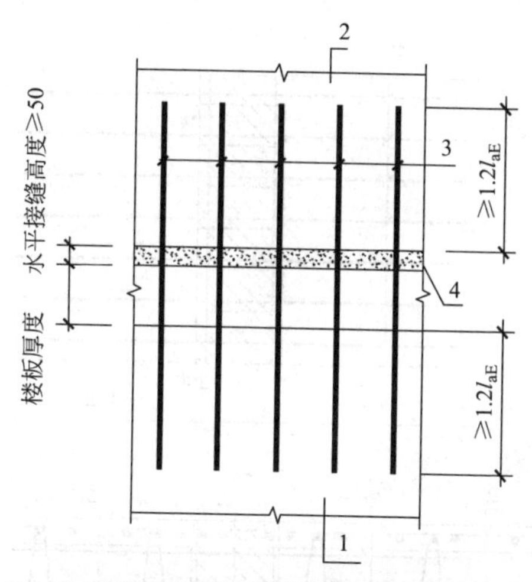

图 5-34 双面叠合墙水平接缝竖向钢筋连接构造

1—下层叠合墙；2—上层叠合墙；3—竖向连接钢筋；4—楼层水平接缝

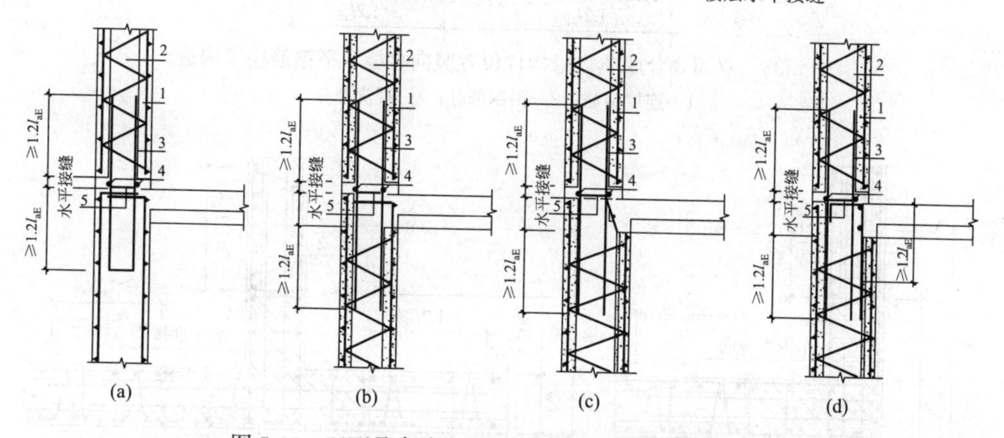

图 5-35 双面叠合墙水平接缝竖向钢筋典型连接节点

(a) 下端现浇剪力墙，上端双面叠合剪力墙；(b) 上、下端等厚双面叠合剪力墙；
(c) 上、下端不等厚双面叠合剪力墙且 $a/b \leqslant 1/6$；(d) 上、下端不等厚双面叠合剪力墙且 $a/b > 1/6$

1—预制部分；2—现浇部分；3—竖向连接钢筋；4—附加水平筋；5—附加拉筋

准《建筑抗震设计规范》GB 50011—2010（2016 年版）和《高层建筑混凝土结构技术规程》JGJ 3—2010 的有关规定。

约束边缘构件（图 5-37）阴影区域宜全部采用后浇混凝土，并在后浇段内设置封闭箍筋；其中暗柱阴影区域可采用叠合暗柱或现浇暗柱；约束边缘构件非阴影区的拉筋可由叠合墙板内的桁架钢筋代替，桁架钢筋的面积、直径、间距应满足拉筋的相关规定。

构造边缘构件（图 5-38）宜全部采用后浇混凝土，并在后浇段内设置封闭箍筋，其中暗柱可采用叠合暗柱或现浇暗柱。

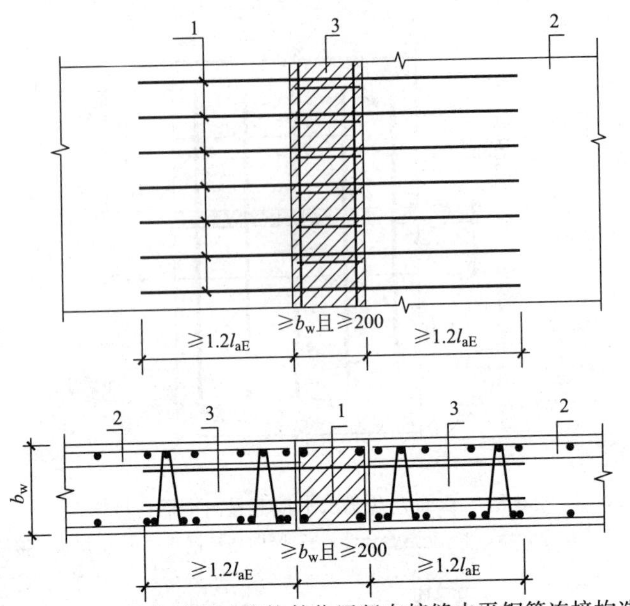

图 5-36 双面叠合墙非边缘构件位置竖向接缝水平钢筋连接构造

1—连接钢筋；2—预制部分；3—现浇部分

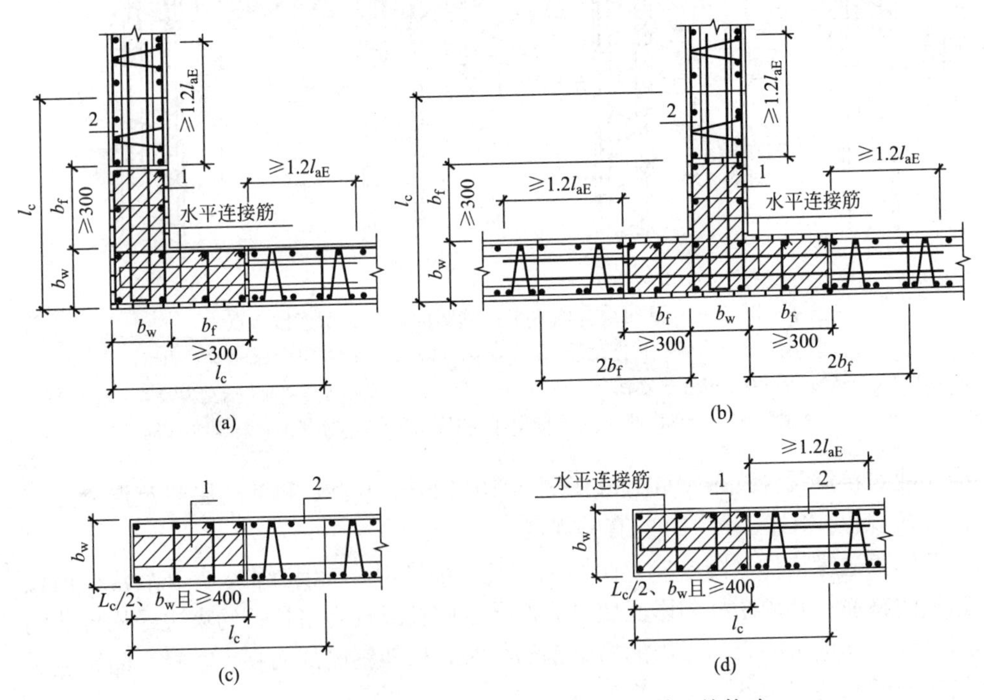

图 5-37 双面叠合墙约束边缘构件位置钢筋连接构造

(a) 转角墙；(b) 有翼墙；(c) 叠合暗柱；(d) 现浇暗柱

l_c—约束边缘构件沿墙肢的长度；1—后浇段；2—双面叠合墙

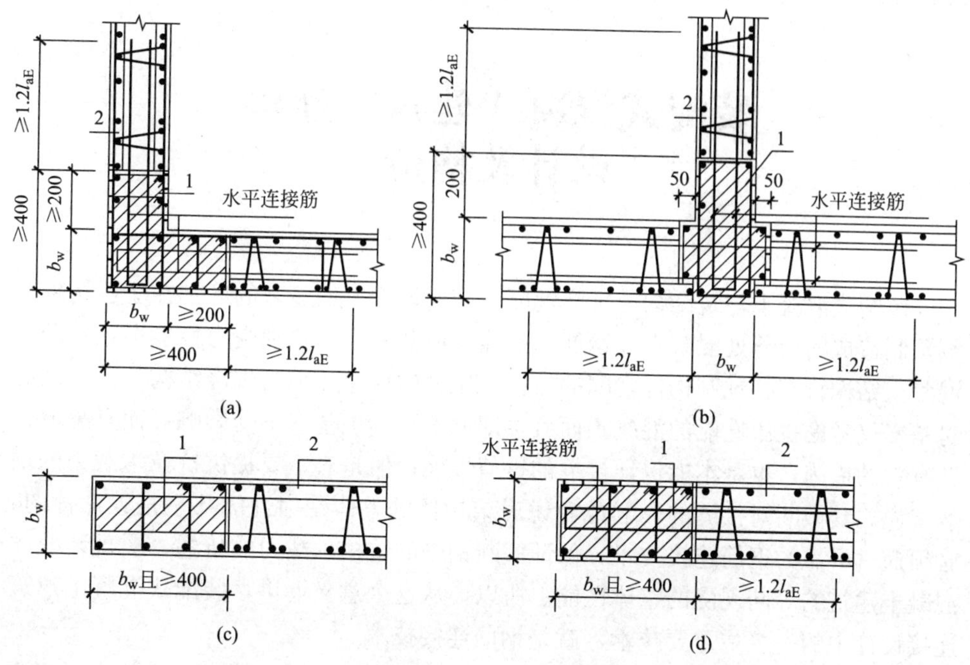

图 5-38　双面叠合墙构造边缘构件位置钢筋连接构造
（a）转角墙；（b）有翼墙；（c）叠合暗柱；（d）现浇暗柱
1—后浇段；2—双面叠合墙

第六章

装配式混凝土建筑的连接设计及构造

装配式混凝土建筑结构与现浇混凝土结构形式上最显著的区别在于：构件分割预制造成的接缝处混凝土和钢筋的不连续或截断。反映到受力性能上，装配式混凝土结构特有各预制构件之间的接缝，压力的传递几乎与现浇结构相同，因此对基本仅考虑抗压性能的混凝土而言，即便不连续也基本不受影响；而且采取合适有效的措施，也基本能保证接缝的抗剪性能；但是对主要提供抗拉承载力的钢筋来说，其截断对接缝的影响或者说对结构体的整体受力性能几乎是致命性的，必须通过可靠的钢筋连接技术，保证截断钢筋的抗拉承载力的传递，实现装配式混凝土建筑的等同现浇的整体性能。所以，从这个意义上讲，装配式混凝土建筑连接设计中的一个最重要技术，就是钢筋连接技术。

下面从装配式混凝土建筑各种连接形式分门别类进行介绍，分析其相应的适用性，阐述装配式混凝土建筑的连接设计及构造。

第一节　连接方式及适用性

装配式混凝土建筑根据不同的属性特点可以分成各种各样的连接方式。比如，根据构件之间的连接，可以分成梁与梁、梁与柱、梁与板、板与板、板与墙、板与柱、墙与墙、墙与柱、结构构件与非结构构件等；根据干湿分为干连接与湿连接；根据性能分为强连接和延性连接，或弹性连接和柔性连接；根据支座又分为固定连接和滑动连接，固定铰支座和滑动铰支座；根据连接空间位置可分为外挂连接和内嵌连接；根据材料的不同可以分为钢筋连接、后浇混凝土与现浇混凝土的连接，而钢筋连接又可分为钢筋套筒灌浆连接、浆锚搭接连接、挤压套筒连接、焊接、搭接、机械连接等，后浇混凝土与现浇混凝土的连接又可分为粗糙面、键槽等。

1. 强连接与延性连接

（1）概念

在广东省地方标准《装配式混凝土建筑结构技术规程》DBJ15-107-2016 中提到了这两种连接方式。根据连接部位在结构最大侧位移时是否进入塑性状态，划分为强连接与延性连接。

强连接对应的是结构在地震作用下达到最大侧向位移时，结构构件进入塑性状态，而连接部位仍保持弹性状态的连接；而延性连接则指结构在地震作用下，连接部位可以进入塑性状态并具有满足要求的塑性变形能力的连接。这种划分借鉴了美国统一建筑规范（UBC97）中将框架连接简化为整体连接和强连接的划分方式。两者关于强连接的内涵一致。美国统一建筑规范提及的整体连接，其性质类似于现浇式连接。

（2）适用性

强连接与延性连接主要应用于装配整体式混凝土框架结构体系，通过合理安排强连接和延性连接位置，能够保证结构抗侧力体系在大震作用下的塑性变形能力，从而形成有效的耗能机制。研究表明，预制梁、柱节点强连接结合部，因构件间无足够的塑性变形长度，结合部的钢筋会产生应力集中而发生脆性破坏，故需要确保连接处的钢筋保持弹性，保证梁中钢筋的屈服发生在连接区域以外的地方，如图 6-1 所示。

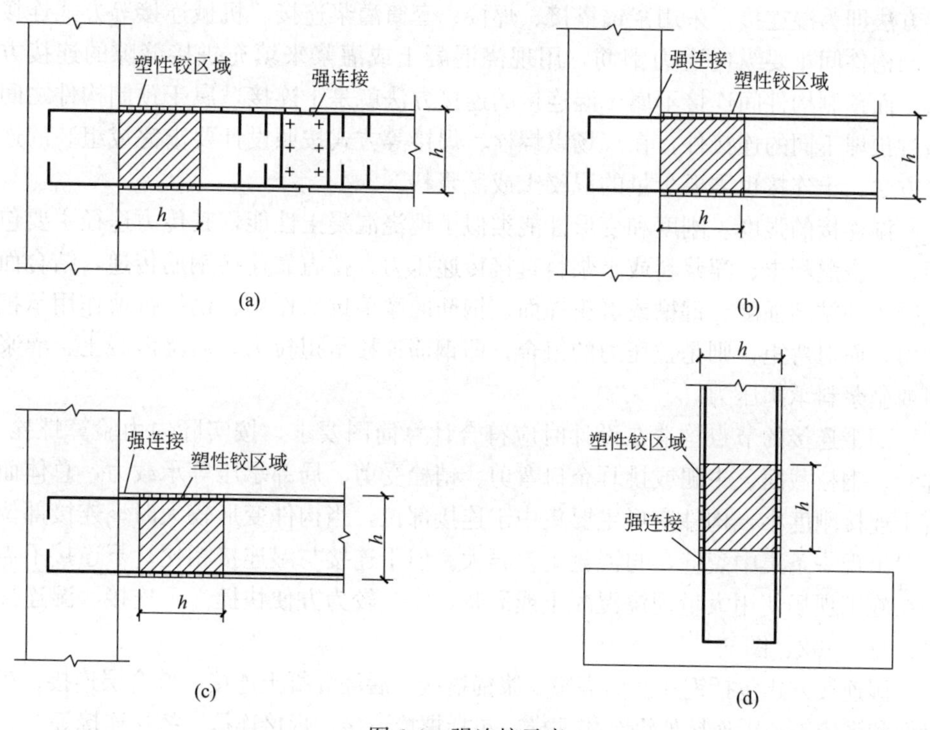

图 6-1　强连接示意

（a）梁-梁连接；（b）梁-柱连接；（c）梁-柱连接；（d）柱-基础连接

所以在广东省地方标准《装配式混凝土建筑结构技术规程》DBJ15-107-2016 中提出，装配式混凝土框架结构中，当干连接用于抗侧力体系梁跨中二分之一区域内应设计成强连接，而其他区域，构件间的连接应采用湿连接，在可能出现塑性铰的部位应采用延性连接。

在国家标准《装配式混凝土建筑技术标准》GB/T 51231—2016、行业标准《装配式混凝土结构技术规程》JGJ 1—2014 中关于接缝在梁、柱端部箍筋加密区和剪力墙底部加强部位的抗剪承载力验算中，明确提出要对被连接构件端部按实际钢筋面积计算的斜截面受剪承载力设计值乘以增大系数，实际上也是这个理念的体现，即在梁、柱端部箍筋加密区和剪力墙底部加强部位的接缝要实现强连接，确保不破坏，而其他部位可采用延性连接。

2. 干连接与湿连接

（1）概念

干连接和湿连接是装配式混凝土建筑最为普遍的两种连接方式，也是区别装配式建筑与现浇建筑的最为典型的两种连接方式。顾名思义，以连接部位“干”或“湿”为划分原则，即以现场是否需要使用现浇混凝土或灌浆料区分，当预制构件间主要纵向受力钢筋的拼接部位，用现浇混凝土或灌浆填充结合成整体的连接方法即为湿连接，采用浆锚搭接、焊接、套筒灌浆连接、机械连接等方式连接预制构件间主要纵向受力钢筋，用现浇混凝土或灌浆来填充拼接缝隙的连接方法。而预制构件间连接不属于湿连接的连接方法就是干连接，属于预制构件之间通过预埋不同的连接件，在现场以螺栓、焊接等方式按照设计要求完成组装的连接方法，干连接也需要少量的混凝土或灌浆料。

湿连接的强度、刚度和变形性能类似于现浇混凝土性能，其传力途径主要包括，后浇混凝土、灌浆料或坐浆料直接传递压力，拉力靠连接钢筋传递，结合面混凝土的粘结强度、键槽或者粗糙面、钢筋的摩擦抗剪作用、销拴抗剪作用承担剪力，而对弯矩，则是拉压力的组合，即钢筋连接承担拉力，后浇混凝土、灌浆料或坐浆料承担压力。

而干连接的节点构造在设计时应符合计算简图要求，按实际内力验算螺栓、焊缝、钢板截面、牛腿或挑耳企口弯剪、销栓受剪、局部承压等承载力，总体而言干连接刚度小，构件变形主要集中于连接部位，当构件变形较大时，连接部位一般出现一条集中裂缝，与混凝土差异大。但干连接与湿连接相比，干连接不需要在施工现场使用大量现浇混凝土或灌浆，安装较为方便快捷。干连接、湿连接可参见图 6-2、图 6-3。

湿连接方式包括钢筋套筒灌浆、浆锚搭接、后浇混凝土连接、叠合层连接、粗糙面和键槽等；干连接如钢结构那样，包括螺栓连接、焊接连接、搭接连接等。

（2）适用性

装配整体式框架结构中，当用于抗侧力体系梁的跨中二分之一区域内，干连接应设计成强连接，此时连接变形对结构抗侧力体系影响小；当用于抗重力体系

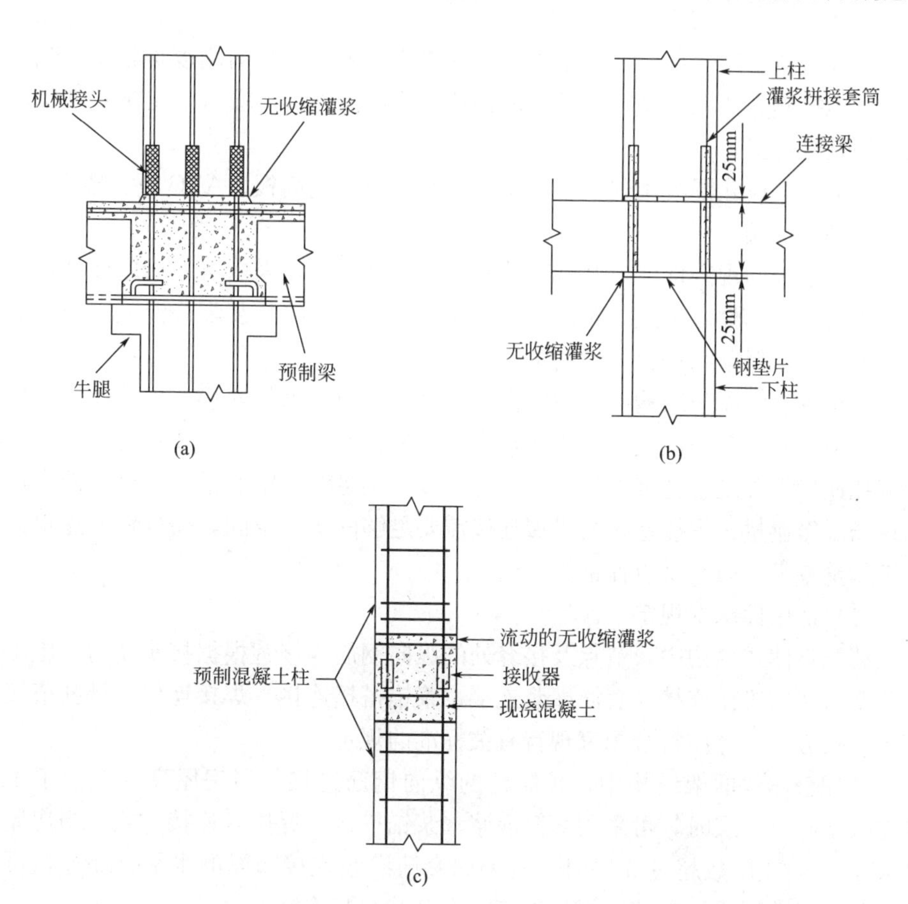

图 6-2 湿连接示意

(a) 现浇梁-柱节点；(b) 预制梁-柱节点连接（叠合梁现浇层未标出）；(c) 预制柱-柱连接

图 6-3 干连接示意

中，干连接应采用铰接，此时干连接刚度要小，确保对侧向刚度贡献小。除此之外，其他抗侧力体系区域，构件间的连接应采用湿连接，在可能出现塑性铰的部位采用延性连接。

在装配整体式混凝土建筑中，干连接多用于外挂墙板、ALC板、楼梯板等。

3. 钢筋连接

为实现等同现浇性能，装配整体式混凝土结构必须采取可靠措施保证钢筋及混凝土受力连续性。因此，预制构件不连续钢筋的连接是装配式混凝土施工的重要环节，也是保证结构整体性的关键。

传统现浇混凝土结构中常用的钢筋连接技术包括绑扎连接、焊接连接与机械连接三种主要方式。但这三种连接技术在装配式混凝土建筑中较难得到应用，因为绑扎连接需要足够宽度的后浇混凝土，以提供足够的钢筋搭接长度，而直接增加现场湿作业量，焊接连接与机械连接需要足够的操作空间，而且钢筋逐根连接的工作量较大，质量难以保证。

（1）适用性基本规定

装配整体式结构中，节点及接缝处的纵向钢筋连接宜根据接头受力、施工工艺等要求选用机械连接、套筒灌浆连接、浆锚搭接连接、焊接连接、绑扎搭接连接等连接方式，并应符合国家现行有关标准的规定。

装配整体式框架结构中，预制柱的纵向钢筋连接，当房屋高度不大于12m或层数不超过3层时，可采用套筒灌浆、浆锚搭接、焊接等连接方式；当房屋高度大于12m或层数超过3层时，宜采用套筒灌浆连接。梁的水平钢筋连接可根据实际情况选用机械连接、焊接连接或者套筒灌浆连接。

装配整体式剪力墙结构中，预制剪力墙竖向钢筋的连接可根据不同部位，分别采用套筒灌浆连接、浆锚搭接连接，水平分布筋的连接可采用焊接、搭接等。

预制构件不宜在有抗震设防要求的梁端、柱端箍筋加密区连接，但常因拆分需要无法满足。当预制构件在有抗震设防要求的框架梁的梁端、柱端箍筋加密区进行连接时，连接形式宜采用灌浆套筒连接，也可采用机械连接，当接头百分率不大于50%时，接头性能等级可为Ⅱ级，当接头百分率大于50%时，接头性能等级可为Ⅰ级。提高接头质量等级，适当放松接头使用部位和接头百分率的限制是近年来国际上的常用作法。

下面详细介绍装配式混凝土建筑预制构件的钢筋连接常用技术，包括套筒灌浆连接、浆锚搭接连接、挤压套筒连接、水平锚环灌浆连接。

（2）套筒灌浆连接

① 概念及原理

钢筋套筒灌浆连接是在预制混凝土构件内预埋的金属套筒中插入单根钢筋并

灌注水泥基灌浆料，硬化后形成整体而实现传力的钢筋对接连接方式。透过中空型套筒，钢筋从两端开口穿入套筒内部，不需要搭接或焊接，钢筋与套筒间填充高强度微膨胀灌浆料，即完成钢筋的连接。其详细的原理就是，利用内部带有凹凸部分的铸铁或钢质圆形套筒，将被连接的钢筋由两端分别插入套筒，然后用灌浆机向套筒内注入有微膨胀的高强灌浆料，待灌浆料硬化以后，此时套筒和被连接钢筋牢固地结合成整体。具有高强度、微膨胀特性的灌浆料，保证了套筒中被填充部分具有充分的密实度，使其与被连接的钢筋有很强的粘结力。

当钢筋受外力时，拉力先通过钢筋-灌浆料接触面的粘结作用传递给灌浆料，灌浆料再通过灌浆料-套筒接触面的粘结作用传递给套筒。钢筋和套筒灌浆料接触面的粘结力由材料化学黏附力、摩擦力和机械咬合力共同组成。与此同时，灌浆料受到套筒的约束作用后，有效增强了材料结合面的粘结锚固能力，在钢筋表面和套筒内侧间产生正向作用力，钢筋借助该正向力在其粗糙的、带肋的表面产生摩擦力，从而传递钢筋应力。

该技术在美国和日本有近四十年的使用历史，成熟可靠，如图 6-4 所示。

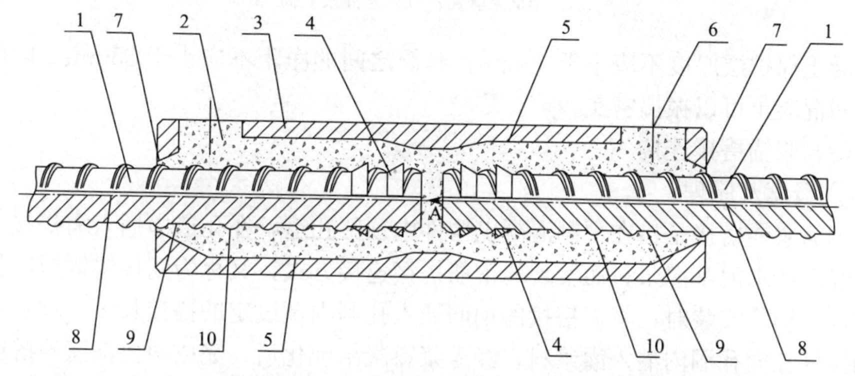

图 6-4　钢筋套筒连接示意

1—带肋连接钢筋；2—水泥基灌浆料；3—连接套筒；4—承压环；5—灌浆连接腔；6—过浆孔；7—灌浆连接腔端口；8—纵肋；9—基圆；10—端头横肋

② 分类

钢筋套筒连接可分为全灌浆套筒接头和半灌浆套筒接头两大类。全灌浆套筒接头指的是两端都采用灌浆的方式连接。半灌浆套筒接头是在一端采用直螺纹，另一端采用灌浆方式连接钢筋。如图 6-5 所示，图中 L_0 为灌浆端用于钢筋锚固的深度；D_1 为锚固段环形突出部分的内径。

③ 适用性

纵向钢筋采用套筒灌浆连接时，其接头应满足行业标准《钢筋机械连接技术规程》JGJ 107—2016 中Ⅰ级接头的性能要求，预制剪力墙中钢筋接头处套筒外侧钢筋的混凝土保护层厚度不应小于 15mm，预制柱中钢筋接头处套筒外侧箍筋

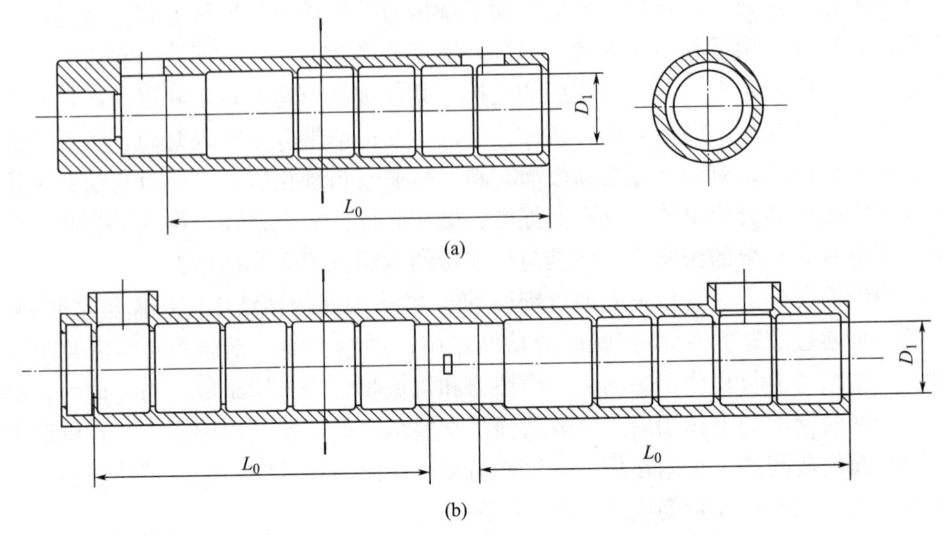

图 6-5　全灌浆套筒、半灌浆套筒

(a) 半灌浆套筒；(b) 全灌浆套筒

的混凝土保护层厚度不应小于 20mm；套筒之间的净距不应小于 25mm，以保证套筒间混凝土可以振捣密实。

(3) 浆锚搭接连接

① 概念及原理

钢筋浆锚搭接是指在预制混凝土构件中预留孔道，在孔道中插入需搭接的钢筋，并灌注水泥基灌浆料而实现的钢筋搭接连接方式，又称为间接锚固或间接搭接技术。构件安装时，将需搭接的钢筋插入孔洞内至设定的搭接长度，通过灌浆孔和排气孔向孔洞内灌入灌浆料，经灌浆料凝结硬化后，完成两根钢筋的搭接。

该技术的原理是，将搭接钢筋拉开一定距离后进行搭接，连接钢筋的拉力通过剪力传递给灌浆料，再通过剪力传递到灌浆料和周围混凝土之间的界面上去。搭接钢筋之所以能够传力，是由于钢筋与混凝土之间的粘结锚固作用，两根相向受力的钢筋分别锚固在搭接区段的混凝土中而将力传递给混凝土，从而实现钢筋之间的应力传递，如图 6-6 所示。

浆锚搭接连接的抗拉能力主要由钢筋的拉拔破坏、灌浆料的拉拔破坏、周围混凝土的劈裂破坏决定，故需要保证钢筋具有足够的锚固长度和搭接区段有效的横向约束来提高连接性能。

② 分类

浆锚搭接连接包括：螺旋箍筋约束浆锚搭接连接、金属波纹管浆锚搭接连接以及其他采用预留孔道插筋后灌浆的间接搭接连接方式。

螺旋箍筋约束浆锚搭接连接：在竖向结构构件下段范围内预留出孔洞，孔洞

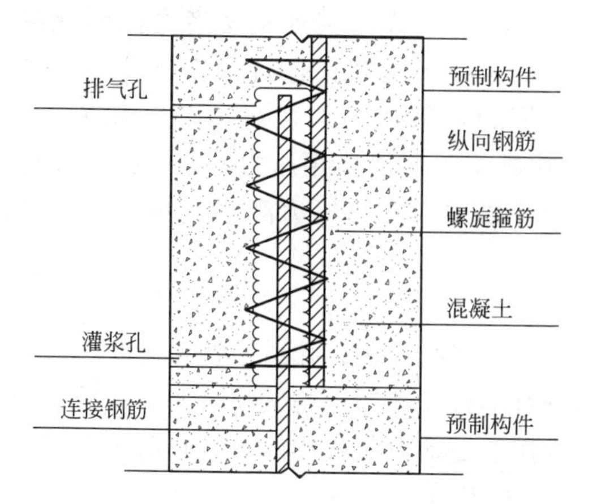

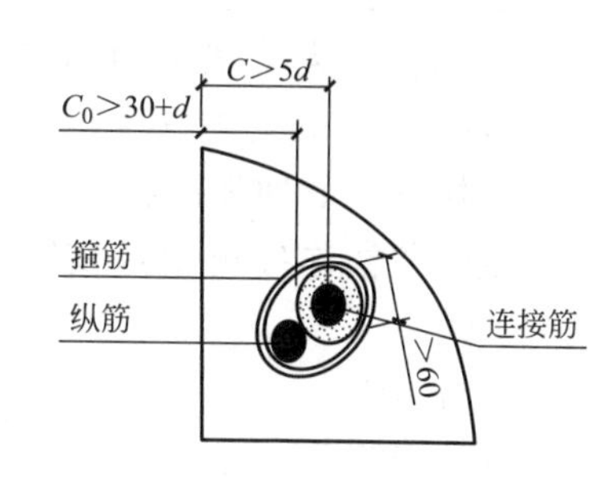

图 6-6　浆锚搭接连接示意（插入式）

内壁表面有螺纹状粗糙面，周围配置横向约束螺旋箍筋。下部装配式构件穿入孔洞内，通过灌浆孔注入灌浆料，直至气孔溢出浆液，停止灌浆，当灌浆料凝结后，完成受力钢筋的搭接，如图 6-7 所示。

金属波纹管浆锚搭接连接：在混凝土中预埋波纹管，待混凝土强度达到设计要求后，将下部构件受力钢筋穿入波纹管，再将高强度具有微膨胀的灌浆料灌入波纹管内养护，以起到锚固钢筋的作用。这种钢筋浆锚体系属多重界面体系，即钢筋与锚固材料（灌浆料）的界面体系、锚固材料与波纹管界面体系以及波纹管与原构件混凝土的界面体系，由此决定了锚固材料对钢筋的锚固力不仅与锚固材料和钢筋的握裹力有关，还与波纹管和锚固材料、波纹管和混凝土之间的粘结力有关，如图 6-8 所示。

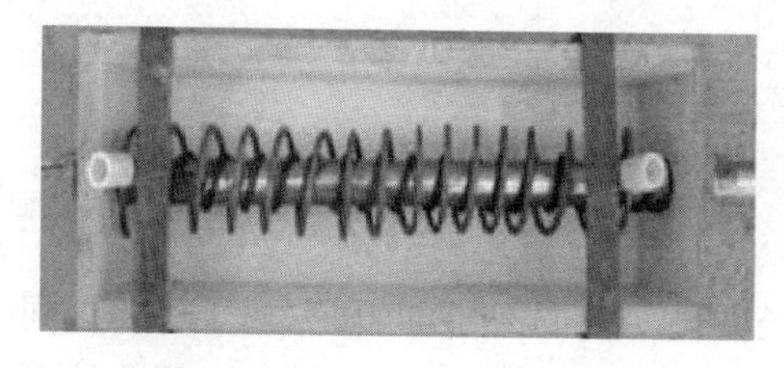

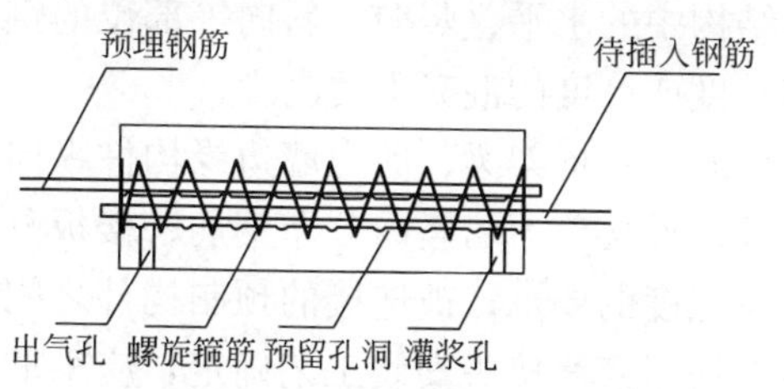

图 6-7　螺旋箍筋约束浆锚搭接连接

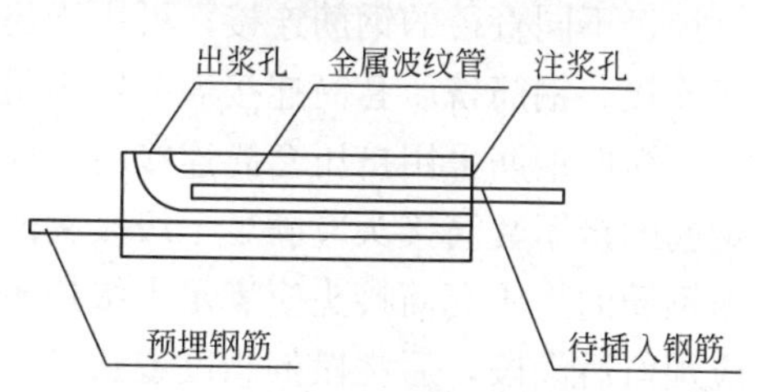

图 6-8　金属波纹管浆锚搭接连接

螺旋箍筋约束浆锚搭接连接与金属波纹管浆锚搭接连接两者之间明显的区别包括：约束浆锚采用抽芯成孔，而金属波纹管浆锚连接采用预埋金属波纹管成孔；约束浆锚在接头范围内设置螺旋箍筋作为加强筋，而金属波纹管浆锚连接未采取加强措施；约束浆锚连接灌浆料仅能采用压力灌浆工艺，而金属波纹管浆锚连接可根据实际情况及设计要求，采用压力灌浆或重力式灌浆工艺。

③ 适用性

纵向钢筋采用浆锚搭接连接时，对预留孔成孔工艺、孔道形状和长度、构造要求、灌浆料和被连接钢筋，应进行力学性能以及适用性的试验验证。直径大于20mm 的钢筋不宜采用浆锚搭接连接，直接承受动力荷载构件的纵向钢筋不应采用浆锚搭接连接。

(4) 挤压套筒连接

① 概念

钢筋冷挤压套筒连接是将两根待连接的带肋钢筋插入钢套管内，用挤压连接设备沿径向挤压套筒，使之产生塑性变形，依靠变形后的钢套筒与被连接钢筋纵、横肋产生的机械咬合成为整体的钢筋连接方式。挤压套筒连接在现浇混凝土中应用广泛，如图 6-9 所示。

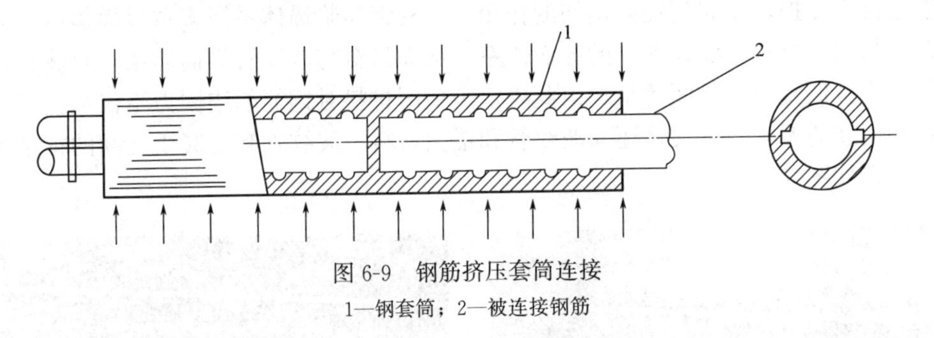

图 6-9 钢筋挤压套筒连接
1—钢套筒；2—被连接钢筋

② 适用性

挤压套筒连接可连接 16～40mm 直径的 HRB400 级带肋钢筋，可实现相同直径、不同直径的钢筋连接，可用于建筑结构中的水平、竖向、斜向等部位的钢筋连接。钢筋挤压套筒连接需要留出足够长度或高度的混凝土后浇段。

纵向钢筋采用挤压套筒连接时，连接框架柱、框架梁、剪力墙边缘构件纵向钢筋的挤压套筒接头应满足Ⅰ级接头的要求，连接剪力墙竖向分布钢筋、楼板分布钢筋的挤压套筒接头应满足Ⅰ级接头抗拉强度的要求；被连接的预制构件之间应预留后浇段，后浇段的高度或长度应根据挤压套筒接头安装工艺确定，应采取措施保证后浇段的混凝土浇筑密实；预制柱底、预制剪力墙底宜设置支腿，支腿应能承受不小于 2 倍被支承预制构件的自重。

(5) 水平锚环灌浆连接

同一楼层预制墙板拼接处设置后浇段，预制墙板侧边甩出钢筋锚环并在后浇段内相互交叠，钢筋插入锚环中后浇筑混凝土而实现预制墙板竖缝连接。该连接方法主要用于多层装配式墙板结构，如图 6-10 所示。

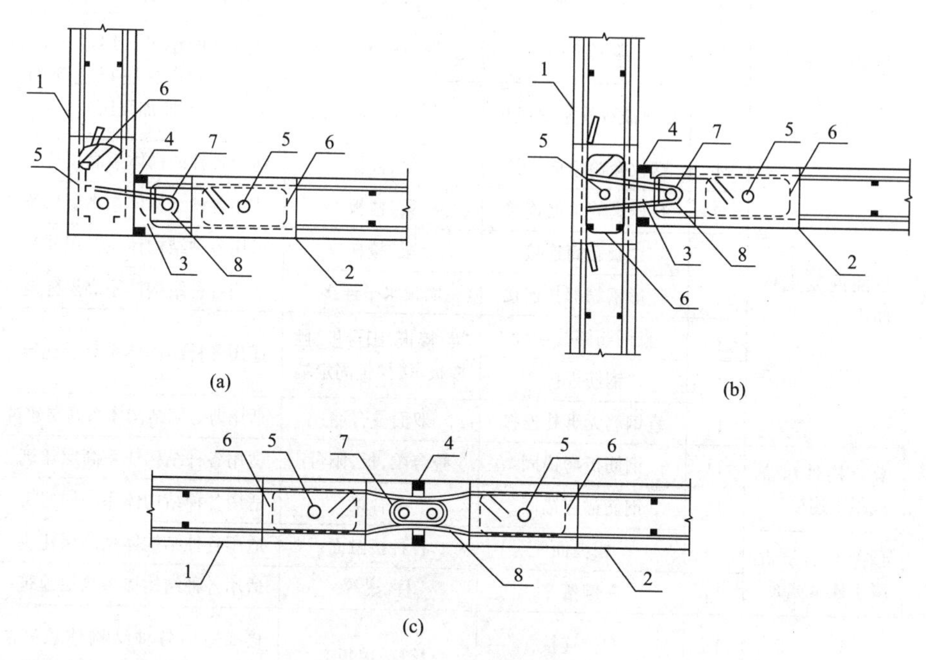

图 6-10　水平锚环灌浆连接

(a) L 形节点构造示意；(b) T 形节点构造示意；(c) 一字形节点构造示意

1—纵向预制墙体；2—横向预制墙体；3—后浇段；4—密封条；5—边缘构件纵向受力钢筋；6—边缘构件箍筋；7—预留水平钢筋锚环；8—节点后插纵筋

4. 粗糙面与键槽

(1) 作用

预制混凝土构件与后浇混凝土之间的接触面须做成粗糙面和键槽，主要目的就是提高结合面的抗剪能力，承担剪力。实验表明，不计钢筋作用的平面、粗糙面和键槽，三者的抗剪能力的比例关系为 1：1.6：3，即粗糙面的抗剪能力是平面的 1.6 倍，而仅约键槽的 1/2。所以，通常预制混凝土构件与后浇混凝土之间的结合面主要做成粗糙面或键槽或两者皆有。

(2) 实现方法

粗糙面：对于压光面（如叠合构件），在混凝土初凝前“拉毛”形成粗糙面；而对于模具面，如梁端、柱端表面，可在模具上涂刷缓凝剂，拆模后用水冲洗未凝固的水泥浆，露出骨料，形成粗糙面。

键槽：主要靠模具凸凹成形。

5. 各种连接方式的适用性汇总（表 6-1）

各种连接方式适用的构件与结构体系汇总　　表 6-1

<table>
<tr><th colspan="2">类别</th><th>序号</th><th>连接方式</th><th>可连接构件</th><th>适用范围</th></tr>
<tr><td rowspan="14">湿连接</td><td rowspan="3">灌浆</td><td>1</td><td>套筒灌浆</td><td>柱、墙</td><td>适用各种结构体系高层建筑</td></tr>
<tr><td>2</td><td>浆锚搭接</td><td>柱、墙</td><td rowspan="2">房屋高度小于 3 层或 12m 的框架结构，二、三层抗震的剪力墙结构(非加强区)</td></tr>
<tr><td>3</td><td>金属波纹管浆锚搭接</td><td>柱、墙</td></tr>
<tr><td rowspan="7">后浇混凝土钢筋连接</td><td>4</td><td>螺纹套筒钢筋连接</td><td>梁、楼板</td><td>适用各种结构体系高层建筑</td></tr>
<tr><td>5</td><td>挤压套筒钢筋连接</td><td>梁、楼板</td><td>适用各种结构体系高层建筑</td></tr>
<tr><td>6</td><td>注胶套筒连接</td><td>梁、楼板</td><td>适用各种结构体系高层建筑</td></tr>
<tr><td>7</td><td>环形钢筋绑扎连接</td><td>墙板水平连接</td><td>适用各种结构体系高层建筑</td></tr>
<tr><td>8</td><td>直钢筋绑扎连接</td><td rowspan="2">梁、楼板、阳台板、挑檐板、楼梯板固定端</td><td rowspan="2">适用各种结构体系高层建筑</td></tr>
<tr><td>9</td><td>钢筋焊接</td></tr>
<tr><td>10</td><td>直钢筋无绑扎连接</td><td>双面叠合墙</td><td>适用剪力墙结构体系高层建筑</td></tr>
<tr><td rowspan="2">叠合构件后浇混凝土连接</td><td>11</td><td>钢筋折弯锚固</td><td>叠合梁、板、阳台</td><td>适用各种结构体系高层建筑</td></tr>
<tr><td>12</td><td>钢筋锚板锚固</td><td>叠合梁</td><td>适用各种结构体系高层建筑</td></tr>
<tr><td rowspan="2">预制与后浇混凝土连接截面</td><td>13</td><td>粗糙面</td><td>各种接触面</td><td>适用各种结构体系高层建筑</td></tr>
<tr><td>14</td><td>键槽</td><td>柱、梁等</td><td>适用各种结构体系高层建筑</td></tr>
<tr><td colspan="2" rowspan="2">干连接</td><td>15</td><td>螺栓连接</td><td rowspan="2">楼梯、墙板、梁、柱</td><td rowspan="2">楼梯适用各种结构体系高层建筑，主体结构构件适用框架结构或墙板结构低层建筑</td></tr>
<tr><td>16</td><td>构件焊接</td></tr>
</table>

第二节　连接节点承载力设计

装配式混凝土建筑结构连接节点接缝，包括预制构件之间的接缝、预制构件与现浇及后浇混凝土之间的结合面，包括梁端接缝、柱顶、底接缝、剪力墙的竖向接缝和水平接缝等。装配整体式结构中，接缝是影响结构受力性能的关键部位。

1. 一般规定

(1) 连接节点接缝正截面承载力计算

如前文所述，接缝的压力通过后浇混凝土、灌浆料或坐浆材料直接传递；拉力通过由各种方式连接的钢筋、预埋件传递；剪力由结合面混凝土的粘结强度、键槽或者粗糙面、钢筋的摩擦抗剪作用、销栓抗剪作用承担；接缝处于受压、受弯状态时，静力摩擦可承担一部分剪力。

预制构件连接接缝一般采用强度等级高于构件的后浇混凝土、灌浆料或坐浆材料。当穿过接缝的钢筋不少于构件内钢筋并且构造符合相关规程规定时，节点及接缝的正截面受压、受拉及受弯承载力一般不低于构件，可不必进行承载力验算。当需要计算时，可按照混凝土构件正截面的计算方法进行，并应符合现行国家标准《混凝土结构设计规范》GB 50010—2010（2015 年版）的规定。混凝土强度取接缝及构件混凝土材料强度的较低值，钢筋取穿过正截面且有可靠锚固的钢筋数量。

（2）连接节点接缝受剪承载力计算

后浇混凝土、灌浆料或坐浆材料与预制构件结合面的粘结抗剪强度往往低于预制构件本身混凝土的抗剪强度。因此，预制构件的接缝一般都需要进行受剪承载力的计算。接缝的受剪承载力应符合下列规定：

持久设计状况、短暂设计状况：

$$\gamma_0 V_{jd} \leqslant V_{\mathrm{u}}$$

地震设计状况：

$$V_{jdE} \leqslant V_{\mathrm{uE}} / \gamma_{\mathrm{RE}}$$

在梁、柱端部箍筋加密区及剪力墙底部加强部位，尚应符合下式要求：

$$\eta_j V_{\mathrm{mua}} \leqslant V_{\mathrm{uE}}$$

式中 γ_0——结构重要性系数，安全等级为一级时不应小于 1.1，安全等级为二级时不应小于 1.0；

V_{jd}——持久设计状况下接缝剪力设计值；

V_{jdE}——地震设计状况下接缝剪力设计值；

V_{u}——持久设计状况下梁端、柱端、剪力墙底部接缝受剪承载力设计值；

V_{uE}——地震设计状况下梁端、柱端、剪力墙底部接缝受剪承载力设计值；

V_{mua}——被连接构件端部按实配钢筋面积计算的斜截面受剪承载力设计值；

η_j——接缝受剪承载力增大系数，抗震等级为一、二级取 1.2，抗震等级为三、四级取 1.1。

对于装配整体式结构的控制区域，即梁、柱箍筋加密区及剪力墙底部加强部位，接缝要实现强连接，保证不在接缝处发生破坏，即要求接缝的承载力设计值大于被连接构件的承载力设计值乘以强连接系数，强连接系数根据抗震等级、连接区域的重要性以及连接类型，参照美国规范 ACI 318 中的规定确定。同时，也要求接缝的承载力设计值大于设计内力，保证接缝的安全。对于其他区域的接缝，可采用延性连接，允许连接部位产生塑性变形，但要求接缝的承载力设计值大于设计内力，保证接缝安全。

2. 叠合梁承载力计算

参见第五章相关内容。

3. 预制柱承载力计算

预制柱底结合面的受剪承载力的组成主要包括：新旧混凝土结合面的粘结力、粗糙面或键槽的抗剪能力、轴压产生的摩擦力、梁纵向钢筋的销栓抗剪作用或摩擦抗剪作用，其中后两者为受剪承载力的主要组成部分。

在非抗震设计时，柱底剪力通常较小，不需要验算。地震往复作用下，混凝土自然粘结及粗糙面的受剪承载力丧失较快，计算中不考虑其作用。在地震设计状况下，预制柱底水平接缝的受剪承载力设计值应按下列公式计算：

当预制柱受压时：

$$V_{uE}=0.8N+1.65A_{sd}\sqrt{f_c f_y}$$

当预制柱受拉时：

$$V_{uE}=1.65A_{sd}\sqrt{f_c f_y\left[1-\left(\frac{N}{A_{sd}f_y}\right)^2\right]}$$

式中 f_c——预制构件混凝土轴心抗压强度设计值；

f_y——垂直穿过结合面钢筋抗拉强度设计值；

N——与剪力设计值V相应的垂直于结合面的轴向力设计值，取绝对值进行计算；

A_{sd}——垂直穿过结合面所有钢筋的面积；

V_{uE}——地震设计状况下接缝受剪承载力设计值。

当柱受压时，计算轴压产生的摩擦力时，柱底接缝灌浆层上下表面接触的混凝土均有粗糙面及键槽构造，因此摩擦系数取 0.8。当柱受拉时，没有轴压产生的摩擦力，且由于钢筋受拉，计算钢筋销栓作用时，需要根据钢筋中的拉应力对销栓受剪承载力进行折减。

4. 预制剪力墙承载力计算

预制剪力墙水平接缝受剪承载力设计值的计算公式与《高层建筑混凝土结构技术规程》JGJ 3—2010 中对一级抗震等级剪力墙水平施工缝的抗剪验算公式相同，主要采用剪摩擦的原理，考虑了钢筋和轴力的共同作用。

进行预制剪力墙底部水平接缝受剪承载力计算时，计算单元的选取分三种情况：不开洞或者开小洞口整体墙，作为一个计算单元；小开口整体墙可作为一个计算单元，各墙肢联合抗剪；开口较大的双肢及多肢墙，各墙肢作为单独的计算单元。

在地震设计状况下，剪力墙水平接缝的受剪承载力设计值应按下式计算：

$$V_{uE}=0.6f_yA_{sd}+0.8N$$

式中 V_{uE}——剪力墙水平接缝受剪承载力设计值（N）；

f_y——垂直穿过结合面的竖向钢筋抗拉强度设计值（N/mm^2）；

A_{sd}——垂直穿过结合面的竖向钢筋面积（mm^2）；

N——与剪力设计值 V 相应的垂直于结合面的轴向力设计值（N），压力时取正值，拉力时取负值；当大于 $0.6f_cbh_0$ 时，取为 $0.6f_cbh_0$；此处 f_c 为混凝土轴心抗压强度设计值；b 为剪力墙厚度；h_0 为剪力墙截面有效高度。

第三节 框架梁、柱节点连接设计

装配式混凝土建筑结构梁、柱节点连接主要体现在框架结构中。框架结构主要由梁和柱以刚接或铰接的形式相连而成，连接形式更显多样性。构件之间的节点主要分为柱-柱连接和梁-柱连接。

1. 预制柱一般规定

（1）截面尺寸

矩形柱截面边长不宜小于 400mm，圆形截面柱直径不宜小于 450mm，且不宜小于同方向梁宽的 1.5 倍。

采用较大直径钢筋及较大的柱截面，可减少钢筋根数，增大间距，便于柱钢筋连接及节点区钢筋布置。要求柱截面宽度大于同方向梁宽的 1.5 倍，有利于避免节点区梁钢筋和柱纵向钢筋的位置冲突，便于安装施工。

（2）钢筋配置

柱纵向受力钢筋直径不宜小于 20mm，纵向受力钢筋的间距不宜大于 200mm 且不应大于 400mm。柱的纵向受力钢筋可集中于四角配置且宜对称布置。柱中可设置纵向辅助钢筋且直径不宜小于 12mm 的箍筋；当正截面承载力计算不计入纵向辅助钢筋时，纵向辅助钢筋可不伸入框架节点（图 6-11）。

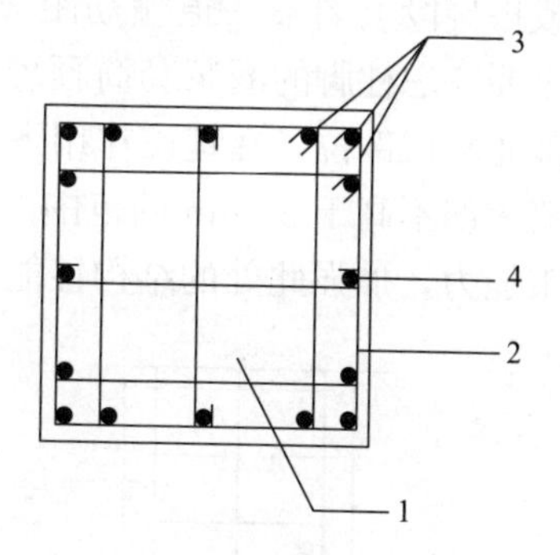

图 6-11 柱集中配筋构造平面示意

1—预制柱；2—箍筋；3—纵向受力钢筋；4—纵向辅助钢筋

预制柱箍筋可采用连续复合箍筋，以保证柱的延性。

试验结果表明，当柱纵向钢筋面积相同时，纵向钢筋间距大点或小点（如 480mm 和 160mm），其承载力和延性基本一致。因此，为了提高装配式框架梁、柱节点的安装效率和施工质量，当梁的纵筋和柱的纵筋在节点区位置有冲突时，柱可采用较大的纵筋间距，并将钢筋集中在角部布置。当纵筋间距较大导致箍筋肢距不满足现行规范要求时，可在受力纵筋之间设置辅助纵筋，并设置箍筋箍住辅助纵筋，可采用拉筋、菱形箍筋等形式。为了保证对混凝土的约束作用，纵向辅助钢筋直径不宜过小。辅助纵筋可不伸入节点。

预制柱和叠合梁体系，柱底接缝宜设在楼面标高处，后浇节点区后浇混凝土应设置粗糙面，柱纵向受力钢筋应贯穿节点区，柱底接缝厚度宜为20mm，并应采用灌浆料填实。预制柱底部应设键槽，键槽形式要考虑灌浆填缝时气体排出的问题，确保密实。

2. 柱-柱节点连接设计

对装配式混凝土框架结构来说，预制柱之间的连接往往关系到整体结构的抗震性能和结构抗倒塌能力，是框架结构在地震作用下的最后一道防线，极其重要。预制柱之间的连接常采用灌浆套筒连接、浆锚搭接连接、挤压套筒连接。

(1) 灌浆套筒连接或浆锚搭接连接

预制柱之间采用灌浆套筒连接时，灌浆套筒预埋于上部预制柱底部，下部柱钢筋伸出钢筋通过定位钢板确保与上部预制柱的套筒位置一一对应，预留长度保证钢筋的锚固长度加预制柱下拼缝的宽度。

由于灌浆套筒直径大于相应规格的钢筋直径，为保证混凝土保护层的厚度，预制柱的纵向钢筋相对于现浇混凝土往往略向柱截面中间靠近，使得有效截面高度略小于同规格的现浇混凝土。

柱纵向受力钢筋在柱底连接时，柱箍筋加密区长度不应小于纵向受力钢筋连接区域长度与500mm之和；当采用套筒灌浆连接或浆锚搭接连接等方式时，套筒或搭接段上端第一道箍筋距离套筒或搭接段顶部不应大于50mm（图6-12）。这主要考虑柱脚的灌浆套筒预埋区域形成了“刚域”，该处实际截面承载力强于上部非刚域部位，在地震作用下，容易导致刚域上部混凝土压碎破坏，故在灌浆套筒上部不高于50mm的范围内必须设置一道钢筋，以此提高此处混凝土的横向约束能力，加强此处的结构性能。

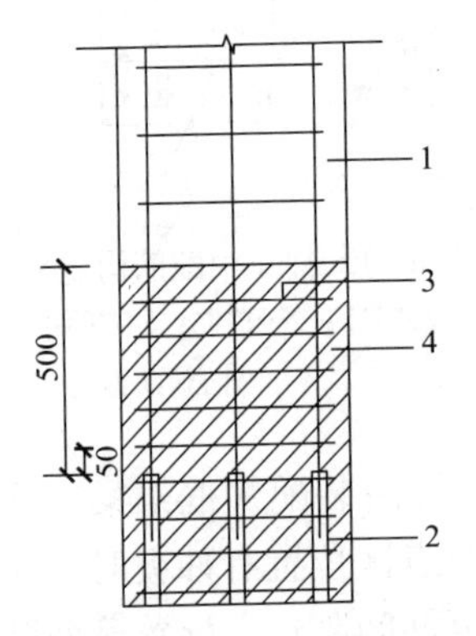

图6-12 柱底箍筋加密区域构造示意

1—预制柱；2—连接接头（或钢筋连接区域）；3—加密区箍筋；4—箍筋加密区（阴影区域）

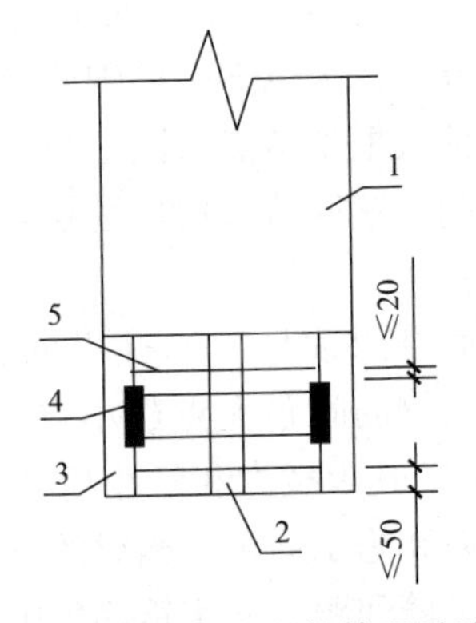

图6-13 柱底后浇段箍筋配置示意

1—预制柱；2—支腿；3—柱底后浇段；4—挤压套筒；5—箍筋

（2）挤压套筒连接

上、下层相邻预制柱纵向受力钢筋采用挤压套筒连接时（图 6-13），柱底后浇段的箍筋除应满足柱端箍筋加密区的构造要求及配箍特征值的要求外，还应满足套筒上端第一道箍筋距离套筒顶部不应大于 20mm，柱底部第一道箍筋距柱底面不应大于 50mm，箍筋间距不宜大于 75mm；抗震等级为一、二级时，箍筋直径不应小于 10mm，抗震等级为三、四级时，箍筋直径不应小于 8mm。

3. 柱-梁节点连接设计

在装配式混凝土建筑框架结构体系中，柱-梁节点对结构性能如承载力、结构刚度、抗震性能等往往起到决定性作用，同时很大程度影响到预制混凝土框架结构的施工可行性和建造方式。

柱-梁连接形式多种多样，目前普遍采用湿连接。根据预制梁底部钢筋连接方式的不同，分为预制梁底筋锚固连接（即预制梁底外伸的纵向钢筋直接深入节点区锚固）和附加钢筋搭接（不伸入节点区，通过附加钢筋与梁端伸出的钢筋进行搭接）。

（1）预制柱-叠合梁连接

① 中间层节点

梁纵向受力钢筋应伸入后浇节点区内锚固或连接，框架梁预制部分的腰筋不承受扭矩时，可不伸入梁柱节点核心区，同时应符合下列规定：

框架中间层中节点：节点两侧的梁下部纵向受力钢筋宜锚固在后浇节点区内（图 6-14a），也可采用机械连接或焊接的连接方式（图 6-14b）；梁的上部纵向受力钢筋应贯穿后浇节点区。

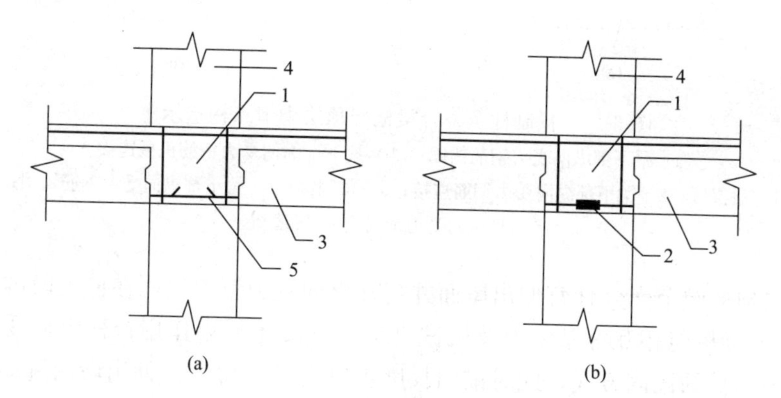

图 6-14　预制柱及叠合梁框架中间层中节点构造示意

（a）梁下部纵向受力钢筋锚固；（b）梁下部纵向受力钢筋连接

1—后浇区；2—梁下部纵向受力钢筋连接；3—预制梁；4—预制柱；5—梁下部纵向受力钢筋锚固

对框架中间层端节点：当柱截面尺寸不满足梁纵向受力钢筋的直线锚固要求时，宜采用锚固板锚固（图 6-15），也可采用 90°弯折锚固。

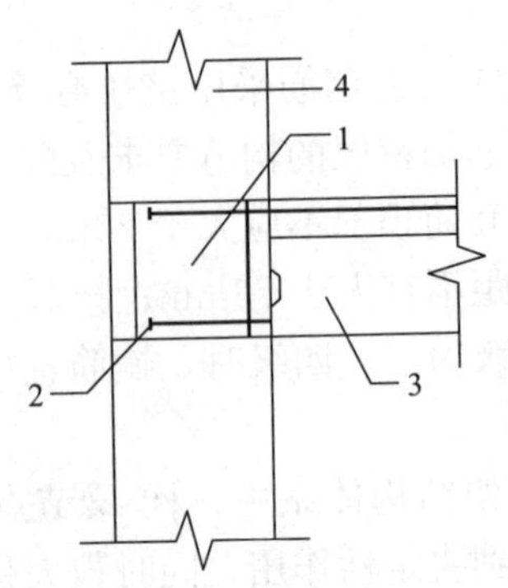

图 6-15 预制柱及叠合梁框架中间层端节点构造示意

1—后浇区；2—梁纵向受力钢筋锚固；3—预制梁；4—预制柱

② 顶层节点

框架顶层中节点：梁纵向受力钢筋的构造同中间层节点。柱纵向受力钢筋宜采用直线锚固；当梁截面尺寸不满足直线锚固要求时，宜采用锚固板锚固（图 6-16）。

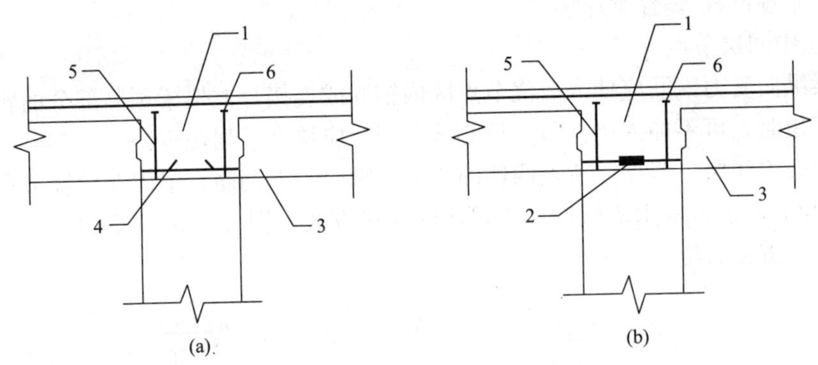

图 6-16 预制柱及叠合梁框架顶层中节点构造示意

（a）梁下部纵向受力钢筋锚固；（b）梁下部纵向受力钢筋机械连接

1—后浇区；2—梁下部纵向受力钢筋连接；3—预制梁；4—梁下部纵向受力钢筋锚固；5—柱纵向受力钢筋；6—锚固板

框架顶层端节点：柱宜伸出屋面并将柱纵向受力钢筋锚固在伸出段内（图 6-17），保证梁柱能相互可靠传力及机械直锚处混凝土约束作用；柱纵向受力钢筋宜采用锚固板的锚固方式，此时锚固长度不应小于 $0.6l_{abE}$。伸出段内箍筋直径不应小于 $d/4$（d 为柱纵向受力钢筋的最大直径），伸出段内箍筋间距不应大于 $5d$（d 为柱纵向受力钢筋的最小直径）且不应大于 100mm；梁纵向受力钢筋应锚固在后浇节点区内，且宜采用锚固板的锚固方式，此时锚固长度不应小于 $0.6l_{abE}$。

③ 梁下部纵筋挤压套筒连接

采用预制柱及叠合梁的装配整体式框架结构节点，两侧叠合梁底部水平钢筋

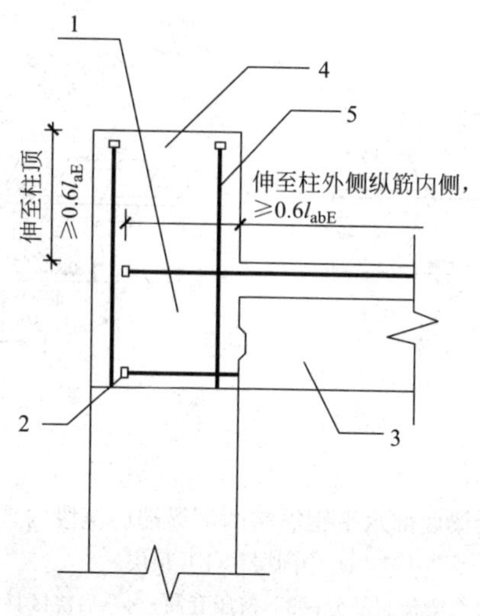

图 6-17　预制柱及叠合梁框架顶层端节点构造示意

1—后浇区；2—梁下部纵向受力钢筋锚固；3—预制梁；4—柱延伸段；5—柱纵向受力钢筋

挤压套筒连接时，可在核心区外一侧梁端后浇段内连接（图 6-18），也可在核心区外两侧梁端后浇段内连接（图 6-19），连接接头距柱边不小于 0.5h_b（h_b 为叠合梁截面高度）且不小于 300mm，叠合梁后浇叠合层顶部的水平钢筋应贯穿后浇核心区。梁端后浇段的箍筋应满足：箍筋间距不宜大于 75mm；抗震等级为一、二级时，箍筋直径不应小于 10mm，抗震等级为三、四级时，箍筋直径不应小于 8mm。

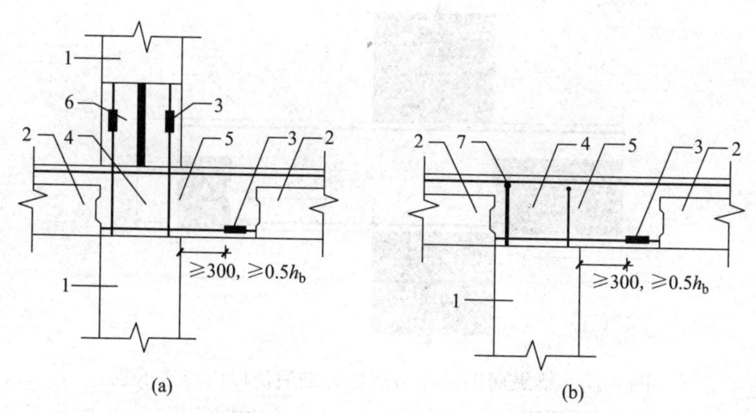

图 6-18　框架节点叠合梁底部水平钢筋在一侧梁端后浇段内采用挤压套筒连接示意

(a) 中间层；(b) 顶层

1—预制柱；2—叠合梁预制部分；3—挤压套筒；4—后浇区；5—梁端后浇段；6—柱底后浇段；7—锚固板

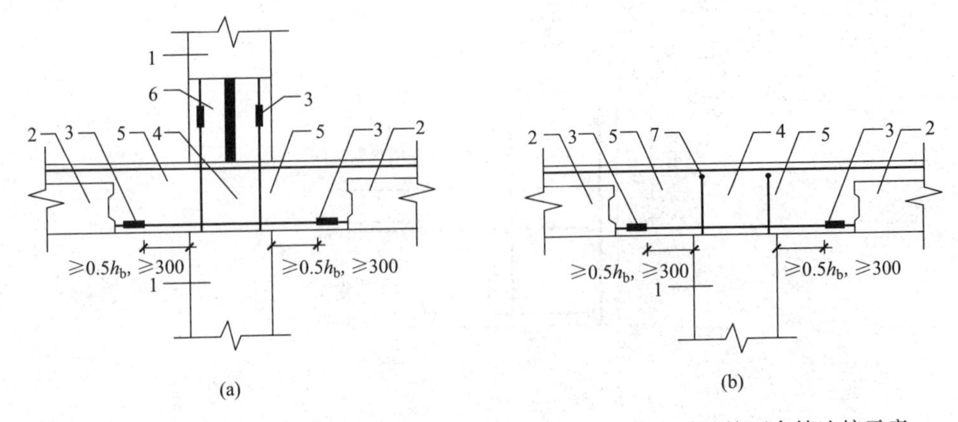

图 6-19　框架节点叠合梁底部水平钢筋在两侧梁端后浇段内采用挤压套筒连接示意

（a）中间层；（b）顶层

1—预制柱；2—叠合梁预制部分；3—挤压套筒；4—后浇区；5—梁端后浇段；

6—柱底后浇段；7—锚固板

④ 梁下部纵筋在节点区外连接

采用预制柱及叠合梁的装配整体式框架节点，梁下部纵向受力钢筋也可伸至节点区外的后浇段内连接（图 6-20），连接接头与节点区的距离不应小于 1.5h_0（h_0 为梁截面有效高度）。这时，往往柱截面较小，梁下部纵向钢筋在节点区内连接较困难。为保证梁端塑性铰区的性能，钢筋连接部位距离梁端需要大于 1.5 倍梁高。

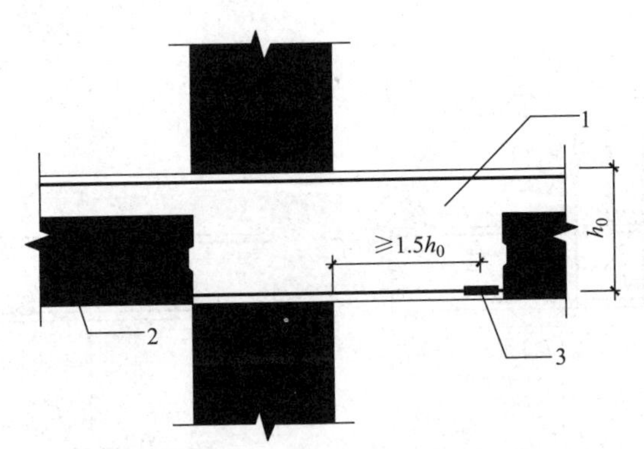

图 6-20　梁纵向钢筋在节点区外的后浇段内连接示意

1—后浇段；2—预制梁；3—纵向受力钢筋连接

（2）现浇柱-叠合梁连接

现浇柱与叠合梁组成的框架节点中，梁纵向受力钢筋的连接与锚固同上述预制柱-梁节点构造。

第四节　剪力墙连接设计

本节所讨论的装配式混凝土建筑结构剪力墙连接设计均为结构性节点设计。对装配式混凝土剪力墙结构，其结构性节点一般包括预制剪力墙竖向连接节点、预制剪力墙水平连接节点、预制剪力墙-连梁连接节点、预制剪力墙-楼板连接节点及预制剪力墙-填充墙连接节点。

1. 预制剪力墙一般规定

（1）连梁设置

预制剪力墙宜采用一字形，也可采用L形、T形或U形；开洞预制剪力墙洞口宜居中布置，洞口两侧的墙肢宽度不应小于200mm，洞口上方连梁高度不宜小于250mm。

预制剪力墙的连梁不宜开洞；当需开洞时，洞口宜预埋套管，洞口上、下截面的有效高度不宜小于梁高的1/3，且不宜小于200mm；被洞口削弱的连梁截面应进行承载力验算，洞口处应配置补强纵向钢筋和箍筋；补强纵向钢筋的直径不应小于12mm。

（2）开洞构造

预制剪力墙开有边长小于800mm的洞口且在结构整体计算中不考虑其影响时，应沿洞口周边配置补强钢筋；补强钢筋的直径不应小于12mm，截面面积不应小于同方向被洞口截断的钢筋面积；该钢筋自孔洞边角算起伸入墙内的长度，非抗震设计时不应小于 l_a，抗震设计时不应小于 l_{aE}（图6-21）。

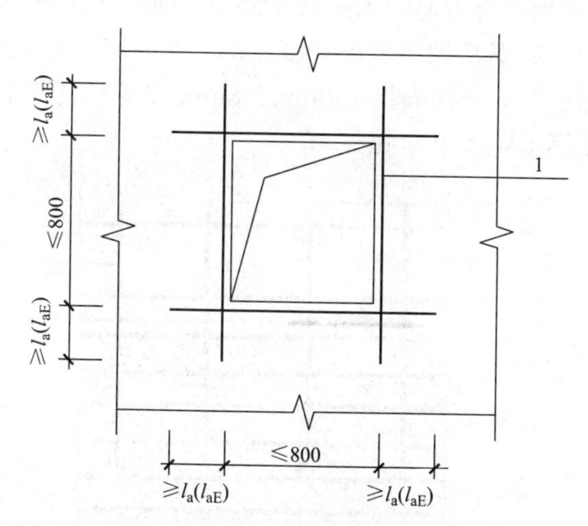

图6-21　预制剪力墙洞口补强钢筋配置示意

1—洞口补强钢筋

（3）端部无边缘构件构造

端部无边缘构件的预制剪力墙，宜在端部配置 2 根直径不小于 12mm 的竖向构造钢筋；沿该钢筋竖向应配置拉筋，拉筋直径不宜小于 6mm、间距不宜大于 250mm。对预制墙板边缘配筋应适当加强，形成边框，保证墙板在形成整体结构之前的刚度、延性及承载力。

（4）楼面梁与剪力墙构造

楼面梁不宜与预制剪力墙在剪力墙平面外单侧连接；当楼面梁与剪力墙在平面外单侧连接时，宜采用铰接，可采用在剪力墙上设置挑耳的方式。

（5）夹心墙板预制剪力墙

外叶墙板厚度不应小于 50mm，且外叶墙板应与内叶墙板可靠连接；夹心外墙板的夹层厚度不宜大于 120mm；当作为承重墙时，内叶墙板应按剪力墙进行设计。

2. 预制剪力墙竖向钢筋连接设计

对装配式混凝土剪力墙结构，其竖向钢筋常采用灌浆套筒连接、浆锚搭接连接、挤压套筒连接等。

（1）灌浆套筒连接

剪力墙底部竖向钢筋连接区域，裂缝较多且较为集中，因此，对该区域的水平分布筋应加强，以提高墙板的抗剪能力和变形能力，并使该区域的塑性较可以充分发展，提高墙板的抗震性能。

预制剪力墙竖向钢筋采用套筒灌浆连接时，自套筒底部至套筒顶部并向上延伸 300mm 范围内，预制剪力墙的水平分布钢筋应加密（图 6-22），加密区水平分布钢筋的最大间距及最小直径在抗震等级一、二级时应分别满足 100mm、8mm 要求，抗震等级三、四级分别满足 150mm、8mm 要求；套筒上端第一道水平分布钢筋距离套筒顶部不应大于 50mm。

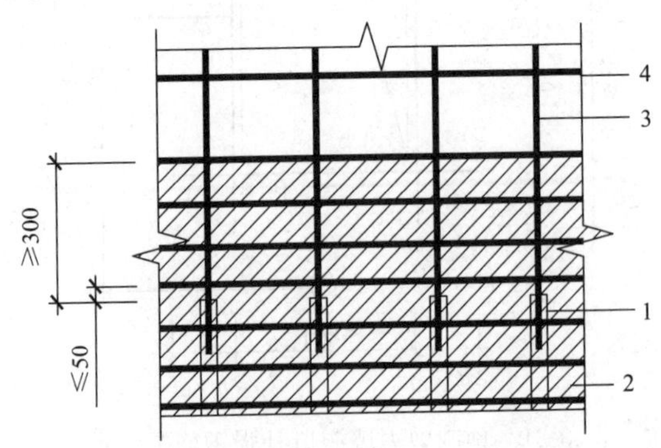

图 6-22　钢筋套筒灌浆连接部位水平分布钢筋加密构造示意

1—灌浆套筒；2—水平分布钢筋加密区域（阴影区域）；3—竖向钢筋；4—水平分布钢筋

（2）浆锚搭接连接

钢筋浆锚搭接连接方法主要适用于钢筋直径 18mm 及以下的装配整体式剪力墙结构竖向钢筋连接。

墙体底部预留灌浆孔道直线段长度应大于下层预制剪力墙连接钢筋伸入孔道内的长度 30mm，孔道上部应根据灌浆要求设置合理弧度。孔道直径不宜小于 40mm 和 2.5d（d 为伸入孔道的连接钢筋直径）的较大值，孔道之间的水平净间距不宜小于 50mm；孔道外壁至剪力墙外表面的净间距不宜小于 30mm。当采用预埋金属波纹管成孔时，金属波纹管的钢带厚度及波纹高度应符合相关标准规定；当采用其他成孔方式时，应对不同预留成孔工艺、孔道形状、孔道内壁的粗糙度或花纹深度及间距等形成的连接接头进行力学性能以及适用性的试验验证。

为有助于改善连接区域的受力性能，竖向钢筋连接长度范围内的水平分布钢筋应加密，加密范围自剪力墙底部至预留灌浆孔道顶部（图 6-23），且不应小于 300mm。加密区水平分布钢筋的最大间距及最小直径同套筒灌浆连接相关规定，最下层水平分布钢筋距离墙身底部不应大于 50mm。剪力墙竖向分布钢筋连接长度范围内未采取有效横向约束措施时，水平分布钢筋加密范围内的拉筋应加密；拉筋沿竖向的间距不宜大于 300mm 且不少于 2 排；拉筋沿水平方向的间距不宜大于竖向分布钢筋间距，直径不应小于 6mm；拉筋应紧靠被连接钢筋，并勾住最外层分布钢筋。

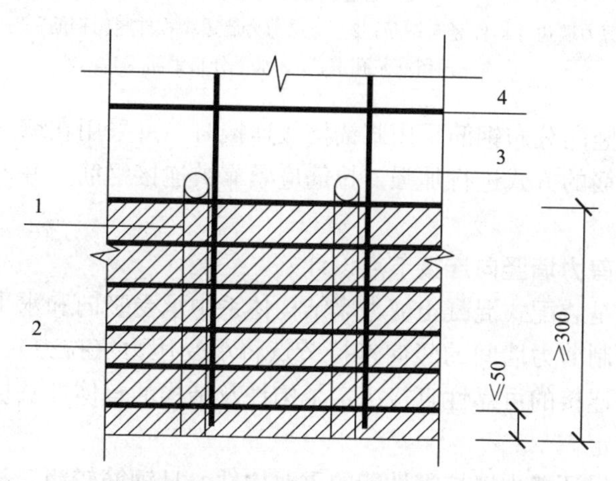

图 6-23　钢筋浆锚搭接连接部位水平分布钢筋加密构造示意

1—预留灌浆孔道；2—水平分布钢筋加密区域（阴影区域）；3—竖向钢筋；4—水平分布钢筋

试验研究结果表明，加强预制剪力墙边缘构件部位底部浆锚搭接连接区的混凝土约束，是提高剪力墙及整体结构抗震性能的关键。通过加密钢筋浆锚搭接连接区域的封闭箍筋，可有效增强对边缘构件混凝土的约束，进而提高浆锚搭接连接钢筋的传力效果，保证预制剪力墙具有与现浇剪力墙相近的抗震性能。

边缘构件竖向钢筋连接长度范围内应采取加密水平封闭箍筋的横向约束措施或其他可靠措施。当采用加密水平封闭箍筋约束时，应沿预留孔道直线段全高加密。箍筋沿竖向的间距，抗震等级一级不应大于 75mm，二、三级不应大于 100mm，四级不应大于 150mm；箍筋沿水平方向的肢距不应大于竖向钢筋间距，且不宜大于 200mm；箍筋直径一、二级不应小于 10mm，三、四级不应小于 8mm，宜采用焊接封闭箍筋（图 6-24）。

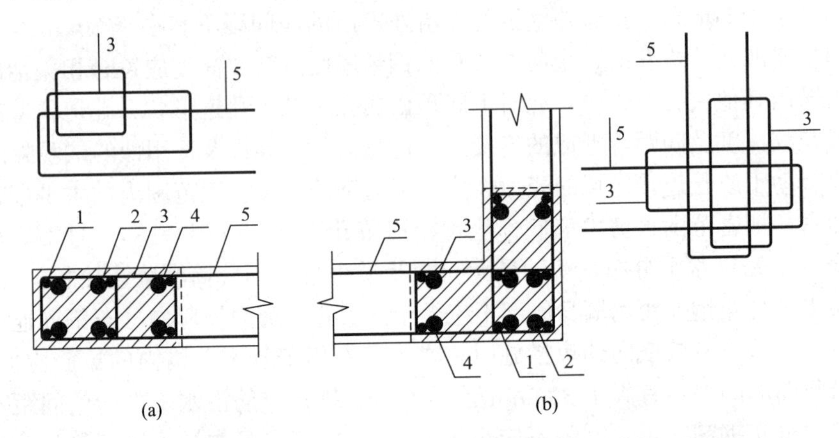

图 6-24　钢筋浆锚搭接连接长度范围内加密水平封闭箍筋约束构造示意

（a）暗桩；（b）转角墙

1—上层预制剪力墙边缘构件竖向钢筋；2—下层剪力墙边缘构件竖向钢筋；3—封闭箍筋；4—预留灌浆孔道；5—水平分布钢筋

预制剪力墙竖向分布钢筋采用浆锚搭接连接时，可采用在墙身水平分布钢筋加密区域增设拉筋的方式进行加强。拉筋应紧靠被连接钢筋，并勾住最外层分布钢筋。

3. 上下预制剪力墙竖向连接节点设计

预制剪力墙是装配式混凝土剪力墙结构体系中承受竖向和水平荷载的关键构件，上、下层预制剪力墙间的竖向连接节点将承受压力（拉力）、剪力、弯矩综合作用，其节点连接的可靠性直接决定了构件及结构的整体性及抗震性能。

（1）通用规定

边缘构件是保证剪力墙抗震性能的重要构件，且钢筋较粗，故上下层预制剪力墙的竖向钢筋连接中，边缘构件竖向钢筋应逐根连接。

预制剪力墙的竖向分布钢筋宜采用双排连接，当采用梅花形部分连接时，详见下面各种连接方式对应的规定和要求。剪力墙的分布钢筋直径小且数量多，全部连接会导致施工繁琐且造价较高，连接接头数量太多对剪力墙的抗震性能也有不利影响。根据已有研究成果，可在预制剪力墙中设置部分较粗的分布钢筋并在接缝处仅连接这部分钢筋，被连接钢筋的数量应满足剪力墙的配筋率和受力要求；为了满足分布钢筋最大间距的要求，在预制剪力墙中再设置一部分较小直径的竖向分布钢筋，但其最小直径也应满足有关规范的要求。

预制剪力墙必须采用双排连接的情形包括：抗震等级为一级的剪力墙；轴压比大于0.3的抗震等级为二、三、四级的剪力墙；一侧无楼板的剪力墙；一字形剪力墙、一端有翼墙连接但剪力墙非边缘构件区长度大于3m的剪力墙以及两端有翼墙连接但剪力墙非边缘构件区长度大于6m的剪力墙。这主要考虑到地震作用的复杂性。对剪力墙塑性发展集中和延性要求较高的部位，墙身分布钢筋不宜采用单排连接。在墙身竖向分布钢筋采用单排连接时，需要提高墙肢的稳定性，就必须对墙肢侧向楼板支撑和约束情况提出要求。对无翼墙或翼墙间距太大的墙肢，限制墙身分布钢筋采用单排连接。

墙体厚度不大于200mm的丙类建筑预制剪力墙的竖向分布钢筋可采用单排连接。采用单排连接时，应符合下面各种连接方式对应的规定和要求，且在计算分析时不应考虑剪力墙平面外刚度及承载力。墙身分布钢筋采用单排连接时，属于间接连接，此时的传力效果取决于连接钢筋与被连接钢筋的间距以及横向约束情况。

抗震等级为一级的剪力墙以及二、三级底部加强部位的剪力墙，剪力墙的边缘构件竖向钢筋宜采用套筒灌浆连接。

当采用套筒灌浆连接或浆锚搭接连接时，预制剪力墙底部接缝宜设置在楼面标高处。接缝高度不宜小于20mm，宜采用灌浆料填实，接缝处后浇混凝土上表面应设置粗糙面。

(2) 套筒灌浆连接

当竖向分布钢筋采用“梅花形”部分连接时（图6-25），连接钢筋的配筋率不应小于现行国家标准《建筑抗震设计规范》GB 50011—2010（2016年版）规定的剪力墙竖向分布钢筋最小配筋率要求，连接钢筋的直径不应小于12mm，同

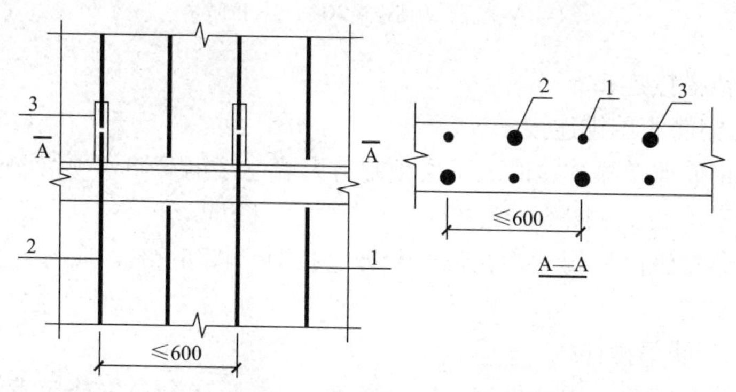

图6-25 竖向分布钢筋“梅花形”套筒灌浆连接构造示意
1—未连接的竖向分布钢筋；2—连接的竖向分布钢筋；3—灌浆套筒

侧间距不应大于600mm，且在剪力墙构件承载力设计和分布钢筋配筋率计算中不得计入未连接的分布钢筋；未连接的竖向分布钢筋直径不应小于6mm。

当竖向分布钢筋采用单排连接时（图6-26），应满足承载力计算要求；剪力墙两侧竖向分布钢筋与配置于墙体厚度中部的连接钢筋搭接连接，连接钢筋位于内、外侧被连接钢筋的中间；连接钢筋受拉承载力不应小于上下层被连接钢筋受拉承载力较大值的1.1倍，间距不宜大于300mm。下层剪力墙连接钢筋自下层预制墙顶算起的埋置长度不应小于$1.2l_{aE}+b_w/2$（b_w为墙体厚度），上层剪力墙连接钢筋自套筒顶面算起的埋置长度不应小于l_{aE}，上层连接钢筋顶部至套筒底部的长度尚不应小于$1.2l_{aE}+b_w/2$，l_{aE}按连接钢筋直径计算。钢筋连接长度范围内应配置拉筋，同一连接接头内的拉筋配筋面积不应小于连接钢筋的面积；拉筋沿竖向的间距不应大于水平分布钢筋间距，且不宜大于150mm；拉筋沿水平方向的间距不应大于竖向分布钢筋间距，直径不应小于6mm；拉筋应紧靠连接钢筋，并勾住最外层分布钢筋。

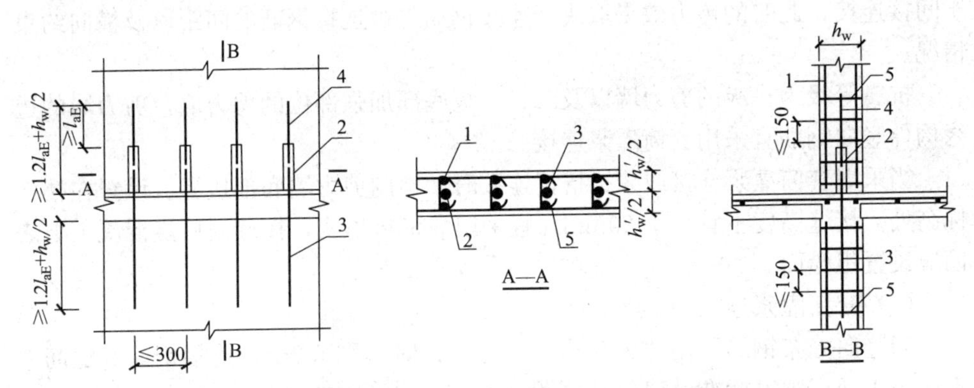

图6-26 竖向分布钢筋单排套筒灌浆连接构造示意

1—上层预制剪力墙竖向分布钢筋；2—灌浆套筒；3—下层剪力墙连接钢筋；4—上层剪力墙连接钢筋；5—拉筋

（3）浆锚搭接连接

① 竖向钢筋非单排连接

当竖向钢筋非单排连接时，下层预制剪力墙连接钢筋伸入预留灌浆孔道内的长度不应小于$1.2l_{aE}$（图6-27）。

当竖向分布钢筋采用“梅花形”部分连接时（图6-28），应符合套筒灌浆连接相关标准要求。

② 竖向钢筋单排连接

当竖向分布钢筋采用单排连接时（图6-29），竖向分布钢筋应满足接缝承载力计算要求；剪力墙两侧竖向分布钢筋与配置于墙体厚度中部的连接钢筋搭接连接，连接钢筋位于内、外侧被连接钢筋的中间；连接钢筋受拉承载力不应小于上

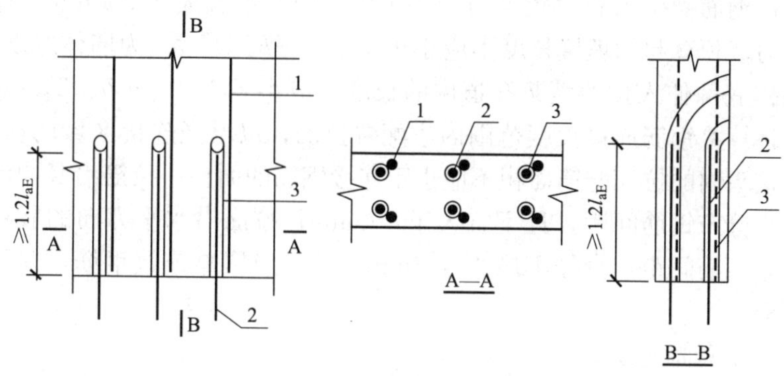

图 6-27　竖向钢筋浆锚搭接连接构造示意

1—上层预制剪力墙竖向钢筋；2—下层剪力墙竖向钢筋；3—预留灌浆孔道

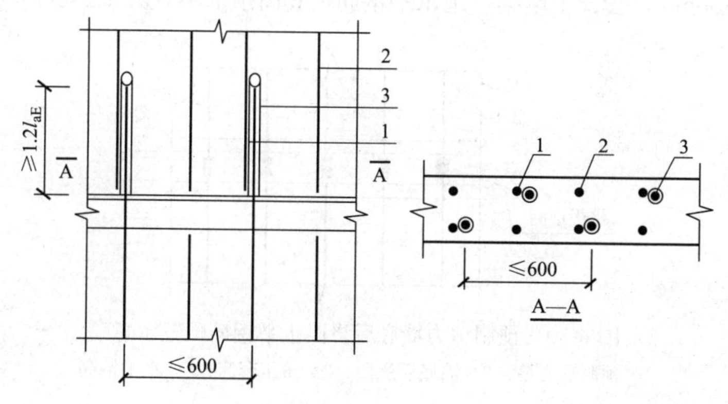

图 6-28　竖向分布钢筋“梅花形”浆锚搭接连接构造示意

1—连接的竖向分布钢筋；2—未连接的竖向分布钢筋；3—预留灌浆孔道

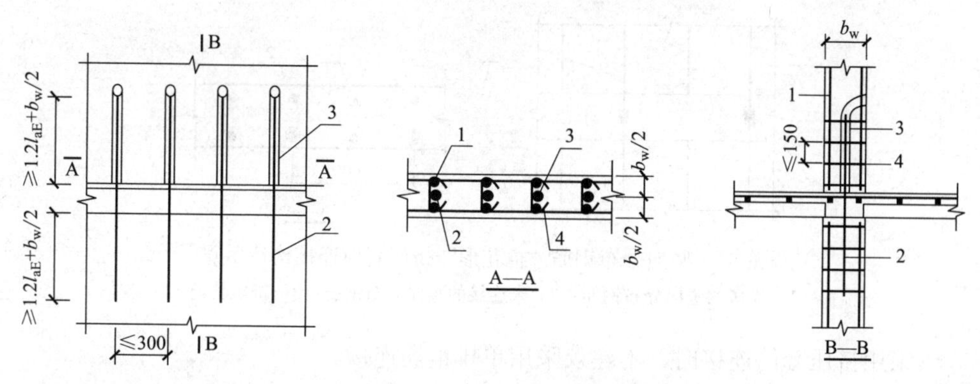

图 6-29　竖向分布钢筋单排浆锚搭接连接构造示意

1—上层预制剪力墙竖向钢筋；2—下层剪力墙连接钢筋；3—预留灌浆孔道；4—拉筋

下层被连接钢筋受拉承载力较大值的 1.1 倍，间距不宜大于 300mm。连接钢筋自下层剪力墙顶算起的埋置长度不应小于 $1.2l_{aE}+b_w/2$（b_w 为墙体厚度），自上层预制墙体底部伸入预留灌浆孔道内的长度不应小于 $1.2l_{aE}+b_w/2$，l_{aE} 按连接钢筋直径计算。钢筋连接长度范围内应配置拉筋，以增强连接区域的横向约束，同一连接接头内的拉筋配筋面积不应小于连接钢筋的面积；拉筋沿竖向的间距不应大于水平分布钢筋间距，且不宜大于 150mm；拉筋沿水平方向的肢距不应大于竖向分布钢筋间距，直径不应小于 6mm；拉筋应紧靠连接钢筋，并勾住最外层分布钢筋。

（4）挤压套筒连接

预制剪力墙底后浇段内的水平钢筋直径不应小于 10mm 和预制剪力墙水平分布钢筋直径的较大值，间距不宜大于 100mm；楼板顶面以上第一道水平钢筋距楼板顶面不宜大于 50mm，套筒上端第一道水平钢筋距套筒顶部不宜大于 20mm（图 6-30）。

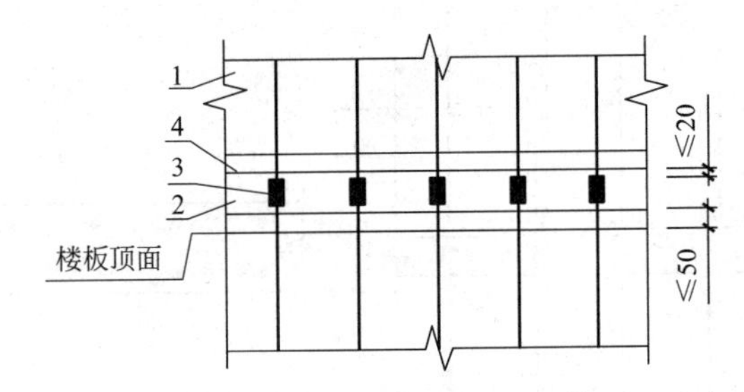

图 6-30　预制剪力墙底后浇段水平钢筋配置示意

1—预制剪力墙；2—墙底后浇段；3—挤压套筒；4—水平钢筋

当竖向分布钢筋采用“梅花形”部分连接时（图 6-31），应符合套筒灌浆连接相关标准的要求。

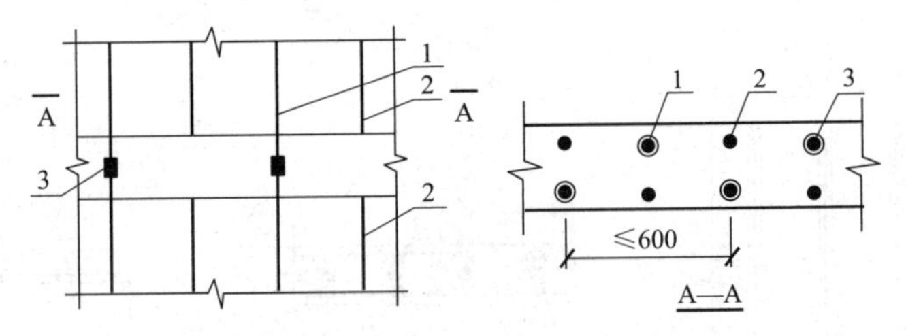

图 6-31　竖向分布钢筋“梅花形”挤压套筒连接构造示意

1—连接的竖向分布钢筋；2—未连接的竖向分布钢筋；3—挤压套筒

采用挤压套筒连接时，不建议采用单排钢筋连接。

4. 上预制下现浇剪力墙竖向连接节点设计

预制剪力墙相邻下层为现浇剪力墙时，下层现浇剪力墙顶面应设置粗糙面。

预制剪力墙与下层现浇剪力墙中竖向钢筋的连接应满足套筒连接相关规定，

即边缘构件竖向钢筋应逐根连接；预制剪力墙的竖向分布钢筋，当仅部分连接时（图 6-25），被连接的同侧钢筋间距不应大于 600mm，且在剪力墙构件承载力设计和分布钢筋配筋率计算中不得计入不连接的分布钢筋；不连接的竖向分布钢筋直径不应小于 6mm。一级抗震等级剪力墙以及二、三级抗震等级底部加强部位，剪力墙的边缘构件竖向钢筋宜采用套筒灌浆连接。

5. 预制剪力墙水平连接节点设计

通常剪力墙较长，但由于吊装设备能力、运输车辆尺寸及道路运输等限制，一般需要分割预制，在现场通过现浇连接，形成预制剪力墙水平连接节点，保证被分割后的剪力墙相互连接后与分割前的剪力墙受力性能等同，这种现浇混凝土水平节点通过部位设置、宽度及钢筋在现浇混凝土中的锚固等构造设计，发挥预制剪力墙板的剪力传递作用，约束其间的预制剪力墙板，加强或改善各预制剪力墙板的协调工作性能。

（1）接缝位于边缘构件

楼层内相邻预制剪力墙之间应采用整体式接缝连接，对于一字形约束边缘构件，位于墙肢端部的通常与墙板一起预制，其配筋构造要求与现浇结构一致。其他应符合下列规定：

①当接缝位于纵横墙交接处的约束边缘构件区域时，约束边缘构件的阴影区域（图 6-32）宜全部采用后浇混凝土，并应在后浇段内设置封闭箍筋。

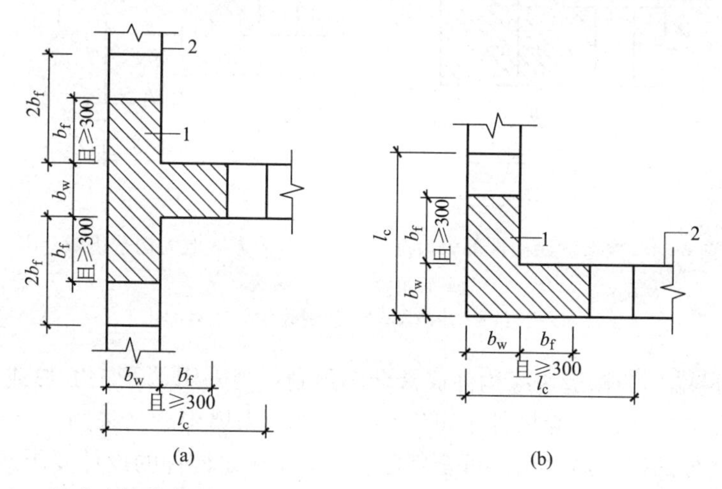

图 6-32 约束边缘构件阴影区域全部后浇构造示意（阴影区域为斜线填充范围）

（a）有翼墙；（b）转角墙

1—后浇段；2—预制剪力墙

② 当接缝位于纵横墙交接处的构造边缘构件区域时，构造边缘构件宜全部采用后浇混凝土（图 6-33），当仅在一面墙上设置后浇段时，后浇段的长度不宜小于 300mm（图 6-34）。

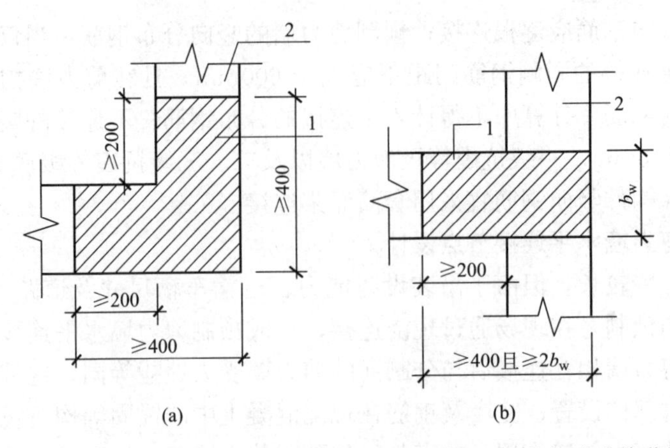

图 6-33 构造边缘构件全部后浇构造示意（阴影区域为构造边缘范围）

（a）转角墙；（b）有翼墙

1—后浇段；2—预制剪力墙

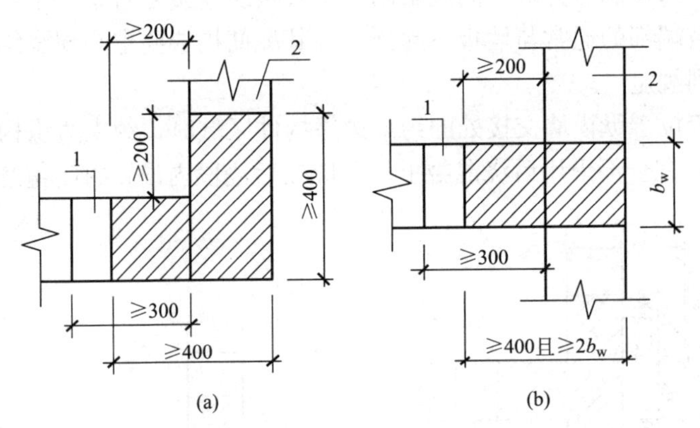

图 6-34 构造边缘构件部分后浇构造示意（阴影区域为构造边缘范围）

（a）转角墙；（b）有翼墙

1—后浇段；2—预制剪力墙

③ 墙肢端部的构造边缘构件通常全部预制；当采用 L 形、T 形或者 U 形墙板时，拐角处的构造边缘构件也可全部在预制剪力墙中。当采用一字形构件时，纵横墙交接处的构造边缘构件可全部后浇；为了满足构件的设计要求或施工方便也可部分后浇部分预制。当构造边缘构件部分后浇部分预制时，需要合理布置预制构件及后浇段中的钢筋，使边缘构件内形成封闭箍筋。

④边缘构件内的配筋及构造要求应符合现行国家标准《建筑抗震设计规范》GB 50011—2010（2016 年版）的有关规定；预制剪力墙的水平布钢筋在后浇段内的锚固、连接应符合现行国家标准《混凝土结构设计规范》GB 50010—2010（2015 年版）的有关规定。

（2）接缝位于非边缘构件

非边缘构件位置，相邻预制剪力墙之间应设置后浇段，后浇段的宽度不应小于墙厚且不宜小于200mm；后浇段内应设置不少于4根竖向钢筋，钢筋直径不应小于墙体竖向分布钢筋直径且不应小于8mm；两侧墙体的水平分布钢筋在后浇段内的连接应符合现行国家标准《混凝土结构设计规范》GB 50010—2010（2015年版）的有关规定。

6. 预制剪力墙与连梁连接节点设计

预制剪力墙与连梁连接节点主要存在于门、窗洞口位置。鉴于连梁跨度一般较小，有时窗框需与墙板同步预埋，为减少现场安装工作量，连梁可与剪力墙板整体预制，如分开预制，连梁一般做成叠合梁，预制剪力墙在连梁位置留设凹槽，便于连梁底部纵筋弯折锚固，而连梁上部钢筋则锚固于叠合层内。对整体预制剪力墙与连梁的连接节点，整体性可得到保证，但分开预制、现场叠合连接的连接节点需进一步论证。

（1）洞口上方连梁

① 连梁设置为叠合连梁时

预制剪力墙洞口上方的预制连梁宜与后浇圈梁或水平后浇带形成叠合连梁（图6-35）。叠合连梁的配筋及构造要求应符合现行国家标准《混凝土结构设计规范》GB 50010—2010（2015年版）的有关规定。

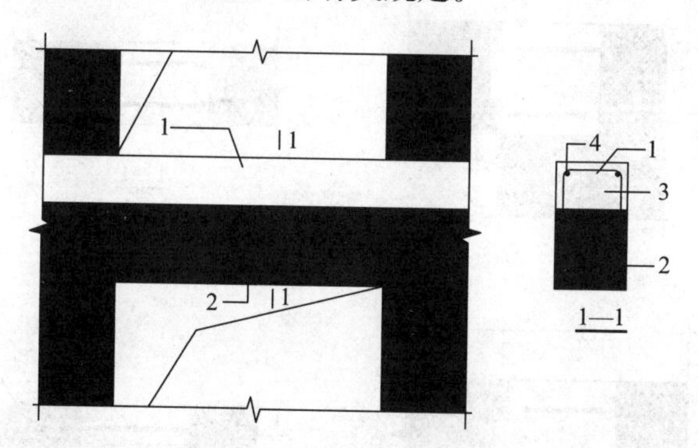

图6-35　预制剪力墙叠合连梁构造示意

1—后浇圈梁或后浇带；2—预制连梁；3—箍筋；4—纵向钢筋

预制叠合连梁的预制部分宜与剪力墙整体预制，也可在跨中拼接或在端部与预制剪力墙拼接。但连梁端部钢筋锚固构造复杂，要尽量避免预制连梁在端部与预制剪力墙连接。

当预制叠合连梁在跨中拼接时，可按对接叠合梁的规定进行接缝的构造设计。

当预制叠合连梁端部与预制剪力墙在平面内拼接时，如墙端边缘构件采用后浇混凝土，连梁纵向钢筋应在后浇段中可靠锚固（图6-36a）或连接（图6-36b）；如预制剪力墙端部上角预留局部后浇节点区即“刀把墙”时，连梁的纵向钢筋应在局部后浇节点区内可靠锚固（图 6-36c）或连接（图 6-36d）。当采用其他连接方式时，应保证接缝的受弯及受剪承载力不低于连梁的受弯及受剪承载力。

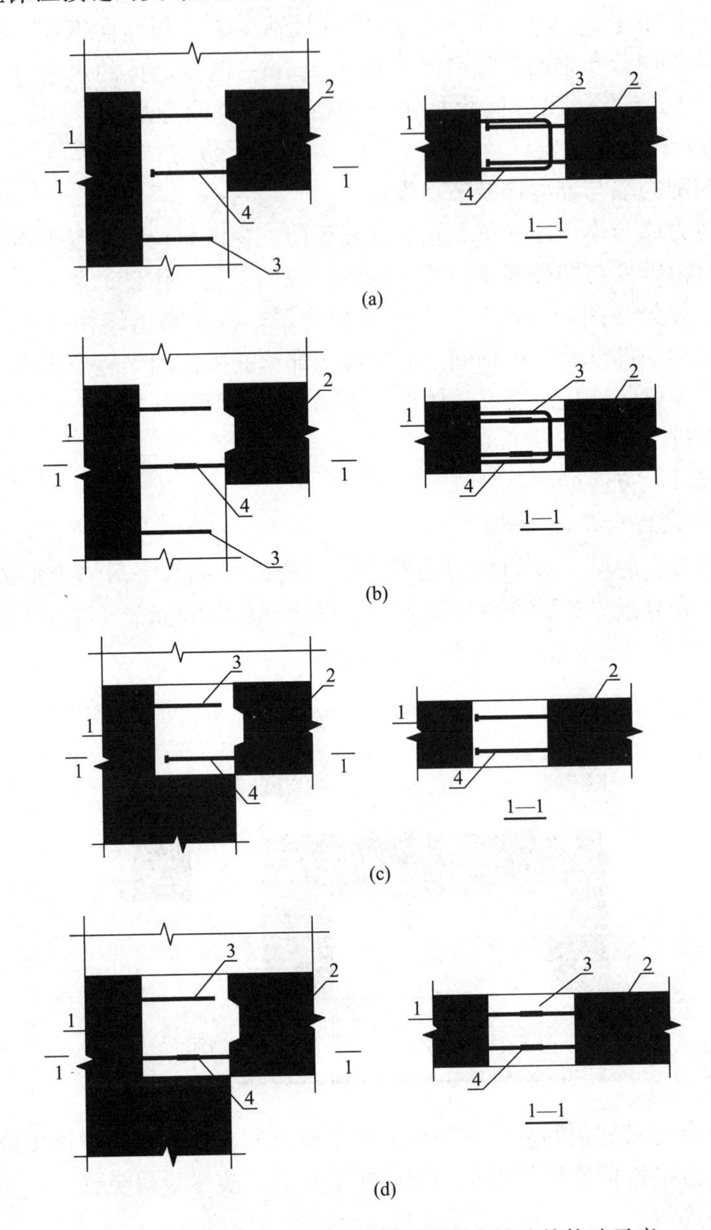

图 6-36　同一平面内预制连梁与预制剪力墙连接构造示意

（a）预制连梁钢筋在后浇段内锚固构造；（b）预制连梁钢筋在后浇段内与预制剪力墙预留钢筋连接构造；（c）预制连梁钢筋在预制剪力墙局部后浇节点区内锚固构造；（d）预制连梁钢筋在预制剪力墙局部后浇节点区内与墙板预留钢筋连接构造

1—预制剪力墙；2—预制连梁；3—边缘构件箍筋；4—连梁下部纵向受力钢筋锚固或连接

② 连梁设置为现浇连梁时

当连梁剪跨比较小，需要设置斜向钢筋时，一般采用全现浇连梁。

当采用后浇连梁时，宜在预制剪力墙端伸出预留纵向钢筋，并与后浇连梁的纵向钢筋可靠连接（图 6-37）。

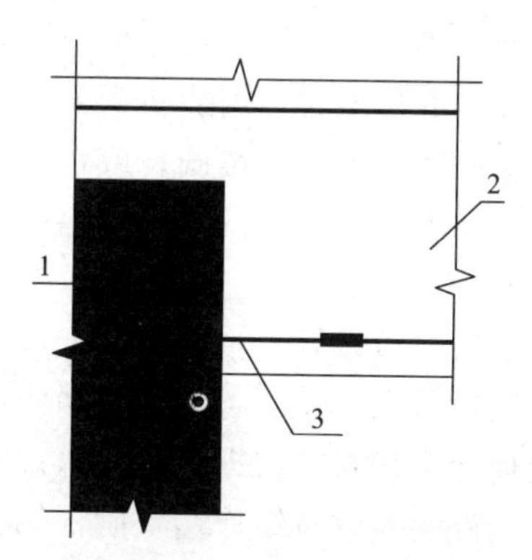

图 6-37　后浇连梁与预制剪力墙连接构造示意

1—预制墙板；2—后浇连梁；3—预制剪力墙伸出纵向受力钢筋

（2）洞口下方墙体

当预制剪力墙洞口下方有墙时，宜将洞口下墙作为单独的连梁进行设计（图 6-38）。

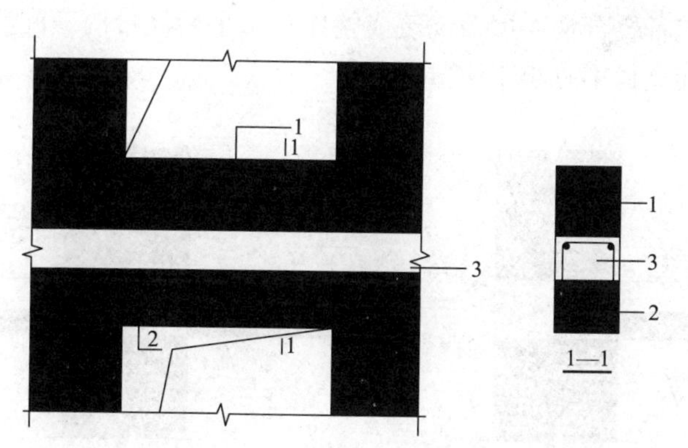

图 6-38　预制剪力墙洞口下墙与叠合连梁的关系示意

1—洞口下墙；2—预制连梁；3—后浇圈梁或水平后浇带

预制连梁向上伸出竖向钢筋并与洞口下墙内的竖向钢筋连接，洞口下墙、后浇圈梁与预制连梁形成一根叠合连梁。该做法施工比较复杂，而且洞口下墙与下方的后浇圈梁、预制连梁组合在一起形成的叠合构件受力性能没有经过试验验证，受力和变形特征不明确，纵筋和箍筋的配筋也不好确定。因此不建议采用此做法。

预制连梁与上方的后浇混凝土形成叠合连梁；洞口下墙与下方的后浇混凝土

之间连接少量的竖向钢筋，以防止接缝开裂并抵抗必要的平面外荷载。洞口下墙内设置纵筋和箍筋，作为单独的连梁进行设计。建议采用此种做法。

洞口下墙采用轻质填充墙时，或者采用混凝土墙但与结构主体采用柔性材料隔离时，在计算中可仅作为荷载，洞口下墙与下方的后浇混凝土及预制连梁之间不连接，墙内设置构造钢筋。当计算不需要窗下墙时可采用此种做法。

当窗下墙需要抵抗平面外的弯矩时，需要将窗下墙内的纵向钢筋与下方的现浇楼板或预制剪力墙内的钢筋有效连接、锚固；或将窗下墙内纵向钢筋锚固在下方的后浇区域内。在实际工程中窗下墙的高度往往不大，当采用浆锚搭接连接时，要确保必要的锚固长度。

7. 预制剪力墙与楼板连接节点设计

预制剪力墙与楼板的连接节点决定了各片剪力墙协调工作性能、结构整体性能以及能否避免地震时楼板掉落伤人并占据逃生通道。对装配式混凝土建筑，为保证楼板对结构竖向承重构件的有效拉结作用，确保结构整体性能，楼板一般采用叠合楼板。而预制剪力墙一般在楼板叠合层范围一起同步现浇，在结构中形成整个楼层的现浇混凝土层，其形式和作用类似于砖混结构中的楼层圈梁。

（1）中间楼层位置

各层楼面位置，预制剪力墙顶部无后浇圈梁时，应设置连续的水平后浇带（图 6-39）；水平后浇带宽度应取剪力墙的厚度，高度不应小于楼板厚度；水平后浇带应与现浇或者叠合楼、屋盖浇筑成整体；水平后浇带内应配置不少于 2 根连续纵向钢筋，其直径不宜小于 12mm。

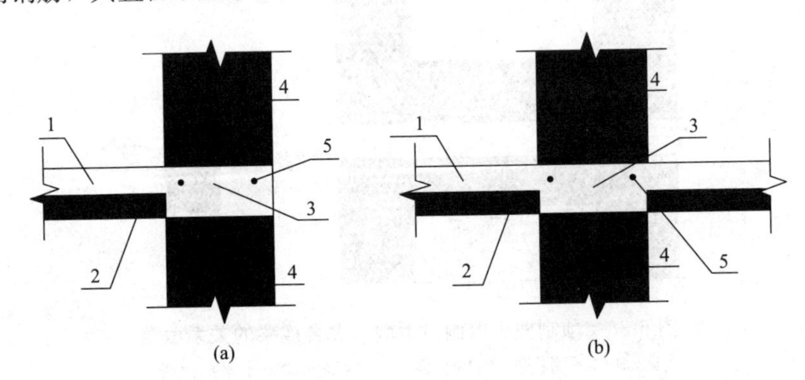

图 6-39　水平后浇带构造示意

（a）端部节点；（b）中间节点

1—后浇混凝土叠合层；2—预制板；3—水平后浇带；4—预制墙板；5—纵向钢筋

（2）屋面及立面收进的楼层位置

屋面以及立面收进的楼层，应在预制剪力墙顶部设置封闭的后浇钢筋混凝土圈梁（图 6-40），圈梁截面宽度不应小于剪力墙的厚度，截面高度不宜小于楼板厚度及 250mm 的较大值；圈梁应与现浇或者叠合楼、屋盖浇筑成整体；圈梁内配置的纵向钢筋不应少于 4ϕ12，且按全截面计算的配筋率不应小于 0.5%和水平分布筋配筋率的较大值，纵向钢筋竖向间距不应大于 200mm；箍筋间距不应大于 200mm，且直径不应小于 8mm。

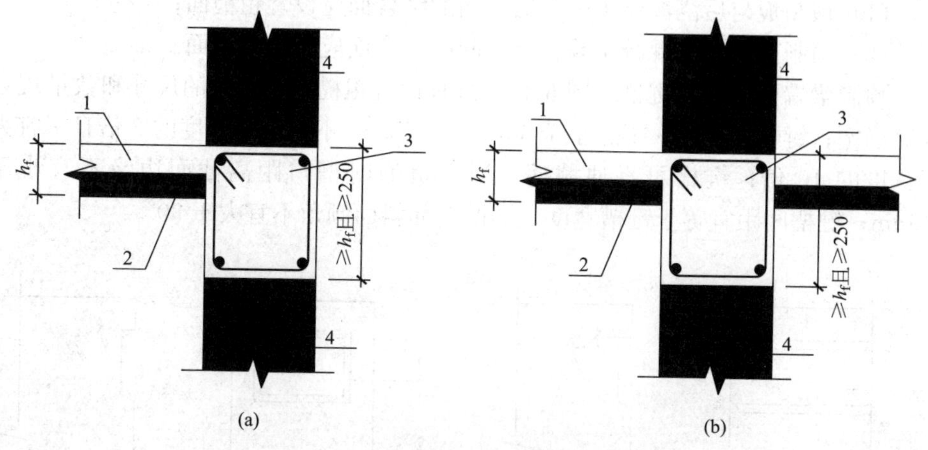

图 6-40　后浇钢筋混凝土圈梁构造示意

(a) 端部节点；(b) 中间节点

1—后浇混凝土叠合层；2—预制板；3—后浇圈梁；4—预制剪力墙

(3) 预制剪力墙底部接缝构造

预制剪力墙底部接缝宜设置在楼面标高处，接缝高度宜为 20mm；接缝宜采用灌浆料填实；接缝处后浇混凝土上表面应设置粗糙面。

第五节　其他连接节点构造

1. 预制构件拼接位置要求

预制构件的拼接应符合下列规定：

(1) 预制构件拼接部位的混凝土强度等级不应低于预制构件混凝土强度等级；

(2) 预制构件的拼接位置宜设置在受力较小部位；

(3) 预制构件的拼接应考虑温度作用和混凝土收缩徐变的不利影响，宜适当增加构造配筋。

2. 预制构件的搭接构造

当预制构件伸入梁、柱、墙等构件内进行连接时，构件间的搭接长度不宜小于 10mm，以防止在混凝土浇筑时漏浆。而且一般在距预制构件端 500mm 范围内应设置施工支撑。

3. 结合面构造

预制构件与后浇混凝土、灌浆料、坐浆材料的结合面应设置粗糙面、键槽，并应符合下列规定：

（1）预制板与后浇混凝土叠合层之间的结合面应设置粗糙面；

（2）预制梁与后浇混凝土叠合层之间的结合面应设置粗糙面。

预制梁端面应设置键槽（图 6-41）且宜设置粗糙面。键槽的尺寸和数量规定计算确定；键槽的深度 t 不宜小于 30mm，宽度 w 不宜小于深度的 3 倍且不宜大于深度的 10 倍；键槽可贯通截面，当不贯通时槽口距离截面边缘不宜小于 50mm；键槽间距宜等于键槽宽度；键槽端部斜面倾角不宜大于 30°。

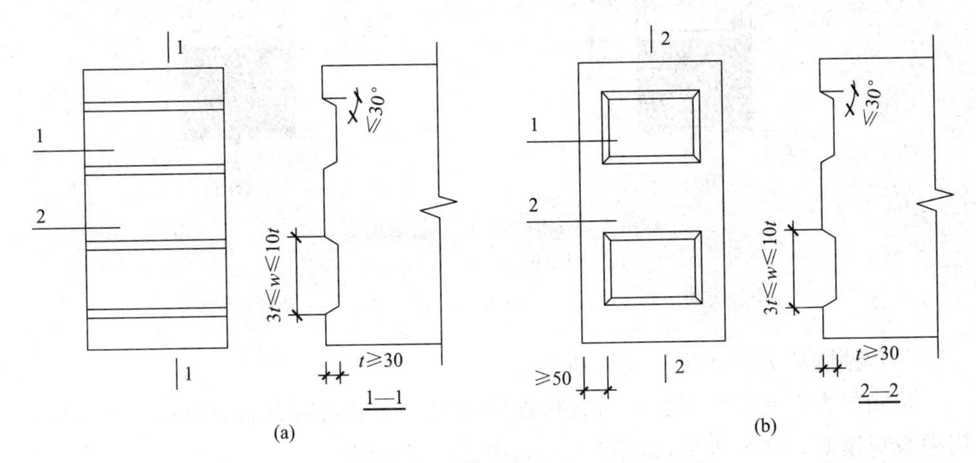

图 6-41　梁端键槽构造示意

（a）键槽贯通截面；（b）键槽不贯通截面

1—键槽；2—梁端面

（3）预制剪力墙的顶部和底部与后浇混凝土的结合面应设置粗糙面；侧面与后浇混凝土的结合面应设置粗糙面，也可设置键槽；键槽深度 t 不宜小于 20mm，宽度 w 不宜小于深度的 3 倍且不宜大于深度的 10 倍，键槽间距宜等于键槽宽度，键槽端部斜面倾角不宜大于 30°。

（4）预制柱的底部应设置键槽且宜设置粗糙面，键槽应均匀布置，键槽深度不宜小于 30mm，键槽端部斜面倾角不宜大于 30°。柱顶应设置粗糙面。

（5）粗糙面的面积不宜小于结合面的 80%，预制板的粗糙面凹凸深度不应小于 4mm，预制梁端、柱端、墙端的粗糙面凹凸深度不应小于 6mm。

第七章

装配式混凝土建筑的非承重预制构件设计及构造

预制装配式钢筋混凝土楼梯是最能体现装配式结构优势的构件。预制楼梯在工厂提前预制生产，现场安装，支撑减少，质量、效率大大提高，节约时间、人工，减少了现场施工耗材的浪费，生产和安装现场均无垃圾产生。安装完成后，无需再做饰面，清水混凝土面直接交房，外观好。

第一节　预制楼梯设计及构造

1. 预制楼梯分类

预制装配式钢筋混凝土楼梯按其支承条件可分为梁承式、墙承式和墙悬臂式等类型，在一般性民用建筑中，宜采用梁承式楼梯，如图 7-1～图 7-3 所示。

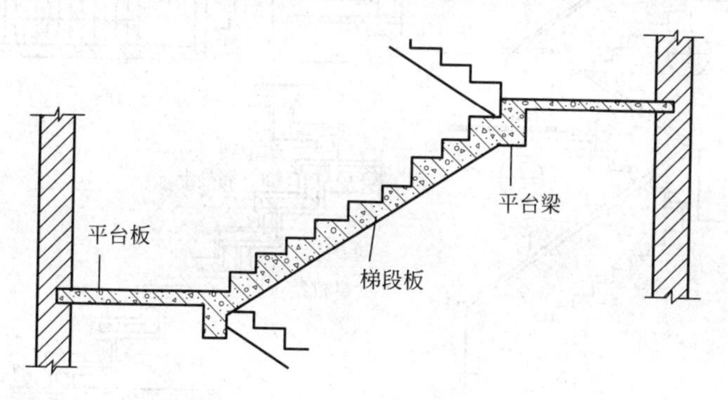

图 7-1　梁承式楼梯

（1）梁承式楼梯

预制装配梁承式钢筋混凝土楼梯梯段由平台梁支承，预制构件可按梯段（板式或梁式梯段）、平台梁、平台板三部分进行划分，见图 7-4。

板式梯段由梯段板组成。一般梯段板两端各设一根平台梁，梯段板支撑在平台梁上。因梯段板跨度小，也可做成折板式，安装方便，免抹灰，节省费用。

梁式梯段为整块或数块带踏步条板，其上下端直接支承在平台梁上，有效界面厚度按 $L/20 \sim L/30$ 估算，L 为楼梯跨度。

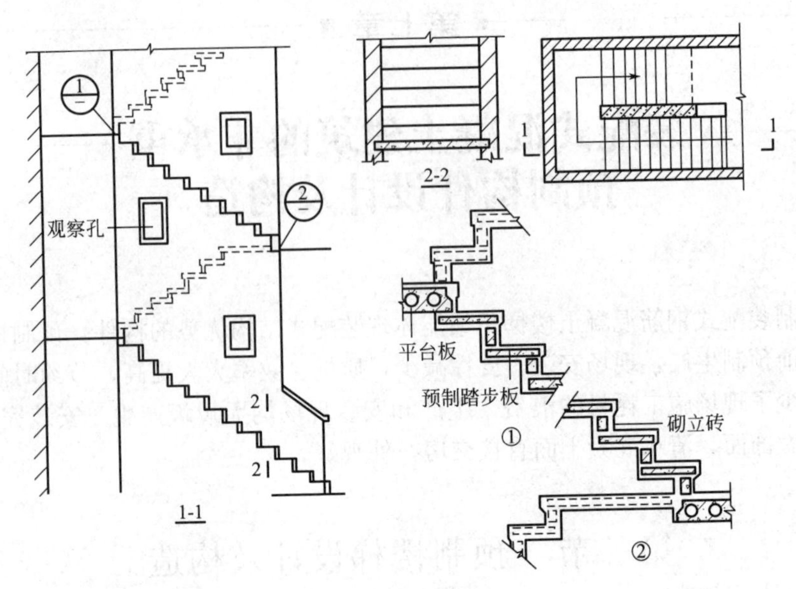

图 7-2　墙承式楼梯

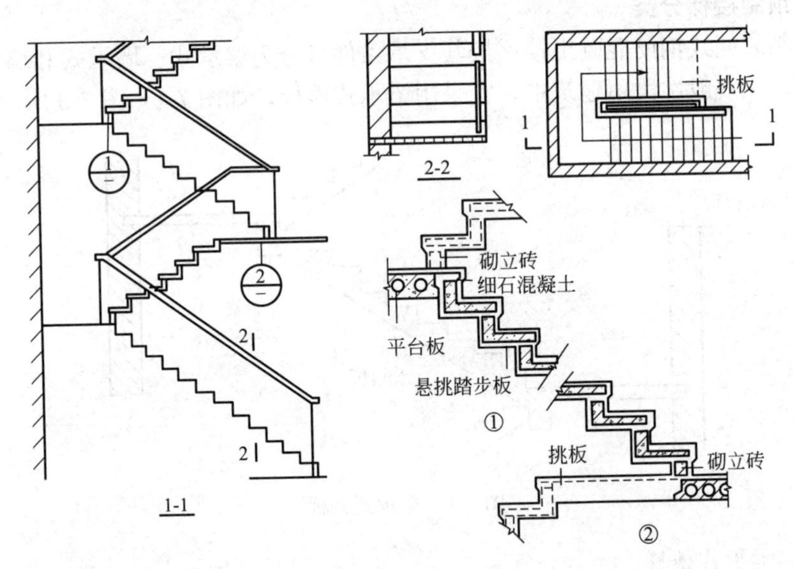

图 7-3　墙悬臂式楼梯

平台梁构造高度按 $L/12$ 估算，L 为平台梁跨度。为便于安装梯斜梁或梯段板，平衡梯段水平分力并减少平台梁所占结构空间，一般将平台梁做成 L 形断面。

(2) 墙承式楼梯

预制装配墙承式钢筋混凝土楼梯系指预制钢筋混凝土踏步板直接搁置在墙上（图 7-5）。踏步两端由墙体支撑，不需设平台梁、梯斜梁和栏杆，需要时设靠墙

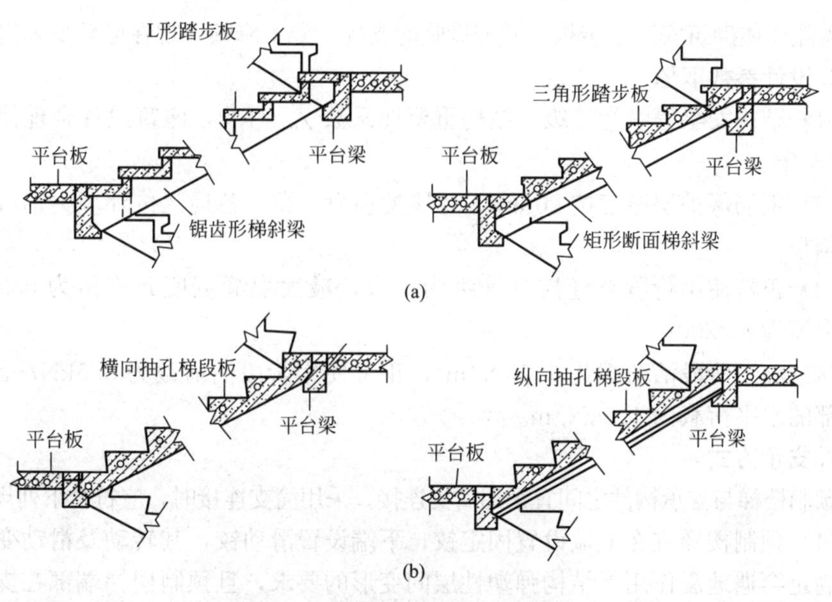

图 7-4　预制装配式梁承式楼梯

（a）梁板式梯段；（b）板式梯段

扶手。由于踏步直接安装入墙体，对墙体砌筑和施工速度影响较大，砌筑质量不易保证。由于梯段间有墙，搬运家具不方便，阻挡视线，对抗震不利，施工麻烦。现在仅用于小型的一般性建筑中。

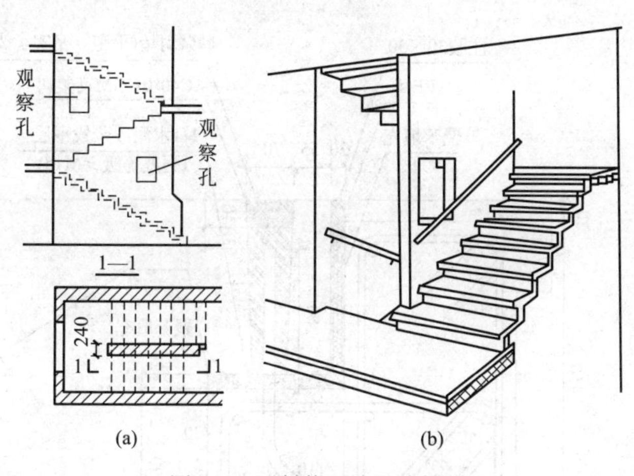

图 7-5　预制装配墙承式楼梯

（3）墙悬臂式楼梯

预制装配墙悬臂式钢筋混凝土楼梯系指预制钢筋混凝土踏步板一端嵌固于楼梯间侧墙上，另一端凌空悬挑。无平台梁和梯斜梁，也无中间墙，楼梯间空间轻巧空透，结构占空间少，但其楼梯间整体刚度极差，不能用于有抗震设防要求的地区。

由于需随墙体砌筑安装踏步板，并需设临时支撑，施工麻烦，现在已较少采用。

2. 设计参数取值

(1) 结构安全等级为二级，结构重要性系数 $\gamma_0=1.0$，建筑设计合理使用年限为50年。

(2) 钢筋保护层厚度按20mm，环境类别为一类，各地区按环境类别可进行相应调整。

(3) 正常使用阶段裂缝控制等级为三级，最大裂缝宽度允许值为0.3mm，挠度限值为 $l_0/200$。

(4) 施工阶段活荷载为1.5kN/m^2，正常使用阶段活荷载为3.5kN/m^2，栏杆顶部的水平荷载为1.0kN/m。

3. 支承方式

预制楼梯与支承构件之间宜采用简支连接。采用简支连接时，应符合下列规定：

(1) 预制楼梯宜在上端设置固定铰，下端设置滑动铰，其转动及滑动变形能力应满足罕遇地震作用下结构弹塑性层间变形的要求，且预制楼梯端部在支承构件上的最小搁置长度应符合表7-1的要求，如图7-6、图7-7所示。

楼梯在支撑构件上的最小搁置长度（国家规范）　　表7-1

设防烈度	6	7	8
最小搁置长度(mm)	75	75	100

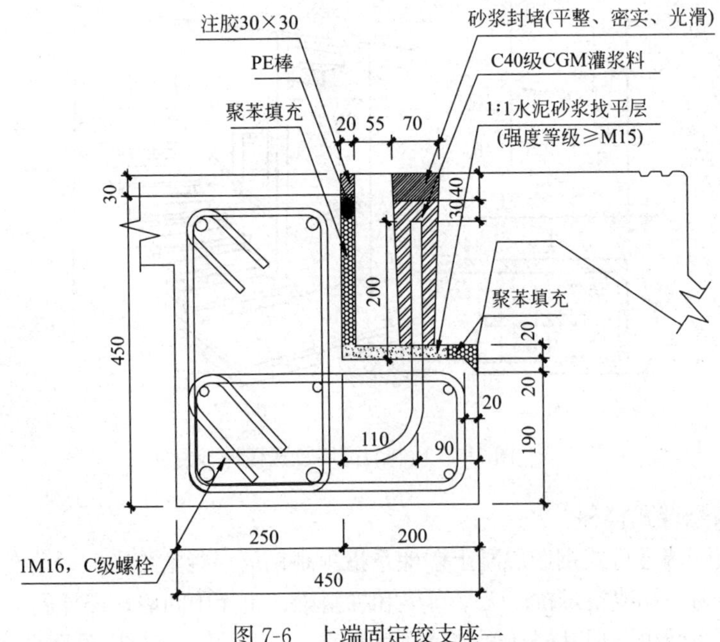

图7-6　上端固定铰支座一

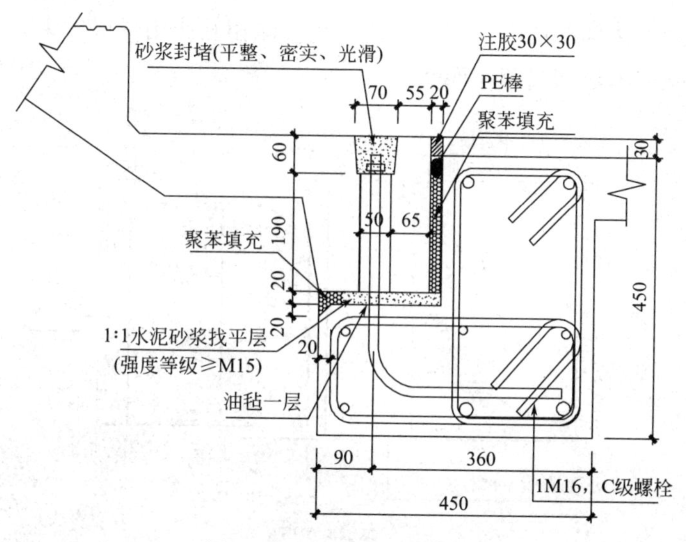

图 7-7　下端滑动铰支座一

（2）预制楼梯设置滑动铰的端部应采取防止滑落的构造措施，如图 7-8 所示。

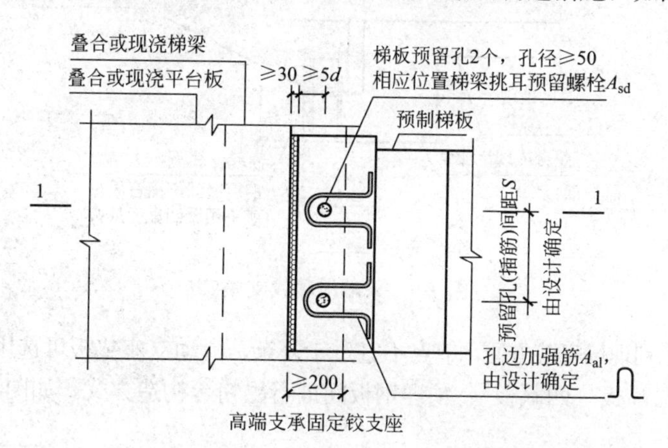

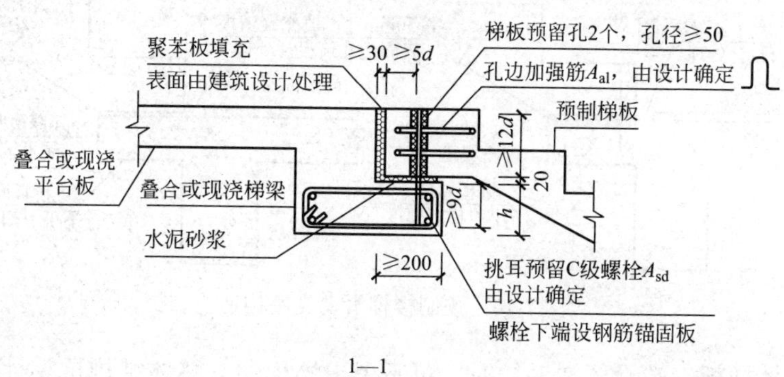

图 7-8　上端固定铰支座二

（3）为避免楼梯在地震作用下与结构或墙体相互作用形成约束，在预制楼梯的滑动段，应留出移动空间，如图 7-9 所示。

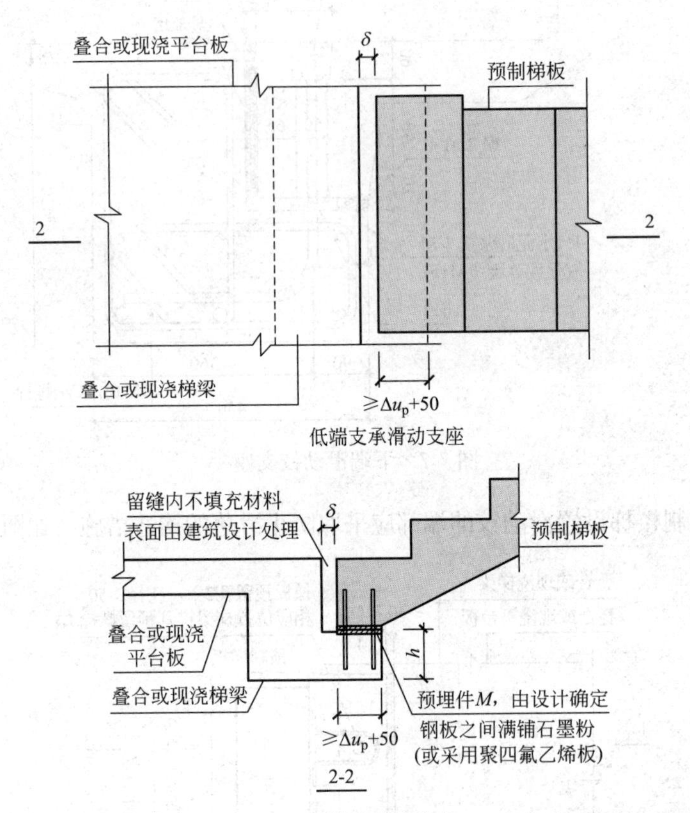

图 7-9　下端滑动铰支座二

（4）考虑到现场安装方便，节点不宜过于复杂，滑动支座垫板可选用不小于 5mm 厚的聚四氟乙烯板（四氟板）、预埋钢板间铺石墨粉等构造方式，如图 7-10 所示。

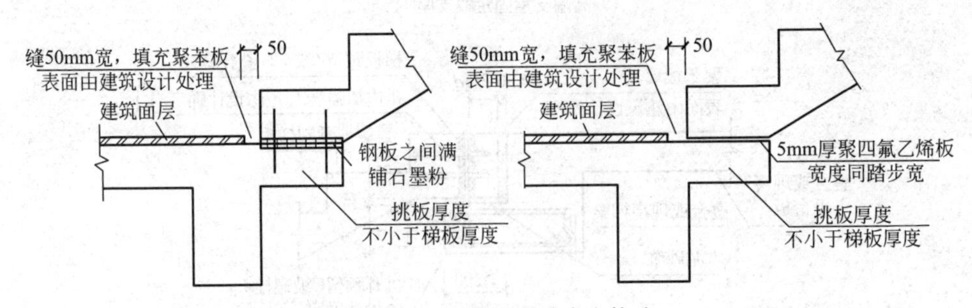

图 7-10　预制楼梯滑动支座构造

（5）楼梯板一端设置滑动铰时，可不考虑楼梯参与整体结构抗震计算；梯板两端均采用固定铰时，计算中应考虑楼梯构件对主体结构的不利影响。

（6）预制楼梯与梯梁之间的留缝宽度由设计确定，且应大于结构弹塑性层间位移 $\Delta u_{p}=\theta_{p} \cdot h t$。

4. 设计构造

（1）楼梯拆分

楼梯拆分主要与工厂和工地起重设备能力有关。当一跑楼梯长度长，重量大，工厂和工地的起重能力有限，可选两跑楼梯，在楼梯中部加设一道梯梁。梯段与梯梁连接时要设缝，缝宽要满足层间位移的要求。

（2）预制楼梯破坏机理

震害表明，楼梯间的破坏相对严重和集中。表现为：

① 楼梯端部的破坏；

② 楼梯段的断裂；

③ 楼梯平台柱的短柱剪切破坏；

④ 平台梁的破坏；

⑤ 钢筋脆断。

基于上述破坏机理，预制楼梯的设计及构造应充分考虑，并采取合理的、有针对性地构造措施。

（3）配筋构造

1）预制楼梯板的厚度不宜小于 100mm，宜配置连续的上部钢筋，最小配筋率为 0.15%；分布钢筋直径不宜小于 6mm，间距不宜大于 250mm。

2）下部钢筋宜按两端简支计算确定并配置通长的纵向钢筋。

3）当楼梯两端均不能滑动时，板底、板面应配置通长的纵向钢筋。

4）预制板式楼梯的梯段板底应配置通长的纵向钢筋。板面宜配置通长的纵向钢筋。

注：① 考虑制作、脱模、运输、吊装、安装等因素，楼梯板不宜太薄，厚度不宜小于 100mm，预制楼梯按照简支构件计算截面下部钢筋，但为了保证在吊装、运输及安装过程中构件截面承载力及控制裂缝宽度，对其上部构造钢筋的最小配筋进行了规定。

② 预制板式楼梯在吊装、运输及安装过程中，受力状况比较复杂，规定其板面宜配置通长钢筋，钢筋量可根据加工、运输、吊装过程中的承载力及裂缝控制验算结果确定，最小构造配筋率可参照楼板的相关规定。

③ 当楼梯两端均不能滑动时，在侧向力作用下楼梯会起到斜撑的作用，楼梯中会产生轴向拉力，因此规定其板面和板底均应配通长钢筋。

（4）其他构造

① 预制楼梯宜设计成模数化的标准梯段，各梯段净宽、梯段坡度、梯段高度应尽量统一。

② 为避免后期楼梯栏杆安装时破坏梯面，预制楼梯栏杆宜顶留插孔，孔边距楼梯边缘不小于 30mm。

③ 预制楼梯应确定扶手栏杆的留洞及预埋。

④ 当采用简支的预制楼梯时，楼梯间墙宜做成小开口剪力墙。

⑤ 楼梯挑耳作为梯段板的支承构件，考虑受弯、受剪、受扭组合作用，需注意梯梁挑耳的计算构造措施。

⑥ 楼梯间位于建筑外墙时，楼梯平台板和楼梯梁宜采用现浇结构，平台板的厚度不应小于 100mm；预制楼梯侧面应设置连接件与预制墙板连接，连接件的水平间距不宜大于 1m。

（5）楼梯间位于建筑外墙时预制墙板的设计构造

楼梯间位于建筑外墙时，因梯板为预制板，整体性差，对外墙不能产生较好的约束，使得墙体的无肢长度加大，墙体平面外的稳定不易保证，故需加强预制墙板的构造要求。预制墙板的划分和连接构造除满足承载力要求外，尚应满足墙体平面外稳定性要求，构造上宜符合下列规定：

① 预制墙板宽度不宜大于 4m，竖向钢筋宜采用双排连接，连接钢筋水平间距不宜大于 400mm；

② 楼梯间墙体长度大于 5m 时，墙体中间宜设置现浇段，现浇段的长度不宜小于 400mm；

③ 每层应设置水平现浇带，水平现浇带高度不宜小于 300mm，配筋应符合现浇圈梁要求。

5. 实际图例

（1）梁式楼梯（图 7-11～图 7-16）

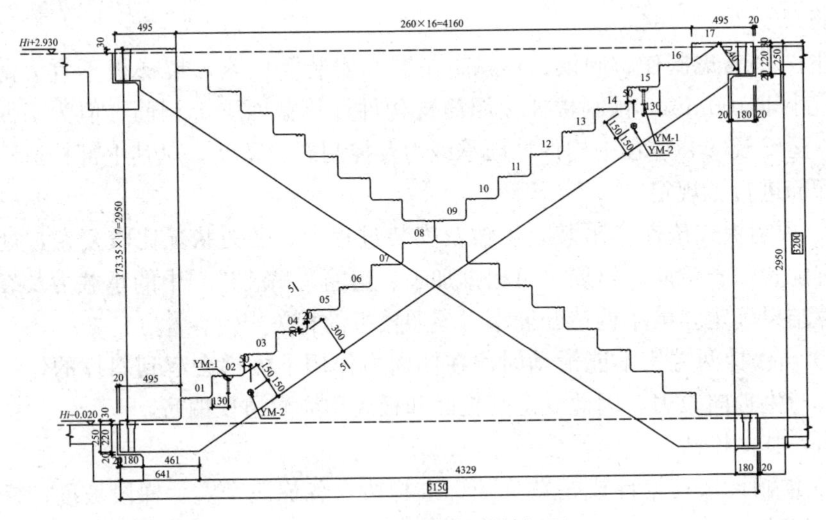

图 7-11　剪刀梁式楼梯侧视图

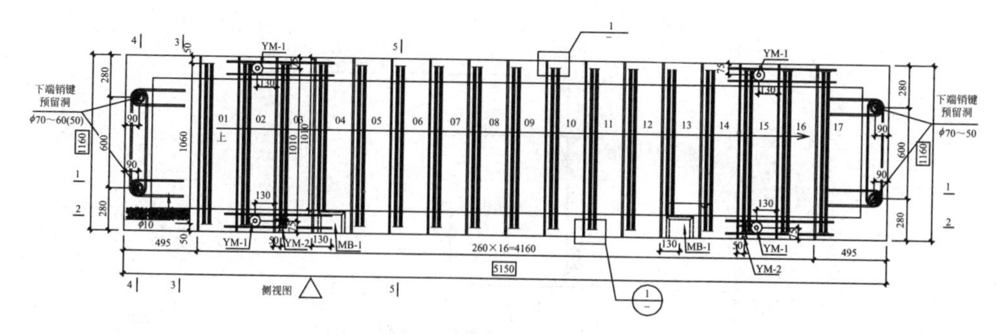

图 7-12　剪刀梁式楼梯平面图

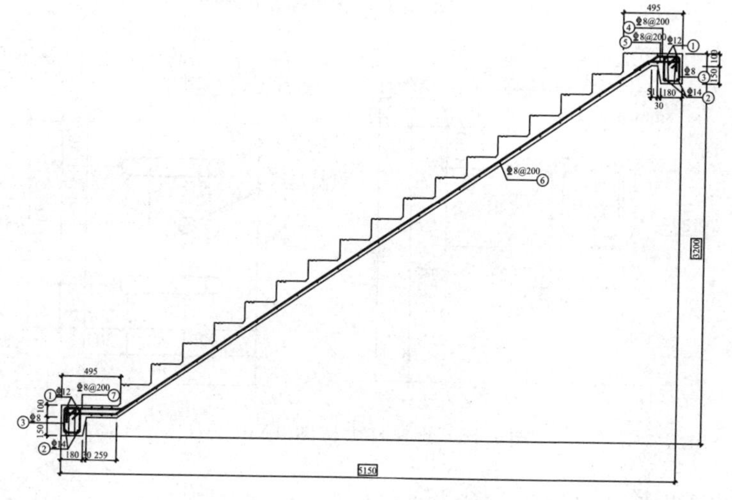

图 7-13　1-1 剖面图

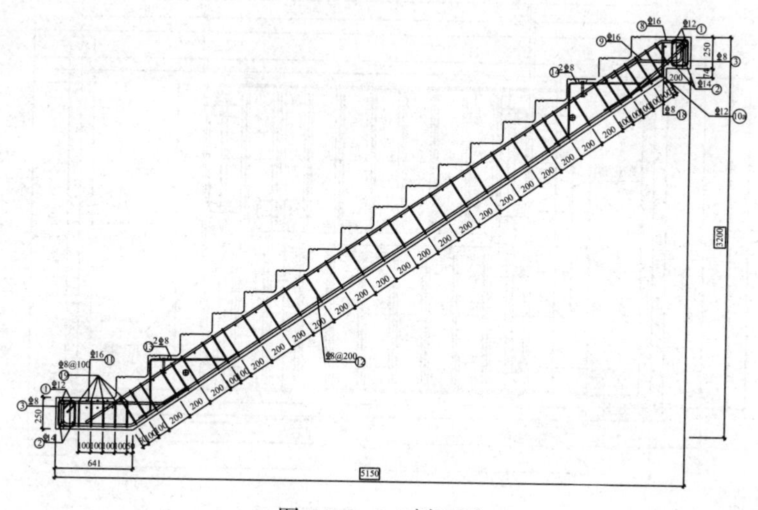

图 7-14　2-2 剖面图

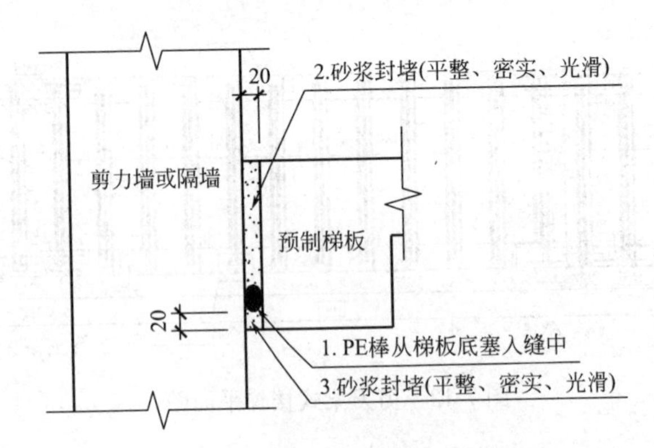

图 7-15　预制剪刀梯两侧塞缝大样

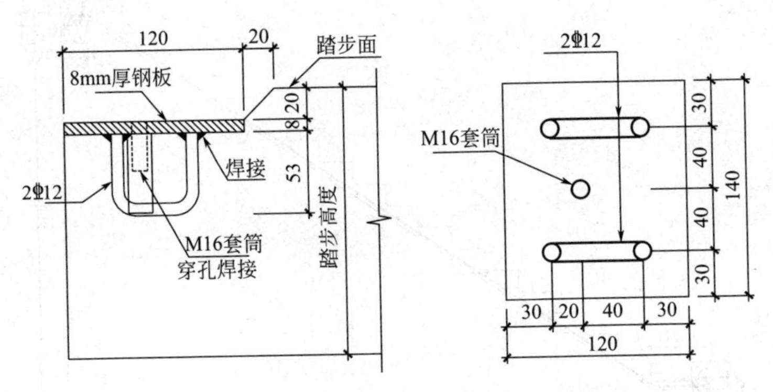

图 7-16　连接件大样图（MB-1）

（2）板式楼梯（图 7-17～图 7-19）

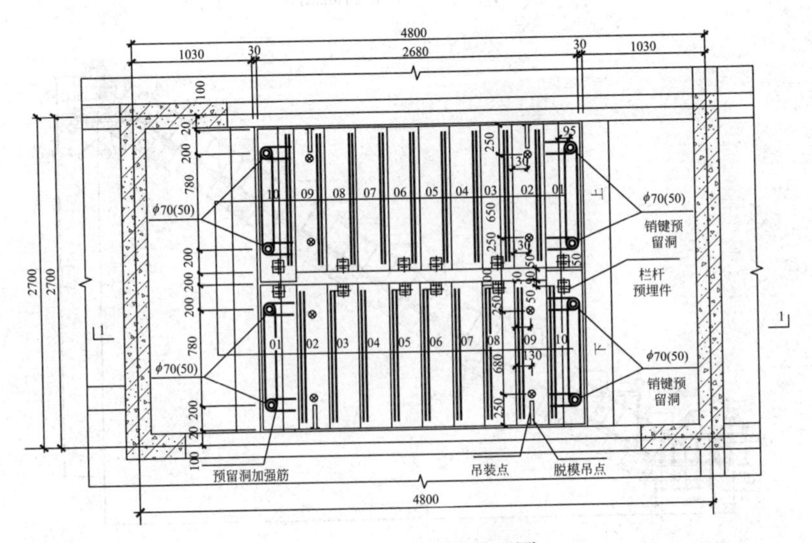

图 7-17　板式楼梯平面图

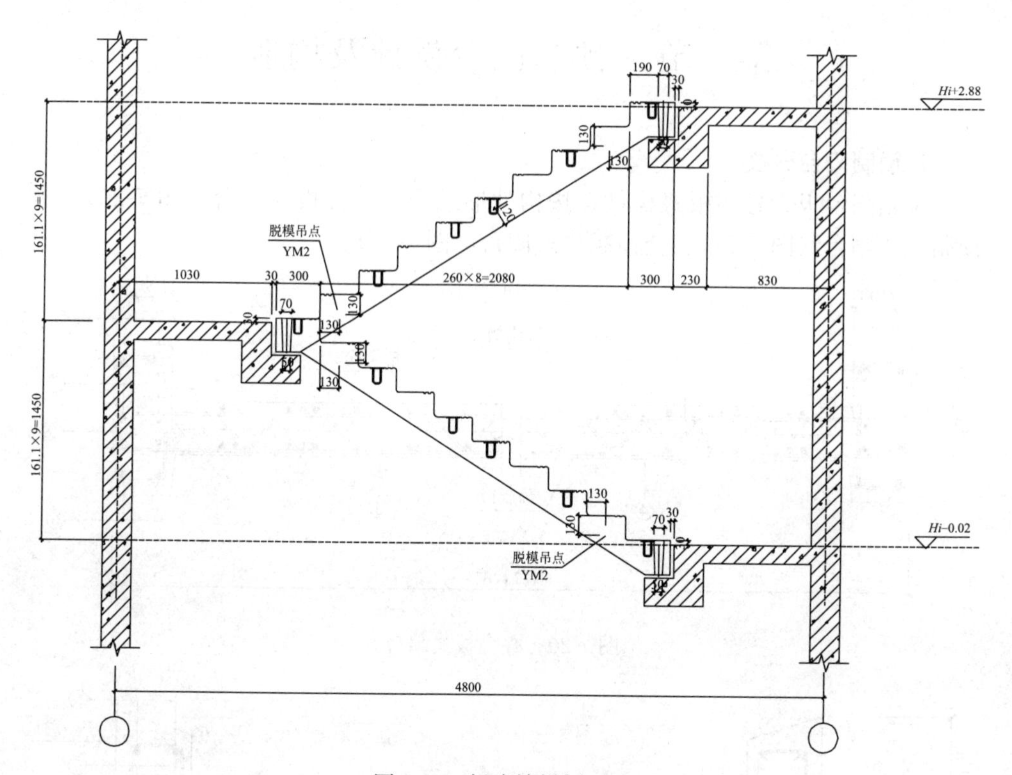

图 7-18　板式楼梯剖面图

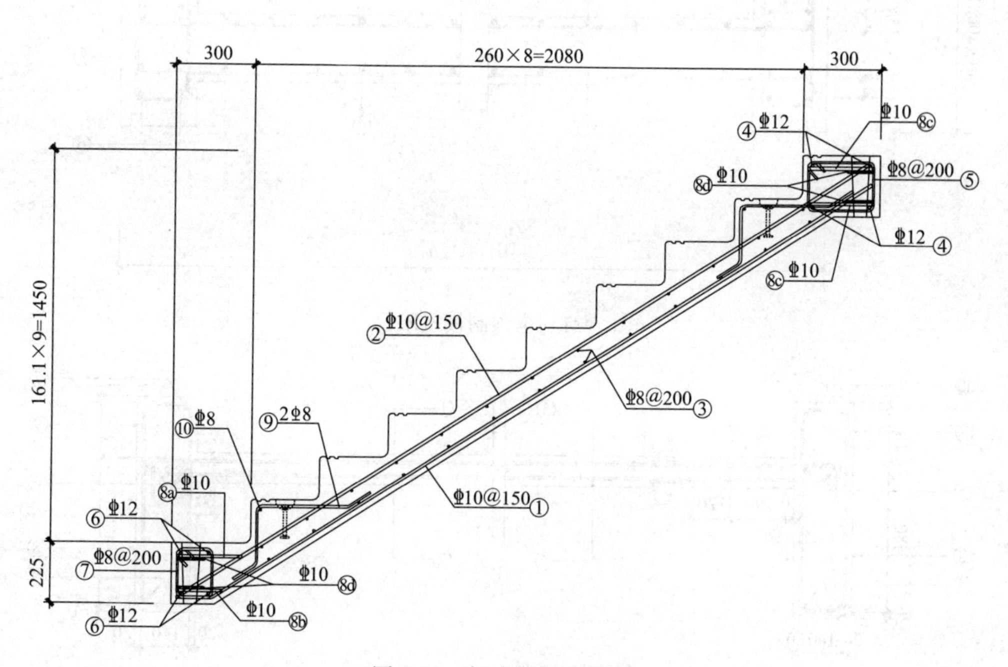

图 7-19　板式楼梯配筋图

第二节　预制阳台设计及构造

1. 预制阳台分类

预制阳台板为悬挑板式构件，按构件形式分为叠合板式阳台（图 7-20）、全预制板式阳台（图 7-21）、全预制梁式阳台（图 7-22）。

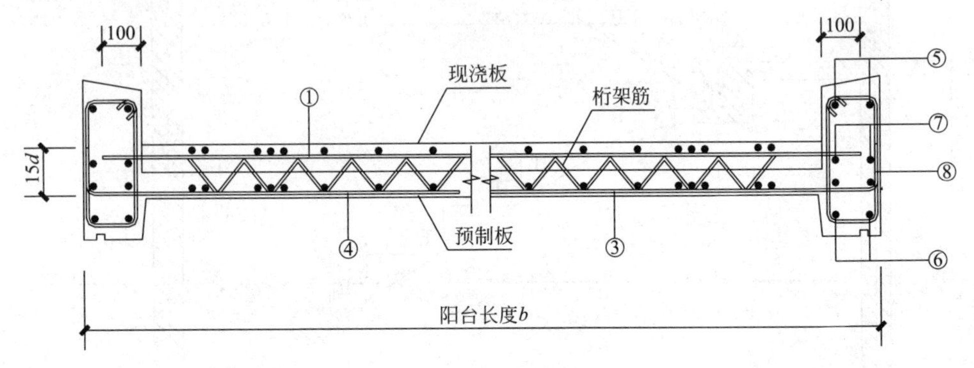

图 7-20　叠合板式阳台

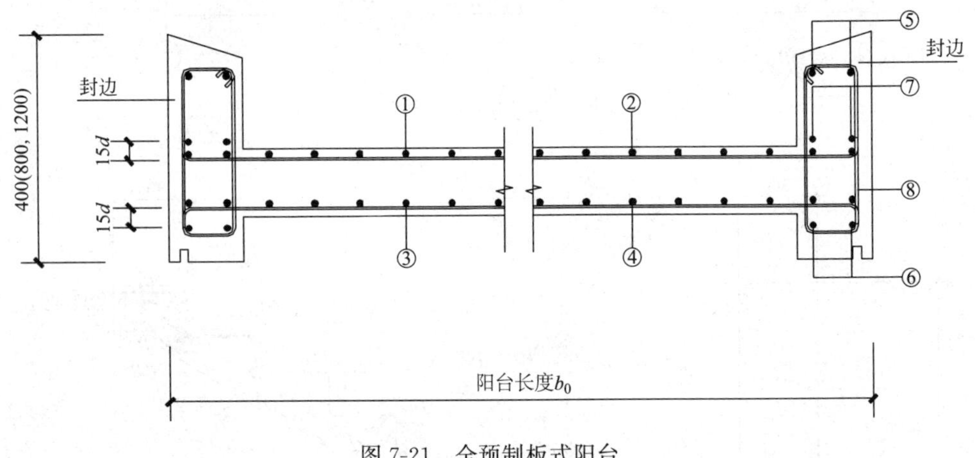

图 7-21　全预制板式阳台

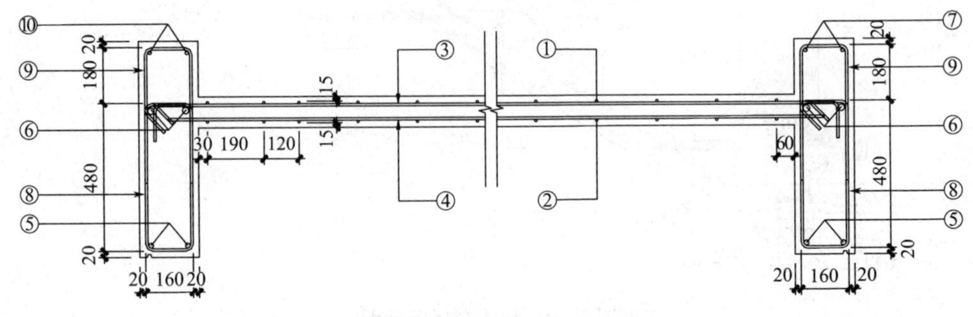

图 7-22　全预制梁式阳台

板式阳台一般在现浇楼面或现浇框架结构中采用。其根部与主体结构的梁板整浇在一起，板上荷载通过悬挑板传递到主体结构的梁板上。板式阳台一般受结构形式的约束，一般悬挑小于 1.2m 时用板式阳台。

梁式阳台是指阳台板及其上荷载，通过挑梁传递到主体结构的梁、墙、柱上。阳台板可与挑梁整体现浇在一起。另外，在阳台外端部设封口梁。边梁一般都与阳台一块现浇。悬挑大于 1.2m 一般用梁式阳台。

当阳台标准化程度较高时，可选用全预制阳台；当全预制阳台构件要求超过塔吊吊装能力时，也可采用预制叠合板式阳台。

当阳台标准化设计程度较低时，宜将阳台拆分成叠合梁和叠合板分开设计。

2. 设计参数取值

（1）结构安全等级为二级，结构重要性系数 $\gamma_0=1.0$，设计使用年限为 50 年。

（2）钢筋保护层厚度：板 20mm、梁 25mm。

（3）正常使用阶段裂缝控制等级为三级，最大裂缝宽度允许值为 0.2mm。

（4）挠度限值取构件计算跨度的 1/200，阳台板悬挑方向的计算跨度取阳台板悬挑长度 l_0 的 2 倍。

（5）施工时应起拱 $6l_0/1000$（安装阳台板时，将板端标高预先调高）。

3. 配筋构造

（1）阳台板宜采用预制构件或预制叠合构件。预制构件应与主体结构可靠连接；叠合构件的负弯矩钢筋应在相邻叠合板的后浇混凝土中可靠锚固，叠合构件中预制板底钢筋的锚固应符合下列规定。

当板底为构造配筋时，其锚固应符合下列要求：

① 板端支座处，预制板内的纵向受力钢筋宜从板端伸出并锚入支承梁或墙的后浇混凝土中，锚固长度不应小于 5d（d 为纵向受力钢筋直径），且宜伸过支座中心线，如图 7-23 所示。

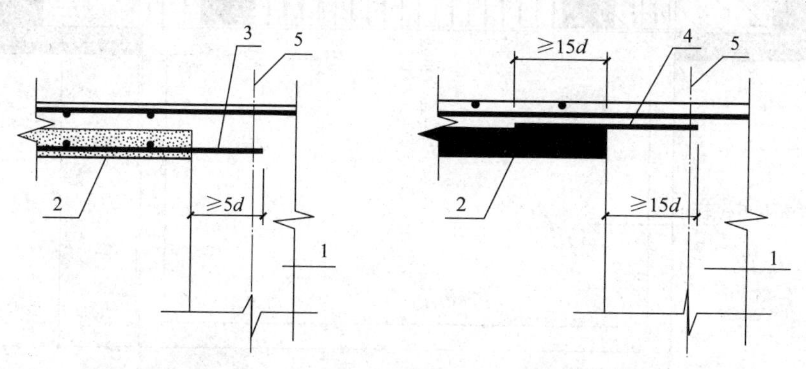

图 7-23 叠合板端及板侧支座构造示意

1—支承梁或墙；2—预制板；3—纵向受力钢筋；4—附加钢筋；5—支座中心线

② 单向叠合板的板侧支座处，当预制板内的板底分布钢筋伸入支承梁或墙的后浇混凝土中时，应符合第①条的要求；当板底分布钢筋不伸入支座时，宜在紧邻预制板顶面的后浇混凝土中设置附加钢筋，附加钢筋截面面积不宜小于预制板内的同向分布钢筋而积，间距不宜大于 600mm，在板的后浇混凝土层内锚固长度不应小于 15d，在支座内锚固长度不应小于 15d（d 为附加钢筋直径）且宜伸过支座中心线，如图 7-23 所示。

为保证楼板的整体性及传递水平力的要求，预制板内的纵向受力钢筋在板端宜伸入支座，并应符合现浇楼板下部纵向钢筋的构造要求。在预制板侧面，即单向板长边支座，为了加工及施工方便，可不伸出构造钢筋，但应采用附加钢筋的方式，保证楼面的整体性及连续性。

（2）预制阳台板纵向受力钢筋宜在后浇混凝土内直线锚固，当直线锚固长度不足时可采用弯钩和机械锚固方式。弯钩和机械锚固做法详见《装配式混凝土结构连接节点构造（剪力墙结构）》15G310-2。

（3）预制阳台板内埋设管线时，所铺设管线应放在板下层钢筋之上，板上层钢筋之下且管线应避免交叉，管线的混凝土保护层应不小于 30mm。

（4）叠合板式阳台内埋设管线时，所铺设管线应放在现浇层内，板上层钢筋之下，在桁架筋空档间穿过。

（5）阳台应确定栏杆预埋件、地漏、落水管、接线盒等的准确位置。

4. 实际图例

（1）全预制板式阳台（图 7-24～图 7-27）

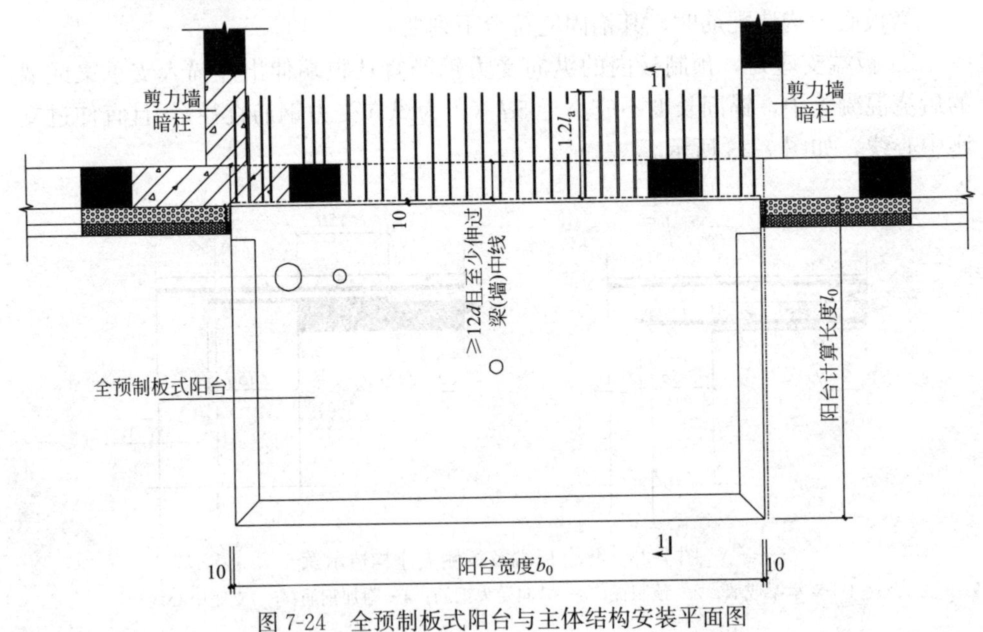

图 7-24　全预制板式阳台与主体结构安装平面图

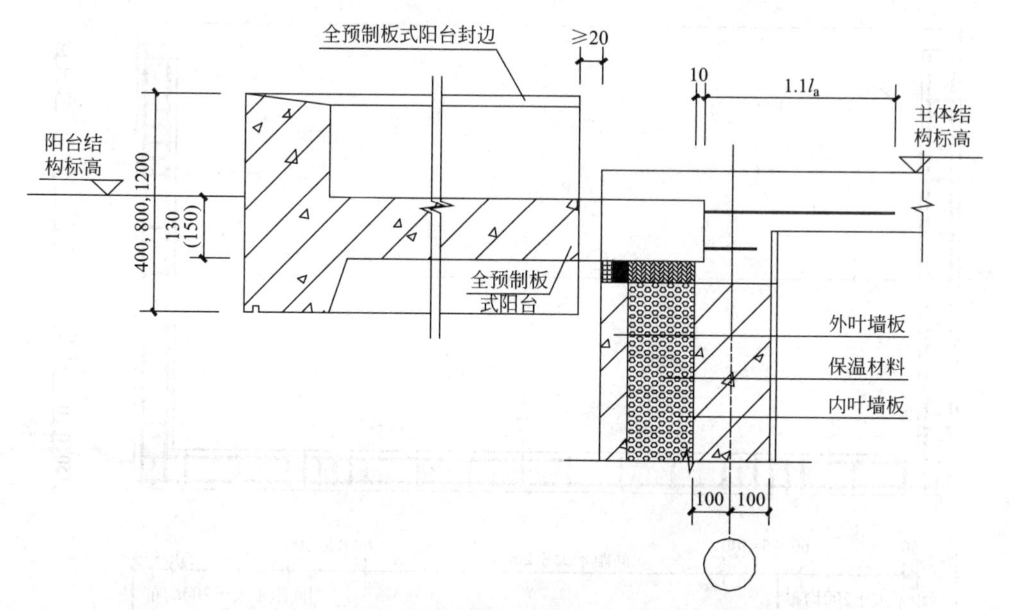

图 7-25　全预制板式阳台与主体结构连接节点详图

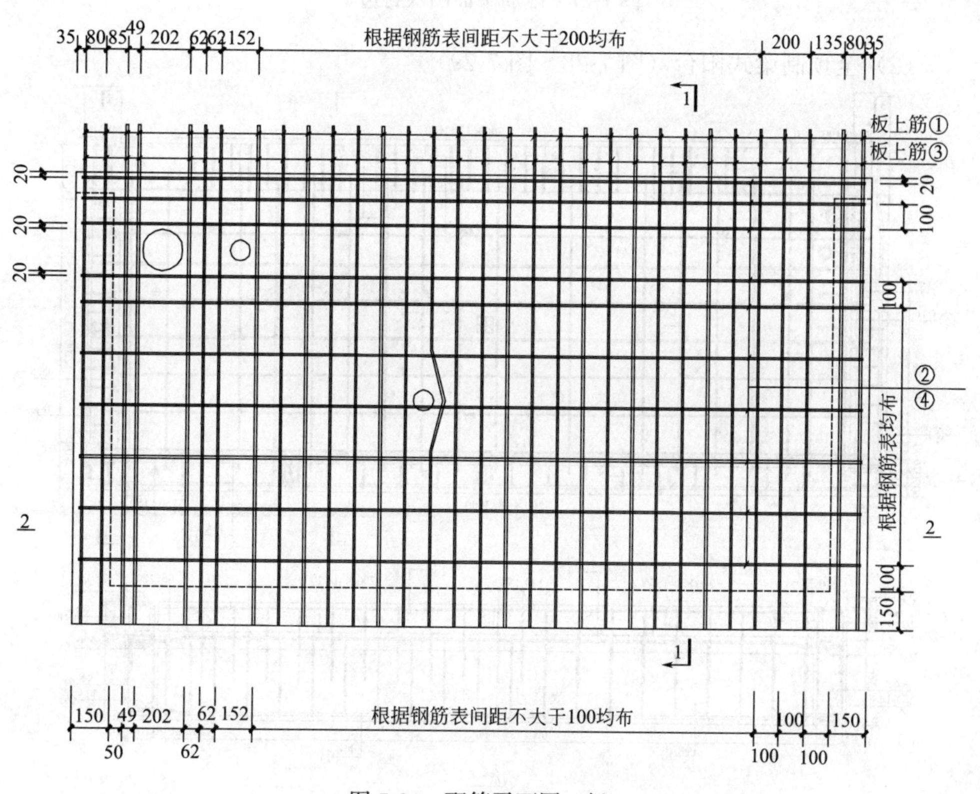

图 7-26　配筋平面图（板）

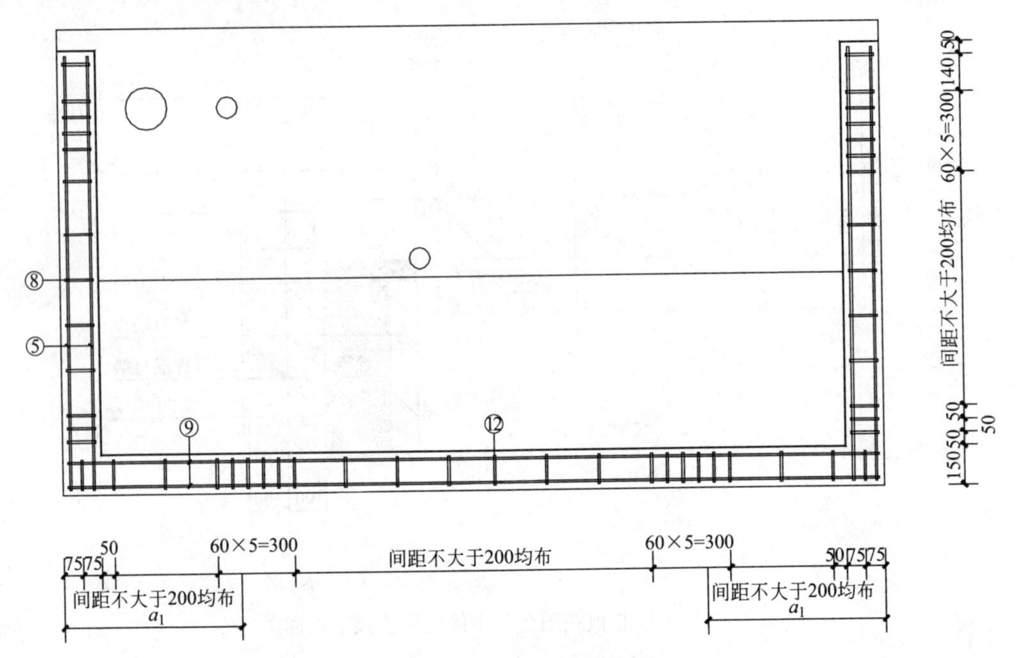

图 7-27　配筋平面图（封边）

（2）全预制梁式阳台（图 7-28～图 7-29）

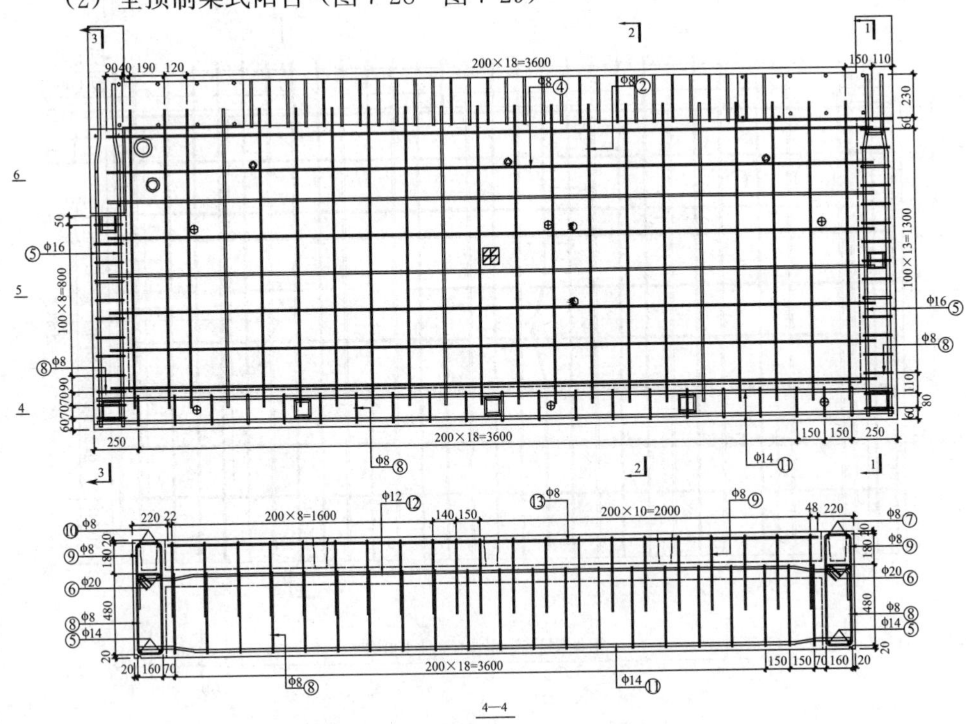

图 7-28　全预制梁式阳台配筋图（一）

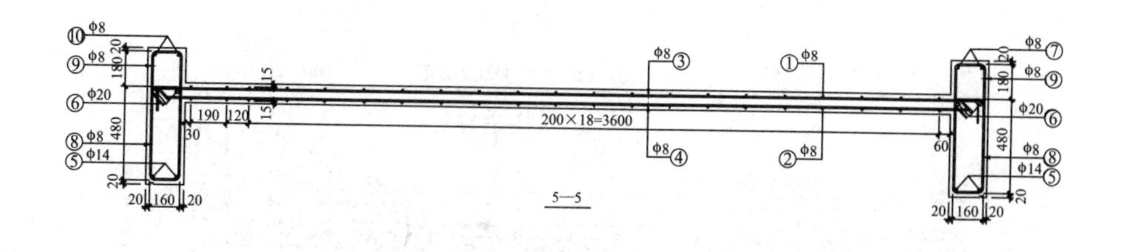

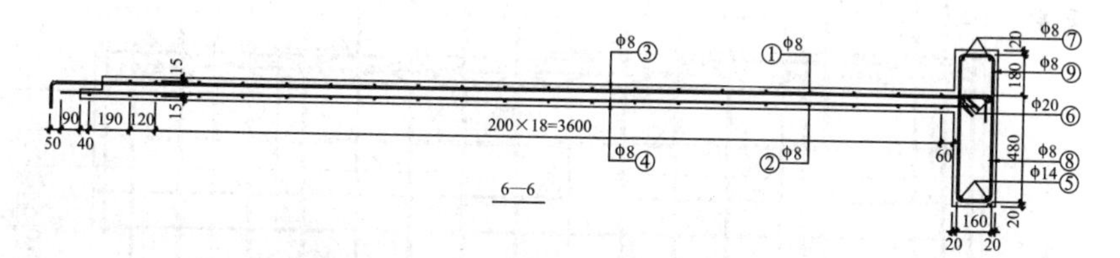

图 7-28 全预制梁式阳台配筋图（二）

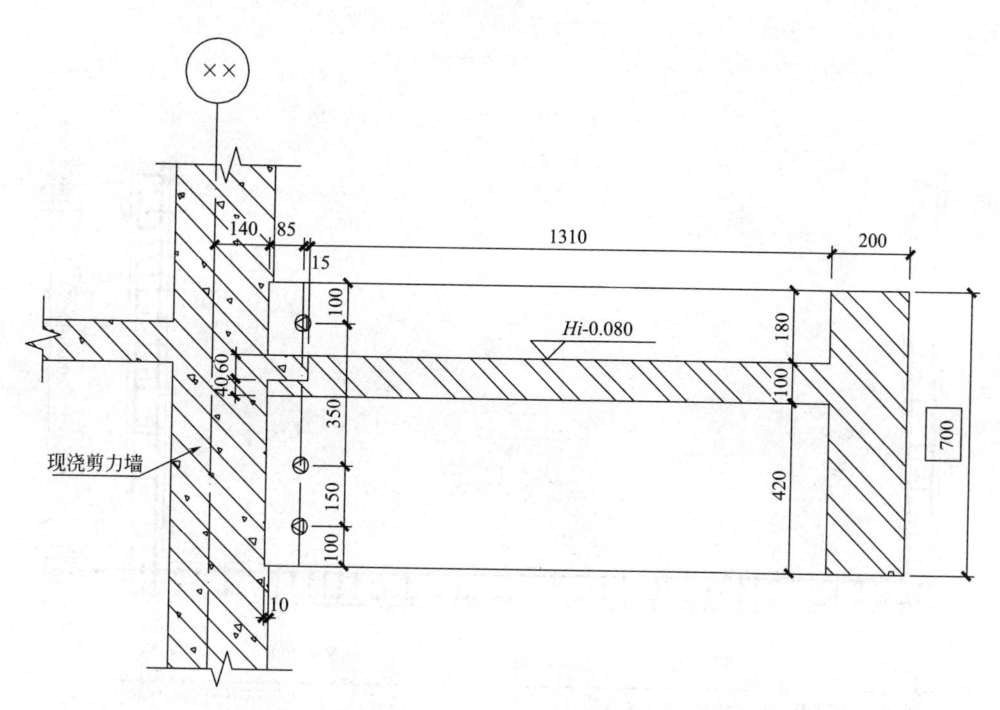

图 7-29 全预制梁式阳台与主体结构连接节点详图

（3）叠合板式阳台（图 7-30～图 7-32）

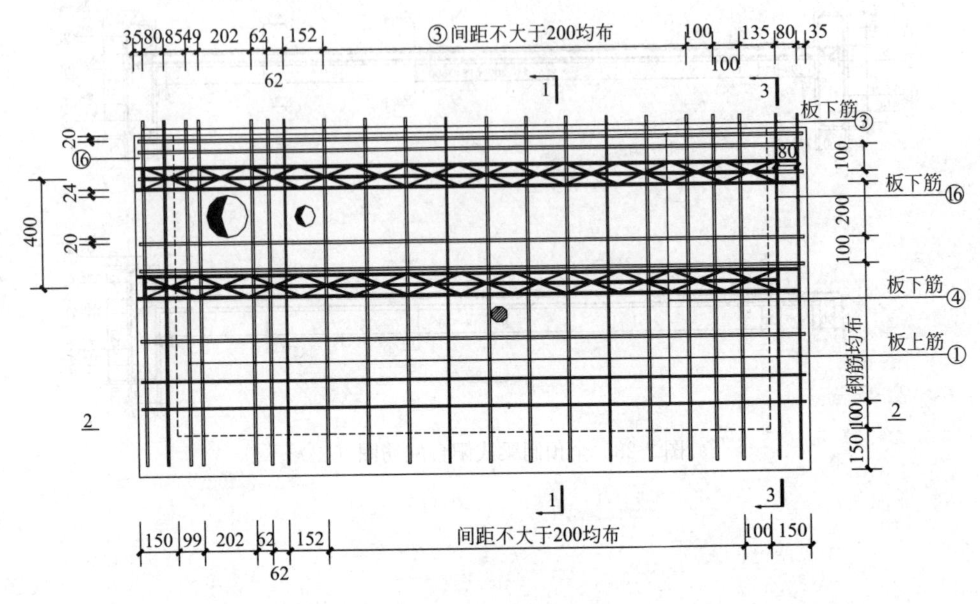

图 7-30 配筋平面图（板）

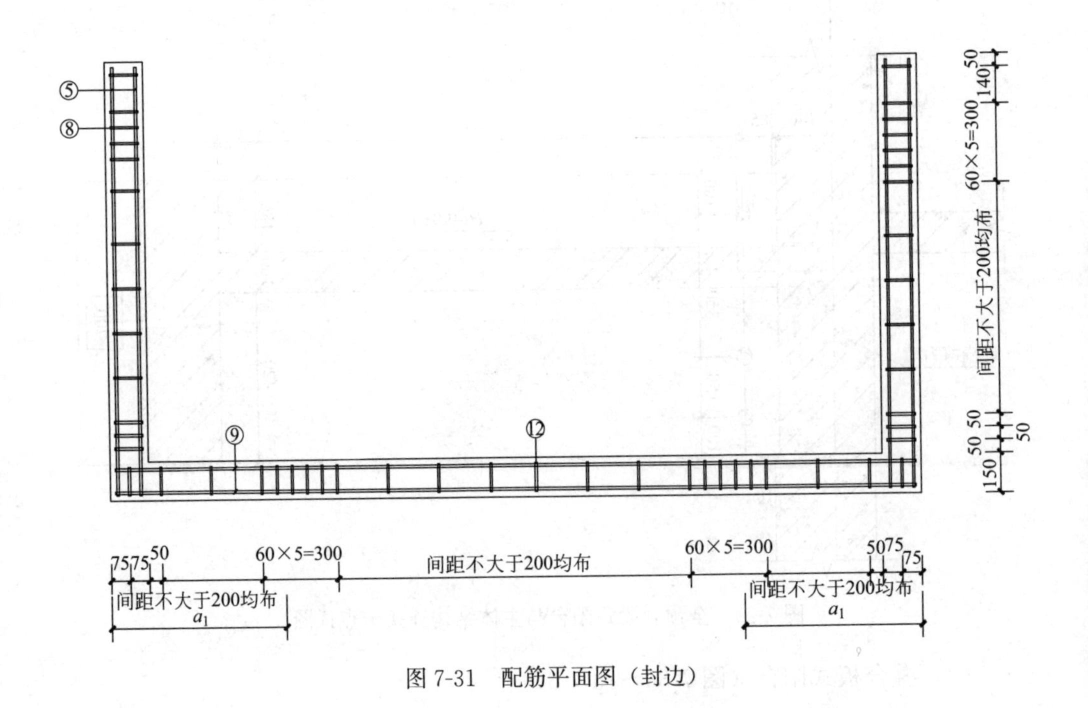

图 7-31 配筋平面图（封边）

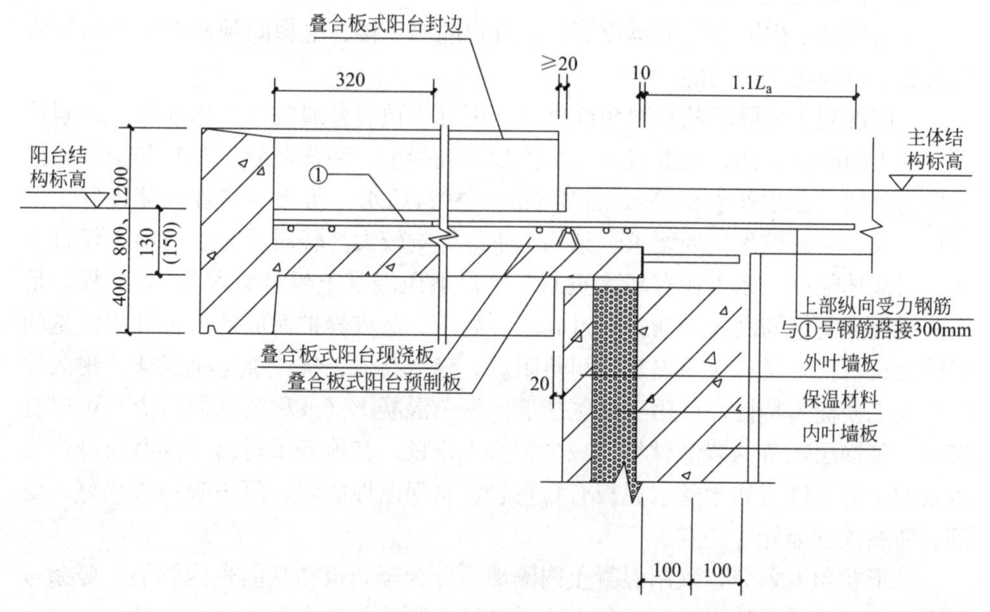

图 7-32　叠合板式阳台与主体结构连接节点详图

第三节　预制内隔墙设计及构造

1. 预制内隔墙分类

常用的预制内隔墙可以分为预制混凝土内隔墙和轻质龙骨隔墙板两类，如图 7-33、图 7-34 所示。

图 7-33　预制混凝土内隔墙

图 7-34　轻质龙骨隔墙板

（1）预制混凝土内隔墙

预制混凝土内隔墙为非承重墙板。分户隔墙、楼、电梯间预制混凝土内隔墙应具有隔声与防火的功能。

预制混凝土内隔墙从材料角度划分，可分为预制普通混凝土内隔墙、预制特种混凝土内隔墙（如轻质混凝土、蒸汽加压混凝土、装饰混凝土等）和预制其他轻质内隔墙（如木丝水泥等）。普通混凝土材料防水、防火等物理性能良好，但自重较大，对起重吊具的要求、结构总重等影响较大。轻质混凝土材料不仅自重轻，对墙体隔声、耐火还有较大贡献。蒸汽加压混凝土板材又称为 ALC 板，是由防锈处理的钢筋网片增强，经过高温、高压、蒸汽养护而成的一种性能优越的轻质建筑材料，具有保温隔热、耐热阻燃、轻质高强、抗侵蚀冻融老化、耐久性好、施工便捷等特性，可用于外围护墙。彩色混凝土（或称装饰混凝土）可以直接作为装饰层，节约装饰材料，减少装修工作量。其他轻质材料分别有自身作为墙板的优势条件，如木丝水泥板有自重轻、自保温性能好、隔声吸声效果好、防潮、防腐蚀性能好等特点。

从形状角度划分，预制混凝土内隔墙可分为竖条板和整间板内隔墙。竖条板可以现场拼接成整体，整间板的大小是该片内隔墙的整个尺寸（图 7-37）。

从空心角度划分，预制混凝土内隔墙有实心与空心两种，如图 7-35、图 7-36 所示。轻质混凝土空心板内隔墙在国内应用比较普遍，安装方便，敷设管线方便，价格低。其板厚分别为 80mm、90mm、100mm、120mm，板宽 600mm、1200mm，包括单层板、双层板构造。

图 7-35　预制空心混凝体内隔墙

（2）轻质龙骨隔墙板

轻质龙骨隔墙板为非承重墙板。住宅套内空间和公共建筑功能空间隔墙可采

图 7-36　预制实心混凝体内隔墙

图 7-37　楼、电梯间预制混凝土内隔墙

用轻质龙骨隔墙板（图 7-38），轻质龙骨隔墙板由轻钢构架、免拆模板和填充材料构成（图 7-39），龙骨可以采用轻钢或其他金属材料，也可采用木材，面板可采用是钢板、木质人造板、纤维增强硅酸钙板、纤维增强水泥板等，填充材料可采用不燃型岩棉、矿棉、轻质混凝土等其他具有隔声和保温功能的材料，内墙增加装饰层。

2. 预制内隔墙与家装管线集成设计

（1）预制内隔墙宜采用轻质隔墙并设架空层，架空层内敷设管线、开关、插

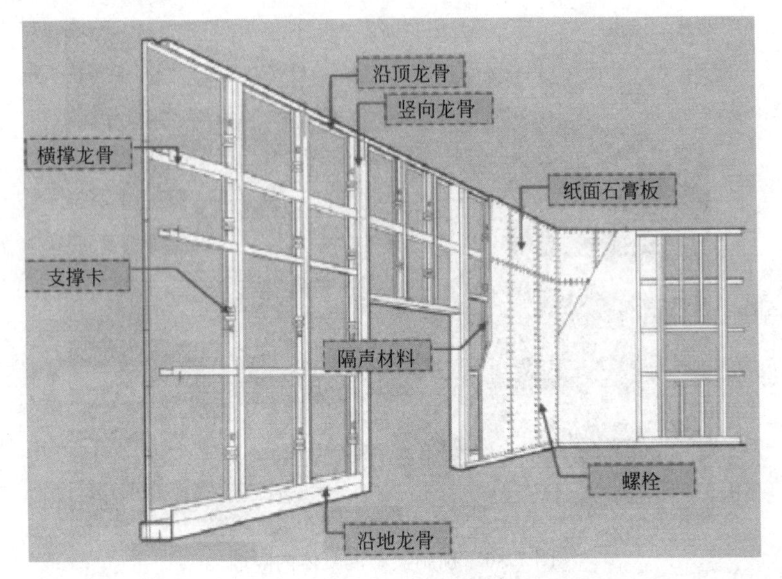

图 7-38　轻质龙骨隔墙板分解图

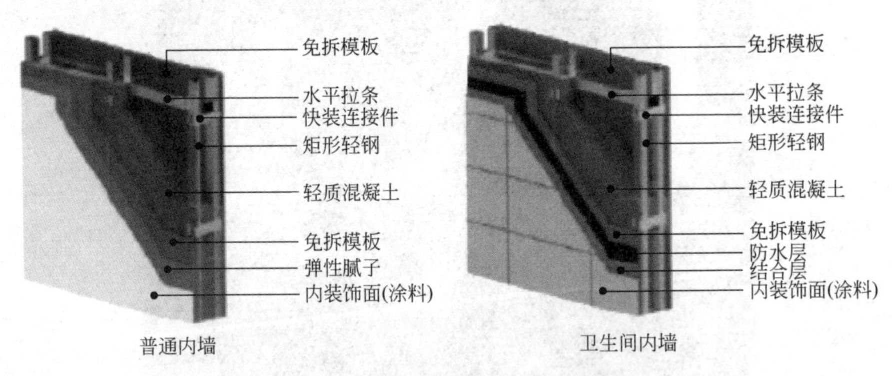

图 7-39　轻钢轻混凝土隔墙板构造

座、面板等电器元件。

（2）预制内隔墙上需要固定电器、橱柜、洁具等较重设备或其物品时，应在骨架墙板上采取可靠固定措施，如设置加强板等。

（3）预制内隔墙宜选用自重轻、易于安装、拆卸且隔声性能良好的隔墙板等。可根据使用功能灵活分隔室内空间，非承重内隔墙与主体结构的连接应安全可靠，满足抗震及使用要求。用于厨房及卫生间等潮湿空间的墙体应具有防水、易清洁的性能。

（4）蒸汽加压混凝土内隔墙

① 蒸汽加压混凝土内隔墙板侧边及顶部与混凝土柱、梁、板等主体结构连

接时应预留 10～20mm 缝隙，与主体之间宜采用柔性连接，宜采用弹性材料填缝，抗震区应有卡固措施。该类型内隔墙可采用钩头螺栓、滑动螺栓、内置锚、摇摆型等安装方式。其中国内通用的是钩头螺栓法安装，其施工方便、造价低，但会损伤板材，不属于柔性连接，属于半刚性连接。

② 蒸汽加压混凝土内隔墙板的管线开槽应在工厂完成，开槽深度不应大于 15mm，避开受力钢筋，可直接沿纵向板长方向开槽，因为一般板内配置两层钢筋网，故也可小距离横向开槽。

③ 建筑物防潮层以下的外墙、长期处于浸水和化学侵蚀环境的部位和表面温度经常处于 80℃以上环境的部位，不宜采用蒸汽加压混凝土墙板。

(5) 预制内隔墙条板排板时，无门洞口的墙体，建议从墙体一端开始沿着墙长方向顺序排板；有门洞口的墙体，从门洞口开始分别向两边排板，如图 7-40 所示。当墙体端部的墙板不足一块板宽时，可设计补板，补板宽度一般小于 300mm。小于 300mm 的门边板需采用现浇钢筋混凝土，并宜与主体结构一起浇筑成形。墙体长度超过 4m 或墙体高度大于标准板的长度时，需进行专项设计，以保证墙体稳定性。

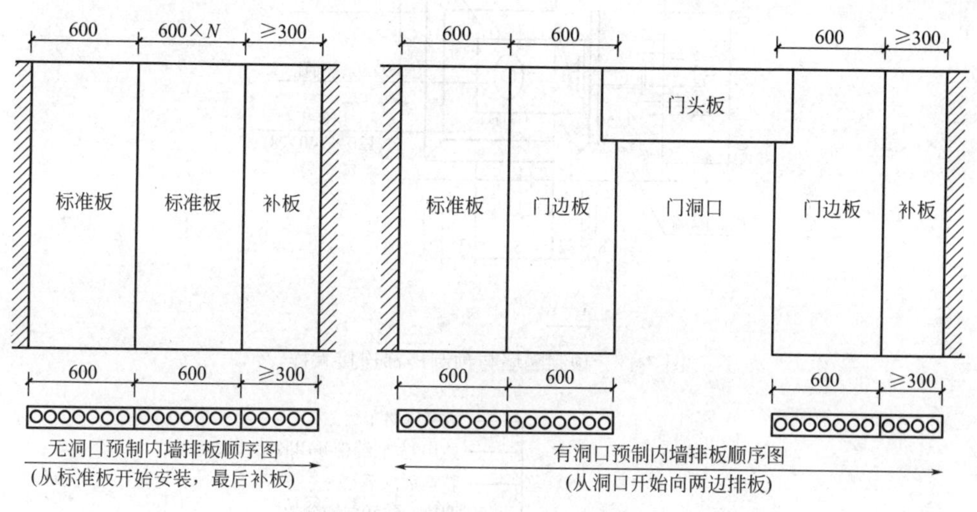

图 7-40 预制内隔墙条板排板原则图

(6) 预制内隔墙条板与结构墙柱连接节点，墙板与结构墙柱可采用 L 形、T 形、一字形连接，若与结构墙柱 L 形平接，建议预留企口，深 4mm 宽 50mm。

3. 预制内隔墙部分案例

(1) 预制楼梯内隔墙与楼梯连接大样（图 7-41）

(2) 预制内隔墙连接节点大样（图 7-42～图 7-48）

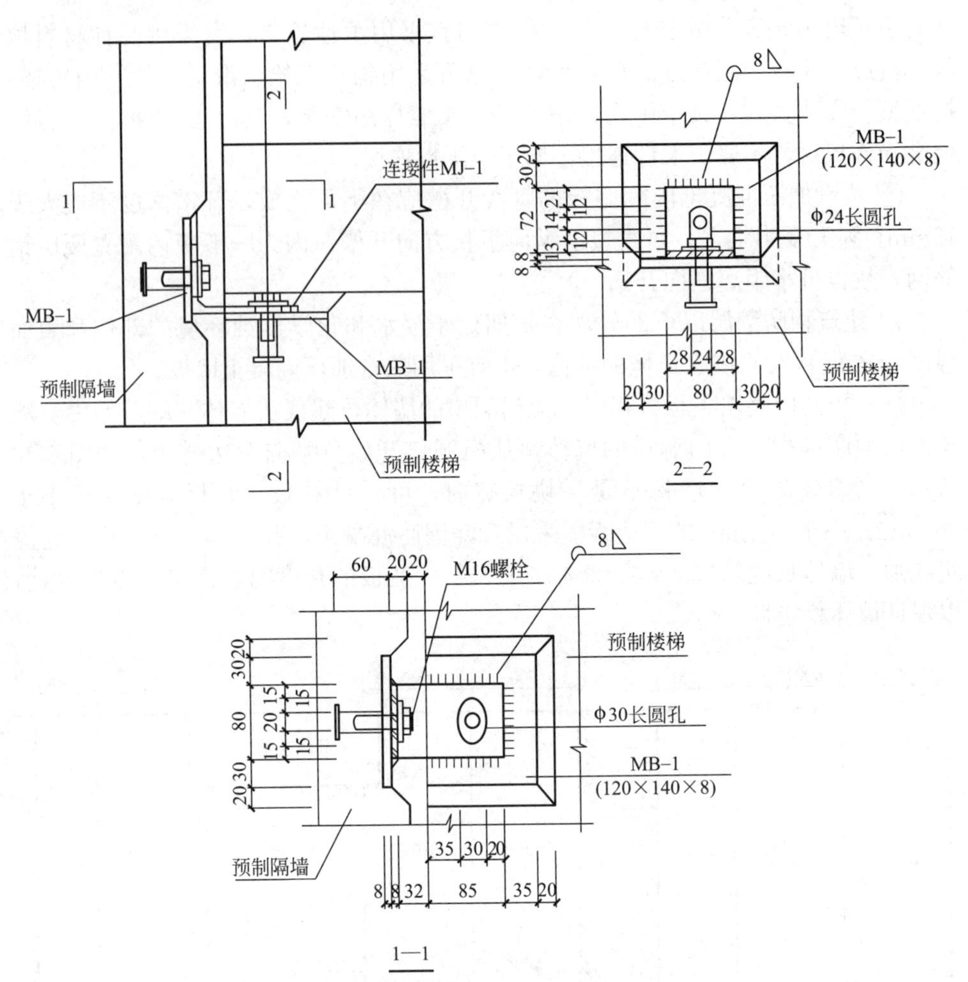

图 7-41　预制隔墙与预制楼梯连接大样

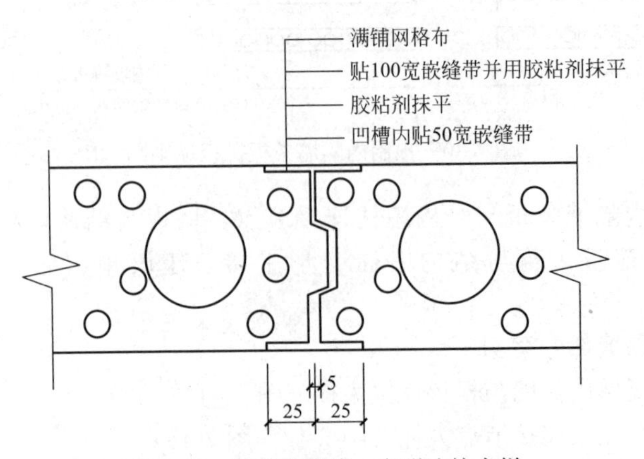

图 7-42　预制内隔墙一字形连接大样

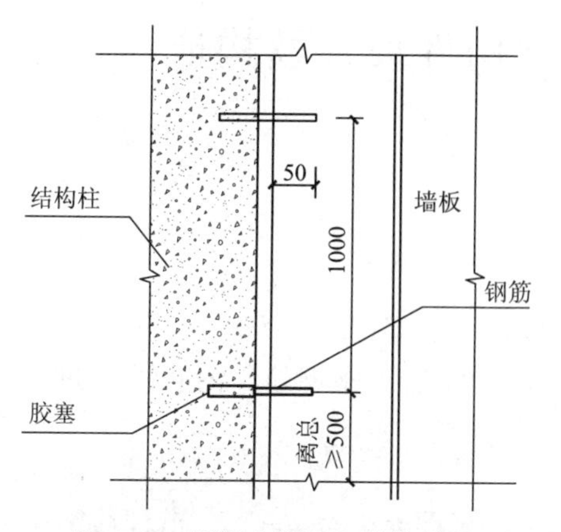

图 7-43　预制内隔墙与结构墙柱连接节点（立面）

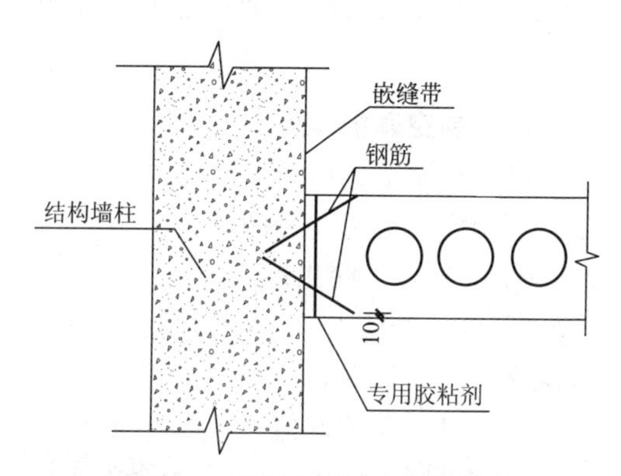

图 7-44　预制内隔墙与结构墙柱连接剖面（T 形）

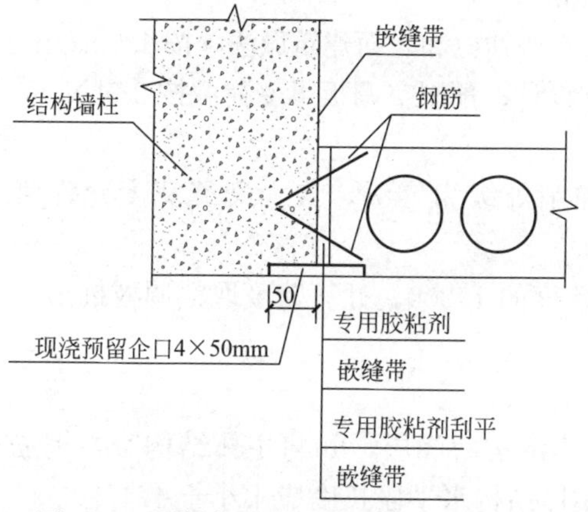

图 7-45　预制内隔墙与结构墙柱连接剖面（L 形、一字形）

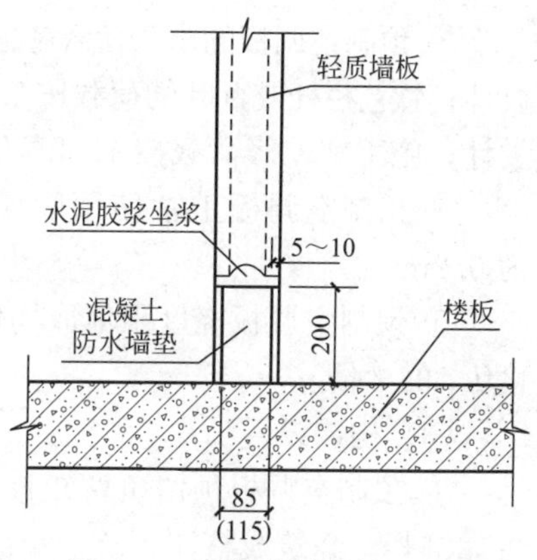

图 7-46　预制内隔墙与卫生间防水墙垫连接

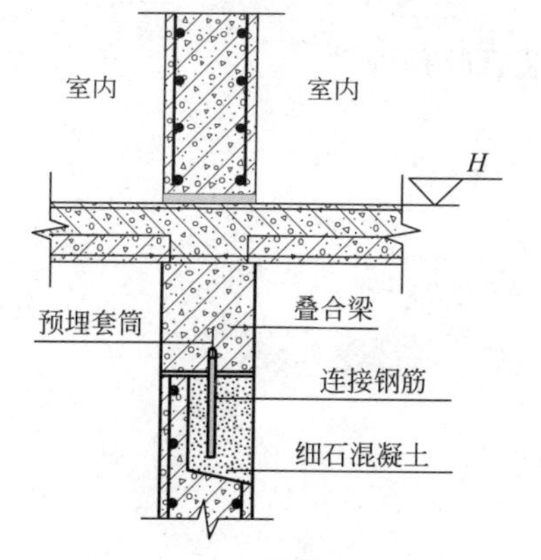

图 7-47　内嵌式预制内隔墙与结构梁连接示意图

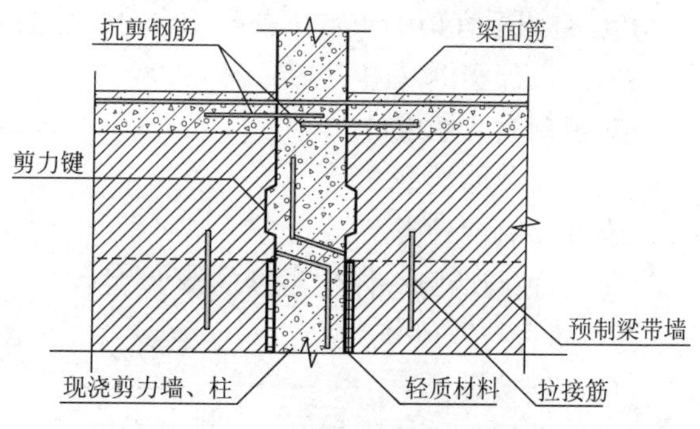

图 7-48　梁墙一体预制内隔墙连接示意图

第四节　其他非承重预制构件设计及构造

1. 预制空调板设计

（1）预制空调板分类

预制空调板主要分两类：

① 一种是三面出墙，预制空调板直接放置在墙上部；

② 另一种是挑出的，预制空调板整块预制，伸出支座钢筋，钢筋锚固伸入现浇圈梁、楼板内，如图 7-49 所示。

（2）设计参数取值

① 预制空调板结构安全等级为二级，结构重要性系数 $\gamma_0=1.0$，设计使用年限为 50 年。

② 预制空调板钢筋保护层厚度按 20mm 设计。

③ 预制空调板的永久荷载考虑自重、空调挂机和表面建筑做法，按 $4.0kN/m^2$ 设计；铁艺栏杆或百叶的荷载按 1.0kN/m 设计；预制空调板可变荷载按 $2.5kN/m^2$ 设计；施工和检修荷载按 1.0kN/m 设计。

④ 预制空调板正常使用阶段裂缝控制等级为三级，最大裂缝宽度允许值为 0.2mm。

⑤ 预制空调板挠度限值取构件计算跨度的 1/200，计算跨度取空调板挑出长度 L_1 的 2 倍。

（3）构造设置

① 预制空调板预留负弯矩筋伸入主体结构后浇层，并与主体结构梁板钢筋可靠绑扎，浇筑成整体，负弯矩筋伸入主体结构水平段长度应不小于 $1.1l_a$。

② 预制空调板结构板顶标高宜与楼板的板顶标高一致。

③ 预制空调板厚度宜取 80mm。

④ 预制钢筋混凝土空调板应预留排水孔及安装百叶预埋件。

⑤ 空调板宜集中布置，并与阳台合并设置。

（4）设计实例（图 7-49～图 7-50）

2. 预制女儿墙设计

（1）女儿墙类型

女儿墙有两种类型：

① 压顶与墙身一体化类型的倒 L 型；

② 墙身与压顶分离式。

（2）连接设计

女儿墙墙身连接与剪力墙一样，与屋盖现浇带的连接用套筒灌浆连接或浆锚连接，竖缝连接为后浇混凝土连接。

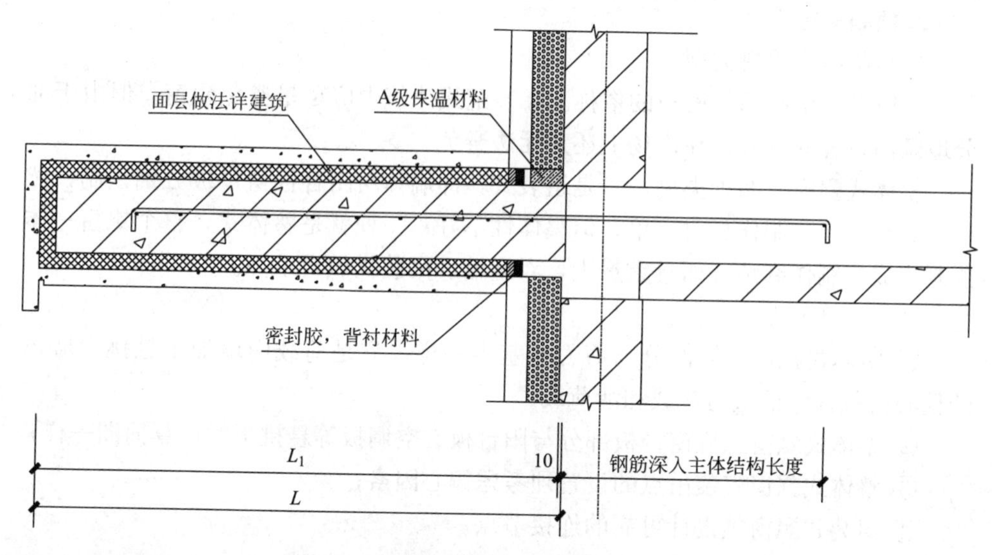

图 7-49 预制钢筋混凝土空调板连接节点

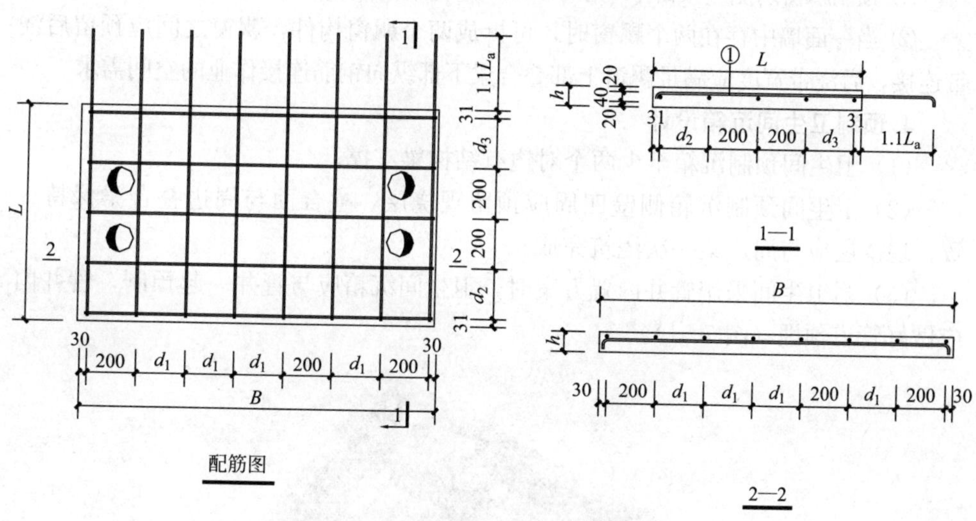

图 7-50 预制钢筋混凝土空调板配筋图

女儿墙压顶与墙身的连接用螺栓连接。

(3) 设计构造

① 预制女儿墙与后浇混凝土结合面应做成粗糙面，且凹凸应不小于 4mm。

② 预制女儿墙内侧在设计要求的泛水高度处应设凹槽。

③ 每两块预制女儿墙在连接处需设置一道宽 20mm 的温度收缩缝。

④ 剪力墙后浇段延伸至女儿墙顶（压顶下）作为女儿墙的支座。

3. 预制飘窗设计

（1）整体式飘窗类型

飘窗是凸出墙面的窗户的俗称。在装配式建筑中应尽量避免飘窗。但由于部分地区消费者的喜好，在市场上还是无法避免。

整体式飘窗有两种类型，一是组装式，即墙体与闭合性窗户板分别预制，然后组装在一起，制作相对简单，但整体性不好；一种就是整体式，整个飘窗一体预制完成，制作麻烦，而且重量大，对运输、吊装机械要求高。

（2）计算要点

① 整体式飘窗墙体部分与剪力墙基本一样，只是荷载中增加了悬挑出墙体的偏心荷载，包括重力荷载和活荷载；

② 整体式飘窗悬挑窗台板部分与阳台板、空调板等悬挑板的计算简图一样；

③ 整体式飘窗安装吊点的设置须考虑偏心因素；

④ 组装式飘窗须设计可靠的连接节点。

（3）设计构造

① 预制飘窗两侧应预留不小于100mm的墙垛，避免剪力墙直接延伸至窗边缘。

② 当一面墙中存在两个飘窗时，可拆成两个飘窗构件，飘窗之间应预留后浇带连接，后浇带宽度应满足飘窗上部叠合梁下部纵向钢筋连接作业的空间需求。

4. 预制卫生间沉箱设计

（1）卫生间预制沉箱至少两个对边有结构梁支撑。

（2）卫生间预制沉箱侧壁四周应预留现浇层，叠合面与周边叠合梁保持一致，现浇层应与周边梁一次浇筑完成。

（3）当卫生间采用管井内置方案时，卫生间沉箱应与管井一起预制，管井内应做好管道预埋（图7-51）。

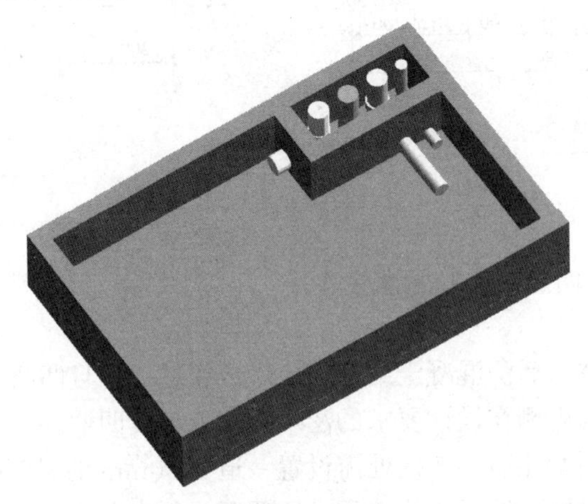

图7-51　预制沉箱（管井内置）示意图

（4）当卫生间采用管井外挂方案时，卫生间预制沉箱侧壁管道穿孔处应提前预埋穿墙钢套管，如图 7-52 所示。

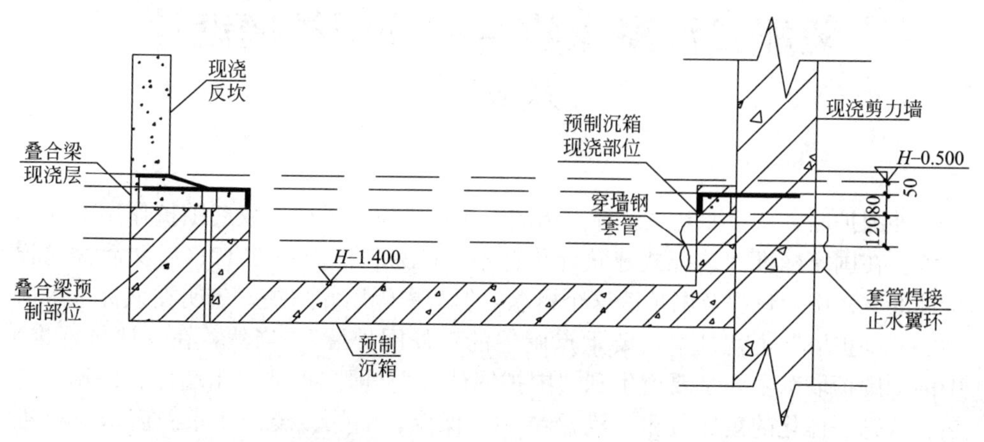

图 7-52 预制沉箱（管井外挂）剖面图

第八章

装配式混凝土建筑的外围护墙设计及构造

外围护墙，从字面意义解释，指的就是区隔室内外的、仅起围护作用的非承重墙。在国家标准《装配式建筑评价标准》GB/T 51129—2017（后文简称《评价标准》）中，仅提及围护墙这个概念，但与内隔墙并列提，表明在该标准里所称的“围护墙”也就是本章要重点阐述的“外围护墙”。当然，在《评价标准》中的“围护墙”主要是要衍生到“围护墙体系”，即围护墙采用墙体、保温、隔热、装饰一体化的集成技术，满足结构、保温、隔热、装饰要求。而国家标准《装配式混凝土建筑技术标准》GB/T 51231—2016 中提及“外围护系统”的概念，其定义是由建筑外墙、屋面、外门窗及其他部品部件等组合而成，用于分隔建筑室内外环境的部品部件的整体。但本章所指的外围护墙仅限于狭义的概念，不包括屋面等，主要针对外围护墙的结构设计及构造。

第一节　外围护墙分类

对于传统的现浇混凝土结构，外围护墙在主体结构完成后采用砌块砌筑，又称二次墙。但在装配式混凝土建筑中，外围护墙就不是指砌块砌筑的这个概念，与装配式相匹配，外围护墙是基于工业化角度去重新定义的。

装配式建筑的外围护墙，根据工业化的实现路径不同，主要分为采用铝模施工的全现浇外围护墙和预制外围护墙两种。预制外围护墙又称预制外挂墙板，简称外挂墙板，这也是国家标准《装配式混凝土建筑技术标准》GB/T 51231—2016、行业标准《装配式混凝土结构技术规程》JGJ 1—2014 中涉及的标准用语，指的就是安装在主体结构上，起围护、装饰作用的非承重预制混凝土外墙板，以加快施工进度、缩短工期，将墙体进行合理的分割及设计后，在工厂预制，再运至现场进行安装，实现了外围护墙与主体结构的同步施工。这种起围护、装饰作用的非承重预制混凝土墙板通常采用预埋件或留出钢筋与主体结构实现连接。外挂墙板又可以分为内嵌式预制外围护墙和外挂式预制外围护墙。本章主要针对外挂墙板的设计及构造进行介绍。

1. 铝模施工的全现浇混凝土外围护墙

（1）铝模概念

铝模即铝合金模板体系，由面板系统、支撑系统、紧固系统和附件系统组成，如图 8-1 所示。面板系统采用挤压成形的铝合金型材加工而成，取代传统的木模板，配合高强的钢支撑和紧固系统及优质的五金插销等附件，具有轻质、高强、整体稳定和装拆便捷、多次重复使用的特点。

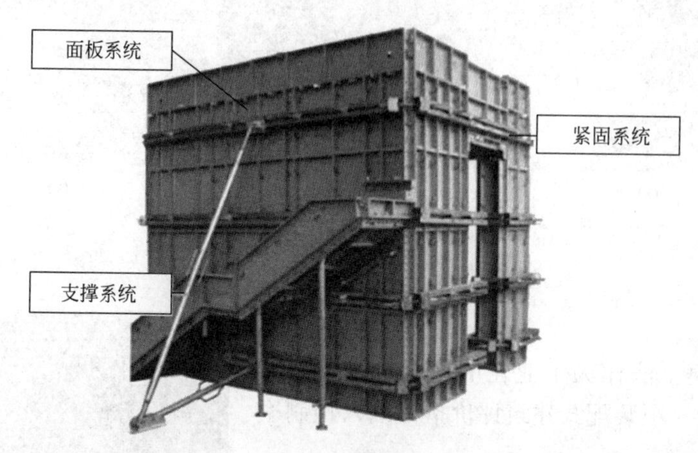

图 8-1　铝合金模板体系示意图

(2) 铝模施工的全现浇混凝土外围护墙优点

① 铝模施工环境整洁，可提升对工人的人文关怀。施工后废料少，模板材料可再生，符合绿色环保理念，可带来良好的社会效益。

② 采用早拆模支撑系统，通过一套面板系统加三套支撑系统搭配使用，可实现 4 天 1 层的施工进度。对于 1 栋 33 层的建筑而言，相比传统木模施工可节省工期约 1 个月。

③ 铝模施工装拆快捷，可有效缩短工期。装拆操作简单，对工人技术要求不高，可解决现场技术工人短缺的问题。

④ 模板强度高、稳定性好，脱模后混凝土表面平整度高、精度高，可免去表面批荡，节约成本，如图 8-2 所示。

⑤ 门窗过梁、窗洞止水反边等小尺寸二次构件一次成形，效果良好，可有效地解决窗边渗漏问题，如图 8-3 所示。

⑥ 由于混凝土工程质量及精度提高，外围护墙门窗工程可节省现场复测环节的时间，直接按设计图排产安装。外围护墙门窗提前安装后给室内装修提供了场地，从而实现楼栋内“土建-门窗安装-室内装修”搭接流水同时施工的可能，大大缩短施工时间。

⑦ 在与传统木模板的对比中，铝模在施工效率、施工周期、维护费用、人员要求、机械需求和重复使用次数等经济因素方面都具有优势。通过残值回收和提高周转次数，铝模的总体成本可与传统的木模板体系持平甚至更低，带来较好

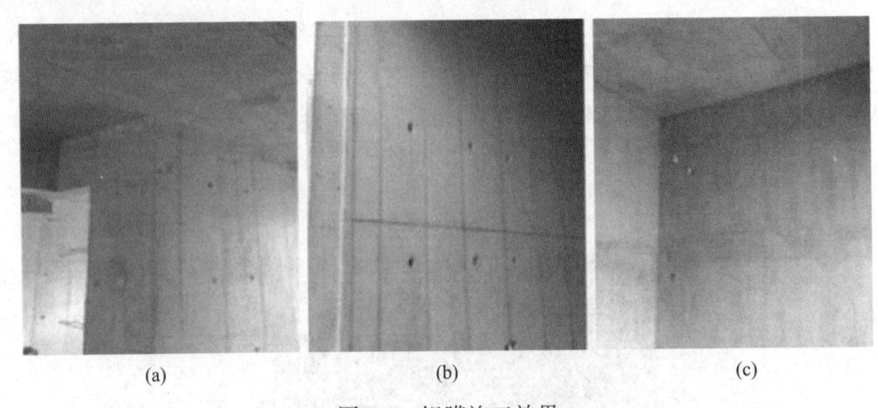

(a)　(b)　(c)

图 8-2　铝膜施工效果

（a）平整度高；（b）精度高；（c）免批荡

的经济效益。

⑧ 铝模工法作为工业化的概念，已被部分省、市作为一项装配式建筑评价指标纳入预制率的计算中。

图 8-3　窗洞止水反边

2. 预制内嵌式外围护墙

对于内嵌式的墙体，有采用砌块砌筑的形式，但多数指预制内嵌混凝土墙板，即进行建筑主体施工时，把预制墙板先安装就位，用现浇的混凝土将预制墙板连接为整体的结构，其主体结构构件一般为现浇混凝土或预制叠合混凝土结构，属于先安装法，又称香港工法。

内嵌式的预制外围护墙对结构抗侧刚度的影响相对较大，内嵌式预制外围护墙上边及左右侧边与梁、柱或剪力墙相连，抗侧作用接近于剪力墙。但由于内嵌式预制外围护墙下边只有限位连接，不能传递力，因此其与剪力墙的刚度相比有所减弱；如在整体计算模型中建立预制外围护墙进行整体结构分析，因为其与梁柱连接及对结构的影响相对复杂，所以计算设计相对较困难。

3. 预制外挂式外围护墙

外挂式的墙体则一般采用外挂墙板的形式。外挂墙板是自重构件，是由混凝土板和门窗等围护构件组成的完整结构体系，只承受作用于本身的作用，包括自重、风荷载、地震作用以及施工阶段的荷载；同时，外挂墙板也是建筑物的外围护结构，不考虑分担主体结构所承受的荷载和作用。

外挂式外围护墙具有许多优点：外挂式对规范规定的主体结构误差、构件制作误差、施工安装误差等具有三维可调剂适应能力；能够满足将挂板的荷载有效传递到主体结构承载要求的同时，还具有适应主体结构层间位移及垂直方向变形的能力。

（1）按保温构造层次分类

外挂墙板按照外挂墙板组成的保温构造层次主要分为单叶板（单层板）、单叶板＋保温板（二合一板）、夹芯保温板（三合一板），如图 8-4 所示。

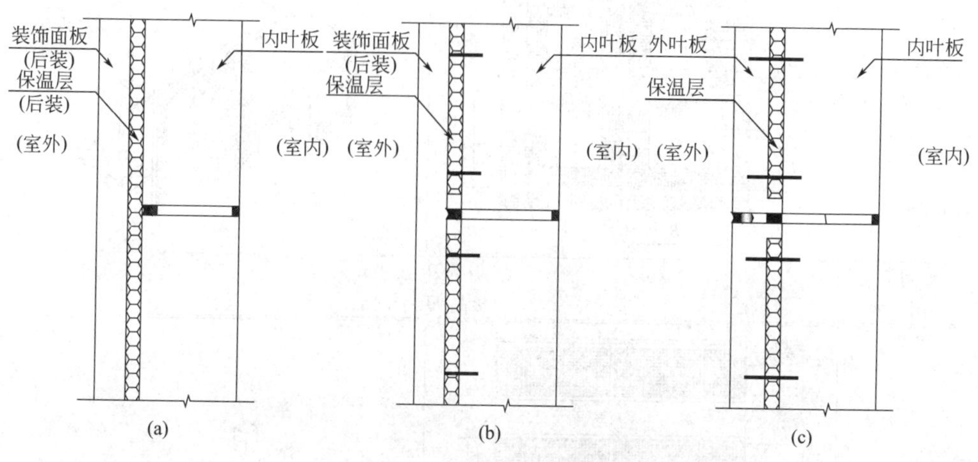

图 8-4 按保温构造层次分类

（a）单层板；（b）单叶板＋保温板；（c）夹芯保温板

① 单叶板（单层板）

预制混凝土单层板在工厂制作时，仅预制外围护墙填充墙部分，未加保温层，需后期在现场施工时在预制单层板外安装保温层、装饰层等，当预制率较低时采用。

② 单叶板＋保温板（二合一板）

预制混凝土单叶板＋保温板外围护墙由单页板、保温层和连接件组成，是集围护、保温功能为一体的装配式预制混凝土构件，但该种外围护墙由于保温材料直接外露，容易吸湿导致保温性能下降，而且保温构造复杂、保温层强度低。

③ 夹芯保温板（三合一板）

预制混凝土夹心保温外围护墙由内叶板、夹心保温层、外叶板和连接件组成，保温体系与结构主体具有相同的耐久性，是集围护、保温、防水、防火、装饰等多项功能为一体的装配式预制混凝土构件。

（2）按建筑外围护墙功能和立面特征分类

外挂墙板按照建筑外围护墙功能定位可分为围护板系统和装饰板系统，其中围护板系统又可按建筑立面特征划分为整间板系统、横条板系统、竖条板系统等。整块板的大小是一个开间的整个尺寸，高度通常为层高，门窗、外饰面可在工厂完成，减少高空湿作业。条板可以横放或竖放，现场拼接成整体。各系统的板型划分及设计参数要求参考表 8-1 的规定。

各系统的板型划分及设计参数要求 **表 8-1**

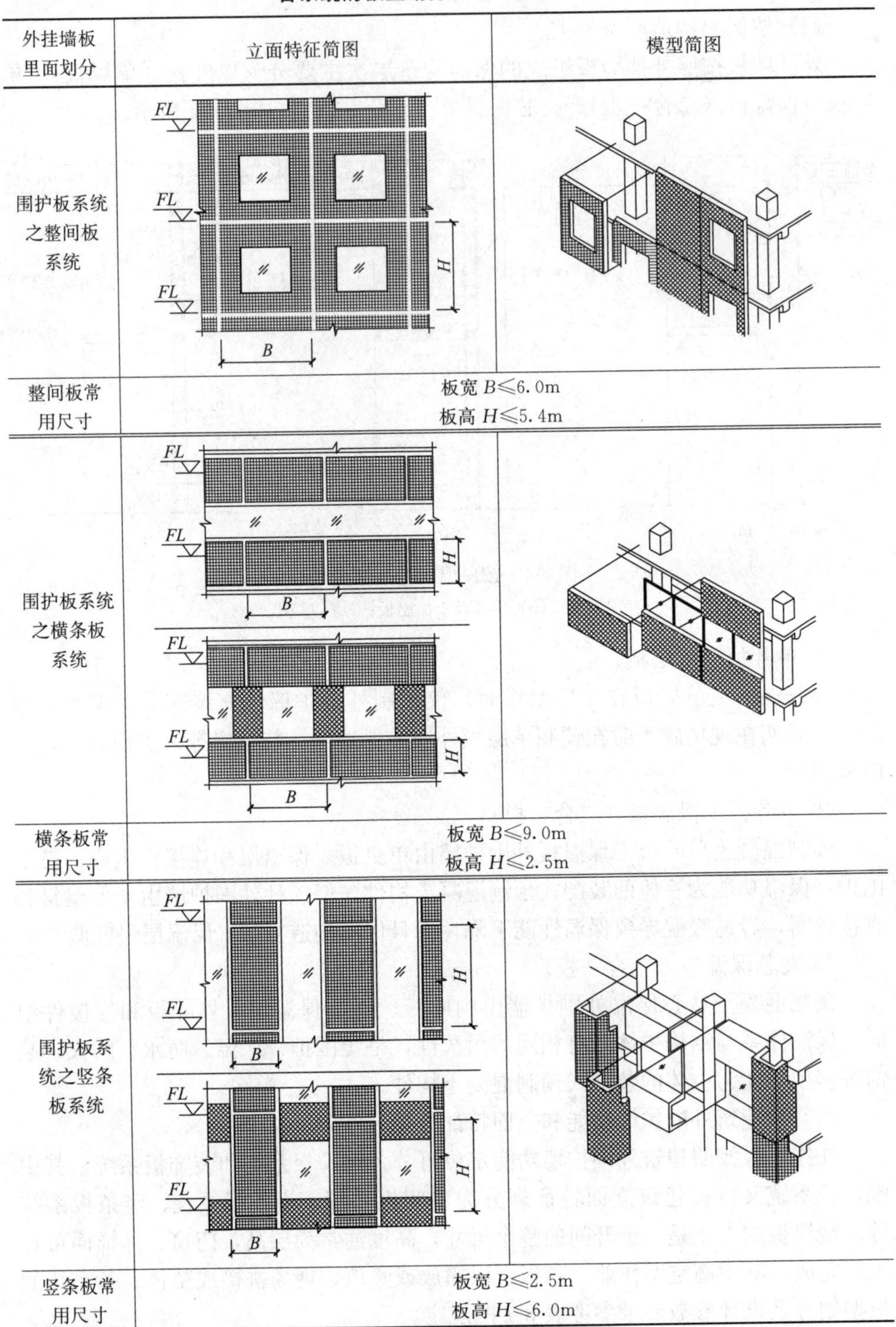

外挂墙板里面划分	立面特征简图	模型简图
围护板系统之整间板系统		
整间板常用尺寸	板宽 $B\leqslant 6.0\text{m}$ 板高 $H\leqslant 5.4\text{m}$	
围护板系统之横条板系统		
横条板常用尺寸	板宽 $B\leqslant 9.0\text{m}$ 板高 $H\leqslant 2.5\text{m}$	
围护板系统之竖条板系统		
竖条板常用尺寸	板宽 $B\leqslant 2.5\text{m}$ 板高 $H\leqslant 6.0\text{m}$	

续表

外挂墙板里面划分	立面特征简图	模型简图
装饰板系统	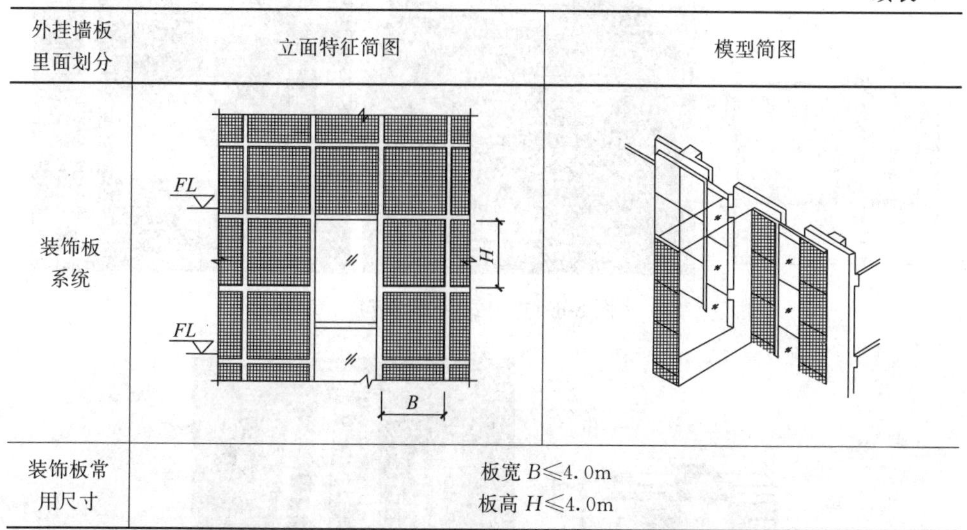	
装饰板常用尺寸	板宽 $B \leqslant 4.0$m 板高 $H \leqslant 4.0$m	

（3）按外观特征分类

外挂墙板从外观上大概分为五种形式。

① 独窗式（墙挂板）

这种预制墙板最为普遍，窗框直接预埋在外墙挂板预制混凝土中，单元整齐划一，如图 8-5 所示。

图 8-5 独窗式（墙挂板）

② 连窗式（梁挂板）

此种形式的墙板固定在结构梁上，每层的窗横向连通，因其不受层间位移的影响，外挂板的安装比较简单，如图 8-6 所示。

③ 柱通式（柱挂板）

此种形式是外观柱子上下联通，给人以挺拔的感觉。设计时需要充分考虑层间位移，如图 8-7 所示。

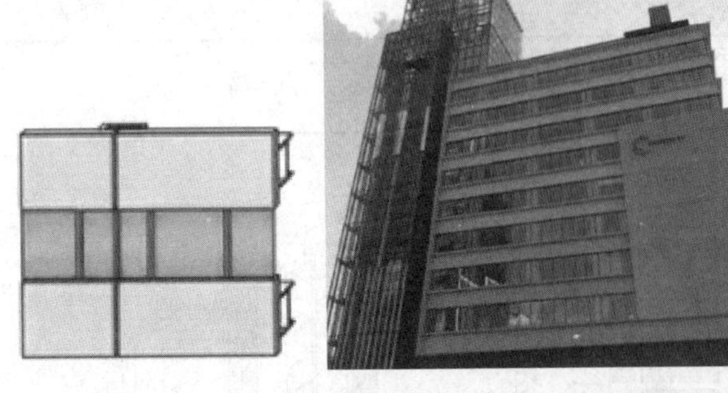

图 8-6　连窗式（梁挂板）

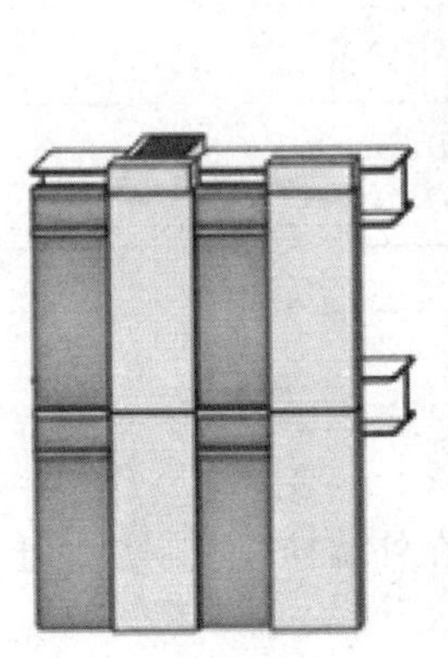

图 8-7　柱通式（柱挂板）

④ 柱梁复合式（图 8-8）

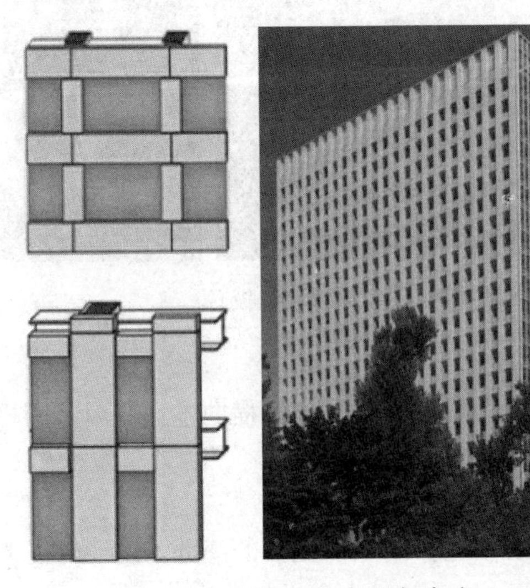

图 8-8　柱梁复合式

⑤ 非标准化模式（图 8-9）

图 8-9　非标准化模式

第二节　外挂墙板设计及构造

1. 材料、布置及性能要求

外挂墙板的材料、选型和布置，应根据建筑功能、烈度、房屋高度、建筑体型、结构层间变形、墙体自身抗侧力性能的利用等因素，经综合分析后确定，并应符合下列要求：

（1）外挂墙板宜优先采用轻质墙体材料；应满足防水、保温、防火、隔声等建筑功能的要求；应采取措施减少对主体结构的不利影响。

制作外挂墙板可选用普通混凝土材料，也可选用特种混凝土材料（如轻质混凝土、装饰混凝土等）或其他轻质材料（如木丝水泥等）。普通混凝土材料防水、防火、保温、隔热等物理性能良好，但自重较大，对起重吊具的要求、结构总重等影响较大。轻质混凝土材料不仅自重轻，对外墙保温隔热还有较大贡献。彩色混凝土（或称装饰混凝土）可以直接作为围护结构和外装饰层，节约装饰材料，减少外装修工作量。其他轻质材料分别有自身作为墙板的优势条件，如木丝水泥外墙板有自重轻、自保温性能好、隔声吸声效果好、防潮、防腐蚀性能好等特点。

（2）在正常使用状态下，外挂墙板应具有良好的工作性能。因为其作为建筑物的外围护结构，绝大多数外挂墙板均附着于主体结构，必须具备适应主体结构变形的能力。

外挂墙板本身必须具有足够的承载能力和变形能力，避免在风荷载作用下破碎或脱落。特别是在沿海台风多发地区要引起重视。在风荷载用下，主要问题是保证墙板系统自身的变形能力和适应外界变形的能力，避免因主体结构过大的变形而产生破坏。

外挂墙板在多遇地震作用下（包括风荷载作用），应能正常使用，外挂墙板及其与主体结构的连接节点应基本处于弹性工作状态，不应产生损坏；在设防烈度地震作用下经修理后应仍可使用，即外墙可能有损坏，但不能有严重破坏，经一般性修理仍可继续使用；在预估的罕遇地震作用下，外挂墙板可能发生严重破坏，但墙板不应整体脱落，且夹心保温板的外叶墙板也不应脱落。在地震作用下，墙板构件会受到强烈的动力作用，更容易发生破坏。防止或减轻地震危害的主要途径，是在保证墙板本身有足够的承载能力的前提下，加强抗震构造措施。

（3）外挂墙板的布置，应避免使结构形成刚度和强度分布上的突变；外挂墙板非对称均匀布置时，应考虑质量和刚度的差异对主体结构抗震不利的影响。

（4）外挂墙板应与主体结构可靠连接，宜采用柔性连接，连接节点应具有足够的承载力，并应能适应主体结构不同方向的层间位移；在墙板平面内应该具有不小于主体结构在设防烈度地震作用下弹性层间位移角 3 倍的变形能力，即大致相当于罕遇地震作用下的层间位移。外挂墙板适应变形的能力，可以通过多种可靠的构造措施来保证，比如足够的胶缝宽度、构件之间的弹性或活动连接等。

（5）外挂墙板的连接件应适应施工过程中允许的施工误差和构件制作误差。

2. 结构分析与计算

（1）计算模型及相关参数选取

① 外挂墙板结构分析可采用线性弹性方法，其计算简图应符合实际受力状态。

② 主体结构计算时，既要考虑其荷载作用，又要考虑其仅位于建筑的外围引起主体结构刚度分布不均匀而产生的不利影响，在《高层建筑混凝土结构技术规程》JGJ3—2010 中也有类似强制性规定，即“计算各振型地震影响系数所采用的结构子振周期应考虑非承重墙体的刚度影响予以折减”。具体应按下列规定计入外挂墙板的影响：

a. 应计入支承于主体结构的外挂墙板的自重；

b. 当外挂墙板相对于其支承构件有偏心时，应计入外挂墙板重力荷载偏心产生的不利影响；

c. 采用点支承与主体结构相连的外挂墙板，连接节点具有适应主体结构变形的能力时，可不计入其刚度影响；

d. 采用线支承与主体结构相连的外挂墙板，应根据刚度等代原则计入其刚度影响，但不得考虑外挂墙板的有利影响。

线支承式外挂墙板对主体结构变形的适应能力相对较弱，当计算整体结构的抗震承载力时，外墙挂板的刚度对主体结构受力不利，此时应考虑外挂墙板对整体结构的刚度影响；当计算整体结构在地震作用下的变形时，外墙挂板的刚度对主体结构受力有利，此时应不考虑外挂墙板对整体结构刚度的影响。

③对外挂墙板和连接节点进行承载力验算时，其结构重要性系数 γ_0 应不小于 1.0，连接节点承载力抗震调整系数 γ_{RE} 应取 1.0。

④ 计算外挂墙板及其连接在风荷载作用下平面外的承载能力时，风荷载的体型系数不应小于 2。应分别计算风吸力和风压力在外挂墙板及其连接节点中引起的效应。

⑤ 应合理评估线支承式外挂墙板对相连构件刚度及整体结构刚度的影响。当墙板为平板时，可根据外挂墙板的开洞率及与梁连接区段，对梁刚度乘以相应的放大系数。

对于满跨无洞外挂墙板，当墙板与梁全长连接时，梁的刚度增大系数可取 1.5；当墙板与梁两端脱开长度不小于梁高时，梁的刚度增大系数可取 1.2。

对于满跨大开洞外挂墙板，当墙板与梁全长连接时，梁的刚度增大系数可取 1.3；当墙板与梁两端脱开长度不小于梁高时，梁的刚度增大系数可取 1.0。

对于半跨无洞外挂墙板，当墙板与梁全长连接时，梁的刚度增大系数可取 1.4；当墙板与梁端脱开长度不小于梁高时，梁的刚度增大系数可取 1.1。

当同时考虑楼板与外挂墙板对梁刚度的影响时，梁刚度增大系数的增大部分取两者增量之和。

对于复杂形状的外挂墙板，如凸窗和转角窗，宜采用有限元分析合理评价其对相连构件和整体结构刚度的影响。

当楼板与外挂墙板同时考虑时，梁刚度放大系数增大部分宜取两者增量之和。

⑥ 线支承式外挂墙板平面外的承载力验算可按顶端固端支承、底端实际支承、侧边自由的边界条件考虑风荷载及地震作用进行整块墙板计算。

⑦ 计算外挂墙板及连接节点的承载力时，持久设计状况下荷载组合的效应设计值应符合下列规定：

当风荷载效应起控制作用时：

$$S_d = \gamma_G S_{Gk} + \gamma_W S_{Wk}$$

当永久荷载效应起控制作用时：

$$S_d = \gamma_G S_{Gk} + \psi_W \gamma_W S_{Wk}$$

式中　S_d——基本组合设计值的效应；

S_{Gk}——永久荷载标准值的效应；

S_{Wk}——风荷载标准值的效应；

γ_G——永久荷载分项系数，按现行国家标准《建筑结构荷载规范》GB 50009—2012 的规定取值；

γ_{W}——风荷载分项系数，取 1.4；

ψ_{W}——风荷载组合系数，取 0.6。

注：a. 应计算外挂墙板在平面外的风荷载效应。

b. 点支承式外挂墙板的承重节点应能承受重力荷载、外挂墙板平面外风荷载和地震作用、平面内的水平和竖向地震作用；非承重节点仅承受上述各种荷载与作用中除重力荷载外的各项荷载与作用。

c. 在一定的条件下，点支承式外挂墙板可能产生重力荷载仅由一个承重节点承担的工况，应特别注意分析。

d. 计算重力荷载效应值时，除应计入外挂墙板自重外，尚应计入依附于外挂墙板的其他部件和材料的自重。

e. 对重力荷载、风荷载和地震作用，均不应忽略由于各种荷载和作用对连接节点的偏心在外挂墙板中产生的效应。

(2) 地震作用计算

① 外挂墙板的地震作用计算方法，应符合下列要求：

a. 外挂墙板的地震作用应施加于其重心，水平地震作用应沿任一水平方向；

b. 一般情况下，外挂墙板自身重力产生的地震作用可采用等效侧力法计算；除自身重力产生的地震作用外，尚应同时考虑地震时支承点之间相对位移产生的作用效应。

② 计算水平地震作用标准值时，多遇地震作用下，外挂墙板构件应基本处于弹性工作状态，其地震作用可采用简化的等效侧力法，并应按下式计算：

$$q_{Ek}=\beta_{E}\alpha_{max}G_{k}/A$$

式中 q_{Ek}——分布水平地震作用标准值（kN/m^2），当验算连接节点承载力时，连接节点地震作用效应标准值应乘以 2.0 的增大系数；

β_{E}——动力放大系数，不应小于 5.0；

α_{max}——水平地震影响系数最大值，按现行国家规范《建筑抗震设计规范》GB 50011—2010（2016 年版）取值；

G_{k}——外挂墙板的重力荷载标准值；

A——外挂墙板的平面面积（m^2）。

地震中外挂墙板振动频率高，容易受到放大的地震作用。为使设防烈度下外挂墙板不产生破损，减低其脱落后的伤人事故，多遇地震作用计算时考虑动力放大系数 β_{E}；相对传统的幕墙系统，预制混凝土外挂墙板的自重较大。外挂墙板与主体结构的连接往往超静定次数低，也缺乏良好的耗能机制，其破坏模式通常属于脆性破坏。连接破坏一旦发生，会造成外挂墙板整体坠落，产生十分严重的后果。因此，需要对连接节点承载力进行必要的提高。对于地震作用来说，在多遇地震作用计算的基础上将作用效应放大 2.0，达到“中震弹性”的要求。

③ 计算外挂墙板及连接节点的承载力时，地震设计状况下荷载组合的效应设计值应符合下列规定：

在水平地震作用下：

$$S_{Eh}=\gamma_G S_{Gk}+\gamma_{Eh}S_{Ek}+\psi_W\gamma_W S_{Wk}$$

在竖向地震作用下：

$$S_{Ev}=\gamma_G S_{Gk}+\gamma_{Ev}S_{Evk}$$

式中　S_{Eh}——水平地震作用组合的效应设计值；

S_{Ev}——竖向地震作用组合的效应设计值；

S_{Ek}——永久荷载的效应标准值；

S_{Wk}——风荷载的效应标准值；

γ_G——永久荷载分项系数，按下述取值：

在持久设计状况、地震设计状况下，外挂墙板和连接节点的承载力设计，进行外挂墙板平面外承载力设计时，γ_G 应取为 0；进行外挂墙板平面内承载力设计时，γ_G 应取为 1.2；进行连接节点承载力设计时，在持久设计状况下，当风荷载效应起控制作用时，γ_G 应取为 1.2，当永久荷载效应起控制作用时，γ_G 应取为 1.35；在地震设计状况下，γ_G 应取为 1.2。当永久荷载效应对连接节点承载力有利时，γ_G 应取为 1.0；

γ_W——风荷载分项系数，取 1.4；

γ_{Eh}——水平地震作用分项系数，取 1.3；

γ_{Ev}——竖向地震作用分项系数，取 1.3；

ψ_W——风荷载组合系数，取 0.2。

当进行地震设计状况下的承载力验算时，除应计算外挂墙板平面外水平地震作用效应外，尚应分别计算平面内水平和竖向地震作用效应，特别是对开有洞口的外挂墙板，更不能忽略后者。

3. 外挂墙板构造设计

（1）外挂墙板拆分构造

① 外挂墙板的形式和尺寸应根据建筑立面造型、主体结构层间位移限值、楼层高度、节点连接形式、温度变化、接缝构造、运输限制条件和现场起吊能力等因素确定。

② 外挂墙板拆分应考虑与主体结构连接的可能性。其高度一般以一个层高和一个开间为限，不宜大于一个层高。

③ 外挂墙板设置洞口时，洞口边板有效宽度不宜低于 300mm；开洞口处应在角部配置斜向加强筋，在外墙两侧各配不少于 2 根直径 12mm 的钢筋，加强筋伸入洞口角部两侧长度应满足钢筋锚固长度的要求，如图 8-10 所示。

（2）外挂墙板设计构造

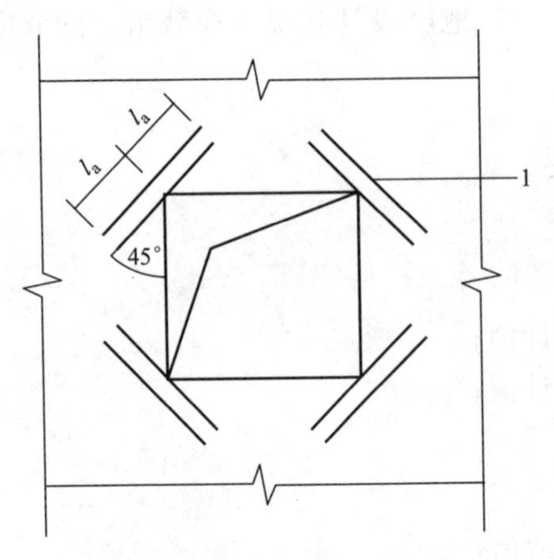

图 8-10　外墙洞口加强钢筋构造示意图
1—洞口加强钢筋

① 外挂墙板厚度不宜小于 100mm。

② 外挂墙板宜采用双层、双向配筋，配筋率不应小于 0.15%且钢筋直径不宜小于 5mm，间距不宜大于 200mm。

③ 外挂墙板最外层钢筋的混凝土保护层厚度除有特殊要求外，应符合下列规定：对石材或面砖饰面，不应小于 15mrn；对清水混凝土，不应小于 20mm；对露骨料装饰面，应从最凹处混凝土表面计起，且不应小 20mm。

（3）外挂墙板缝构造

① 外挂墙板板间接缝宽度应根据计算确定且不宜小于 10mm；当计算缝宽大于 30mm 时，宜调整外挂墙板的形式或连接方式。由于预制生产和现场安装的需要，外挂墙板系统必须分割成各自独立承受荷载的板片，应合理确定板缝宽度，确保各种工况下各板片间不会产生挤压和碰撞。主体结构变形引起的板片位移是确定板缝宽度的控制性因素。为保证外挂墙板的工作性能，根据日本和我国台湾地区的经验，在层间位移角 1/300 的情况下，板缝宽度变化不应造成填缝材料的损坏；在层间位移角 1/100 的情况下，墙板本体的性能保持正常，仅填缝材料需进行修补；在层间位移角 1/100 的情况下，应确保板片间不发生碰撞。

② 外挂墙板不应跨越主体结构的变形缝。主体结构变形缝两侧的外挂墙板的构造缝应能适应主体结构的变形要求，宜采用柔性连接设计或滑动型连接设计，并采取易于修复的构造措施。

第三节　外挂墙板连接设计及构造

对装配式混凝土建筑而言，预制构件之间的连接问题始终是最重要的问题，预制外挂墙板也不例外。外挂墙板与主体结构应采用合理的连接节点，以保证荷载传递路径简捷，符合计算假定。外挂墙板与主体结构宜采用柔性连接，这就是合理的连接节点的基本要求之一。因此，除应重视外挂墙板的截面设计外，还应重视外挂墙板连接节点的设计。

1. 外挂墙板连接节点分类

外挂墙板从连接节点性能可分为弹性连接和柔性连接；从连接方式可分为点支承连接、线支承连接。

（1）弹性连接与柔性连接

所谓弹性连接，指的是外挂墙板在顶部与梁可靠连接，在两侧与竖向构件通过构造钢筋连接，如图 8-11 所示。此时需考虑外挂墙板对整体刚度的影响，周期折减系数：框架结构取 0.55～0.6、框架-剪力墙结构（框架-核心筒结构）取 0.65～0.7、剪力墙结构取 0.8～0.85。

柔性连接，指外挂墙板在顶部与梁可靠连接，在两侧不与结构主体连接，底部与楼板设置限位连接，如图 8-12 所示。其周期折减系数可参考《高层建筑混凝土结构技术规程》JGJ 3—2010 取值。

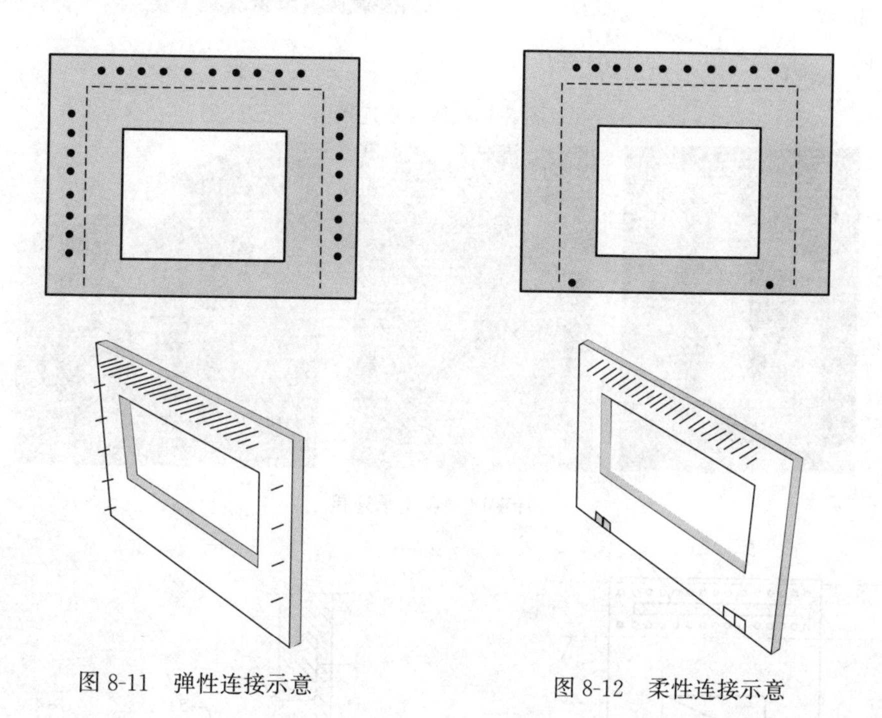

图 8-11　弹性连接示意　　　图 8-12　柔性连接示意

（2）点支承连接和线支承连接

外挂墙板与主体结构连接方式一般分为点支承和线支承，如图 8-13、图 8-14 所示。

点支承连接缝多，抗震性能好，框架、公共建筑使用较多。

线支承连接，物理性能好，适合外挂体系，在住宅项目广泛应用。

2. 外挂墙板线支承连接

（1）外挂墙板线支承柔性连接立面、剖面示意图

预制外挂墙板采用悬挂式的线支承柔性连接构造形式时，其底部应设置限位件，其立面示意图见图 8-15，剖面示意图见图 8-16。

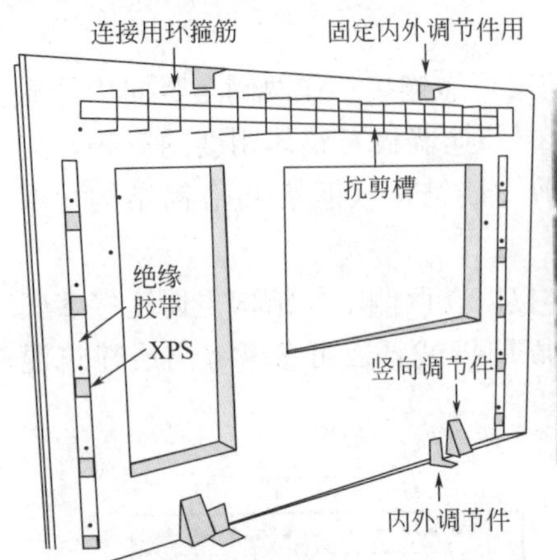

图 8-13 线支承连接

图 8-14 点支承连接

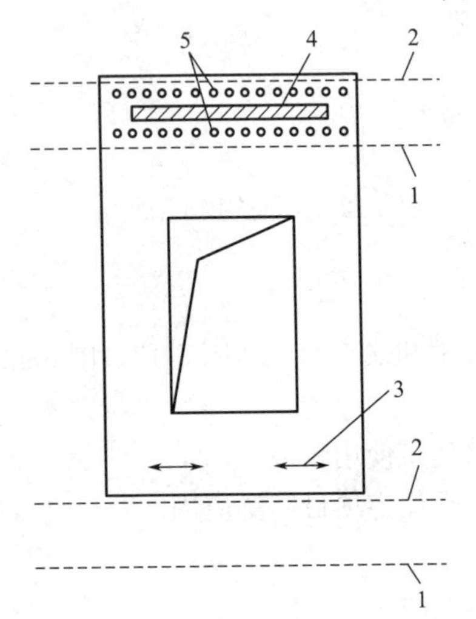

图 8-15 外挂墙板线支承连接立面示意

1—梁底线；2—梁顶线；3—底部限位件；4—剪力键槽；5—连接钢筋

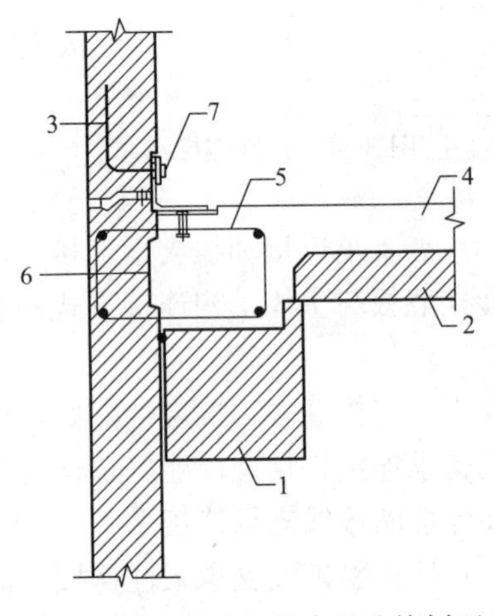

图 8-16 外挂墙板线支承连接剖面

1—预制梁；2—预制板；3—预制外挂墙板；4—后浇混凝土；5—连接钢筋；6—剪力键槽；7—面外限位连接件

（2）外挂墙板线支承柔性连接构造

① 外挂墙板线支承连接应保证上端通过剪力键与连接钢筋与梁可靠连接，即顶部与梁连接，且固定连接区段应避开梁端1.5倍梁高长度范围。

② 外挂墙板与梁的结合面应采用粗糙面并设置键槽；接缝处应设置连接钢筋，连接钢筋数量应经过计算确定且钢筋直径不宜小于10mm，间距不宜大于200mm；连接钢筋在外挂墙板和楼面梁后浇混凝土中的锚固应符合现行国家标准《混凝土结构设计规范》GB 50010—2010（2015年版）的有关规定。

③ 外挂墙板的底端应设置不少于2个仅对墙板有平面外约束的连接节点，间距不宜大于4m。可有效防止外挂墙板变成平面外的悬臂构件。限位件作为非承重节点，仅承受平面外水平荷载。

④ 外挂墙板的侧边不应与主体结构连接。

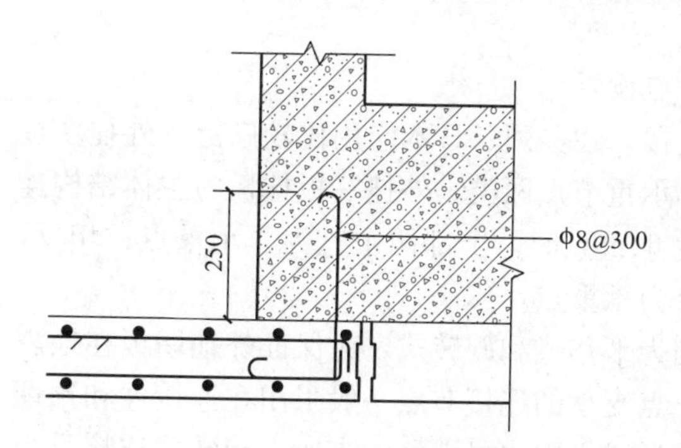

图 8-17　线支撑弹性连接侧面连接示意

（3）外挂墙板线支承弹性连接构造

当外挂墙板采用线支承弹性连接时，预制外挂墙板侧面与竖向构件连接钢筋直径不宜大于8mm，间距不宜小于300mm，锚固长度250mm，如图8-17所示。

（4）外挂墙板线支承柔性连接设计

① 外挂墙板线支承柔性连接时，其平面外的承载力验算可按顶端固端支承、底端实际支承、侧边自由的边界条件考虑风荷载及地震作用进行整块墙板计算。

② 对线支承柔性连接外挂墙板，除应按前文所述要求进行墙板及节点承载力验算，尚应对连接部位进行罕遇地震作用下的验算。

$$S_{Gk}+S_{Ehk}+S_{Evk}\leqslant R_k$$

式中　R_k——构件或连接的承载力标准值；

S_{Gk}——永久荷载标准值的效应；

S_{Ehk}——水平地震作用标准值的效应；

S_{Evk}——竖向地震作用标准值的效应。

③ 当线支承连接外挂墙板与梁考虑为固定时，连接钢筋的面积应满足下式：

$$M\leqslant f_yA_sd$$

式中　M——单位长度的弯矩设计值；

A_s——单位长度内连接钢筋的单肢面积；

d——上下连接钢筋的间距。

④ 应合理评估线支承式外挂墙板对相连构件刚度及整体结构刚度的影响。当墙板为平板时，可根据外挂墙板的开洞率及与梁连接区段，对梁刚度乘以相应的放大系数：

对于满跨无洞外挂墙板，当墙板与梁全长连接时，梁的刚度增大系数可取1.5；当墙板与梁两端脱开长度不小于梁高时，梁的刚度增大系数可取1.2；

对于满跨大开洞外挂墙板，当墙板与梁全长连接时，梁的刚度增大系数可取1.3；当墙板与梁两端脱开长度不小于梁高时，梁的刚度增大系数可取1.0；

对于半跨无洞外挂墙板，当墙板与梁全长连接时，梁的刚度增大系数可取1.4；当墙板与梁端脱开长度不小于梁高时，梁的刚度增大系数可取1.1；

当同时考虑楼板与外挂墙板对梁刚度的影响时，梁刚度增大系数的增大部分取两者增量之和。

3. 外挂墙板点支承连接

(1) 外挂墙板点支承连接的支撑点设置

外挂墙板点支承连接属于柔性连接，在美国、日本应用比较广泛。外挂墙板与主体连接节点可分为承重节点和非承重节点两类。外挂墙板挂板与主体结构连接宜设置四个支撑点：当下部两个为承重点时，上部两个宜为非承重点；相反，当下部两个为非承重点时，上部两个为承重点。

外挂墙板的点支承连接方式分别为平移式和旋转式。为保证外挂墙板在地震时适应主体结构的最大层间位移角，点支承的连接节点一般采用在连接件和预埋件之间设置带有长圆孔的滑移垫片，形成平面内可滑移的支座。旋转式连接是当外挂墙板相对于主体结构可能产生转动时，长圆孔宜按垂直方向设置。平移式连接是当外挂墙板相对于主体结构可能产生平移时，长圆孔宜按水平方向设置，见表8-2、图8-18。

外挂墙板点支承连接方式适用性 **表8-2**

序号	位移方式	位移简图	适用系统	适用条件
1	平移		整间板	板宽大于板高
2	转动		①整间板 ②竖条板	板宽小于等于板高

续表

序号	位移方式	位移简图	适用系统	适用条件
3	平移+转动		整间板	通用
4	锁定		①横条板 ②装饰板	通用

注：△——自重支点；↕、✥——滚轴。

(2) 外挂墙板点支承连接构造

外挂墙板与主体结构采用点支承连接时，连接点数量和位置应根据外挂墙板形状、尺寸确定，连接点不应少于 4 个，承重连接点不应多于 2 个。在外力作用下，外挂墙板相对主体结构在墙板平面内应能水平滑动或转动。连接件的滑动孔尺寸应根据穿孔螺栓直径、变形能力需求和施工允许偏差等因素确定。

图 8-18　平移式外挂墙板

外挂墙板与主体连接节点应采用预埋件，不得后锚固。对于不同用途的预埋件，应使用不同的预埋件，用于连接节点的预埋件就不能同时作为吊装外挂墙板的预埋件。

用于抵抗竖向荷载和水平荷载的连接件宜分别设置，每块板宜设置不少于 2 个，连接件的承载力设计值应大于外挂墙板传来的最不利荷载组合效应设计值。

外挂墙板连接构造可参考图 8-19。

(3) 外挂墙板点支承连接设计

外挂墙板点支承连接设计同前文所述。

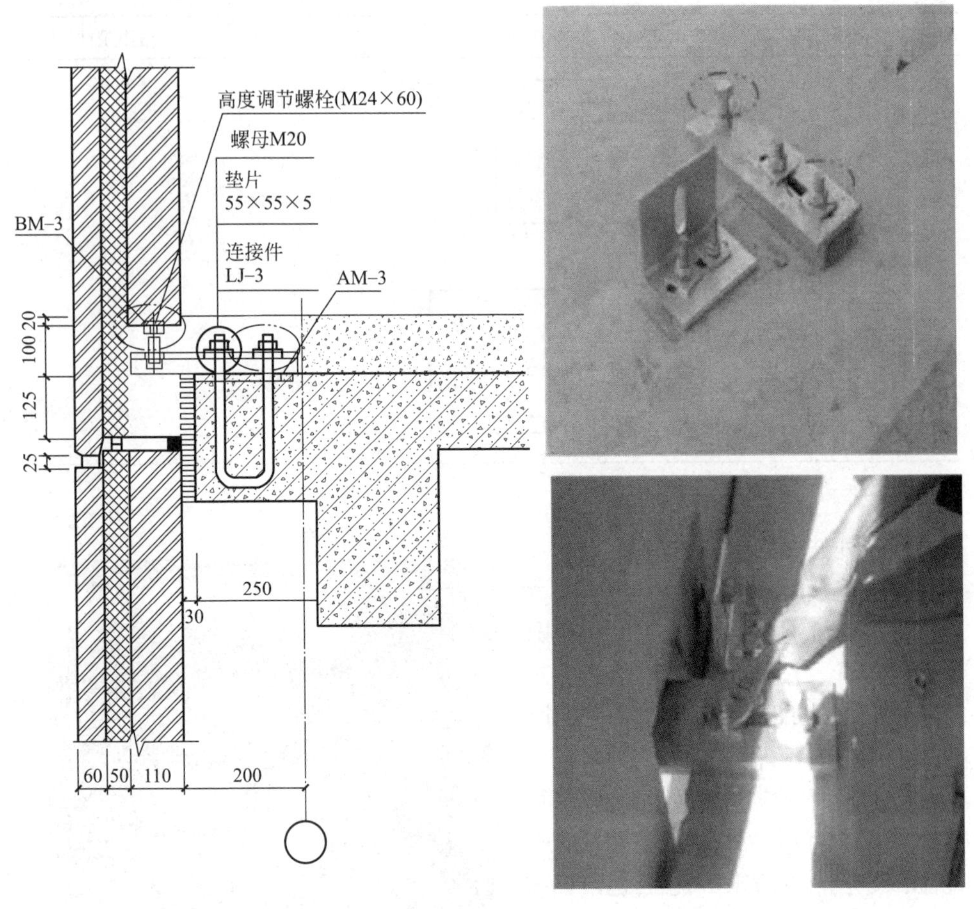

图 8-19　外挂板连接构造节点示意图（长圆孔按垂直方向设置）

外挂墙板点支承连接的承重节点应能承受重力荷载、外挂墙板平面外风荷载和地震作用、平面内的地震作用；非承重节点仅承受除重力荷载外的各项荷载作用。

在一定条件下，外挂墙板点支承连接时可能出现重力荷载仅由一个承重节点承受的工况，应特别注意分析。

第四节　预制外围护墙的安装与保温

1. 预制外围护墙的安装

预制外围护墙的安装方法主要有“后安装法”（日本工法）和“先安装法”（香港工法）两种方法。

（1）后安装法

① 概念

待房屋的主体结构施工完成后，再将预制好的外挂墙板安装在主体结构上，其中主体结构可以是钢结构、现浇混凝土结构、预制混凝土结构，此做法在欧美、日本应用较多，尤其以日本发展最为成熟。

② 特点

由于安装过程会产生误差积累，因此对主体建筑的施工精度和预制构件的制作精度要求都非常高，导致主体施工费用、构件模具费用和安装人工费用都很高，而且构件之间多数采用螺栓、埋件等机械式连接，构件之间不可避免地存在“缝隙”，为了美观往往将这些缝隙设计成明缝，必须要进行填缝处理或打胶密封，这种工法必须进行细致施工，否则容易在防水、隔声等方面出现问题，如图8-20所示。

(a)　　(b)　　(c)

图 8-20 后安装法

（a）吊装预制构件；（b）墙板缝出现漏水；（c）墙板间存在明显缝隙

“后安装法”适合与钢结构或高精度的预制结构主体相结合，其现场施工时基本是以“干作业”为主，可以说“后安装法”是预制建筑发展的高级阶段，在美国一般是配合钢结构主体或后张预应力混凝土结构使用。

（2）先安装法

① 概念

在进行建筑主体施工时，把预制墙板先安装就位，用现浇的混凝土将预制墙板连接为整体结构，其主体结构构件一般为现浇混凝土或预制叠合混凝土结构，先安装法的预制墙板既可以是非承重墙体，也可以是承重墙体，甚至是抗震的剪力墙。

② 特点

在施工过程中，用现浇混凝土来填充预制构件之间的空隙而形成“无缝连接”的结构，现浇连接施工的过程是消除误差的机会，而不会形成“误差积累”，从而大大降低了构件生产和现场施工的难度，更易于市场推广。同时构件之间“无缝连接”的构造增强了房间的防水、隔声性能，如图 8-21 所示。

图 8-21　先安装法

(3) 后安装法与先安装法的区别

① 设计区别

先安装法（香港工法）既可设计为弹性约束的非承重外围护墙，也可设计成承重墙或抗震剪力墙。既可参与结构受力，也可与结构弱连接。

后安装法（日本工法）一般设计为非承重外围护墙作为外挂墙板使用，预制墙板被当成“荷载”依附在主体结构上，同时不会约束主体结构的变形，受力特征类似于幕墙。

② 连接方式区别

先安装法（香港工法）在预制构件与现浇混凝土交接部位留出连接钢筋，并做出键槽或自然粗糙面以保证新旧混凝土连接成为整体。先安装法预制构件连接部位的自然粗糙面制作效果是新旧混凝土连接成为整体的关键技术。

后安装法（日本工法）在预制构件与主体结构交接部位预埋螺栓或埋件，通过螺栓或焊接等机械连接方式固定墙板。

③ 连接性能区别

先安装法（香港工法）中新旧混凝土被“无缝连接”，施工缝处具备一定的自防水性能，一般不需额外处理，也不需要后期维护。

后安装法（日本工法）构件之间存在宏观的明缝，必须进行填缝处理，以提高房屋的防水、防火、隔声性能。后装法对填缝材质的强度、弹性、耐久性要求较高，目前主要依靠进口，维护周期约 5～20 年。

④ 预制墙板精度要求

先安装法（香港工法）构件边缘一般有伸出连接钢筋，接合面设有键槽或自然粗糙面，现浇部分可适应预制墙板的误差，因此对预制墙板的精度要求较低。

后安装法（日本工法）构件边缘一般不出钢筋，而是在构件表面预留预埋连接螺栓或埋件，预制墙板的尺寸以及各连接件的位置要求十分精确，否则将影响安装。

在后安装法施工中，如果构件精度不高，或者主体结构的精度不高，将导致预制墙板无法正确地安装。

⑤ 水电管线的做法区别

先安装法（香港工法）可以类似于现浇结构在预制墙板中预留预埋暗管或暗线，在现场通过现浇部位连接成为系统。

后安装法（日本工法）由于构件之间成为“硬碰硬”式的连接，一般只能在预制墙板表面走明线明管。后安装法只能采用 SI 的理念，必须要做精装修来处理明线明管，无形中提高了工程造价。

⑥ 预制墙板的生产成本

先安装法（香港工法）由于出筋的需要，模具制作和装、拆模具相对复杂，构件的生产成本略高。

后安装法（日本工法）模具构造简单，但对模具的制作精度要求非常高，构件的生产成本高。

后安装法模具费用高、预埋件费用高，目前后安装法的构件成本是先安装法的 2 倍左右。

⑦ 对工程进度的影响

先安装法（香港工法）结构封顶时主体和预制外围护墙已经完工。

后安装法（日本工法）预制外围护墙的安装滞后于主体结构施工。

2. 预制外围护墙的保温

（1）外围护墙保温的一般规定

① 建筑的外保温应该是整个建筑全部的外保温，包括女儿墙、雨篷等构件。

② 减小建筑外保温材料同外装饰找平砂浆、外饰面等材料的线膨胀系数比。

③ 选好各种保温材料。

a. 挤密苯板的抗裂能力弱于聚苯板；而聚苯颗粒与挤密苯板和聚苯板相比，导热系数要小得多，可缓解热量在抗裂层的积聚，提高耐久性。

b. 增强网的选择：高耐碱纤维网格布的耐久性比无碱网格布和中碱网格布好得多，至少能够满足 25 年的使用要求，因此，在增强网的选择上，建议使用高耐碱的网格布。

c. 保护层材料的选择：采用专用的抗裂砂浆并辅以合理的增强网，并在砂浆中加入适量的纤维，如外饰面为面砖，在水泥抗裂砂浆中可以加入钢丝网片。

d. 无空腔构造提高体系的稳定性：为了提高保温板的强度，应尽可能提高粘结面积，采用无空腔，以满足抗风压破坏的要求。

（2）外围护墙保温的常用方法

在建筑中常用的外围护墙保温主要有内保温、外保温、内外混合保温等方法。

① 外围护墙内保温

a. 概念

外围护墙内保温就是外围护墙的内侧使用苯板、保温砂浆等保温材料，使建筑达到保温效果的施工方法。

b. 优点

该工法具有施工方便，对建筑外围护墙垂直度要求不高，施工进度快等优点。

c. 缺点

结构冷（热）桥的存在使局部温差过大导致结露现象。由于内保温保护的位置仅仅在建筑的内墙及梁内侧，内墙及板对应的外围护墙部分得不到保温材料的保护，因此，在此部分形成冷（热）桥，冬天室内的墙体温度与室内墙角（保温墙体与不保温板交角处）温度差在10℃左右，与室内的温度差可达到15℃以上，一旦室内的湿度条件适合，在此处即可形成结露现象。而结露水的浸渍或冻融极易造成保温隔热墙面发霉、开裂。

另外，在冬季采暖、夏季制冷的建筑中，室内温度随昼夜和季节的变化幅度通常不大（约10℃），这种温度变化引起建筑物内墙和楼板的线性变形和体积变化也不大。但是，外围护墙和屋面受室外温度和太阳辐射热的作用而引起的温度变化幅度较大。当室外温度低于室内温度时，外围护墙收缩的速度比内保温隔热体系快，当室外温度高于室内气温时，外围护墙膨胀的速度高于内保温隔热体系。这种反复形变使内保温隔热体系始终处于一种不稳定的墙体基础上，在这种形变应力反复作用下，不仅使外围护墙易遭受温差应力的破坏，也易造成内保温隔热体系的空鼓开裂。

② 内外混合保温

a. 概念

内外混合保温，是在施工时外保温施工操作方便的部位采用外保温，外保温施工操作不方便的部位作内保温，从而达到建筑保温效果的施工方法。

b. 优点

从施工操作上看，混合保温可以提高施工速度，对外围护墙内保温不能保护到的内墙、板与外围护墙交接处的冷（热）桥部分进行有效的保护，从而使建筑处于保温中。

c. 缺点

混合保温对建筑结构存在着严重损害。外保温做法部位使建筑物的结构墙体主要受室内温度的影响，温度变化相对较小，因而墙体处于相对稳定的温度场内，产生的温差变形应力也相对较小；内保温做法部位使建筑物的结构墙体主要受室外环境温度的影响，室外温度波动较大，因而墙体处于相对不稳定的温度场内，产生的温差变形应力相对较大。局部外保温、局部内保温混合使用的保温方式，使整个建筑物外围护墙主体的不同部位产生不同的形变速度和形变尺寸，建筑结构处于更加不稳定的环境中，经年温差结构形变产生裂缝，从而缩短整个建筑的寿命。

③ 外围护墙外保温

a. 概念

外围护墙外保温，是将保温隔热体系置于外围护墙外侧，使建筑达到保温效果的施工方法。

b. 优点

由于外保温是将保温隔热体系置于外围护墙外侧，从而使主体结构所受温差作用大幅度下降，温度变形减小，对结构墙体起到保护作用并可有效阻断冷（热）桥，有利于延长结构寿命。因此从有利于结构稳定性方面来说，外保温隔热具有明显的优势，应首选外保温隔热。

c. 缺点

由于外保温隔热体系被置于外围护墙外侧，直接承受来自自然界的各种因素影响，因此对外围护墙外保温体系提出了更高的要求。就太阳辐射及环境温度变化对其影响来说，保温层之上的抗裂防护层只有 3～20mm，且保温材料具有较大的热阻，因此在热量相同的情况下，外保温抗裂保护层温度变化速度比无保温情况下主体外围护墙外侧温度变化速度提高 8～30 倍。因此抗裂防护层的柔韧性和耐候性对外保温体系的抗裂性能起着关键作用。

聚苯板薄抹灰外保温隔热构造设计存在的不足为：此类做法很常见，然而出现裂缝非常多，并且当聚苯板的温度超过 70℃时，聚苯板会产生不可逆热收缩变形，造成较为严重的开裂变形，这种情况在高温干燥地区更为明显。

水泥砂浆厚抹灰钢丝网架保温板外保温隔热构造设计存在的不足为：该类体系采用厚抹灰水泥砂浆做法，开裂现象比较普遍。

不完全外保温引起的裂缝：在外围护墙保温中，经常注重整体墙面的保温，然而却忽略了女儿墙、雨篷、老虎窗、凸窗、外阳台等部位的保温，而使此部分出现开裂或者降低使用寿命。

（3）设置要求

① 装配式结构住宅的外围护结构热工计算应符合《公共建筑节能设计标准》

GB 50189—2015 的相关要求。

② 当采用预制夹心外围护墙板时，其保温层宜连续，保温层厚度应满足项目所在地区建筑围护结构节能设计要求。

③ 保温材料宜采用轻质高效的保温材料，安装时保温材料含水率应符合现行国家相关标准的规定。

④ 外围护墙板应考虑空调留洞及散热器安装预埋件等安装要求。

⑤ 预制外围护墙的拆分注意预制构件重量及尺寸，综合考虑项目所在地区构件加工生产能力及运输、吊装等条件。

⑥ 外挂墙板中二合一板、三合一板连接件可选用防锈钢筋桁架连接或 FRP 复合材料连接。

第九章

装配式混凝土建筑的接缝防水设计及构造

第一节　接缝防水设计概述

装配式混凝土建筑就是将建筑物的结构构件如墙板、柱、梁、楼板、楼梯等按一定的规格分拆后在工厂中先进行生产预制，然后运输到现场进行拼装。由于是现场拼装的构配件，会留下大量的拼装接缝，这些接缝很容易成为水流渗透的通道，因此，装配式混凝土建筑在防水上其实是有一定先天弱点的。此外，有些装配式混凝土建筑为了抵抗地震的影响，其外墙板设计成为一种可在一定范围内活动的外墙，墙板可活动更是增加了墙板接缝防水的难度。同时，复合保温外墙板的不易修复性，大大增加了装配式混凝土建筑渗漏治理的难度。

从防水工程的角度来看，装配式混凝土建筑关注的重点主要在建筑物的地上部分，通常从地上二层开始，一层及以下仍采取与现浇结构完全相同的方式建造；屋面如不采用预制结构，其构造和施工与现行《屋面工程技术规范》GB 50345—2012 的规定基本一致；室内由于采用预制构件加节点现浇（或灌浆连接）的工艺，防水功能比较容易得到保证。至于门窗，因安装精度大幅提高，除了在门窗框与基层之间采取密封措施之外，其余构造措施还包括上沿设置滴水（鹰嘴）、窗户内外两侧窗台内高外低以利排水等。因此，如果要探讨装配式混凝土建筑中防水工程的特点，除去地下、屋面和室内等与现浇混凝土结构完全相同的环节之外，需要重点关注，也是难点的是预制外墙板接缝的密封防水。

装配式混凝土建筑预制外墙板本身具有较好的防水性能，但其板缝处受到温度变化、构件及填缝材料的收缩、结构受外力后变形及施工的影响，板缝处出现变形是不可避免的变形，容易产生裂缝，导致外墙防水性能出现问题。因此对接缝部位应采取可靠的防排水措施，一般采用材料防水、构造防水和结构防水相结合的做法。

预制外墙板板缝应采用构造防水为主，材料防水为辅的做法。

材料防水是依靠防水材料阻断水的通路，以达到防水和增加抗渗漏能力的目的。防水密封材料的性能，对保证建筑正常使用、防止外墙接缝出现渗漏现象起到重要作用，嵌缝材料应在延伸率、耐久性、耐热性、抗冻性、黏结性、抗裂性等方面满足接缝部位的防水要求。如预制外墙板的接缝采用耐候性密封胶等防水材料，用以阻断水的通路。用于防水的密封材料应选用耐候性密封胶；接缝处的背衬材料宜采用发泡氯丁橡胶或发泡聚乙烯塑料棒；外墙板接缝中用于第二道防水的密封胶条，宜采用三元乙丙橡胶、氯丁橡胶或硅橡胶。

构造防水是采取合适的构造形式阻断水的通路，以达到防水的目的。可在预制外墙板接缝外口设置适当的线形构造，如对于水平缝可将上下层墙板的上部做成凸起的挡水台和排水坡，嵌在上层墙板下部的凹槽中，上下层墙板下部设批水构造；在垂直缝设置沟槽等，也可形成截断毛细管通路的空腔，利用排水构造将渗入接缝的雨水排出墙外，防止雨水向室内渗漏。

根据装配式混凝土建筑的特点，对于其防水密封问题，导水优于防水，即应在设计时就考虑到可能有一定的水流会突破外侧防水层。通过设计合理的排水路径，将这部分突破而入的水引导到排水构造中，将其排出室外，避免其进一步渗透到室内。此外，利用水流自然垂流的原理，设计时将墙板接缝设计成内高外低的企口形状，结合一定的减压空腔设计，防止水流通过毛细作用倒吸进入室内。除了混凝土构造的防水措施之外，使用橡胶止水带和耐候密封胶完善整个预制墙板的防水密封体系，才能最终达到防水密封的目的。

第二节　接缝防水密封方法及形式

1. 预制外墙板接缝防水密封方法

预制外墙常用的防水密封方法有两种：空腔防水和材料防水。

（1）空腔防水

空腔防水是在接缝的背水面，根据墙板构造、功能的不同，采用密封条或现浇混凝土形成二次密封，两道密封之间形成空腔。在外墙板侧边缘接缝处设置适当形状的线形构造，如滴水线、挡水台、集流槽、导流管（槽）等，形成压力平衡空腔。一旦水流进入空腔，由于空腔内侧高于外侧，水流会顺着空腔内设置的排水槽流至接缝垂直空腔内，经垂直空腔底部的排水管排出，从而达到防水的目的，如图 9-1 所示。

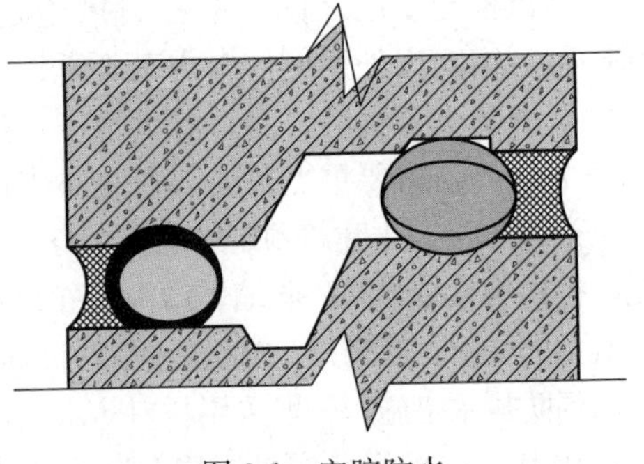

图 9-1　空腔防水

由于预制外墙板的偏差以及使用过程中空腔的堵塞，都会造成空腔防水的失效，单纯依靠空腔防水并不能保证装配式建筑的防水功能，可在两块拼接缝的背水面设置橡胶密封条或现浇混凝土，进一步提高防水性能可靠性。

（2）材料防水

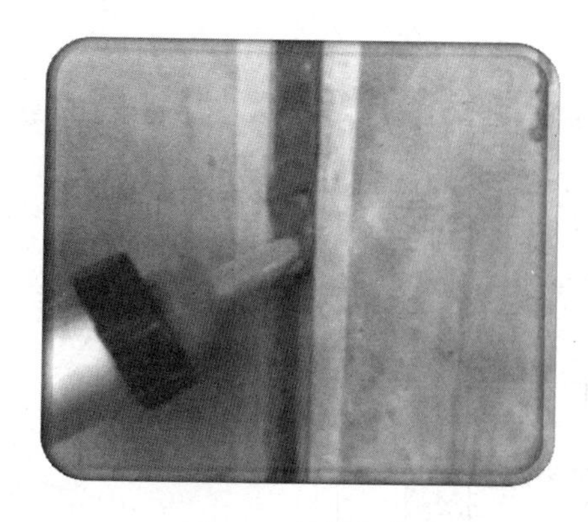

图 9-2　材料防水

材料防水是在接缝的迎水面，主要是墙板上下两端预留形成的高低缝、企口等部位，嵌填密封材料。与空腔防水相比，材料防水的做法更为简单，即在两块板缝之间内衬聚乙烯塑料棒材，并填充性能良好的高分子密封胶，最后作勾缝保护处理。密封胶作为装配式外墙防水的第一道防线，其性能的好坏直接影响装配式建筑的防水效果，如图 9-2 所示。

2. 预制外墙板水平与垂直接缝防水构造

（1）水平接缝构造

水平接缝一般采用构造防水与材料防水结合的两道防水构造，宜采用高低缝或企口缝构造，当板缝空腔需设置导水管排水时，板缝内侧应增设气密条密封构造，经实践证明其防水性能比较可靠，如图 9-3 所示。

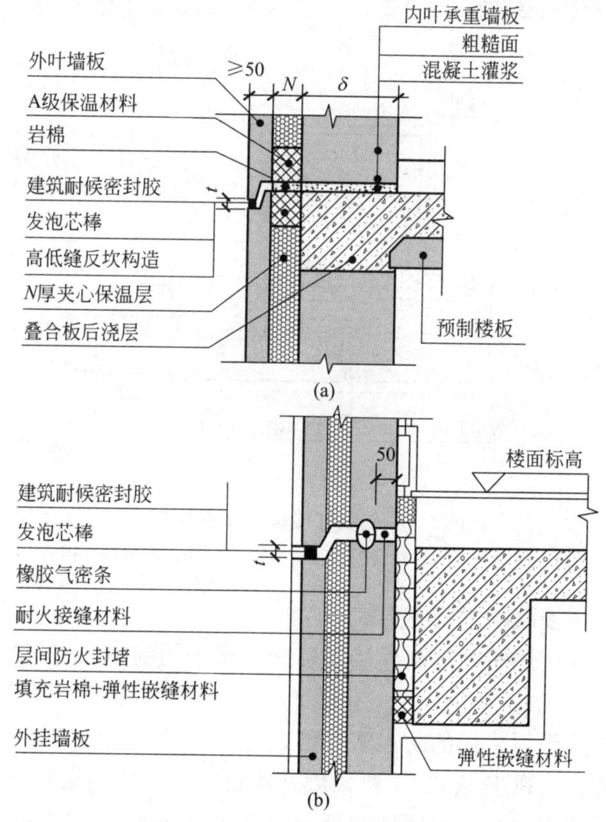

图 9-3　预制外墙板水平缝构造

（a）预制承重夹心外墙板水平接缝；（b）外挂墙板水平接缝

（2）垂直接缝构造

垂直接缝一般采用结构防水与材料防水结合的两道防水构造，可采用平口或槽口构造，如图 9-4 所示。

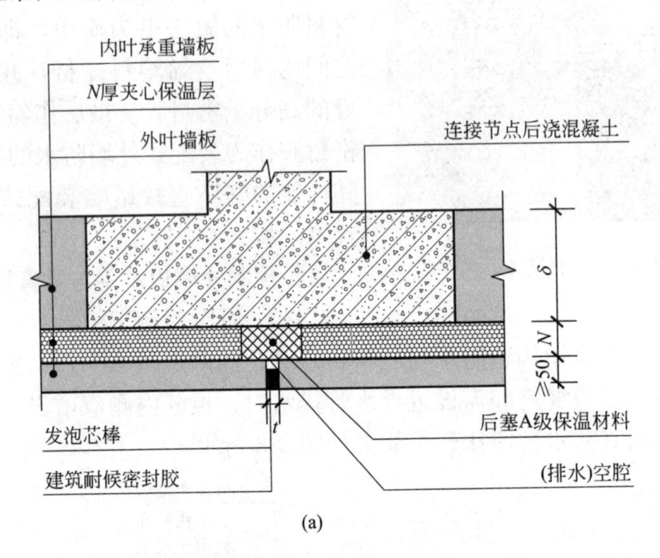

(a)

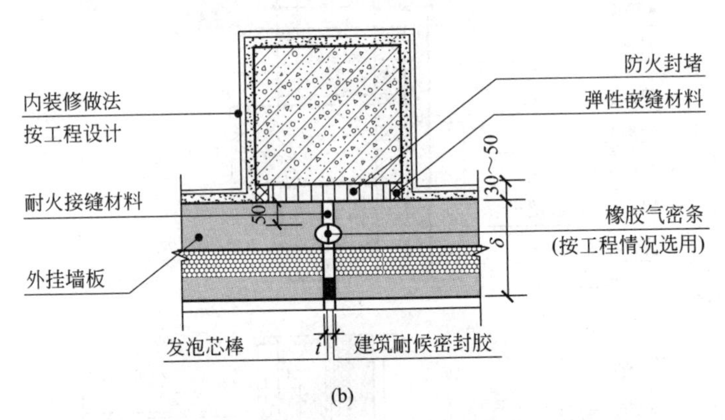

(b)

图 9-4　预制外墙板水平缝构造

（a）预制承重夹心外墙板垂直接缝；（b）外挂墙板垂直接缝

3. 预制外墙板接缝防水密封形式

目前，在实际应用中，预制外墙板接缝普遍采用的防水密封形式主要有以下几种。

（1）预制外墙模板采用的防水密封形式

预制外墙模板（PCF 板），主要采用外侧打胶（一般为聚氨酯密封胶），板与板之间铺贴一层防水卷材，内侧依赖现浇混凝土自防水的接缝防水密封形式，如图 9-5、图 9-6 所示。

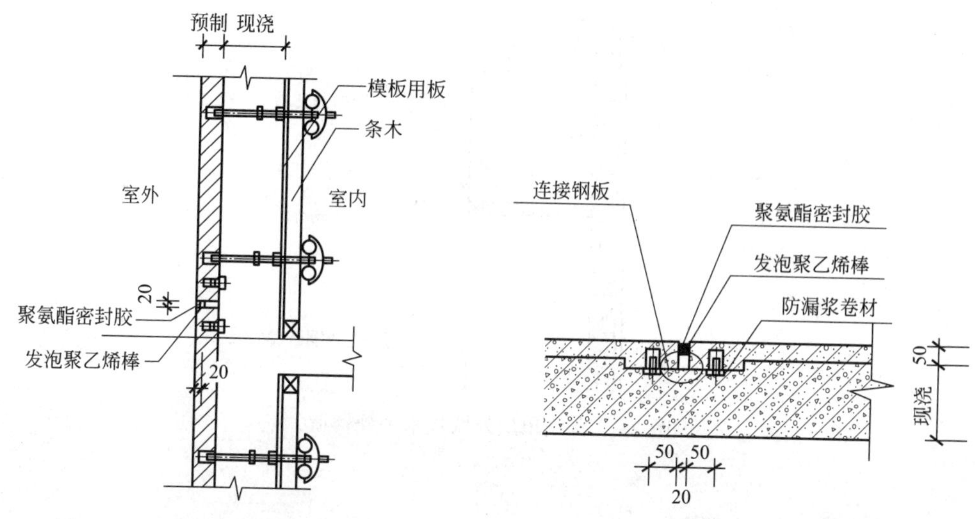

图 9-5　预制外墙模板水平缝构造

图 9-6　预制外墙模板竖向缝构造

这种预制外墙板接缝防水密封形式目前应用得最多。其优点在于施工简易、速度快，缺点是防水质量难以控制，空腔堵塞情况时有发生，一旦内侧混凝土发生开裂将直接导致墙板防水失败。

现场施工时，应采用如下措施控制缺陷。

① 竖向板缝发泡聚乙烯（CPE）棒粘贴应牢固，无起拱、起鼓，单侧粘贴宽度 3cm 以上，水平板缝 PE 棒粘贴前扫清沟内杂物并粘贴牢固，板缝处密封材料总填充深度不得大于 35mm；

② 预制墙板缝外侧硅胶厚度不应小于 10mm；

③ 打胶中断处应 45°对接，以保证硅胶的密封连续性。

（2）预制单层外墙板采用的防水密封形式

预制单层外墙板采用封闭式组合防水密封形式。为满足较低的预制率要求，可仅预制外墙填充墙部分，并采用此防水密封形式，如图 9-7、图 9-8 所示。

这种墙板防水密封形式中，水平缝主要采用聚氨酯密封胶和无收缩防水砂浆，竖向缝采用粗糙面混凝土、小号空心三元乙丙橡胶条封堵，外侧再满铺保温板的形式达到防水密封的目的。此设计的特点主要是粗糙面现浇混凝土配合橡胶条封堵。施工中应注意以下几点：

① 预制墙板侧面空心橡胶条由预制构件厂出厂前粘贴高强中性硅酮密封胶，粘贴牢固；

② 预制墙板缝外侧聚氨酯耐候密封胶厚度应不小于 10mm；

③ 打胶中断处应 45°对接，以保证耐候密封胶的密封连续性；

④ 窗框四周预留的 6mm×6mm 胶槽，需满打耐候密封胶。

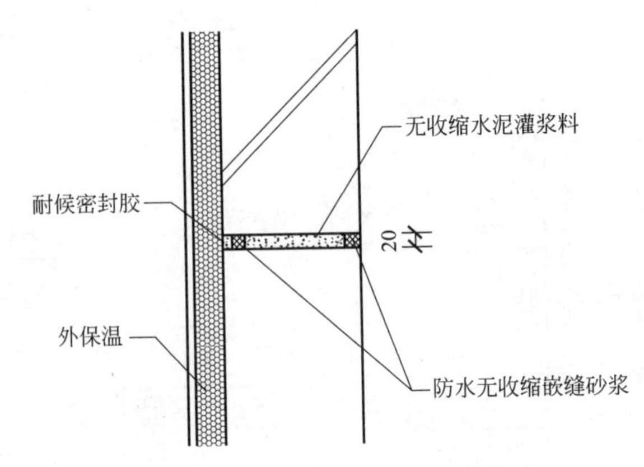

图 9-7　预制单层外墙板水平缝构造

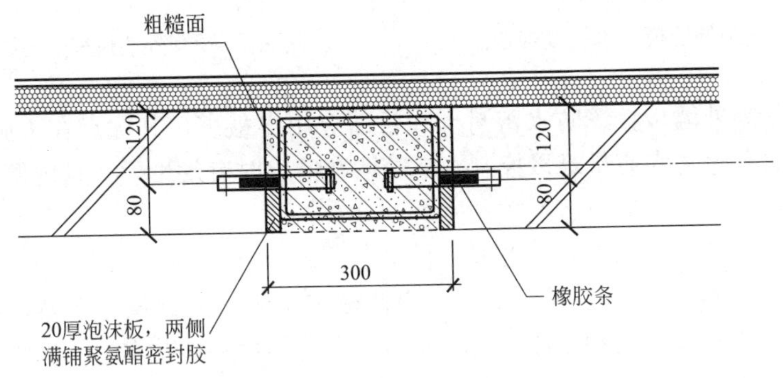

图 9-8　预制单层外墙板竖向缝构造

（3）预制三明治外墙板采用的防水密封形式

预制三明治外墙板采用封闭式防水密封形式。这种墙板的防水密封主要有三道措施，解决了传统工艺外墙渗漏的问题。最外侧采用高弹力聚氨酯耐候密封胶及圆形 PE 棒，中间部分为物理空腔形成的减压空间，使用预嵌在混凝土中的防水橡胶条上下互相压紧，内侧配合灌浆层砂浆封堵，起到防水的效果，如图 9-9～图 9-11 所示。

预制外墙板接缝采用材料防水密封时，必须采用防水性能可靠的嵌缝材料。板缝宽度不宜大于 20mm，材料防水的嵌缝深度不得小于 20mm。对于普通嵌缝材料，在嵌缝材料外侧应勾水泥砂浆保护层，其厚度不得小于 15mm。对于高性能嵌缝材料，其外侧可不做保护层。高层建筑、多雨地区的预制外墙板接缝防水密封，宜采用此形式。

封闭式防水构造采用内外三道防水密封，疏堵相结合，其防水构造完善，防水效果较好，缺点是施工时精度要求非常高，墙板错位不能大于 5mm，否则无

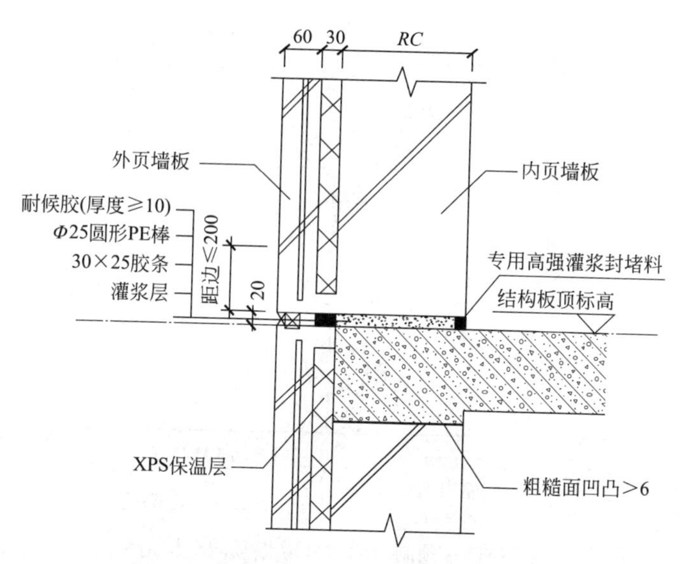

图 9-9　预制三明治外墙板水平缝构造一

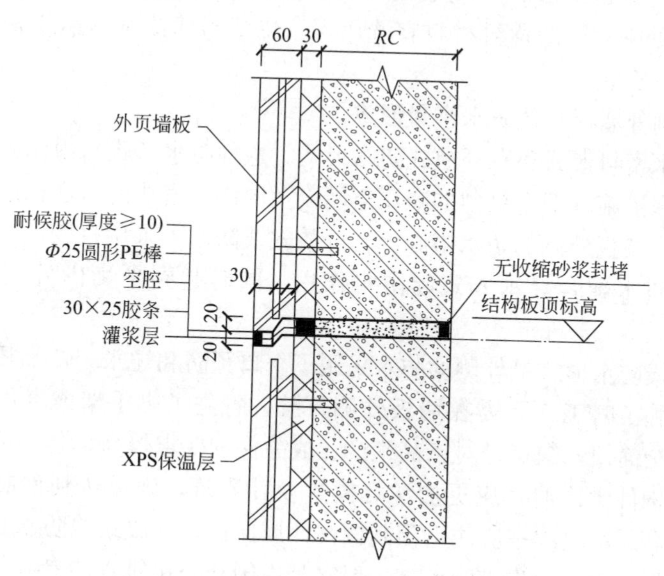

图 9-10　预制三明治外墙板水平缝构造二

法压紧 PE 棒，采用的耐候密封胶性能要求较高，不仅要求其高弹性、耐老化，同时使用寿命要不低于 20 年，故成本较高，须由经验丰富的专业施工团队操作。

该形式密封胶及橡胶条要求如下：

① 外墙接缝处的密封材料应与混凝土具有相容性以及规定的抗剪切和伸缩变形能力，还应具有防霉、防水、防火、耐候等性能；

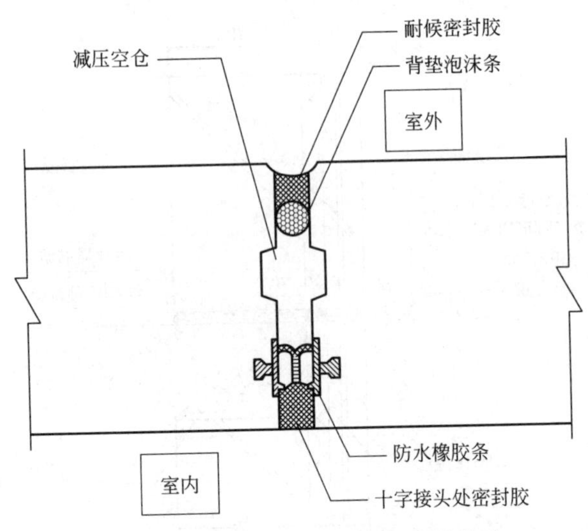

图 9-11　预制三明治外墙板竖向缝构造

② 采用的密封止水带宜采用三元乙丙橡胶或氯丁橡胶等高分子材料；

③ 接缝处密封胶的背衬材料宜选用聚乙烯塑料棒或发泡氯丁橡胶，直径不小于缝宽的 1.5 倍。

（4）预制外墙板其他防水密封形式

其他防水密封形式还有开放式防水形式。这种防水形式与封闭式线防水在内侧的两道防水措施（即企口型的减压空间以及内侧压密式的防水橡胶条）是基本相同的，但在墙板外侧的防水措施上，开放式线防水不采用打胶的形式，而是采用构造企口防水配合导水方式起防水作用，同时起到平衡内外气压和排水的作用。

开放式线防水形式最外侧的防水采用了企口预防和导水，产品质量更容易控制和检验，施工时工人无需在墙板外侧打胶，省去了脚手架或者吊篮等施工措施，更加安全简便，缺点是对产品生产、成品保护要求较高，且一般适用于少雨地区。预制构件生产时，应更加注意模具设计质量，确保达到预制构件设计要求，且存放和运输过程中应注重预制构件四周保护。开放式线防水是目前外墙防水接缝处理形式中最为先进的形式，但它是由国外公司研发的专利技术，受专利使用费用的影响，目前国内很少使用这项技术。如图 9-12 所示为开敞式防水密封形式，图 9-13 为构造缝防水构造，图 9-14 为构造平缝滴水线防水构造，图 9-15 为可选用的其他接缝防水密封形式。

（5）预制外墙板构件窗框自防水（后装法）

预制外墙板的门窗洞口等部位是防水薄弱部位，构造设计与材料选用应满足建筑的物理性能、力学性能、耐久性能及装饰性能的要求。带有门窗的预制外墙

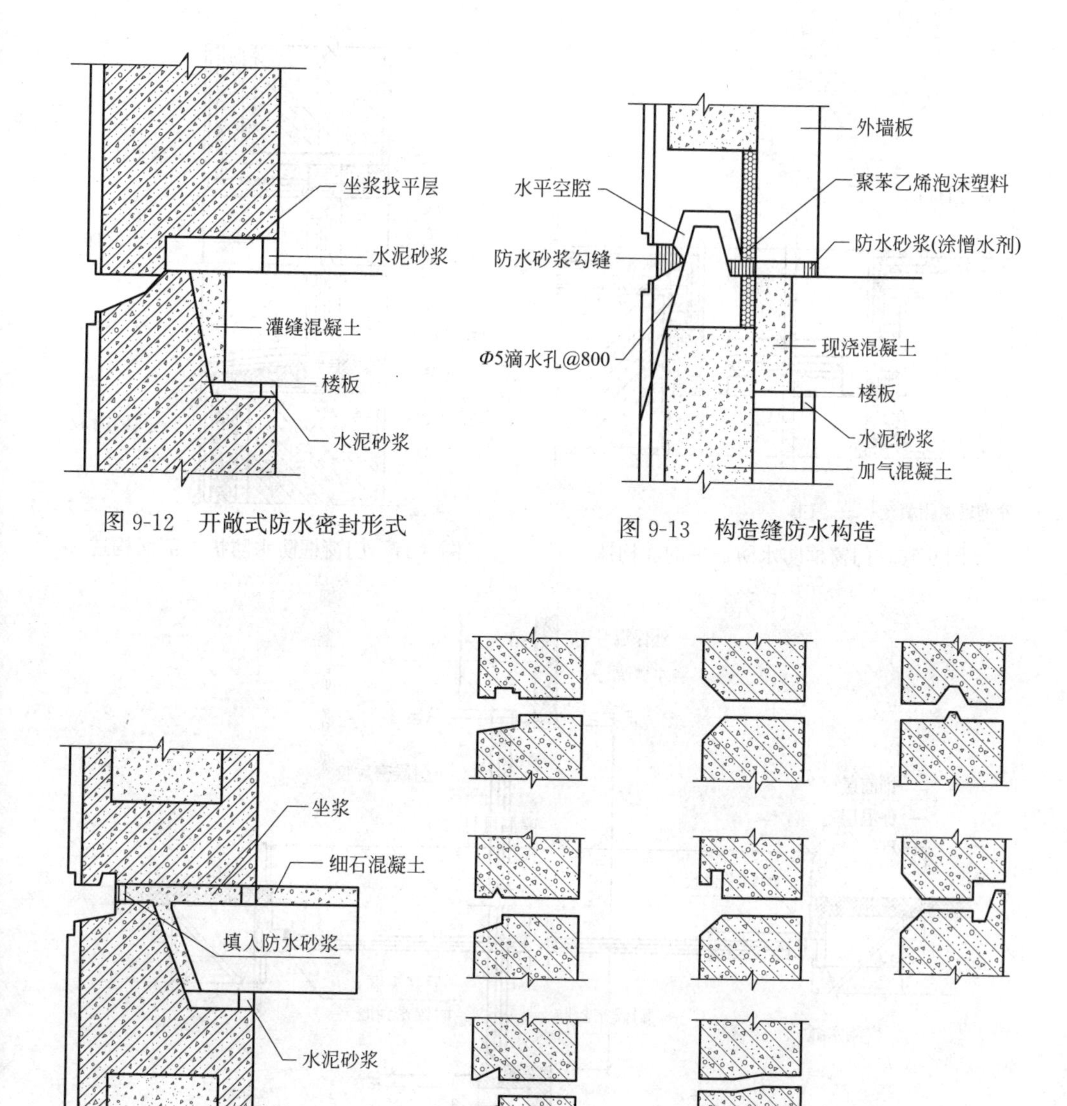

图 9-12　开敞式防水密封形式

图 9-13　构造缝防水构造

图 9-14　构造平缝滴水线防水构造

图 9-15　可选用的其他接缝防水密封形式

板，其门窗洞口与门窗框间的密闭性不应低于门窗的密闭性。门窗框与墙体间的缝隙宜采用聚合物水泥防水砂浆或发泡聚氨酯填充。外墙防水层应延伸至门窗框，防水层与门窗框间应预留凹槽、嵌填密封材料，门窗上楣的外口应作滴水处理，外窗台应设置不小于 5%的外排水坡度。图 9-16 为门窗框防水防护平剖面构造，图 9-17 为门窗框防水防护立剖面构造，图 9-18 为后装窗构造。

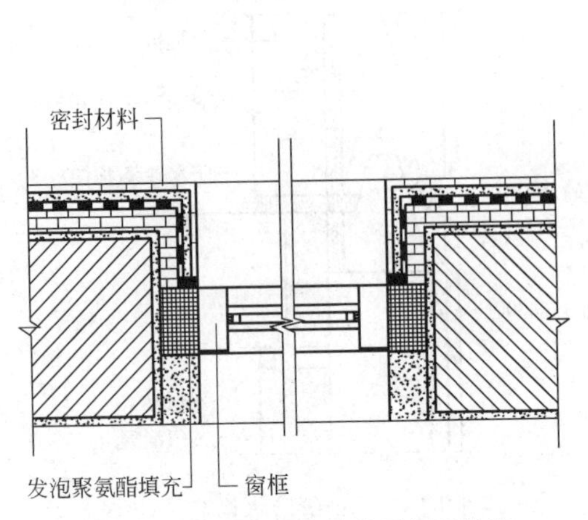

图 9-16　门窗框防水防护平剖面构造

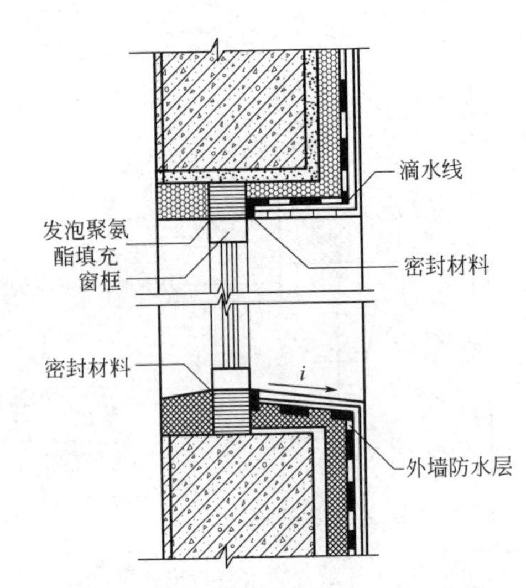

图 9-17　门窗框防水防护立剖面构造

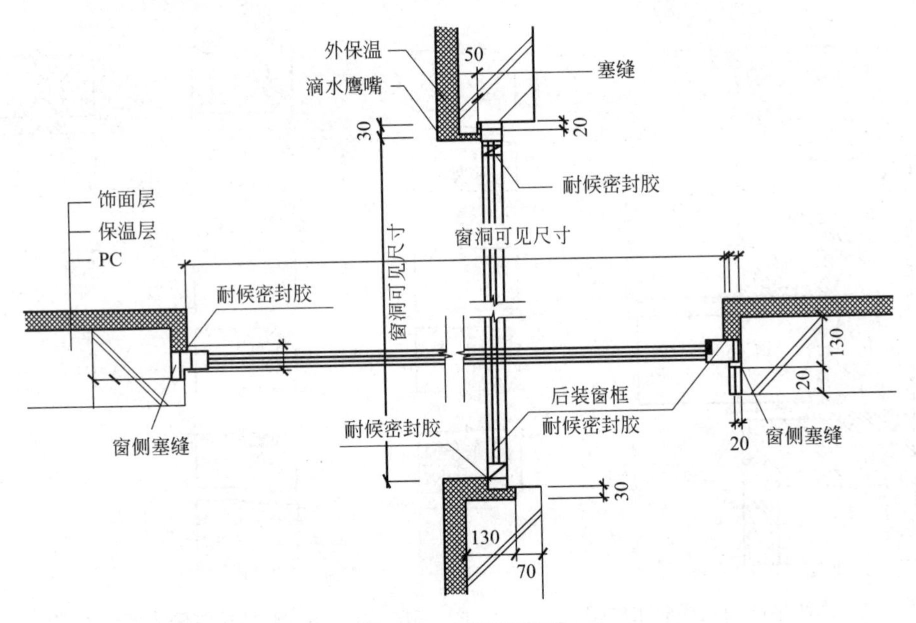

图 9-18　后装窗构造

第三节　接缝防水密封设计要求

1. 预制外墙板接缝防水密封材料要求

防水密封材料是装配式外墙拼接缝防水的第一道防线，其选择至关重要，现有防水密封材料以密封胶为主。密封胶应满足以下要求：

（1）良好的抗位移能力

预制板接缝部位在应用过程中，受各种外界因素的影响，接缝尺寸会发生循环变化，因此密封胶必须具备良好的抗位移能力，如图 9-19 所示。

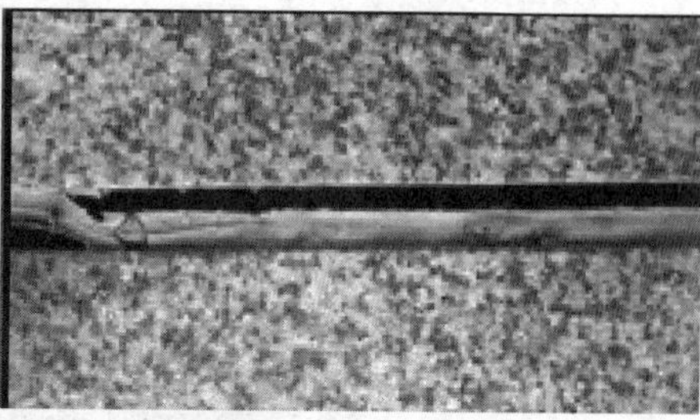

图 9-19　密封胶因墙板位移而开裂

（2）优异的耐候性

由于密封胶的外表面长期外露，长期经受紫外线照射、冷热循环、风雨、细菌等外界环境的影响，因此密封胶必须具有非常好的耐候性，以保证其长期的使用效果，从而保证装配式建筑的使用寿命和安全，如图 9-20 所示。

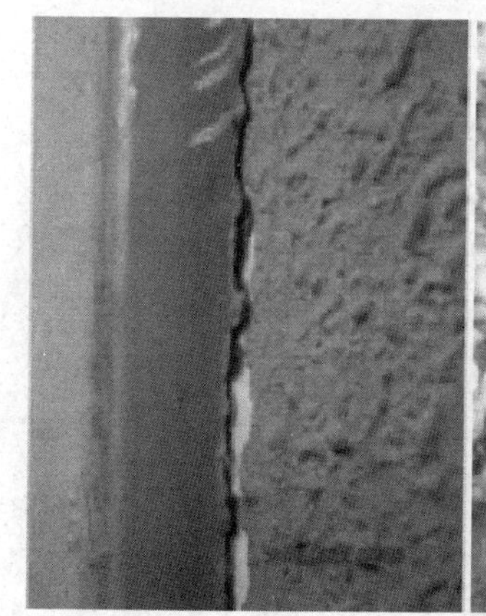

图 9-20　密封胶老化

（3）良好的粘结性和相容性

预制板主要结构组成为水泥混凝土，属于多孔材料，孔洞大小及分布不均不利于密封胶的粘接；混凝土本身呈碱性，部分碱性物质迁移至粘接面会影响密封胶的粘接效果；预制外墙板生产过程中需采用脱模剂，在一定程度上会影响密封胶的粘接性能。为保证密封效果，采用的密封胶必须与水泥混凝土基材具有良好的粘结性和相容性，如图 9-21 所示。

图 9-21　密封胶粘结失效

(4) 防污染性

密封胶作为外露使用，一些未参与反应的小分子物质易游离渗透到混凝土中，并且增塑剂也容易渗透进入混凝土孔洞中。由于静电作用，一些灰尘也会粘附在混凝土板缝的周边，为整体美观需要还应具备防污染性，即避免对接缝两侧的基层造成污染，如图 9-22 所示。

图 9-22　密封胶对建筑外观的影响

(5) 涂装性

装饰为追求整体的美观度，常对外墙表面进行喷漆处理，密封胶的可涂装性也是一项重要的性能指标。在一些清水混凝土墙面和瓷砖反打墙面，外墙不需要涂装，因此也就不需要密封胶具有可涂饰性，如图 9-23 所示。

图 9-23　涂装后的装配式建筑外墙

（6）可修补性。

密封胶在使用过程中难免出现破损、局部粘结失效情况，因此要求密封胶具有良好的可修补性。

常用的建筑密封胶包括硅酮密封胶（SR）、聚氨酯密封胶（PU）、硅烷改性聚醚密封胶（MS）、硅烷改性聚氨酯密封（SPU），其性能见表 9-1：

常用建筑密封胶性能　　**表 9-1**

项目	密封胶分类			
	SR	PU	MS	SPU
抗位移能力	好	好	好	好
粘接性能	好	好	很好	很好
耐候性能	很好	很好	好	很好
耐污染性	差	好	好	好

2. 其他设置要求

（1）外挂墙板的接缝及门窗洞口等防水薄弱部位应根据使用环境和使用年限要求选用合适的防水构造和防水材料。设计文件中应注明防水材料的更换要求。

（2）建筑高度在 24m 以下的外挂墙板接缝应采用至少一道材料防水和一道构造防水相结合的做法；24m 以上的外挂墙板接缝应采用至少两道材料防水和一道构造防水相结合的做法，如图 9-24、图 9-25 所示。

（3）外挂墙板的接缝应符合下列规定：

① 墙板水平接缝宜采用企口缝或高低缝构造；

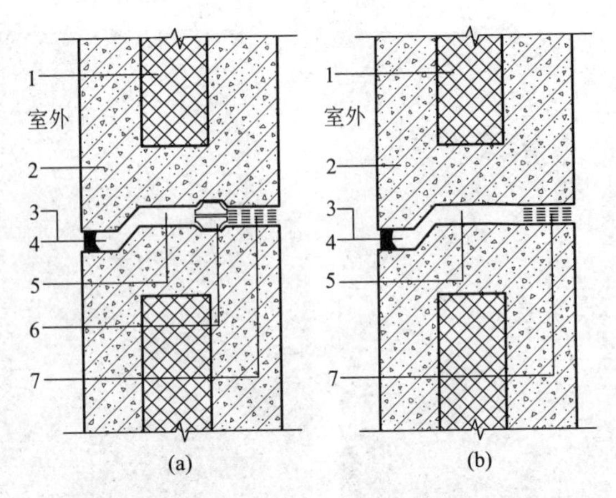

图 9-24 外墙板间水平接缝防水大样图

(a) 两道材料防水+构造防水；(b) 一道材料防水+构造防水

1—夹心保温材料；2—外叶混凝土板；3—耐候建筑密封胶；

4—背衬材料；5—水平向常压防水空腔；6—橡胶空心气密条；7—耐火填充材料

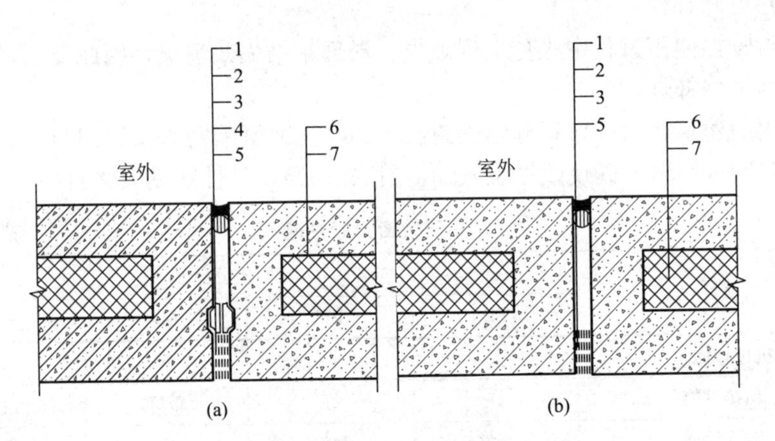

图 9-25 预制外墙板竖向接缝防水设计

(a) 两道材料防水+构造防水；(b) 一道材料防水+构造防水

1—耐候建筑密封胶；2—背衬材料；3—竖向常压排水空腔；4—橡胶空心气密条；

5—耐火填充材料；6—外叶混凝土板；7—夹心保温材料

② 墙板竖缝可采用平口或槽口构造；

③ 当板缝空腔需设置排水导管，板缝内侧应增设气密条密封构造，气密条直径宜大于缝宽的 1.5 倍；

④ 外挂墙板的接缝宽度不应小于 15mm，建筑密封胶的厚度不应小于缝宽的 1/2 且不小于 8mm；

⑤ 外挂墙板接缝处的密封材料应选用符合《混凝土接缝用建筑密封胶》

JC/T 881—2017 要求的耐候性密封胶；

⑥ 外挂墙板接缝处的密封胶背衬材料直径宜大于缝宽 1.5 倍。

（4）外挂墙板的门窗框应采用标准化部件，并宜采用预装法，采用后装法时宜预埋副框，如图 9-26 所示。

图 9-26　窗框预埋

（5）外挂墙板接缝应进行气密、水密及抗风压性能检测。

第四节　接缝防水设计存在问题及部分案例

1. 预制外墙防水设计存在问题

（1）常用的密封胶如 SR、MS、PSR、PV 等性能指标不尽相同，但因缺乏配套规范标准约束，实际工程中均有使用，较混乱。

（2）防水研究仅限于设计和施工，对配套密封胶耐久性、后期维护更换的研究几乎为空白。

（3）装配式建筑密封胶施工质量现场检测手段缺失，密封胶尺寸、深度、粘接性能等会直接影响防水功能，目前仅靠人为观察、测量，可靠度低。

2. 部分防水材料名词解释

（1）密封胶

密封胶是指随密封面形状而变形，不易流淌，有一定黏结性的密封材料，是用来填充构形间隙、以起到密封作用的胶粘剂。具有防泄漏、防水、防振动及隔声、隔热等作用。常见的单组分反应型弹性密封胶主要包括：硅酮类（SR）、聚氨酯类（PU）、端硅烷基改性聚氨酯类（SPU）、端硅烷基聚醚类（MS）。

（2）PE 棒

即聚乙烯棒，无臭无毒，手感似蜡，具有优良的耐低温性能（最低使用温度可达－70～－100℃)，化学稳定性好，能耐大多数酸碱的侵蚀（不耐具有氧化性质的酸），常温下不溶于一般溶剂，吸水性小，电绝缘性能优良；密度低；韧性好（同样适用于低温条件）；拉伸性好；电气绝缘性和介电性能好；抗张性；加热时间不宜过长，否则会分解；可能发生融体破裂，不宜与有机溶剂接触，以防开裂。

（3）CPE 棒

即发泡聚乙烯棒，俗称珍珠棉，为闭孔式微孔热塑性材料。其柔韧、质轻，富有弹性，回复性好，能通过弯曲来吸收和分散外来的撞击力，达到缓冲的效果。同时，发泡聚乙烯具有保温、防潮、防摩擦、耐腐蚀等一系列优越的使用特性。加入防静电剂、阻燃剂后，更显现其卓越的性能。

（4）聚苯板

聚苯板是用作防水层的保护层，全称聚苯乙烯泡沫板，又名泡沫板或 EPS 板。是由含有挥发性液体发泡剂的可发性聚苯乙烯珠粒，经加热预发后在模具中加热成形的具有微细闭孔结构的白色固体。聚苯板具有优异的保温隔热性能，高强度抗压性能，优越的防水、抗潮性能，防腐蚀、经久耐用性能。

3. 预制外墙板部分案例

（1）预制外墙板与地下室连接节点（图 9-27～图 9-29）

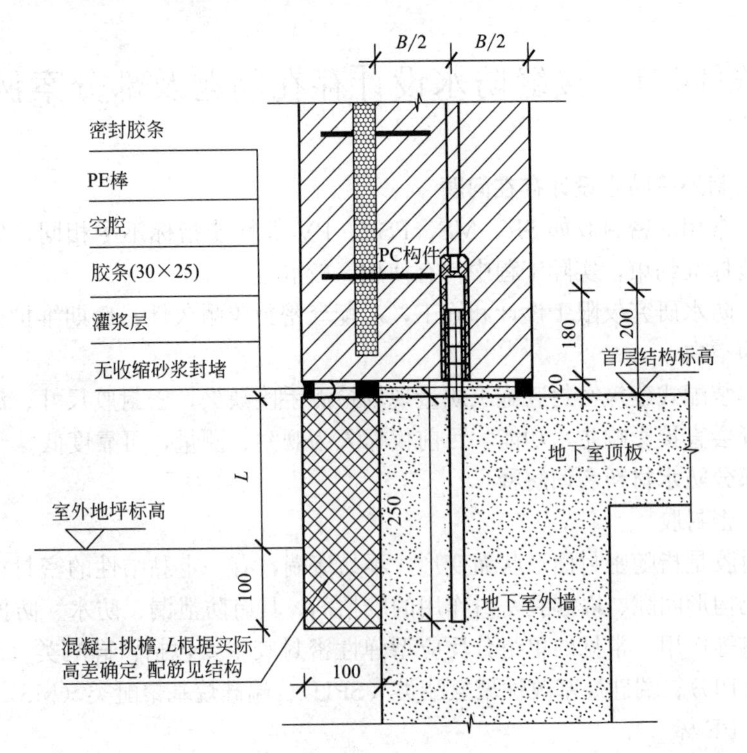

图 9-27　预制外墙与地下室连接节点（伸出地面 200mm 情况示意图）

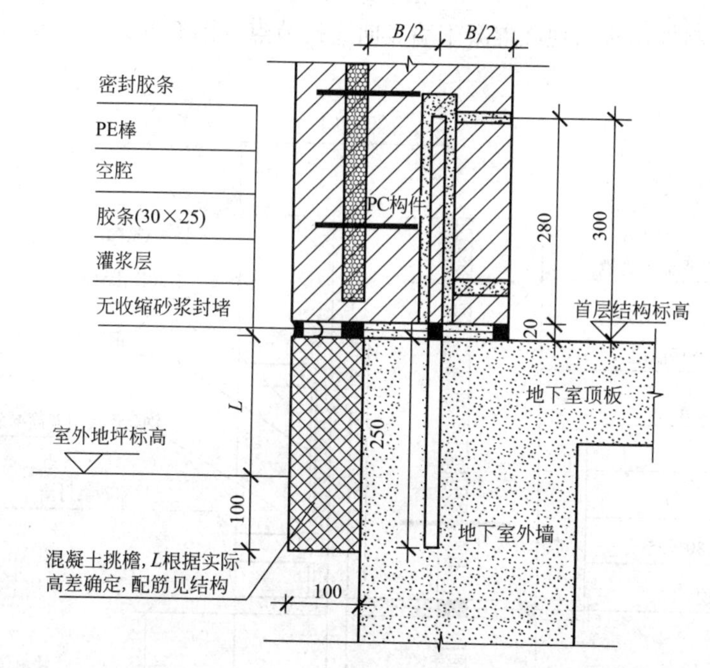

图 9-28　预制外墙与地下室连接节点（伸出地面 300mm 情况示意图）

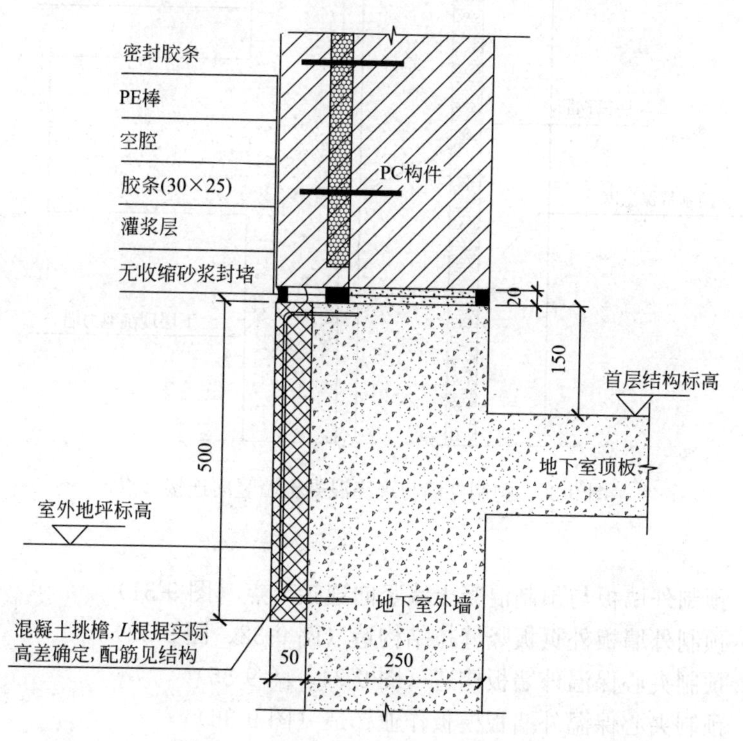

图 9-29　预制外墙与地下室连接节点

（2）预制外墙板与现浇混凝土墙竖向连接节点（图 9-30）

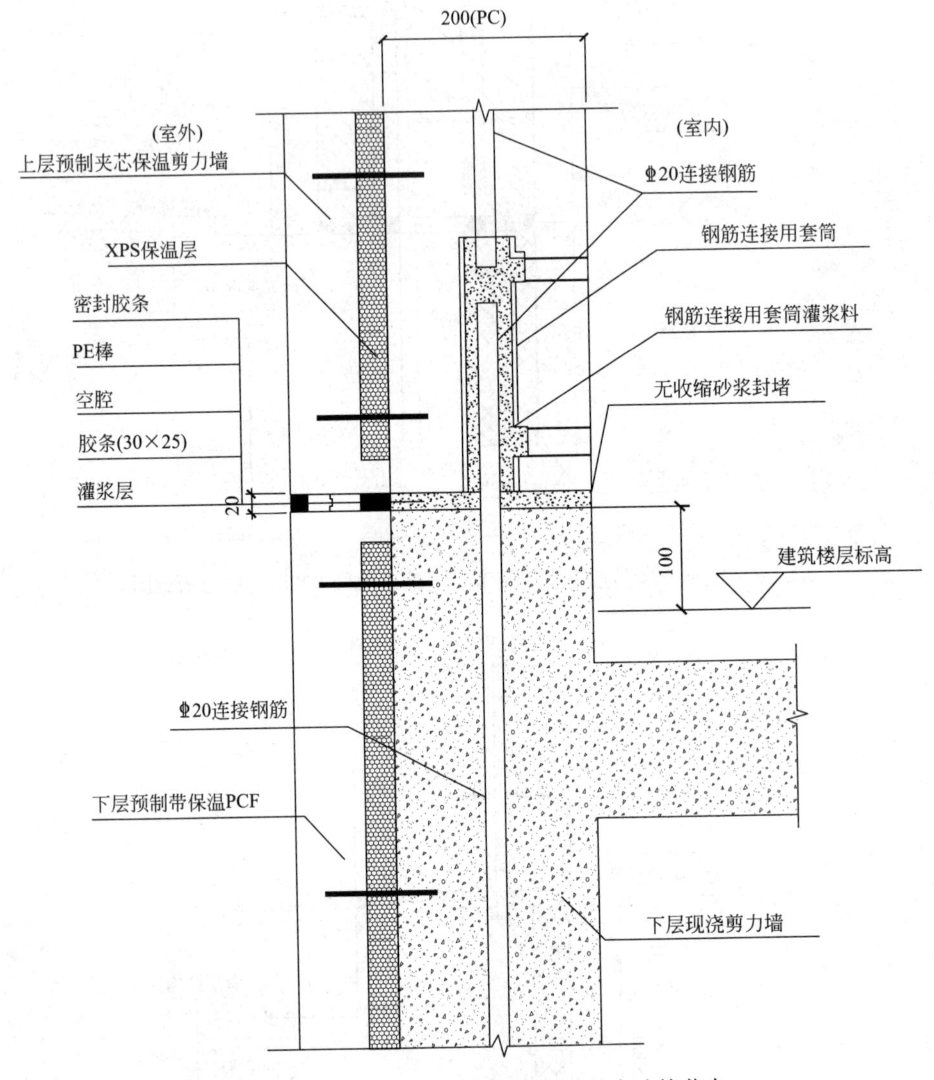

图 9-30　预制外墙与现浇混凝土墙竖向连接节点

（3）预制外墙板与预制混凝土墙竖向连接节点（图 9-31）

（4）预制外墙板外页板竖缝拉结构造（图 9-32、图 9-33）

（5）预制夹心保温外墙板构造（图 9-34、图 9-35）

（6）预制夹心保温外墙板模板作业构造（图 9-36）

（7）预制外墙板其他部位防水构造（图 9-37～图 9-42）

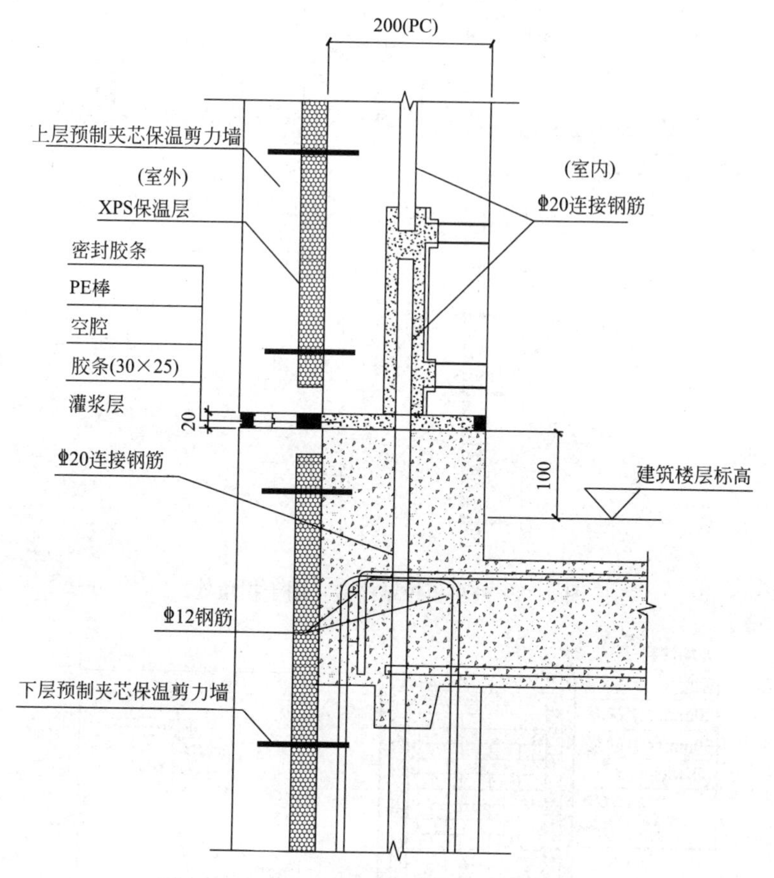

图 9-31　预制外墙与预制墙体竖向连接节点

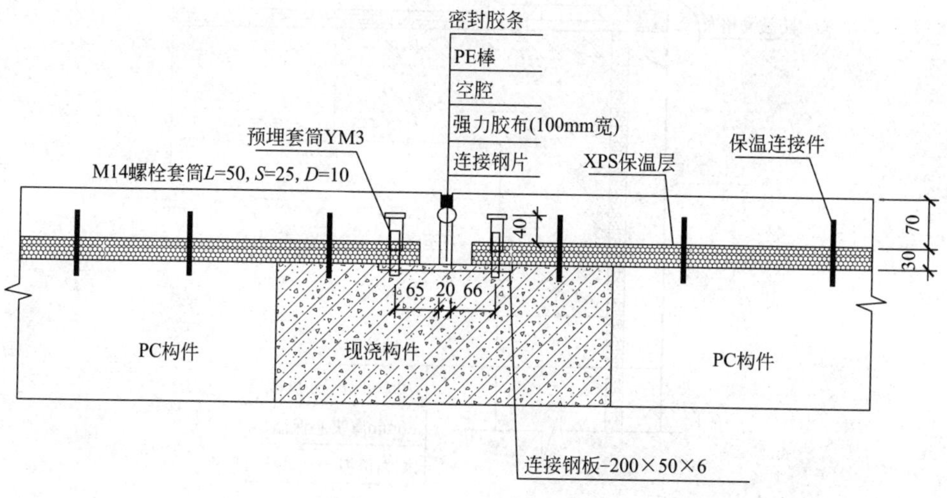

图 9-32　外页板竖缝拉结构造

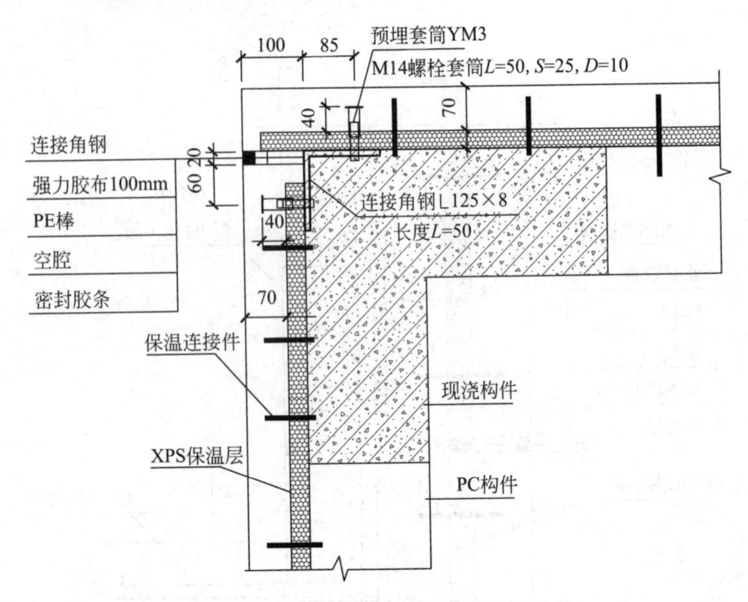

图 9-33　外页板拉结构造（用于拐角处）

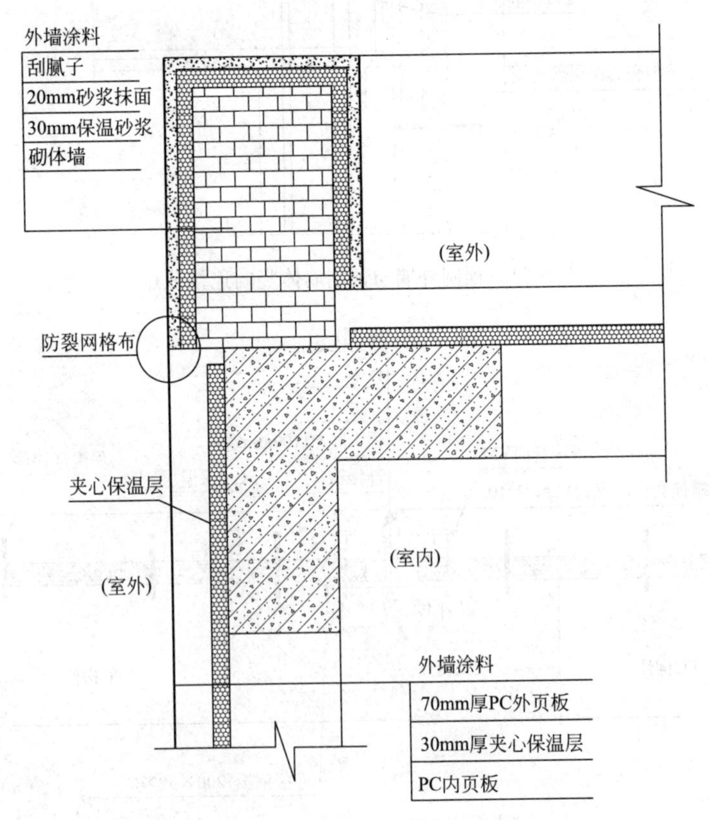

图 9-34　夹心保温板与砖墙交接处构造图

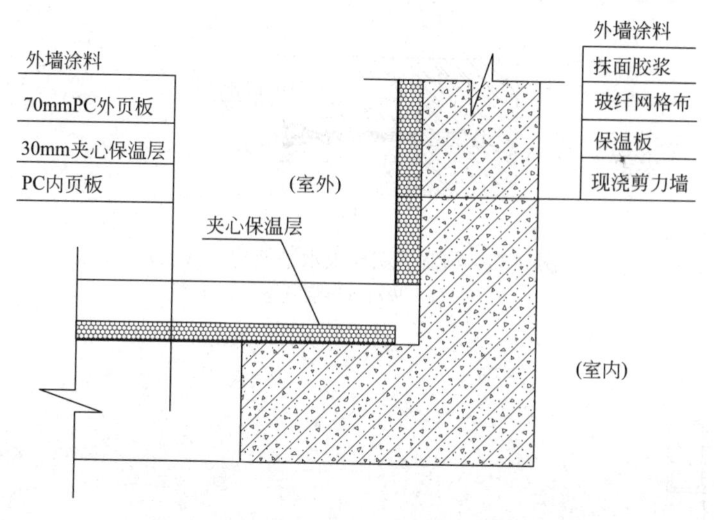

图 9-35　阴角夹心保温板与外保温交接处构造图

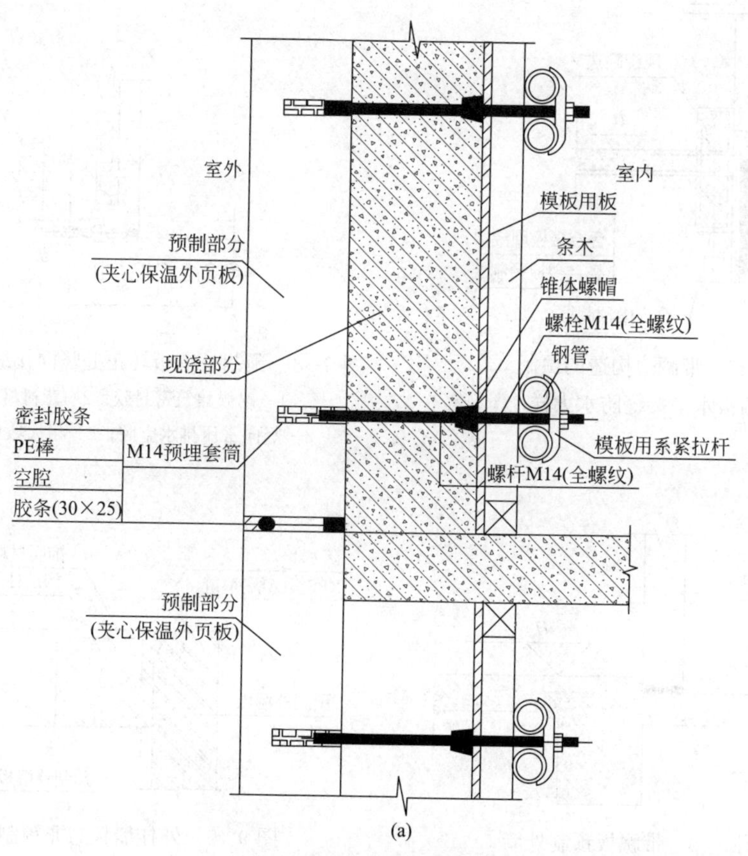

图 9-36　预制外墙模板水平缝构造（一）

（a）模板施工中状态

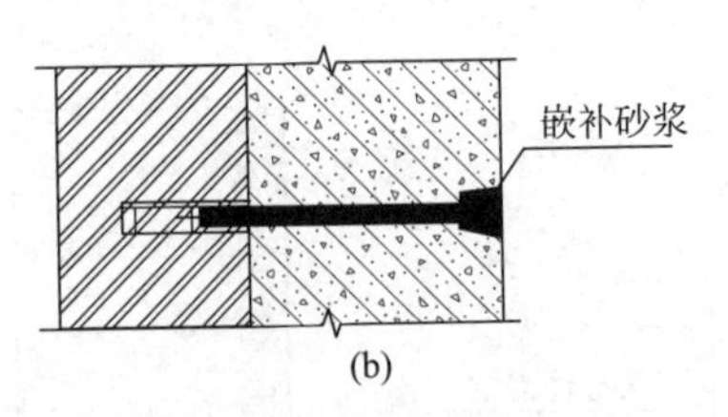

图 9-36 预制外墙模板水平缝构造（二）

（b）模板拆除后状态

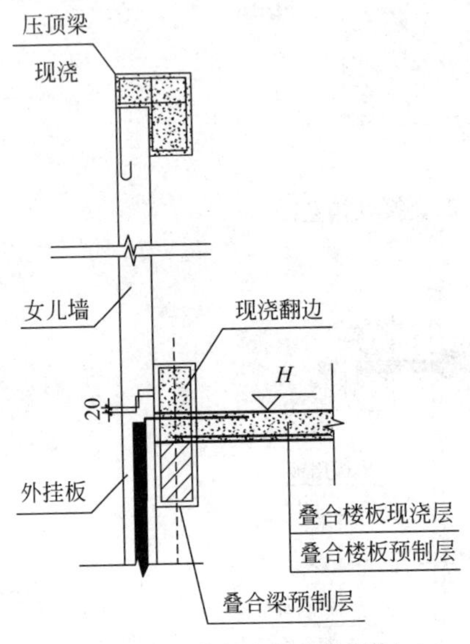

图 9-37 带翻边构造的预制外墙板水平接缝防水大样

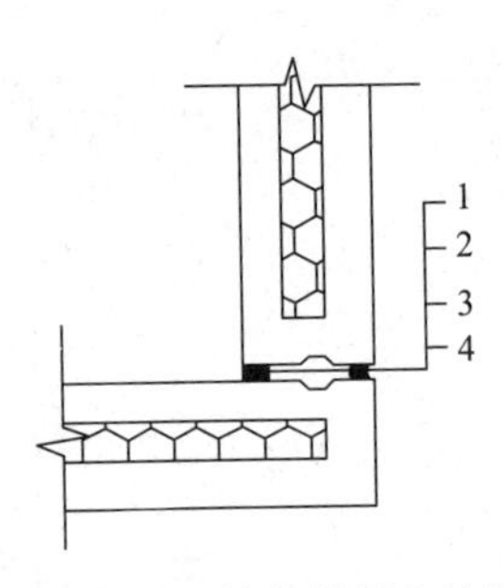

图 9-38 预制外墙板转角处竖向接缝防水设计

1—耐候建筑密封胶；2—背衬材料；3—竖向常压排水空腔；4—耐火填充材料

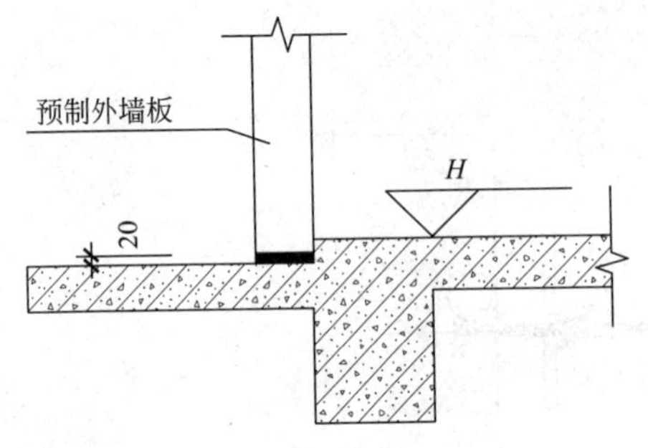

图 9-39 带飘板预制外墙板底部防水构造

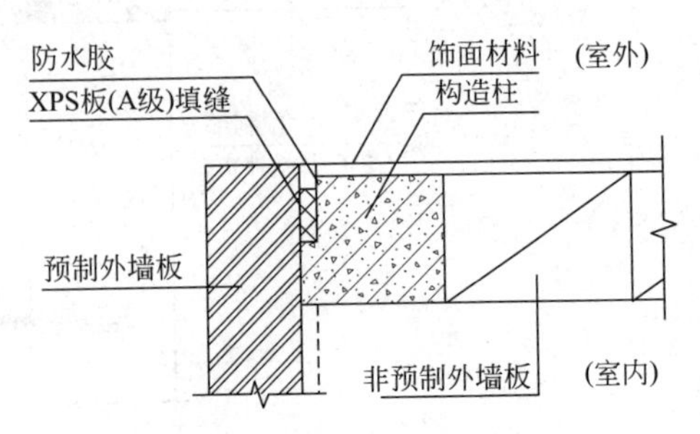

图 9-40 外挂墙板与非预制外墙接缝部位的防水构造

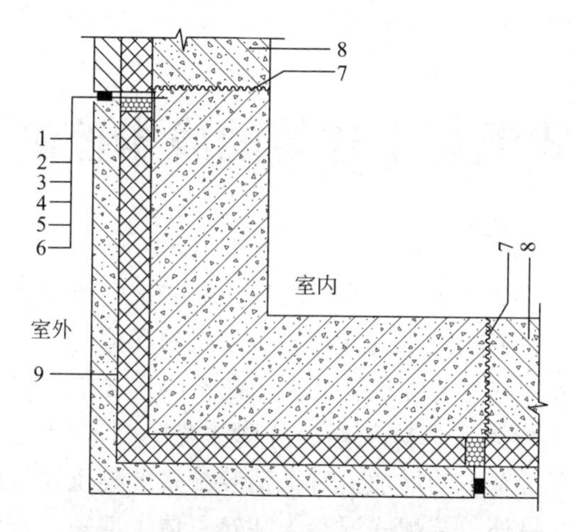

图 9-41 预制夹心保温剪力墙“L”形节点竖向接缝防水设计

1—钢筋混凝土现浇外墙；2—自粘丁基胶带；3—同材质泡沫保温条；4—竖向常压排水空腔；5—背衬材料；6—耐候建筑密封胶；7—粗糙面；8—内叶混凝土板；9—预制夹心保温外墙模板

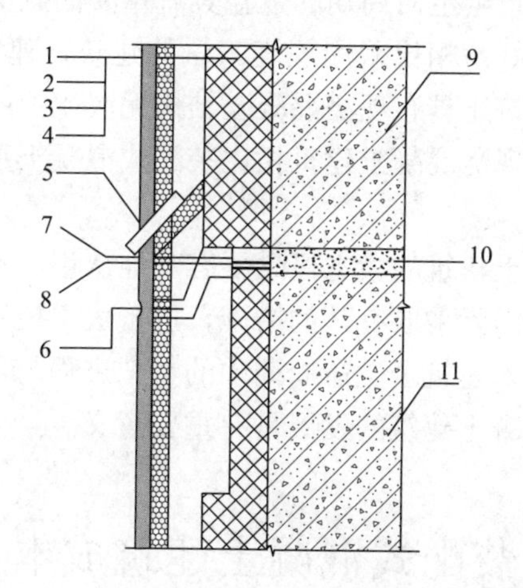

图 9-42 预制夹心保温剪力墙导水管防水设计

1—后塞同材质泡沫保温条；2—竖向常压排水空腔；3—背衬材料；4—耐候建筑密封胶；5—导水管；6—水平向常压防水空腔；7—聚乙烯泡沫条；8—双面自粘丁基胶带或临时机械固定措施；9—上层预制混凝土内叶墙板；10—细石混凝土坐浆；11—下层混凝土结构

（注：导水管每隔三层安装在十字交叉缝上部的竖向接缝中，导水管宜采用PVC材料制作，内径不小于 10mm，安装角度宜为 30°～45°，周边要用密封胶封严）

第十章

装配式混凝土建筑的成本控制技术

现阶段，装配式混凝土建筑与传统的现浇混凝土建筑相比会产生一定的增量成本，这也是当前发展装配式建筑遇到的最大瓶颈和障碍。有分析表明，装配式混凝土建筑的建安成本约是传统现浇混凝土建筑的1.2倍。但要看到，装配式混凝土建筑质量好，现场人工、抹灰量、外脚手架、材料浪费等大大减少。这些“减量成本”，随着人工费用的增加，对抵消装配式混凝土建筑的一部分增量成本的作用也越来越大。另外，装配式混凝土建筑总体工期短，有明显有利的资金的时间因素，而且还在运营维护方面的支出和收益上有明显的优势。从建筑全生命周期来看，建设阶段的费用仅占总支出的30%～40%。提高建筑的耐久性，降低维修维护的费用在建筑全生命周期的效益具有重要的意义。而装配式混凝土建筑因建造精度高，质量好，相比采用现浇工法的建筑，建筑的耐久性大大提高。再加上装配式混凝土建筑还具有现浇混凝土结构无法比拟的社会、经济效益。综合这些因素，与传统的现浇混凝土建筑相比装配式混凝土建筑有非常明显的整体效益。

所以对装配式混凝土建筑的成本概念要客观地认识，不仅要针对装配式混凝土建筑特有的增量成本因素采取有效的措施，进行成本控制，还要正确认识到装配式混凝土建筑成本纳入建筑全生命周期中的整个进程与项目整体收益之间的关系，这对促进装配式混凝土建筑的发展具有重要意义。

第一节　装配式混凝土建筑成本变量解析

1. 成本增加内容

（1）预制构件产品制作和运输费用

预制构件产品制作费用和运输费用，是影响装配式混凝土建筑建造成本增加的主要因素。

预制构件生产主要依赖机械和模具，若模具的兼容性差、周转率低，将推高成本。以预制夹芯保温外墙板为例，目前大部分地区的预制构件价格在2500～3500元/m^3之间，以预制率40%为例，折合建筑的价格约为500元/m^2。

预制构件的运输费包含构件场外运输和场内二次搬运等费用，需提高运载效率，以降低构件运输成本。预制构件运输费用，与运输方式和运输距离密切相关，如按运距 60km 以内考虑，预制构件的运输费用的经验数据约 100～150 元/m^3。

（2）预制构件吊装费用

预制构件吊装费用主要包括构件垂直运输费、安装人工费、专用工具摊销等费用，如按预制率 50％来算，预制构件的吊装费用约为 300 元/m^3。

（3）机械费

预制构件一般尺寸和重量较大，传统的塔吊等机械无法满足要求，故需配置比较大的吊装机械，而高规格的大型机械提高了设备的租赁成本。而且塔吊的型号主要由最重的构件决定。在力臂不变的情况下，若能通过拆分构件，降低构件重量，则能优化塔吊型号，显著降低成本。

（4）墙板和楼板拼缝处理及相关材料费用

预制构件接缝处包括墙板的拼缝，叠合楼板的拼缝等，均需要进行额外处理。如外墙缝表面用高分子密封材料封闭，以达到良好密封防水效果；预制楼板拼缝处需刷高强补缝浆。

（5）装配式混凝土结构技术特点引起的费用

① 70～80m 高度的装配整体式剪力墙抗震等级要提高一级，含钢量要增加 1.0～2kg/m^2；如要考虑对现浇剪力墙地震作用放大，钢筋还要增加 0.5～1kg/m^2。

② 叠合楼板板厚加大，钢筋边跨拉通，分离式配筋，并设桁架钢筋，钢筋增量 2kg/m^2，混凝土增量 0.02m^3/m^2。

③ 预制暗柱钢筋增加 1.0～1.5kg/m^2，预制墙体钢筋增量为 1.0～2kg/m^2。

④ 外墙面积与建筑面积比不小于 50％的要求，导致窗下为混凝土墙体，钢筋增量 1～2kg/m^2，混凝土增量 0.01～0.015m^3/m^2。

⑤ 夹芯保温外叶墙引起钢筋增量 1.3kg/m^2，混凝土增量 0.034m^3/m^2；飘窗外围护墙引起钢筋增量 2.7kg/m^2，混凝土增量 0.017m^3/m^2；阳台预制外围护墙引起钢筋增量 1.1kg/m^2，混凝土增量 0.015m^3/m^2。

⑥ 另外还存在新增钢筋用量的部位包括：

剪力墙的水平分布钢筋加密的要求："预制剪力墙竖向钢筋采用套筒灌浆连接时，自套筒底部至套筒顶部并向上延伸 300mm 范围内，预制剪力墙的水平分布钢筋应加密，最小直径不小于 8mm，最大间距一、二级，三、四级分别不小于 100、150mm"。

水平分布钢筋加密范围内拉筋加密要求："剪力墙竖向分布钢筋连接长度范围内未采取有效横向约束措施时，水平分布钢筋加密范围内的拉筋应加密；拉筋沿竖向的间距不宜大于 300mm 且不少于 2 排；拉筋沿水平方向的间距不宜大于竖向分布钢筋间距，直径不应小于6mm”。

边缘构件钢筋增加横向约束的要求：“边缘构件竖向钢筋连接长度范围内应采取加密水平封闭箍筋的横向约束措施或其他可靠措施。当采用加密水平封闭箍筋约束时，应沿预留孔道直线段全高加密。箍筋沿竖向的间距，一级不应大于75mm，二、三级不应大于100mm，四级不应大于150mm；箍筋沿水平方向的肢距不应大于竖向钢筋间距，且不宜大于200mm；箍筋直径，一、二级不应小于10mm，三、四级不应小于8mm，宜采用焊接封闭箍筋”。

（6）设计费用增加

与现浇混凝土结构相比，装配式混凝土建筑的结构设计暂时不健全，图纸量较大，需绘制大量的预制构件深化图，而且涉及多个专业，包括建筑、结构、水电等，每个预制构件的模板、配筋、门窗、保温构造、埋件、装饰面层、留洞、水电管线等内容都要在预制构件的拆分图上表达，设计深度增加，设计更加繁琐，所以设计费增加20～40元/m^2。

2. 成本减少内容

（1）钢筋工程和混凝土工程

根据预制率的不同，部分钢筋工程和混凝土工程转移至预制构件厂进行，减少了这部分费用。

（2）砌筑工程

因大部分项目均采用预制内外墙板，虽然现场还有零星砌筑，但工程量远远低于传统现浇方式。

（3）措施费

由于使用预制构件，现场模板及支撑安拆量大大减少，降低了模板、支撑费用。如果使用爬架替代脚手架，也可降低措施费。

（4）抹灰工程

预制构件平整度优于现浇，只需对安装好的构件进行一些简单的修复，无须进行更多的找平，减少了大量的抹灰量，相应减少了人工成本。

第二节　装配式混凝土建筑成本增加的原因分析

1. 预制构件生产和安装方面

预制构件价格及安装费用占增量成本的比例非常大，是造成装配式工程建造成本偏高的首要原因。而预制构件的价格组成较为复杂，既包括生产过程中投入的原材料、机械、人工及运输和安装费用，也包括土地、厂房、设备等固定资产投入及生产管理等费用。从构件本身而言，影响构件成本的因素包括预制率、构件类型及含钢量、标准构件数量（模具周转）以及构件的竖向连接方式。

（1）预制构件的价格组成

预制构件的价格由材料费、制作费、措施费、运费、管理费和利润、税金六部分构成。其中材料费约占 30%，制作费、措施费、运费三项合计约占 40%，管理费、利润、税金三项约占 30%。

① 材料费主要包括混凝土、钢筋、保温板及连接件、预埋件和其他材料。混凝土可以在构件厂现场拌制，且不需要运输，其成本低于现浇；钢筋由于是定尺加工，损耗较小，其成本也低于现浇。

② 措施费主要包含两方面：

一是模板摊销费：模具费用对构件价格影响很大，且与构件标准化程度、供货周期、供货规模及配模方式等都有很大关系，可按模具配置清单、模具单价、模具摊销方式、残值等合理确定模具摊销。

二是固定资产折旧。与建厂成本密切相关。建厂成本越低，折旧费就越低。

③ 运费：运输采用专业支架，涉及支架的摊销费用。

④ 管理费、利润、税金：管理费一般按直接费的 15%以内进行计算，利润一般按 5%～10%进行计算。构件厂家需缴纳增值税，按增值额 13%计取，同时预制构件生产过程中，主材费、辅材、模具、包装运输费可抵扣增值税，综合计算，抵扣后增加的税金在 5%～10%之间，按经验取 7%。

研究表明，当预制率 40%时，预制构件主要价格构成见表 10-1。

表 10-1

构成项	材料费	人工费	模具养护	运输	管理费、利润、税金等	综合单价（元/m^3）
费用占比	30%	20%	15%	10%	25%	3200

而当预制率不同时，预制构件价格分别见表 10-2。

表 10-2

预制率	40%～45%	30%	20%
成本增加（元/m^2）	400	360	300
综合单价（元/m^3）	3200	3500	3800

（2）预制构件与现浇做法的造价对比

以北京市、济南市某预制构件厂生产的外墙板、内墙板、叠合楼板和楼梯为例，按同等条件现场浇筑进行对比，预制外墙较现浇方式每建筑平方米分别增加 223、69 元，预制内墙分别增加 188、104 元，楼梯分别增加 40、17 元，楼板分别增加 27、−13 元。其中材料费差异不大，预制构件的人工费和机械费有所减少，模板费、厂房和机械折旧费、运输费、企业管理费和税金是造成两者价格差异的主要因素。

（3）不同产量情况下的预制外墙价格对比

由于企业管理费和税金以直接费为基数进行计算，因此模板费、厂房和机械折旧费、运输费等直接费是分析构件价格较高的关键所在，且大多是摊销费用，与构件的产量息息相关。经比较可看出，当预制构件的产量达到一定规模后，导致预制构件的直接费大大降低，间接费也随之降低。如按供给单栋楼与按供给10万m^2的较大规模项目的预制外墙价格分别为3340元/m^3、2560元/m^3。故实现规模化生产是降低预制构件价格的重要途径。

（4）按预制构件厂投资效益分析

对一条年设计产能为15万m^2的固定模生产线建设期为10个月，根据测算，在设定的各计算条件不变的情况下，当生产负荷达到设计项目总产量的17.56%以上时，项目可盈利；在实现80%产能的前提下，构件厂实现盈亏平衡的预制构件平均价格为1640元/m^3（现为3200元/m^3）。

（5）预制构件价格较高的原因分析结论

① 未实现规模效益

这是当前部分地区预制构件较高的最主要原因。因此，如何实现预制构件的规模化采购、规模化生产、规模化运输是降低其价格的关键所在。

② 摊销与折旧费用计取不合理

现阶段预制构件制作企业规模小数量少，导致大投入小产出，使得摊销费用巨大。另外，大部分企业固定资产折旧年限普遍短于其设计使用年限，也导致了构件分摊的折旧费较高。所以要尽量减小建厂成本。

③ 税费方面

因制造业与建筑业税种不同，导致传统现浇方式与装配式混凝土建造方式的税赋存在差异。装配式要比现浇多了一道税（从材料供应商到构件厂），综合计算，抵扣后增加的税金在5%～10%之间。

④ 运输效率不足导致运输费较高

构件的运输效率受运输距离及构件形状、重量和大小的影响。其中距离尤为重要。运输效率越高，其成本增量越低。

2. 前期方案设计方面

（1）不同构件部位对增量成本的影响

不同部位的装配式剪力墙构件，成本增加的差异很大，某些部位采用装配式可以不增加成本，某些部位采用装配式后成本增加幅度较大。

（2）建筑体型对增量成本的影响

不同建筑体型对构件成本、预制构件用量的影响很大。设计中不同种类的预制构件越多，构件形式越复杂，则模具的成本会越高。因此，提高构件标准化程度尤为重要，而构件标准化又以建筑平面标准化为前提。

（3）构件设计对增量成本的影响

以往的构件设计是先单体设计再拆分，很难实现较高的构件标准化程度。而若在项目开始阶段就以工业化和标准化的思维进行单体设计，可以大大提高构件标准化程度，提高模板周转次数。据万科测算，如将构件模板周转次数由现状的60～70次提高至100次，则模具费用能降低80～100元/m^3。同时，通过在设计阶段合理控制单个构件重量可以有效降低塔吊费用，提高安装效率，进而降低成本。

3. 现场施工方面

（1）设计、生产、施工环节脱节导致装配式建造方式优势未充分发挥

建筑的设计、生产与施工环节应是一个完整的、密切联系的整体，必须统筹考虑，这一点对于装配式建造方式尤为重要。但目前国内还未达到设计、生产、施工的一体化，造成装配式优势未充分发挥，甚至引发成本增加、工期延长等问题。其根本原因在于未推行设计、生产、施工一体化的工程总承包建设模式。

（2）部分项目管理经验不足导致人工费等减量成本降低不明显

关键是没有深刻理解装配式建造方式给施工环节带来的变化。

（3）部分项目预制构件吊装效率不高导致机械费和人工费增加

当前预制构件的生产、运输与安装存在一定脱节，降低了预制构件的安装效率。安装的速度决定了安装的成本，不同的预制构件连接直接影响到安装速度。另外项目规模小，无法通过分段流水的方法实现多工序同时工作，也造成安装成本较高。

而机械费用控制体现在塔吊布局和选型的经济性上。合理的塔吊选型需结合构件的设计与重量，此外构件数量对吊装效率有很大影响。工业化的节点施工，往往也需要借助其他工具来辅助施工，新的施工方式使得工业化施工部分的人工成本提高。

（4）产业工人缺乏导致现场施工效率提高不明显

装配式建造方式的核心是建筑工业化，建筑工业化的重要标志是建筑业劳动生产率的提高，而通过建筑工业化提高劳动生产率的关键在于专业技术工人，也就是所谓的产业工人。但目前国内该方面专业技术工人严重缺乏，导致施工现场的劳动生产率提高不明显。

第三节　装配式混凝土建筑降低成本的路径分析

1. 通过有效措施合理降低预制构件价格

预制构件价格及安装费用占增量成本的比例非常大，是造成装配式工程建造

成本偏高的首要原因。所以合理降低预制构件价格是降低装配式混凝土建筑增量成本的有效途径。

(1) 适度提高预制率和构件标准化

在两种工法并存的情况下，合理地确定预制率，发挥重型吊车的使用效率，尽量避免水平构件现浇，减少"满堂模板"和脚手架的使用，外墙保温装饰一体化可节约成本并减少外脚手架费用，提高构件重复率和周转次数，降低成本。

值得指出的是，并非一味地追求预制率就能降低成本。预制构件预制率过高会增加人工费及连接件的费用，使得安装成本、材料费增加，因此相比单一地提高预制率，整体考虑提高装配率是更好的选择。

(2) 优化设计

项目在策划和方案设计阶段时，就应系统考虑到建筑方案对深化设计、构件生产、运输、安装施工环节的影响，优化建筑方案和结构体系，合理对预制构件进行拆分，减少预制构件的规格和种类。重点把握预制率和重复率，提高建筑部品的装配率和制作效率，利用标准化的模块灵活组合来满足建筑要求，力求建筑造型规范化，构件模数统一化，提高生产效率，并合理设计预制构件与现浇连接之间的构造形式，尽量实现连接节点的标准化，降低生产和施工难度。

现场施工较为困难，支模难度较大或者不易控制表面质量的构件，以及耗时、费工、使用材料多的构件，或者容易损坏、不好施工的部位等，都可以通过优化设计尽可能选择在工厂生产，减少现场施工、材料及其他的费用，又达到环保的目的。

(3) 改进构件生产工艺，提高生产效率降低成本

要有合适的建厂投入，在初期避免不合时宜的"高大上"需求，合理的建厂面积为 120～150 亩，服务半径在 180km 左右，建厂费用控制在 8000 万元左右，再选择合适的工艺，就可以将固定费用的折旧摊销控制在合理的区间。

目前预制构件生产存在模具笨重和组模、拆模速度慢、生产效率低的弊端，应革新模具构造并改进为流水线生产形式，使混凝土下料、振捣、养护在固定的位置，既提高生产效率也方便管理。同时使用无损连接装置来生产模板，比如采用磁性模板做边模等手段，可延长模具平台的使用寿命 5～10 倍，提高生产效率，减少摊销，大大降低模具成本。

另外，可以提高预制构件节能生产技术，如使用温控养护就可以节省能源、增加模板周转次数，缩短工期，降低构件成本。

(4) 优化工艺、简化工艺

革新生产模具，使模具成为长期使用的通用设备，并改为流水线生产方式，可以大大提高生产效率，从而降低构件生产成本。

(5) 制定详细运输方案，改变构件装运形式，提高运输效率

通过实地调研具体的运输路线，掌握沿路的道路情况、路桥的负荷量、障碍物情况等，结合预制构件的质量、外形、数量以及装卸现场等因素，选择合适的运输车辆、起重机械等，制定合理经济的运输方案，特别是将构件装运方式改为平放或立放（带飘窗或空调板的构件只能立放或斜靠），可以大大提高构件的运输效率，节省运费。

2. 加大政策扶持力度，弥补部分增量成本

（1）面积奖励方面

① 给予3%以内的容积率奖励

以某10万m^2左右的装配式混凝土建筑假定测算对象，实施装配式的建筑面积共计74663.45m^2。项目预制率为40%，增量成本为300元/m^2，如给予该项目3%的容积率奖励，则奖励面积为2240m^2，按增量支出4092万元计，盈亏平衡点每平方米造价仅需1.8万元（房屋售价=4092/2240=1.8万元/m^2）。

② 预制外墙不计入建筑面积

奖励原理与3%以内的容积率奖励类似，但需处理好与现行房屋测绘规定之间的关系。

③ 建议探索土地出让金返还方式

虽然企业在以上面积奖励政策中有所获益，但实施过程行政成本过高，且有突破规划容积率的嫌疑，而预制外墙不计入建筑面积的政策在部分方面与现行房屋测绘规定之间存在一定矛盾。因此，建议探索新的简便易行的奖励方式，如缓交或返还部分土地出让金。

（2）房屋预售方面

比如，好多地方的政策是，房屋预售条件为项目投入开发建设的资金达到工程建设总投资的25%以上，对于7层以上的商品房项目已完成地面以上2/3层数。如对于装配式建筑，可提前办理房屋预售，按照销售顺利提前2个月获得房屋销售款、年息8%计算，销售价格按10000元/m^2计算，可带来125元/m^2的收益。

3. 推广工程总承包模式，合理化工序，改善项目整体效益

工程总承包模式使工程设计、施工等建设环节有机结合，系统优化设计方案，统筹预制装配作业，有效地对质量、成本和进度进行综合控制，提高管理水平，缩短工期，降低工程投资，保证工程质量。同时，预制构件的设计、生产、施工的一体化，减少了交易环节，流转税费支出也减少了，使装配整体式建筑成本大幅降低。

同时统筹安排施工工序，实现同步施工，多个流线形式、多个工序一起施工，减少费用，而且具有时效性的流水施工需要施工人员的合作、交流，分工能够更加明确，利于缩短工期，降低成本。

4. 要调动各个环节，充分发挥工期缩短的资金节约优势

(1) 结构工期对比

装配式剪力墙结构住宅与传统现浇结构住宅楼施工相比，在墙钢筋绑扎、墙模板安装、墙混凝土浇筑、墙模板拆除、水平模板支设、板混凝土浇筑这六个工序相同的基础上，增加了吊装预制构件、灌浆、叠合板吊装三个工序，由此会增加工期，但其他共有的工序均有所缩短工序，总的来看，结构工期装配式略长于现浇体系。

如一栋15层结构，现浇结构总工期105天（7天/层），预制结构130天（前5层12天/层，后10层7天/层。

(2) 总工期对比

虽然装配式混凝土建筑结构工期较传统住宅稍慢，但提前了室内装修作业进场时间、缩短了外墙装饰作业时间、提前了室外工程开始时间，按部分项目的经验，宏观工期可缩短1～3个月。如以总工期缩短3个月计算，年息8%，分3次回款，节省的利息为146万。

一栋15层建筑，现浇混凝土结构外装、内装分别需200天、210天，而装配式混凝土结构仅分别需120天、180天。对现浇混凝土结构，外装包括屋面、附框安装收口、防水、保温、涂料、外窗安装等工序，而装配式混凝土结构，仅需屋面、涂料、外窗安装、打胶等工序。内装预制点位准确，无点位拆改。

从上面分析也可以看到，装配式混凝土建筑的时间有利因素还是很明显的，生产效率高、工期短，占用资金少，对提高项目效益具有更大作用。因此装配式建筑提升项目效益的首要因素是缩短项目建设期，围绕着这一目标，可以通过标准化设计降低实施难度，做好项目的设计、生产、施工组织管理，提高协同效率，通过合理安排吊装顺序、确保现场堆置顺序与施工吊装顺序相匹配等各种措施，精心做好施工组织穿插提效，力争缩短建设周期，提高资金的利用效率，提升项目效益。

5. 壮大产业工人队伍，逐步扩大人工费减少的优势

装配式混凝土建筑迅速推广，一方面是因为我国新型城镇化发展的要求，另一方面则是人口红利压力下不得不为的改革。

自1996年开始，我国建安成本中人工费的比重从5%逐步攀升到目前的25%～30%左右，之前依靠低廉人工成本优势的局面不再出现。而装配式混凝土建筑的最大优势之一就是节约劳动力，降低人工费。

6. 建筑业营改增推动装配式建筑建造成本降低

建筑业实施营业税改征增值税，预制构件的重复征税问题得到消除。目前，建筑业营改增税率为9%，低于PC构件厂商增值税税率13%，因此建筑业“营改增”将降低装配式建筑造价。

研究表明：工程购进业务金额占工程造价（建造成本）的比例大于56%时，建造成本将降低，占比越大，成本降低幅度越大；小于56%时，建造成本才会上升。装配式建筑由于构件成本较高，购进业务金额远远大于56%，建筑业营改增推动装配式建筑进一步降低建造成本。

第四节　装配式混凝土建筑社会、经济效益分析

装配式混凝土建筑与生俱来的社会、经济效益是现浇混凝土建筑所无法比拟的。下面从社会、经济效益方面对装配式混凝土建筑进行详细论述分析。

1. 节能减排效益分析

（1）钢材消耗

单位平方米钢筋用量增加了3.29%。

增加的部分包括四方面：

一是由于使用叠合楼板，较现浇楼板增加了桁架钢筋。

二是由于采用三明治外墙板，比传统住宅外墙增加了50mm的混凝土保护层，进而增加了钢筋用量。

三是预制构件在制作和安装过程中需要大量的钢制预埋件，增加了部分钢材用量。

四是由于目前装配式建筑在我国仍处于前期探索阶段，在一些节点的设计上偏于保守。

减少的部分包括两方面：

一是预制构件的工厂化生产大大降低了钢材损耗率（有的项目达到了近49%），提高了钢材的利用率。

二是预制构件的工厂化生产减少了现场施工的马凳筋等措施钢筋。

（2）混凝土消耗

单位平方米混凝土消耗量增加1.31%。

增加的部分：

一是由于使用叠合楼板增加了楼板厚度导致混凝土消耗量增加。

二是部分项目的预制外墙采用夹芯保温，根据结构设计要求，比传统住宅外墙增加了50mm的混凝土保护层，而在传统住宅中，外墙外保温一般采用10mm砂浆保护层。

减少的部分在于预制构件厂对混凝土的高效利用，提高了混凝土的使用效率，有的项目混凝土损耗率降低达到了60%。

（3）木材消耗

单位平方米木材节约 55.4%。

主要因为其预制构件采用周转次数高的钢模板替代木模板，同时叠合板等预制构件也可以起到模板的作用，减少了施工中木模板的需求。

(4) 保温材料消耗

单位平方米保温材料消耗量节约 51.85%。

由于传统现浇项目采用保温砂浆，故选取两组保温材料均为保温板的项目进行对比。

一方面由于材料保护不到位、竖向施工操作面复杂以及工人的操作水平和环保意识较低，导致现浇的废弃量较大。

另一方面，装配式混凝土建筑采用的外墙夹心保温寿命可实现与结构设计 50 年使用寿命相同，而现浇住宅外墙外保温的设计使用年限只有 25 年，导致现浇量大。

(5) 水泥砂浆消耗

对比项目不考虑采用铝模板工艺，仅考虑木模板时，每平方米水泥砂浆消耗量减少 55.03%。

原因包括：

一是外墙粘贴保温板的方式不同，装配式建造方式的预制墙体采用夹心保温，保温板在预制构件厂内同结构浇筑在一起，不需要使用砂浆及粘结类材料；

二是预制构件无须抹灰。

(6) 水资源消耗

有经验数据表明，建筑工程的建造和使用过程用水占城市用水的 47%。

但采用装配式建造，每平方米水消耗量减少 23.33%。

原因主要是：

一是由于预制构件采用蒸汽养护，养护用水可循环使用；

二是由于现场混凝土工程减少，进而减少了施工现场冲洗固定泵和搅拌车的用水量；

三是现场施工人员的减少导致施工生活用水减少。

(7) 能源消耗

单位平方米电力消耗量减少 18.22%。

原因主要包括：

一是现场施工作业减少，混凝土浇捣的振动棒、焊接所需电焊机及塔吊使用频率减少；

二是预制外墙若采用夹芯保温，保温板同体预制，减少了保温施工中的电动吊篮的耗电量；

三是由于现浇的木模板使用量较大，加工耗电量增加；

四是由于预制构件的工厂化，减少或避免夜间施工，工地照明电耗减少。

（8）建筑垃圾排放

单位平方米固体废弃物的排放量降低69.09%。

减少的固体废弃物主要包括废砌块、废模板、废弃混凝土、废弃浆等。同时，预制管理规范，混凝土的损耗量很小。

2. 建造阶段粉尘和噪声排放对比分析

（1）施工现场空气质量监测结果分析

装配式施工现场的PM2.5和PM10的排放较少，现浇结构与装配式结构的数据分别为PM2.5（70、57）、PM10（89、69）。

主要原因包括：

一是采用预制构件，减少了建筑材料运输、装卸、堆放、挖料过程中产生的扬尘；

二是预制内外墙无须抹灰，大大减少了土建粉刷等易起灰尘的现场作业；

三是基本不采用脚手架，减少落地灰的产生；

四是减少了模板和砌块等切割工作，减少了空气污染物的产生。

（2）施工现场噪声监测结果分析

装配式混凝土建筑项目可满足噪声排放国家标准，但现浇混凝土结构超标较多。

在传统施工过程中，采用的大型机械设备较多，产生了大量施工噪声，如挖土机、重型卡车的马达声、自卸汽车倾卸块材的碰撞声、来自切割钢筋时砂轮与钢筋间发出的高频摩擦声，支模、拆模时撞击声，振捣混凝土时振捣器发出的高频蜂鸣声等，而装配式施工过程缩短了最高分贝噪声的持续时长。而且构件工厂预制减少了现场支拆模的大量噪声。同时，预制构件的安装方式减少了钢筋切割、高频摩擦声的产生。

3. 建造阶段碳排放对比分析

在建造阶段每平方米可减少碳排放27.26kg。

根据国务院发展目标，如按装配式混凝土建筑占新建建筑的比例达到20%计算，到2025年，装配式混凝土建筑在建造阶段可实现碳减排1000万吨，约占“十二五”期末实现建筑节能任务的3.04%，约占“十二五”期末实现新建建筑节能任务的7.84%。

4. 经济效益和社会效益分析

（1）经济效益

① 集群发展拉动地方经济

装配式混凝土建筑有利于形成产业链、培育新的产业集群，可以直接诱发建筑业、建材业、制造业、运输业以及其他服务行业的发展，有利于消解钢铁、水泥、机械设备以及建材部品等过剩产能，是建设行业落实“稳增长、调结构”政策的有效途径。

② 节约资金时间成本

装配式混凝土建筑现场施工工期可大幅度缩短，形成了“空间换时间”方式，可以大大加快开发周期，节省开发建设管理费用和财务成本，从而在总体上降低开发成本，特别是在旧城改造和安置房建设中的优势更加明显。

③ 降低综合造价

装配式混凝土建筑发展初期，装配式混凝土建筑工程造价比传统方式高200～500 元/m^2，其主要原因在于标准化部品应用量不足导致无法充分发挥工业化批量生产的价格优势。但如果能够在标准化、模数化的基础上，提高通用产品应用比例，形成规模化生产，工程造价可与传统现浇方式基本持平。

(2) 社会效益

① 促进农民工向产业工人转变，实现“人的城镇化”

② 提高劳动效率，节约人力成本

③ 提升质量和性能，提高居住舒适度

装配式建造方式可以提高工程质量的均好性，减少系统性质量安全风险，有效解决质量通病问题，如通过采用外墙保温结构整体预制体系、预制楼梯、外墙外窗一次成型、外立面装饰面反打工艺等，解决外墙渗漏、保温开裂等问题并提升了住宅质量和品质。

④ 提升行业竞争力，培育产业内生动力

装配式混凝土建筑实现了工业化与信息化的深度融合，不仅使相关企业通过转型升级提高了自身竞争力，而且提高了建设行业的工业化水平，推动装备制造业的发展，有利于形成国际竞争力，实现制造强国的战略目标。

⑤ 有利于安全生产，推动产业技术进步

5. 装配式混凝土建筑综合效益实例分析

从表 10-3 中也可以看出，对 1 栋 17 层框架剪力墙住宅结构，4～17 层采用装配式，按建筑全生命周期考虑，在未考虑降低噪声污染、减少建筑垃圾、减少施工降尘以及缩短时间等效益的情况下，装配式混凝土建筑比现浇混凝土结构节约成本 2.5%。

装配式建筑综合效益实例分析表（单位：元/m^2）　　表 10-3

序号	成本项目	装配式	现浇结构	差异	计算说明
		1 号楼	3 号楼	3 号楼－1 号楼	
1	建造成本—开发商	1939	1605	－334	建造成本相对高(暂时性、特殊性)
2	使用成本—住户	991	1382	392	两种建筑的使用寿命均按 50%、折现率为 8%

续表

序号	成本项目	装配式	现浇结构	差异	计算说明
		1号楼	3号楼	3号楼－1号楼	
3	环境效益—社会	0	16	16	装配式在“四节一环保”上的收益
4	合计:总成本	2930	3003	73	装配式在全生命周期上节约成本2.5%
说明	1.上述计算的节能效益还未考虑降低噪声污染、减少建筑垃圾、减少施工降尘等方面的效益				
	2.项目概况:框剪结构住宅楼,地上17层,1号楼为装配式,基础～3层现浇,4～17层装配式				

第五节　装配式混凝土建筑成本经验数据及部分案例

根据媒体、网信、杂志等渠道公开发布的相关资料，在这里列举了部分关于装配式混凝土建筑案例的成本经验数据，仅供参考。

1. 住房城乡建设部装配式混凝土建筑工程消耗定额

（1）小高层住宅建筑

PC率20%（±0.00以上）估算参考指标/建安费用：1990/1692元/m^2

PC率40%（±0.00以上）估算参考指标/建安费用：2134/1813元/m^2

PC率50%（±0.00以上）估算参考指标/建安费用：2205/1874元/m^2

PC率60%（±0.00以上）估算参考指标/建安费用：2277/1935元/m^2

（2）高层住宅建筑

PC率20%（±0.00以上）估算参考指标/建安费用：2231/1896元/m^2

PC率40%（±0.00以上）估算参考指标/建安费用：2396/2037元/m^2

PC率50%（±0.00以上）估算参考指标/建安费用：2478/2106元/m^2

PC率60%（±0.00以上）估算参考指标/建安费用；2559/2175元/m^2

2. 北京市某装配式混凝土项目增量成本测算

某单体建筑18层，共2栋，采用的预制构件包括叠合板、外墙板、内墙板、楼梯等，单体建筑预制率为42.54%，采用灌浆套筒连接技术。预制内外墙、叠合板、楼梯等构件费用参考有关预制构件生产企业的报价。

该项目总增量成本为539元/m^2，其中：

① 建安成本增加505元/m^2；

② 设计费、监理费、咨询费共增加34元（其中设计费增加10～20元/m^2）。

建安成本增加包括内外墙构件增加411元，预制内外墙构件与现浇构件交接处成本增加40元，预制叠合楼板构件成本增加40元，预制楼梯构件成本增加27

元，内外墙套筒的成本增加 31 元，其他费用增加 31 元/m^2，外墙脚手架、模板费用、工期缩短、人工费共减少 80 元/m^2。

北京市 2013 年对保障性住房给出的产业化增量成本参考值为（“十二五”规划期间）：建筑高度 60m 以下 409.00 元/m^2（包括预制外墙）；建筑高度 60m 以上 436.00 元/m^2（包括预制外增）；建筑高度 60m 以上 115.00 元/m^2（不包括预制外墙）。

3. 上海某装配式混凝土建筑项目预制率 40%的增量成本测算

结合上海某装配式混凝土建筑项目，当预制率 40%时，进行了增量成本测算，见表 10-4。表中的“PC 调增量”指的是采用 PC 体系后因抗震要求提高，楼板和外墙板采用叠合方式导致构件整体加厚等因素，使 PC 体系结构含量比现浇体系高。测算结果表明，成本每平方增加 379 元。

上海某项目 PC 率 40%时的增量成本测算表 **表 10-4**

构件			梁	板	墙	柱	其他	合计
基本数据	含量	混凝土含量	0.09	0.09	0.08	0.12	0.02	0.40
		占比	23%	23%	20%	30%	5%	100%
	单价	现浇(元/m^2)	1600	1300	1400	1300	1800	1323
		PC(元/m^2)	3600	2800	3200	3500	3600	3130
PC 率=100%		合价(元/m^2)	324	252	256	420	72	1324
传统现浇结构		合价(元/m^2)	144	117	112	156	36	565
PC 率 40%	构件 PC 率	PC 部分	0	100%	100%	0	0	43%
		现浇部分	100%	0	0%	100%	100%	58%
	成本统计	PC 部分(元/m^2)	0	252	256	0	0	508
		现浇部分(元/m^2)	144	0	0	156	36	336
		PC 调增量(元/m^2)	PC 较现浇结构的结构含量增加					100
		合计(元/m^2)						944
	成本增量(元/m^2)							379

上海市 2016 年在《关于推进本市保障性住房实施装配式建设若干事项的通知》（沪建建材〔2016〕1 号）中，给出补贴成本如下：

预制率 30%～40%，预制外墙、阳台、楼梯、局部叠合楼盖或内墙，计入增量成本 200 元/m^2（如采用夹心保温外墙则计入增量成本 300 元/m^2）；

预制率 40%以上，预制外墙、阳台、楼梯、叠合楼盖、内墙，计入增量成本 250 元/m^2（如采用夹心保温外墙则计入增量成本 350 元/m^2）。

4. 沈阳市某装配式混凝土建筑项目标准层增量成本测算

沈阳市某公租房项目，层高 2.85m，地上标准层 14 层，檐高 48.65m，标准层建筑面积 5276.04m²，采用剪力墙结构。

测算前提：项目预制构件生产制作采用自动化生产线，生产工人熟练操作，工厂达到预期年产能。钢模具摊销费用按照工程量较大，即摊销费用较低考虑。预制构件运距暂按照 20km 考虑。预制构件按照外购方式考虑。预制构件自工厂运输至施工现场，为了减少因二次搬运对预制构件的影响，不再进行现场存放，直接进行安装，即不含构件卸车和二次搬运费。构件安装按照施工现场实施有效组织，不存在窝工、误工现象。

成本测算详见表 10-5。

沈阳市某装配式混凝土建筑项目标准层增量成本测算　　表 10-5

序号	类别	装配式建造		
1	预制率	52.44%	42.25%	12.72%
2	预制构件种类	保温外墙板、内墙板、叠合板、空调板、楼梯	保温外墙板、内墙板、	叠合板、空调板、楼梯
3	标准层建安部分增量成本(元/m²)	388	333.96	57.56

5. 部分地产公司经验数据

万科：PC 率 20%～30%的 PCF 住宅，每平方米造价增加 300～450 元。

台湾润泰集团：预制住宅，造价较传统现浇结构增加 10%～15%。

6. 总体经验数据

（1）装配式混凝土剪力墙建筑不同预制方案与预制率的关系（表 10-6）

表 10-6

方案	装配方式	预制率
方案 1	叠合板、空调板、楼梯	12.7%
方案 2	外墙板、内墙板	42.2%
方案 3	外墙板、内墙板、叠合板、空调板、楼梯	52.4%

（2）不同构件的预制率贡献及定额价格（表 10-7）

表 10-7

构件类型	外墙	内墙	楼板	阳台	楼梯	空调板
预制率贡献	20%～25%	10%～20%	10%～15%	3%～5%		
定额综合价(元/m²)	3460	3450	2220	2580	2650	2480

（3）不同装配率下的装配式混凝土建筑与现浇混凝土结构的对比数据（表10-8）

表 10-8

	装配率 31.82%（水平装配）		装配率 69.97%（竖向、水平装配）		现浇	
	造价（万元）	平方米造价（元）	造价（万元）	平方米造价（元）	造价（万元）	平方米造价（元）
合计	1267.7	2519	1453.9	2889	1212.34	2409
相比现浇浮动	55.36	110	241.56	480		

（4）增量成本折合节约成本分析

预制率 40%项目，增量成本约 380 元/m²；

内外墙面免抹灰，节约成本 90 元/m²；

支模量减少，节约成本 105 元/m²；

保温反打，节约成本 35 元/m²；

最终增加成本 150 元/m²。

由于当前国内已决算的装配式混凝土项目较少，尚无有说服力的项目数据，只能给出增量成本的大致范围：对抗震设防 6～8 度、预制率 30%以上的装配式混凝土项目增量成本约为 200～500 元/m²。

7. 部分实际装配式混凝土建筑项目案例

（1）上海建工康桥 6 号地块（上海最早 PC 建筑）

1 栋 6600m² 左右的楼房，采用预制夹心保温外墙，预制率 15%左右，成本增加 500 元/m²。

（2）上海松江万科梦想派 14 号地块（2015 年）

18 层住宅，标准层面积 668m²，PC 预制率 15%，增量成本 263 元/m²。

（3）天津双青新家园 1 号地块 2011-132 号地块（荣畅园）（2017 年）

1）工程概况：总建筑面积：15.81 万 m²；其中，地上建筑面积 12.32 万 m²，地下建筑面积 3.49 万 m²；

楼栋：16 栋高层住宅楼；

结构形式：高层装配式剪力墙结构；

预制装配率：7 号楼（27F），73%，全装配；

16 号楼（18F），78%，全装配；

预制构件：预制夹心保温外墙板、预制内墙板、叠合梁、叠合楼板、预制楼梯、预制空调板等。

2）成本分析：缩短施工周期约 30%、节约用水约 50%、降低砂浆用量约

60%、降低施工能耗约20%、减少建筑垃圾70%以上，节约传统钢管架体的投入约35%，节约用地37%。相比传统施工工艺还可有效降低噪声与PM2.5的产生。

（4）广州保利星海小镇11号楼（2017年）

概况：33层装配式剪力墙结构，建筑面积18900m^2，预制率15%，预制凸窗、阳台、楼梯、内墙板，铝合金模板。

成本增量：约15%～20%。

第十一章

装配式混凝土建筑的BIM技术应用

第一节 BIM技术与装配式混凝土建筑

BIM技术发端于美国，美国佐治亚理工大学Chunk Eastman教授于1975年创建BIM理念。随着全球化进程，BIM理念已经扩展到欧洲、日本、韩国、新加坡等国家和地区。我国2005年前后在学界开始引入BIM，住房城乡建设部2011年5月发布《2011—2015建筑业信息化发展纲要》，明确工程建设行业推行BIM技术应用。自此，BIM技术作为信息化技术在建筑领域迅速成了追捧的热词，随着建筑工业化的推进，BIM技术逐渐在我国建筑业应用推广。

1. BIM概述

BIM是英文“Building Information Modeling”的缩写，翻译成中文为：建筑信息模型。目前这也基本成了国内对BIM较为统一的翻译，即以建筑工程项目的各项相关信息数据作为模型的基础，进行建筑模型的建立，通过数字信息仿真模拟建筑物所具有的真实信息。

按住房城乡建设部的定义，BIM是一种应用于工程设计建造管理的数据化工具，通过参数模型整合各种项目的相关信息，在项目策划、建设、运行和维护的全生命周期过程中进行共享和传递，使工程技术人员对各种建筑信息作出正确理解和高效应对，为设计团队以及包括建筑运营单位在内的各方建设主体提供协同工作的基础。或者说，BIM就是在建设工程和设施全生命周期内，对其物理和功能特性进行数字化表达，并依次设计、施工、运营的过程和结果的总称。

美国对BIM的定义包括三部分内容：是一个设施（建设项目）物理和功能特性的数字表达；是一个共享的知识资源，通过分析所有信息，为该设施从建设到拆除的全生命周期中所有决策提供可靠依据的过程；在项目不同阶段，不同利益相关方通过在BIM中插入、提取、更新和修改信息，以支持和反映各自职责的协调作业。

由上述BIM的定义可以看出，BIM技术更是一个方法论，是信息化技术切入建筑业并帮助提升建筑业整体水平的一套全新方法。BIM的基础在于三维图形图像技术，颠覆性改变传统的二维抽象符号表达出来的一个个实物，而代之以三维甚至四维、五维等具象符号表达；BIM的核心在于信息数据流，这些信息不仅是三维几何形状信息，还包括大量的非几何形状信息，如建筑构件的材料、重量、价格、性能、进度等，可以说这些信息数据流就是 BIM 的灵魂；BIM 的信息传递的介质基本都需要通过电子媒介，一改传统纸质传媒的封闭性，有效遏制了信息孤岛的弊病。BIM 技术的发展，借助于系列诸如三维扫描仪、放样机器人、VR/AR 等在内的先进仪器设备，大幅提升建筑业的效率和效益，让建筑从业人员的工作更轻松更有趣。

真正的 BIM 技术具有可视化、协调性、模拟性、优化性和可出图性五大特点。应用在建设工程中的价值具体体现在七个方面：三维渲染，宣传展示；快速算量，进度提升；精确计划，较少浪费；多算对比，有效管控；虚拟施工，有效协同；碰撞检查、减少返工；冲突调用，决策支持。

2. 装配式混凝土建筑的特性

装配式混凝土建筑相比于传统现浇混凝土建筑，其特性非常鲜明，可体现在如下几方面：

（1）装配式混凝土建筑是一种多专业多系统集成的建筑

装配式混凝土建筑，不仅包括建筑、结构、给水排水、电气、暖通、经济、装修等多个专业领域，还包括设计、施工、预制厂家等多方参与，结构系统、围护系统、机电系统、装修系统等各系统相互交叉融合；设计更精细化，还需要增加深化设计的过程等。这些方面无不展现出装配式混凝土建筑的复杂性。

（2）装配式混凝土建筑连接节点众多

这也是装配式建筑典型的特点，各个预制结构构件之间的节点，预制结构构件与预制非结构构件之间的节点，预制非结构构件之间的节点，各个系统、各个部品部件之间的节点，甚至还包括施工安装时各个预留节点等，种类繁多，牵一发而动全身。

（3）装配式混凝土建筑工序衔接要求高

从预制工厂与设计单位之间的衔接，预制工厂与施工单位的衔接，设计单位与施工单位之间的衔接，到设计单位自身、预制工厂内部、施工单位内部各道工序的衔接，一旦某一环节出现差错或出现裂痕，将对整个施工进度造成严重影响。比如预制构件厂家要求精确的加工图纸，图纸一旦失误，后果将不堪设想，同时其生产、运输计划需要密切配合施工计划编排，而施工单位从构件的物料管理储存、构件的拼装顺序、时程到施工作业的流水线等均需要妥善筹划，如某一环节出现漏洞，就会使现场工期受影响。因此对各工序衔接的要求高，需要事前进行协调运筹。

（4）装配式混凝土建筑的容错性低

绝大部分的结构构件、非结构构件、各系统的部品部件等都在预制生产厂家加工制作，如果这些预制构件在施工现场时发现有错漏，比如预埋件漏埋、埋错、定位不对等，那将很难补救。这与传统现浇混凝土建筑截然不同。

（5）装配式混凝土建筑的施工精度要求高

预制构件之间的预留钢筋与所对接的构件之间预留孔洞或预留套筒，其精度往往达到毫米级，与传统现浇混凝土建筑误差可允许厘米级的要求相差悬殊。

3. 装配式混凝土建筑应用 BIM 技术的必然性

结合装配式混凝土建筑的上述特性，以及 BIM 技术的特点，可以得出一个结论，装配式混凝土建筑采用 BIM 技术是其自身特性决定的，BIM 技术在建筑行业内的落脚点最终要解决装配式混凝土建筑的多专业多系统集成性、多节点高精度要求、工序衔接的繁杂性、容错性低等固有特性，采用 BIM 技术是装配式混凝土建筑的必然结果。

BIM，源自建筑全生命周期管理理念（BLM），而制造业则有产品全生命周期管理理论（PDM）。目前很多建筑业的 BIM 软件最早是来源于机械、航空、造船等制造业的 PDM 软件。对于制造业的 PDM，其管理的最基本单位是单个“零件”，而装配式混凝土建筑主要由预制的“柱、梁、板、楼梯、阳台”等构件组成，实质上这些构件乃至整栋建筑物已经被“零件化”。所以，装配式混凝土建筑，实际上是最接近制造业生产方式的一种建筑产品，也非常适合采用类似制造业的方法进行管理，所以 BIM 应用在装配式混凝土建筑中有天然的优势。某种意义上讲，BIM 跟装配式混凝土建筑的关系就是相爱相生的关系。

再来看看集成的特点。装配式混凝土建筑的核心是“集成”，而 BIM 技术是“集成”的主线。这条主线串联起设计、生产、施工、装修和管理的全过程，服务于设计、建设、运维、拆除的全生命周期，可以数字化虚拟，信息化描述各种系统要素，实现信息化协同设计、可视化装配，工程量信息的交互和节点连接模拟及检验等全新运用，整合建筑全产业链，实现全过程、全方位的信息化集成。

装配式混凝土建筑项目传统的建设模式是设计→工厂制造→现场安装，但设计、工厂制造、现场安装三个阶段是分离的，设计不合理，往往只能在安装过程中才会被发现，造成变更和浪费，甚至影响质量。BIM 技术的引入则可以有效解决以上问题，它将设计方案、制造需求、安装需求集成在 BIM 模型中，在设计建造前统筹考虑设计、制造、安装的各种要求，把设计制造、安装过程中可能产生的问题提前消灭。

装配式混凝土建筑的典型特征是标准化的预制构件或部品在工厂生产，然后运输到施工现场装配、组装成整体。所以设计就要适应其特点，传统的设计方法是通过预制构件加工图来表达预制构件的设计，其平、立、剖面图纸还是传统的二维表达形式。而引入 BIM 技术后，建立装配式建筑的 BIM 构件库，就可模拟工厂加工的方式，以“预制构件模型”的方式来进行系统集成和表达。另外，在深化设计、构件生产、构件吊装等阶段，都将采用 BIM 进行构件的模拟，碰撞检验与三维施工图纸的绘制。

BIM技术改变了建筑行业的生产方式和管理模式，利用唯一的BIM模型，使建筑项目各项信息在规划、设计、建造和运营维护全过程实现充分共享，无损传递，成功解决了建筑建造过程中多组织、多阶段、全生命周期的信息共享问题，为建筑的全生命周期中的所有决策提供可靠依据，降低工程成本，显著提高质量和效益。图11-1是建筑全生命周期的信息化集成管理主要应用点。

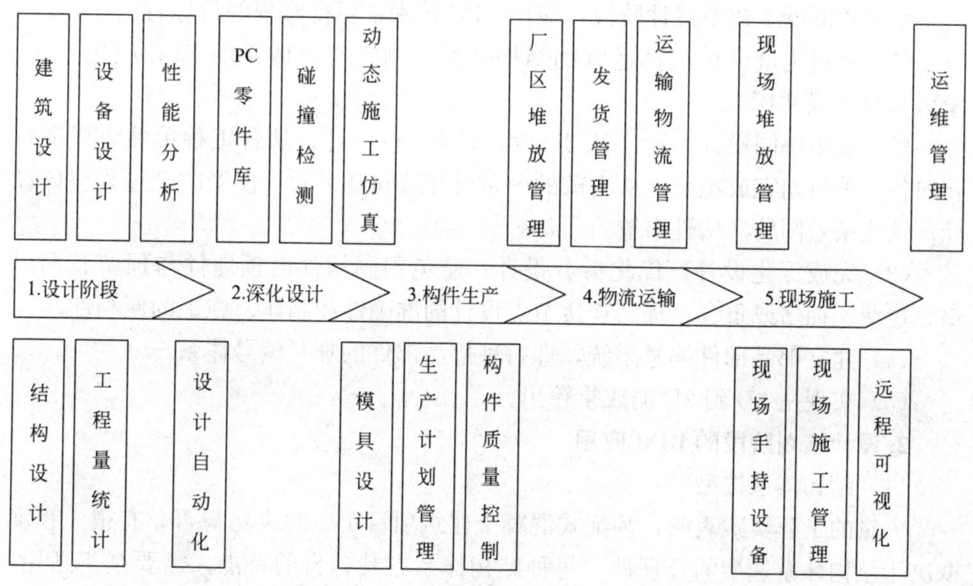

图11-1 基于BIM的装配式建筑全生命周期信息化管理

BIM技术的运用，将助力建设者们齐心协力做出功能好的建筑、没有错的建筑，如辅以时间的维度，就可以做出没有意外的建筑；增加成本造价的维度和建筑性能的维度，就能实现做出精细化预算的建筑、性能好的建筑。BIM技术毫无置疑地将使装配式建筑技术更趋完善合理。

因此，从上述分析可以看到，BIM技术在装配式混凝土建筑中的应用，实质上就是实现了信息化和工业化的深度融合。

第二节 BIM技术在装配式混凝土建筑设计阶段的应用

装配式混凝土建筑从最初的概念设计到最后的运营维护直至报废，整个上下游环节都将从BIM技术的应用中大大受益。但BIM技术应用的源头在设计。在装配式混凝土建筑的设计阶段，各专业基于自身专业的理论和技术要求完成项目的整体设计，同时还得结合工厂制作条件、运输吊装条件、现场施工安装条件以及技术规范要求，将建筑物拆分成一件件相对独立的建筑构部件，完成建筑信息的创建。这些信息的正确性、完整性、可复制性、可读写性、条理性以及传递介质电子化等，将决定后续制作、运输、安装、运维各个阶段信息的发挥效应大小。所以装配式混凝土建筑设计阶段中的BIM技术应用是体现BIM技术价值的关键一环。

1. 装配式混凝土建筑设计阶段BIM技术应用的目标

装配式混凝土建筑设计阶段，应用BIM技术，亟待实现的目标有：

（1）通过定量分析选择适宜的结构体系，制定符合体系的BIM应用策略、BIM构件与模块库。

（2）实现协同设计：设计从2D设计转向3D设计；从各工种单独完成项目转向各工种协同完成项目；从离散的分布设计转向基于同一模型的全过程整体设计；从线条绘图转向构件布置。

（3）完成深化设计：优化拆分设计；避免预制构件内预埋件与预留孔洞出错、遗漏、拥堵或重合；提高连接节点设计的准确性和制作、施工的便利性。

（4）建立部品部件编号系统，即每种部品部件的唯一编号体系。

（5）实现从3D到2D的成果输出。

2. 设计策划阶段的BIM应用

（1）结构体系选型

大量的工程实践表明，装配式混凝土建筑项目实施的成功与否，有很大程度取决于结构体系选型的合理性。每种结构体系有其各自的特点，需要基于适用、安全、经济原则出发，结合项目特点和建筑设计的具体情况进行结构选型。其中BIM技术可发挥应有作用。

运用BIM技术，建立项目3D模型，由前期参与各方对该三维模型进行全面的模拟试验，特别是业主能够通过这三维模型，在建设前期就能看到建筑总体规划、选址环境、平立剖面分布、景观表现等虚拟现实。而后在这基础上融入时间因子创建4D模型，再增加造价维度创建出5D模型，让业主相对准确地预估整个项目的建设进度需求和造价成本。并结合不同环境和各种不确定因素下的各种方案，进行成本、质量、时间的分析，进行并优化设计，最终确定结构体系方案。

（2）制定BIM应用纲要

传统的装配式混凝土建筑设计，由设计单位从预制构件厂家选择满足设计要求的构件，或者设计单位向预制厂家定制预制构件。前者制约了设计的丰富度，而且往往设计单位与预制构件厂家联系不密切，不能详细掌握构件类型，所以大多时候无法考虑预制构件的因素，类似于闭门造车；而后者更是无妄地加大了项目的建造成本，而且对设计有些天马行空的构件预制需求，预制构件厂家不一定能实现。

而应用 BIM 技术，可以改变上述传统模式的弊端，从根本上发挥装配式建筑的设计优越性，实现设计一体化，提高项目全过程的合理性、经济性。

① 在 BIM 平台设置模数，建立 BIM 模数网。

通过 BIM 模数网进行方案设计，有助于实现构件简化。模数的作用除了作为设计的度量依据外，还起到决定每个构配件的精确尺寸和确定每个组成部分在建筑中位置的作用。模数网可分为建筑模数网和结构模数网。其中建筑模数网用来作为空间划分的依据，结构模数网作为结构构件组合的依据，主要考虑结构参数的选择和结构布置的合理性，而结构参数又是制定模数定型化的依据。

② 制定符合体系的 BIM 构件库。

BIM 平台具有“构件”的概念，即设计平台上所有的图元都基于构件。特定的构件就相当于“预制模块”。BIM 的预制构件库涵盖了预制构件的各个种类，包含了初始对象的识别信息，如梁、柱、墙、楼板等，不同构件的初始参数和信息是不同的。在此基础上，BIM 通过尺寸、变量、数学关系式等三个层次的参数化驱动方式实现构件的模数化，分别赋予构件尺寸变化信息、相关设计要素信息以及尺寸与参数之间的关系。

BIM 构件具有实际的构造，且有模型深度变化，如对墙体，在方案阶段主要是个几何体，到初步设计阶段开始有构造和材质，施工图阶段则具有保温材料、防水材料等要素。除标准的构件，还可自定义较特殊的构件，加之多个项目的积累，使得 BIM 构件库丰富化。

BIM 构件可被赋予信息，也可用于计算、分析或统计。BIM 正是通过集成建筑工程项目各种相关信息的工程数据，用以详尽表达某具体项目相关信息，实现多专业的协同，支持整个项目的管理。

③ 建立系列 BIM 模块，实现 BIM 模块化设计方法。

BIM 模块是 BIM 构件集成的产物，属于成套实用技术。通过 BIM 使工程中的专门化建造技术，如防水技术、保温隔热技术等得到应用，实现实用技术成套化，最终实现装配式混凝土建筑质量和生产效率的提高和成本的降低，是装配式混凝土建筑发展的必备因素。

BIM 模块化设计方法是建立在不同功能、专业的构件或组件基础上的，其原理是，设计单位按业主需求开展方案设计，建筑专业依照功能特征从模型库中挑选对应模块，进行拓扑组合，完成建筑基于功能模块的设计；再选择与建筑对应的结构、设备模块进行拓扑组合，完成各专业的整体模型，并以满足各自专业规范为前提，在 BIM 平台上将各专业模型组合成一个整体模型，并进行碰撞检查、协调和优化，完成基于专业的模型设计；然后从深化构件库中选择构件，将整体模型进行设计分解，完成基于生产、安装施工的设计，如图 11-2 所示。

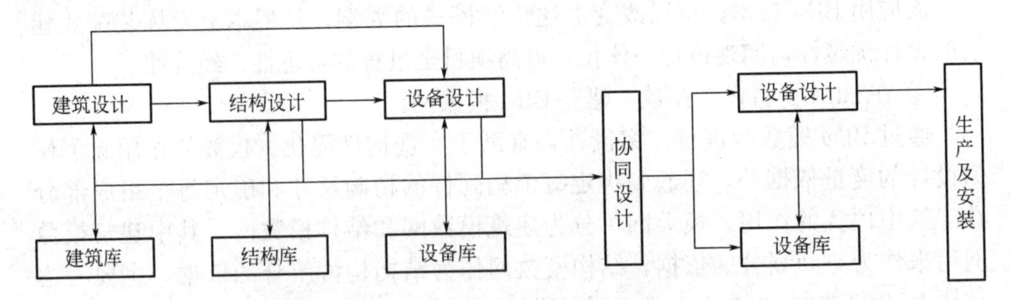

图 11-2　装配式建筑 BIM 基本原理流程图

3. 实现 3D 协同设计

BIM 是以三维数字技术为基础，建筑全生命周期为主线，将建筑产业链各个环节关联起来并集成项目相关信息的数据模型。正是 BIM 技术创建的三维建筑信息模型，使得传统的建筑设计从基于文档的二维阶段，进化到一个由建筑、结构、机电、绿建、装修等多专业参与的更具协作性的基于模型平台的三维阶段，如图 11-3 所示。

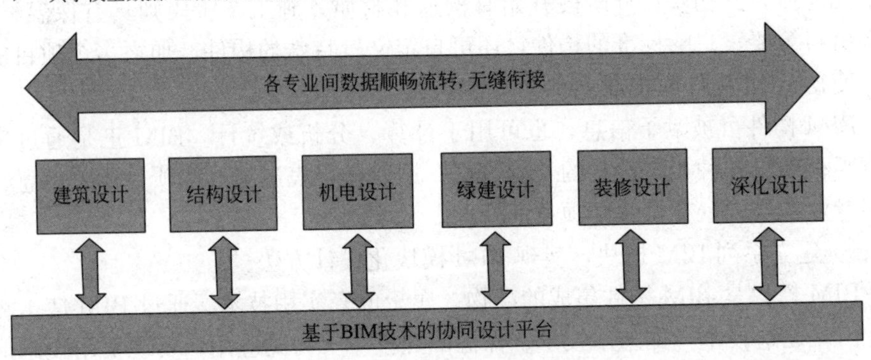

图 11-3　基于 BIM 的协同设计平台

（1）3D 协同设计的特点

基于 BIM 的 3D 协同设计是以信息主导的方法来有效地解决传统装配式建筑所存在的技术和管理问题。借助 BIM 技术，构件在工厂实际开始制造以前，统筹考虑设计、制造和安装过程的各种要求，设计方利用 BIM 建模软件（如 ArchiCAD）将参数化设计的构件进行建立 3D 可视化模型，在同一数字化模型信息平台上使建筑、结构、设备协同工作，并对此设计进行构件制造模拟和施工安装模拟，有效进行碰撞检测，再次对参数化构件协调设计，以满足工厂生产制造和现场施工的需求，使施工方案得到优化与调整并确定最佳施工方案。最后施工方根据最优设计方案施工，完成工程项目要求，如图 11-4 所示。

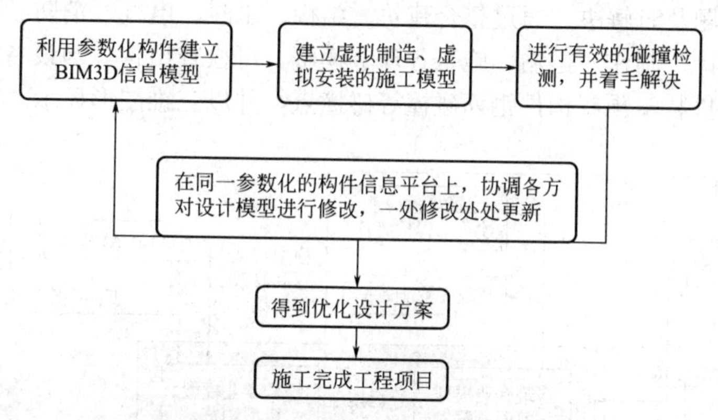

图 11-4　基于 BIM 的协同设计过程

BIM 协同设计（图 11-5）的特点有：

① 形神合一。“形”指建筑的外观，即三维模型结构本身，“神”指建筑所包含的信息与参数等。“形”的内涵由“神”来赋予，“神”的形态来自于“形”。“形”“神”缺一不可，合一共生。BIM 不仅是一个三维建筑信息模型，模型中包含了建筑全生命周期各个阶段所需要的信息，而且这些信息可协调，可计算，是现实建筑的真实反映，包括建筑、结构、机电、热工、材料、价格、规范、尺寸，甚至生产厂家等专业信息。从根本上讲，BIM 是一个创建、收集、管理和应用信息的过程。

② 可视化与可模拟性。可视化不仅指三维立体实物图形的可视，也包括项目设计、制造、施工、运营等生命周期全过程的可视，而且 BIM 的可视具有互动性，信息的修改可自动反馈到模型上。模拟性是指在可视化的基础上作仿真模拟应用，比如拆分设计中模拟不同拆分方案对建筑效果、模具数量、制作时间与成本等的影响，以选择最佳拆分方案；再比如在建筑建造之前模拟建造过程中的情况和建成后的效果等。模拟的结果是基于实际情况的真实体现，可据此优化设计方案。

③修改的关联性。即所谓一处修改，就可以实现处处修改。BIM 所有的图纸和信息都与模型关联。BIM 模型建立的同时，相关的图纸和文档自动生成，且具备关联修改的特性。大大简化了专业间修改内容的提资和反馈，也杜绝了修改内容的漏改现象。

④ 错漏碰差的实时检查性。BIM 模型是对整个建筑设计的一次演示，建模过程同时也是一次全面的三维校核的过程，能够方便直观地判断可能的设计错漏或内容混淆的地方。利用 BIM 三维协同设计技术平台，计算机可自动找出项目的潜在冲突，高效且可靠。每个专业都可以链接所需的模型到自己的模型中去，也可利用链接的模型作为自己工作的基本模型。通过这种模式的交叉链接，可以

审查、监控和协调所有模型的变化，而使模型协调、审查和碰撞检查提早进行，以便发现问题及时解决。通过整合建筑、结构、水暖、电气、消防、弱电等各专业模型和设计、制作、运输、施工各环节模型，可检查出构件与设备、管线、预制构件现场拼装、预制构件钢筋碰撞等碰撞点，并以三维图形显示。

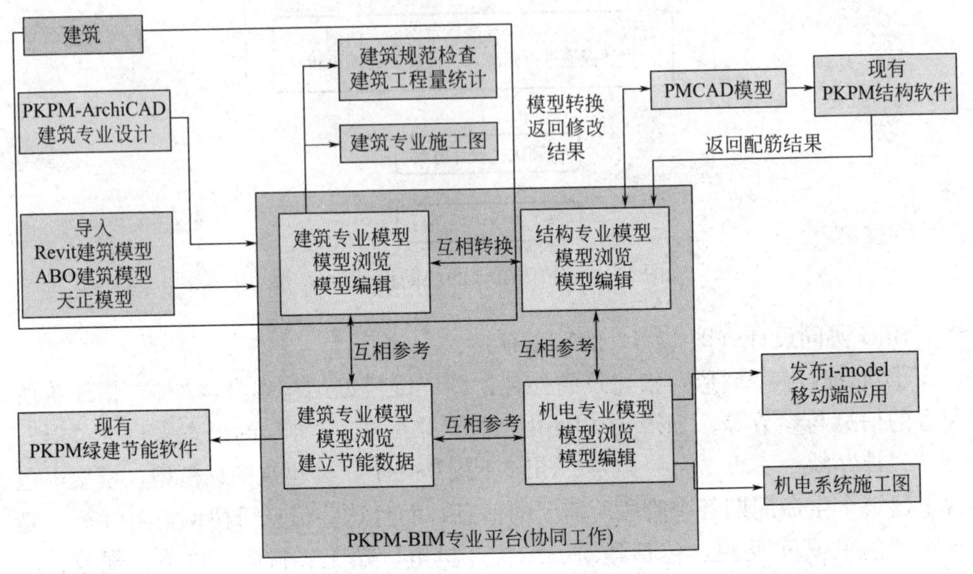

图 11-5　基于 BIM 的协同设计系统

（2）基于 BIM 模型的建筑性能分析（图 11-6）

基于 BIM 模型，结合相关的建筑性能分析软件，可以便捷地实现各项建筑性能分析，包括：

① 可持续分析，比如碳排放分析，对项目的温室气体排放、材料融入能量等分析评估，给出绿色建议；再比如节能分析，利用计算机模拟，从建筑能耗、微气候、气流、声学、光学等方面对新建建筑进行全面的节能评析。

② 舒适度分析，如日照采光分析，通风分析，声场分析等。

③ 安全性分析，如结构计算，目前大部分 BIM 平台软件支持将模型导出通用格式 IFC，或专用数据接口导入常用的结构计算软件中进行分析计算。通常这种接口是双向的，分析优化的结果将再次导回 BIM 平台，进行循环优化设计，主流的分析工具软件如 PKPM、MIDAS、SAP2000、ETABS 等均支持 BIM 数据导入。另外还有消防分析、人流分析等。

4. 基于 BIM 技术的深化设计

深化设计在装配式混凝土建筑建造中起到承上启下的作用，通过深化设计将建筑各个要素细化成单个的包含全部设计信息的构件，一个建筑往往包含成千上万个构件，构件中又包含大量的钢筋、预埋线盒、线管等。而传统的深化设计是

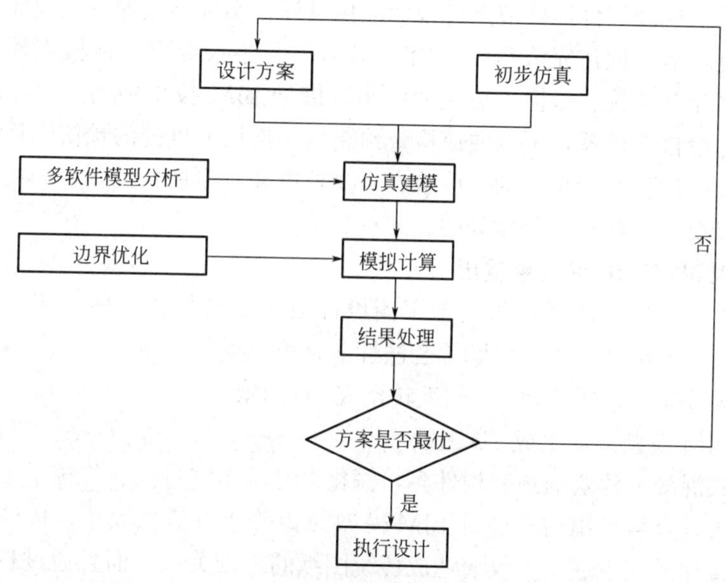

图 11-6 建筑性能优化仿真流程

建立在二维图纸的基础上，利用CAD绘图软件人工完成原设计图纸的细化、补充和完善的，工作量大，效率低，且容易出错。但应用BIM技术就可以避免这些问题，可以实现构件配筋的精细化、参数化，以及深化设计出图的自动化，从而提高深化设计效率。

(1) BIM模型拆分

BIM模型拆分实质上就是装配式构件的拆分。拆分时必须考虑到结构作用力的传递，建筑机能的维持，生产制造的合理，运输要求，节能保温，防水耐久性等问题，达到全面性考量的合理化设计。拆分时应使用尽可能少的预制构件种类，少规格，多组合，优化构件尺寸，结合构件加工、运输和经济性等因素，降低构件制作难度，易于大批量生产并控制成本。

拆分设计时还需要使模具数量尽可能少，确保预制构件生产过程的高效。BIM的应用可方便地统计构件数量，通过提供构件模具所需参数，实现模具设计的自动化，拼模的自动化。

BIM模型拆分时要重视BIM标准结构单元的设计，这也是预制构件标准化的重要手段。比如预制剪力墙，按结构需要，可分为边缘约束段、洞口段和可变段，边缘约束段可通过标准化设计，形成通用标准化钢筋笼，实现竖向承重构件的标准化配筋和钢筋笼的机械化自动生产。

(2) BIM节点设计

对装配式混凝土建筑而言，其最重要的性能保证即在于预制受力构件之间的连接节点质量。可通过BIM技术平台的节点库，快捷、准确创建预制构件连接节点，同时对预制构件连接节点进行标准化设计，实现高效的节点设计。

关键是，节点创建完成后，应用 BIM 技术，不仅可以方便检查预制构件之间是否存在相互干扰和碰撞，更主要的是，借助 BIM 技术中的实时漫游技术或自带的碰撞校核管理器，可以便捷检查预制构件连接节点处的预留钢筋之间是否冲突和碰撞，这种基于钢筋的碰撞检查，要求更高，更加精细化，需要达到毫米级，不是传统人工检查所能做到的。

5. 实现 3D 到 2D 的成果输出

现行的国家建筑法规认可的施工图设计成果还是加盖出图专用章的二维图纸。未来三维图纸能否也可以赋予合法性能是可以期待的事。但至少现今，为了合法指导现场施工，需要将 3D 图纸转换成 2D 图纸。

（1）BIM 模型集成生成 2D 图纸

装配式混凝土建筑的预制构件多，深化设计的出图量大。传统手工出图的工作量相当大，且容易出错。通过 BIM 模型的相关建筑信息表达，构件加工图在模型中直接完成和生成，不仅表达成传统图纸的二维关系，而且通过自动生成的空间剖面关系也可以表达复杂的构件连接节点。

（2）修改联动，提升出图效率

由于 BIM 构件间关联性强，模型修改，图纸会自动更新，减少了图纸修改工作量，而且从根本上避免一些低级错误，比如漏改现象等。

（3）自动统计工程量

BIM 可以实现自动统计钢筋用量和混凝土用量的明细，直接进行钢筋和混凝土算量，方便快捷，减少了人工操作的潜在错误。并可以根据需要定制各种形式的统计报表。

第三节　BIM 技术在装配式混凝土建筑构件生产阶段的应用

装配式混凝土建筑在构件生产阶段，实际上就是从无到有的阶段，也就是严格执行设计环节提出的信息技术标准，让建筑拆分后的各个预制构件部品从虚拟的图像，变换为完全符合要求的实际实物阶段。

1. 装配式混凝土建筑构件生产阶段 BIM 技术应用的目标

装配式混凝土建筑构件生产阶段，应用 BIM 技术，主要实现的目标有：

（1）实现生产与施工的互动协同。根据施工计划编制生产计划，结合生产可行性、合理性反馈施工计划的调整要求。

（2）依据生产计划生成模具计划。

(3) 完成模具设计，构件制作的三维图样可作为模具设计的依据进行检验对照。

(4) 实现多角度的三维表现，包括钢筋骨架、套筒、金属波纹管、预埋件、预留孔洞与吊点等，避免定位错误。

(5) 实现堆放场地的分配。

(6) 实现发货与装车计划及其装车布置等。

2. 基于 BIM 的构件生产管理流程

BIM 技术平台中建立的 BIM 模型中心数据库，存放着装配式混凝土建筑工程建造全生命周期的所有 BIM 模型数据。深化设计阶段的构件深化设计所有相关数据均已存放在该中心数据库中，并完成了构件编码的设定。

在预制构件生产阶段，已从中心数据库读取构件深化设计的相关数据以及用于构件生产的基础信息，预制构件生产后，为与 BIM 模型中心数据库中虚拟的构件合体，需在构件内植入与构件编码相同的芯片，即 RFID，赋予预制构件的“灵魂”，同时借助电子媒介信息注释让两者完全关联一起，并将每个预制构件的生产过程信息、质量检测信息返回记录在中心数据库中。

而在现场施工阶段，基于 BIM 模型完成施工方案的仿真优化，读取中心数据库相关数据，获取预制构件的具体信息，指导安装施工。安装完成后将构件的安装相关信息返回记录在中心数据库。

3. 基于 BIM 的构件生产过程信息管理

装配式混凝土建筑预制构件的生产过程信息管理，涉及构件生产过程信息的采集，需要配合相应的读写器系统来完成，以便快捷有效地采集构件的信息以及与管理系统进行信息交互。

装配式混凝土建筑预制构件的生产制造环节中，需要特别强调电子介质传递信息的重要性。传统上工厂管理高度依赖纸质介质传递信息数据，容易形成信息孤岛。运用 BIM 技术实现无纸化制造是落实在生产制造环节的基本目标。

生产制造过程中，运用 BIM 技术平台，要充分依靠电子媒介提取设计阶段创建的技术扫描设备、VR/MR 设备确保构件产品质量；及时补充、填写预制构件生产出来后的相关信息并实时上传到 BIM 中心数据库。

第四节 BIM 技术在装配式混凝土建筑施工阶段的应用

装配式混凝土建筑在装配施工阶段，需要通过 VR/MR 等混合现实技术，实时通信技术，BIM 中心数据库实现两个层面的虚拟作业：虚实混合检查校验以及虚实混合装配校验。

1. 装配式混凝土建筑施工阶段 BIM 技术应用的目标

装配式混凝土建筑施工阶段，应用 BIM 技术，主要实现的目标有：

（1）BIM 辅助施工组织策划，包括施工组织设计，编制施工计划；

（2）实现基于 BIM 的吊装动态模拟及管理技术；

（3）BIM 辅助编制施工成本和施工预算。

2. BIM 辅助施工组织策划

装配式混凝土建筑相对于传统现浇混凝土建筑的施工，涉及与预制构件生产单位、吊装施工方的协调，以及预制构件的场内运输、堆场、吊装等，工序更为复杂。对有效表达施工过程中各种复杂关系、合理安排施工计划的要求更高。在 BIM3D 模型基础上融入时间、进度因素，升级为 4D 仿真技术，实现对预制构件运输、现场施工场地布置、施工进度计划模拟等，并进行验证和优化，将会很好地解决这些问题。

BIM 软件可以实现与传统进度计划策划图的数据传递和对接，将传统的进度横道图转换为三维的建造模拟过程。而在 4D 模型里，可以查看输入的任何某一天的现场施工情况、实际完成工作量以及预制构件的使用情况。

而对预制构件运输，通过模拟装配工序、现场装配的计划节点以及该节点所需预制构件数量，来实现组织生产、调度运输，甚至包括运输车辆的合选性、车辆运载空间的有效性等，以降低运输成本，有效组织预制构件生产。

利用 BIM 技术可以进行施工场地及周边环境的模拟，包括场地内车辆的动线设计，预制构件的堆放场地布置乃至施工场地布置随着建筑施工进度的推进相应的动态调整等，都能得到直观的布局、检验和优化。

3. 基于 BIM 的吊装动态模拟及现场管理技术

装配式混凝土建筑预制构件的吊装装配施工，是区别于传统现浇混凝土建筑施工最为典型的内容。而吊装装配最主要的质量控制点就是连接节点的精度控制。在二维条件下是很难用有效手段去提高吊装装配施工质量。但应用 BIM 技术，可以在实际吊装装配前模拟复杂构件的虚拟造型，并进行任何角度的观察、剖切、分解，让现场安装人员实际施工时做到心中有数，确保现场吊装装配的质量和速度。

每天吊装装配施工前，在 BIM 技术条件下，现场储存构件的吊装位置及施工时序等信息通过 BIM 模型导入现场诸如平板手持电脑的实时通信设备中，并在三维模型中进行检验确认，再扫描识别现场的构件信息后进行吊装装配施工，同时记录构件完成时间。所有构件的组装过程、安装位置和施工时间都记录在系统中，以便检查，大大减少了错误的发生，提高了施工管理效率。

4. BIM 辅助成本管理

BIM 技术下的三维模型数据库，可以便捷、准确地统计出装配式混凝土建筑的整个工程量，不会因为预制构件结构形状复杂而出现计算偏差，施工单位减少了抄图、绘图等重复工作，大为降低了工作强度，提高了工作效率。

特别是在BIM4D基础上，加入造价维度，建立BIM5D模型和关联数据库，可快速提供支撑项目各条线管理所需的数据信息，快速获取任意一点处工程基础信息，提升施工预算的精度和效率，并通过合同、计划与实际的消耗量，分项单价、合价的多算对比，来有效管控项目成本风险。

第十二章 装配式混凝土建筑存在问题与展望

第一节　装配式混凝土建筑存在问题

在第一章里介绍了我国在装配式建筑的发展历程。我国从20世纪50年代就开始尝试工业化建造，到20世纪70年代中期的唐山大地震，使全社会陷入一种只要触及预制装配建造房子即色变的恐慌心态。后来随着现浇混凝土结构的兴起，才逐渐从这种脆弱的心理状态中慢慢走出来，20世纪90年代就又开始研究运用预制构件的相关技术体系，虽然在同样的年代外国早已经昂首迈步大兴装配式建筑。2016年9月国务院《关于大力发展装配式建筑的指导意见》文件的出台，是基于高能耗、高污染、低效率、粗放的传统建造模式，存在包括工业化水平较低、生产方式落后、劳动力供给不足、高素质建筑工人短缺、房屋建造的质量和效益不高等诸如此类的缺陷，在现今建设大业中越来越难以为继而转向的必然结果。装配式建筑，尤其是大家已经非常熟悉的装配式混凝土建筑因此在全国掀起阵阵热潮，随着时间的推移，有增无减。但我们要清醒地认识到，直到今天，装配式混凝土建筑依然还存在诸多的亟待解决的问题。

1. 几十年来传统建筑设计施工的固有惯性

传统建筑从宏观上暴露出的问题前文已经有触及。但微观上存在的一些问题，特别是设计、施工、使用上的固有惯性习惯也不可忽视，对装配式混凝土建筑的推广应用起到很大的障碍作用。

（1）施工上的“秤”

恰如前文所描述，传统建筑的施工误差都是以厘米作为“杆秤”的称量单位的，而装配式混凝土建筑因为预制构件之间节点等连接质量决定着建筑物整体的性能，相应施工的精细程度就高出很多，其“杆秤”的称量单位达到了毫米级别，整整比传统建筑高出一个层级。所以如果还是以传统建筑施工的工艺和观念去施工装配式混凝土建筑，是一件难以想象的事情。

（2）设计上的“粗”

作为从事传统建筑设计近30年的从业人员，笔者对设计的“粗”深有体会，也得到过教训。比如绘制大样，一般是能怎么简单就怎么简单，反正觉得施工人员自己能悟明白，悟不明白也会来咨询。而在装配式混凝土建筑，这种情况就是大忌，影响几个环节的窝工不说，严重的还会带来质量安全的隐患。再比如，传统建筑设计，图纸某个节点大样被发现错了，设计人员基本不会很紧张，因为自认为错了就发变更通知单修正，而在装配式混凝土建筑如果出现这种情况，直接就会使得一批预制构件作废，需要重新设计、加工、制作、运输、吊装，影响工期就够严重了，而由此引起的损失不容小视。

（3）专业间的"轴"

装配式混凝土建筑的专业协同是非常重要的。必须在设计时确保协同，在加工制作前要确保协同的准确性。否则带来的问题将不可想象。而传统建筑则不同，对传统建筑，真到施工时发现专业之间的撞车、打架，可能也还勉强来得及在现场协调。所以必须完全杜绝传统建筑根深蒂固的落后观念，要时刻保证专业间"轴"的润滑度。

举个例子，传统建筑往往习惯螺栓后锚固的，也就是其他专业的一些预埋件，设计时忘了预埋或者根本就没准备预埋时，想着反正到时打个膨胀螺栓后锚固就行了。但这个做法在装配式混凝土建筑是要不得的。预制构件这样做，对预制构件的伤害大。所以装配式混凝土建筑设计时，就要老老实实地将建筑、装饰、水暖、机电等各专业的预埋件，在加工制作时预埋在预制构件里，确保专业间"轴"的润滑性。

（4）使用习惯上的"悍"

国内住宅习惯毛坯房，装修时砸墙凿洞很常见，笔者也有这样做过。这在传统建筑也无关大碍，因为现浇的混凝土墙某个地方凿个小洞似乎也基本影响不到结构上的受力性能，更不用说在轻质隔墙上凿洞甚至砸墙了。但在装配式混凝土建筑，在预制承重构件凿洞都是件严重的事，因为可能正好凿在结构连接部位，而造成大祸的概率大大提升。

2. 装配式混凝土建筑技术体系的滞后

装配式混凝土建筑技术体系，在我国主要采用"拿来主义"而快速建立的。也就是主要依托引进国外成熟的技术工艺来实现快速发展我国装配式混凝土建筑技术的目的。这种对材料技术和结构技术的基础研究不足的大环境下，不可避免地存在一些水土不服的问题。比如，国外装配式混凝土剪力墙结构很少，可供参考的经验几乎很少。日本装配式混凝土技术算是最为发达了，但主要以框架结构为主，框架-剪力墙结构、筒体结构中的剪力墙也都需要采用现浇混凝土。欧洲的剪力墙结构多采用双面叠合剪力墙结构，夹心部分也是需要现浇，而且还是多层建筑。这与我国蓬勃发展的高层剪力墙结构恰恰形成鲜明对比，因此对应于装配式混凝土剪力墙结构的技术体系是很不成熟的。

从技术体系角度看，目前只是重点针对住宅建筑，而公共建筑的技术体系亟待开发。即便是住宅建筑，目前也还没有整套的能适合不同地区、不同抗震等级、结构体系安全、围护体系适宜、施工工艺成熟的技术体系。就现有的技术体系而言，因为我国装配式混凝土建筑的发展尚处初期，其实际使用效果、材料的耐久性、建筑外墙节点的防水性能和保温性能、结构体系抗震性能都没有经过较长时间的检验。高性能高强混凝土和高强钢筋的应用、BIM 技术的应用等还需更深入研究。

（1）预制构件连接节点的整体性研究亟待突破

预制构件之间的连接节点的整体性决定了装配式混凝土结构的抗震性能。我国目前的节点构造做法多以借鉴国外的研究成果为主。但值得注意的是，国外预制构件连接节点的构造是基于相应的研究基础和应用背景的，其应用范围是有局限性的。比如美国的装配式混凝土建筑多用于多层建筑，日本的框架-剪力墙结构也一般限制在 15 层以下，欧洲的装配式技术基本都不考虑地震因素。因此，在美国，预制剪力墙板的水平连接仅需通过墙中部设置一排灌浆套筒连接钢筋，在日本甚至只需在墙端部设置数根灌浆套筒连接钢筋，即可满足构件连接整体性要求。

而具体到我国，人多地少，建筑高度越来越高，剪力墙结构因而成了首选的结构体系，但我国地震多发，震灾严重，对抗震性能要求高。如按上述美国、日本的节点构造做法，就与我国剪力墙结构适用的双层配筋构造观点相违背。即使将引进的钢筋套筒灌浆连接技术、钢筋浆锚搭接技术直接用于剪力墙结构双层钢筋的连接，以满足现有规范的剪力墙结构双层配筋构造要求，但因为基本都处在同一截面连接，也无法满足现浇混凝土规范所要求的在同一截面连接接头的数量不能超过 50%的要求。再比如，国外的双面叠合墙体系，其墙端部或墙肢相交处均未设置箍筋，对无震区或多层剪力墙结构而言可能可以满足整体性要求，但对我国多震区的国情来讲，这明显不满足我国剪力墙边缘约束构件范围内必须设置箍筋的规范要求。

所以对引进的包括预制构件节点构造等的装配式混凝土结构技术，需要进一步深入研究探索改进，努力开发适用于我国的高烈度抗震设防区的高层甚至超高层的装配式混凝土结构技术体系。

（2）配套的结构设计技术有待突破

等同现浇原理是装配式混凝土建筑结构设计的核心原理。因为这个原理，装配式混凝土建筑的结构设计就基本直接套用现浇混凝土结构相关规范。在装配式混凝土建筑发展的初期，这样的简化确实能对装配式混凝土建筑的发展起到很好的推动作用。但所谓的等同，到底与现浇混凝土的性能接近到什么程度？有没有可靠的研究成果证明？更何况，装配式混凝土建筑与现浇混凝土结构还存在显著不同，即预制剪力墙板是分割的，构件连接截面抗剪性能究竟怎样？连接部位采用现浇混凝土起到的整体性能作用究竟有多大？这些不同点或未知的因素，在现浇混凝土技术体系里面是没法得到答案的。

所以即便等同现浇，也远远未能解决装配式混凝土建筑实际结构的特点，非常有必要建立配套的、系统的、适用的结构设计方法，为工程实践提供技术指导。

（3）结构体系制约性大

刚已述及剪力墙结构体系在我国应用非常广泛，相应的研究却又相当匮乏。一个是基于现实需要希望多用，一个却是出于技术角度建议少用。为调和两者的矛盾，只好以降低适用高度、强性规定较多的现浇部位等更加审慎的做法指导结构设计师们。这样带来的结果是，对装配式混凝土剪力墙结构，既要搞装配吊装施工，又要较多地在现场支模现浇，预制与现浇交叉作业，施工效率不高，预制构件出筋较多，工厂也无法实现自动化，再加上剪力墙结构小直径钢筋的连接点又多，就算一段直墙，也得人为切成现浇段和预制段，无论是设计环节，还是施工环节都麻烦，成本居高不下，工期的优势没了，预制率也低。这样的结构体系，如不尽快研究，以最大化的改进，或者研制出新的可替代的结构体系，否则将对高层装配式混凝土建筑的发展起到消极作用。

（4）标准规范体系的缺口大，发展也不平衡

从第一章就可以看出，装配式混凝土建筑标准规范体系，从国家到地方省市，总体而言是很缺的，而且相互之间不够兼容，有些还是重复的，有些编制内容的角度、深度以及适用性与现实装配式建筑的要求差别大等。

重结构设计标准，轻建筑设计标准。装配式建筑刚推行时，甚至到现在，对装配式建筑的概念，在相当部分技术人员的脑袋里还停留在结构师的范畴。其实前述关于装配式建筑的定义就可以看出，装配式建筑不仅仅包含了结构方面的定性，还包含了围护墙、全装修、设备管线等非结构方面的定性。只是迄今，装配式建筑其他专业的标准相比于结构规范标准还是少了很多。

重建筑主体结构标准，轻部品设计标准。建筑工业化，包括建筑产业链上所有产品的工业化，而非仅仅结构的装配化。光有结构设计标准是不够的，还需配套产品部品标准化，包括检验标准。对部品标准化来说，其中最关键的就是实现模数和模数协调，在这一点，由于我国模数标准体系尚待健全，模数协调也未强制推行，导致结构体系和部品之间、部品与部品之间、部品与设施设备之间模数还难以协调。所以结构设计、部品生产的标准化、模数化有待进一步提高。

重应用技术与建造技术的变革，轻实验研究和基础理论研究。行业标准的编制，是必须要有可靠的理论基础和大量令人信服的实验研究数据的。如果科研成果不够，也不足以支撑标准条文的编写工作。所以磨刀绝对不误砍柴工，该磨刀的必须磨刀，磨刀之后才会有更大的底气，才有可能在技术体系创新上有更大的突破和发言权。

重创新标准，轻认证标准。技术创新成果出来后谁来认证？在我国往往就是

某个机构临时组织一些社会专家召开个成果鉴定会，含金量有待检验，权威性也不高。所以亟待从国家层面建立相应的认证规范和标准。

重使用设计状态和抗震设计状态，轻制作、运输、吊装阶段短暂设计状态。装配式混凝土结构，其预制构件历经脱模、翻转、运输、吊装等多种短暂受力状态不同的阶段，有些阶段可能还是控制作用阶段。这与传统的现浇混凝土结构截然不同。但实际针对这些阶段的理论和实践研究不够，导致相关标准、规范中的内容也不够，需深入研究。

(5) 部分典型的构造技术还不够成熟

比如外墙保温技术。我国的建筑保温大都采用外墙外保温，最常用的就是粘贴保温层挂玻纤网抹薄灰浆层做法，但这种做法多发保温层脱落事故，或火灾事故。这与日本等国外高层建筑绝大部分采用外墙内保温不同。在装配式混凝土建筑，为规避保温层脱落和防火，进行了改进，才有了夹芯保温墙板的做法，即两层预制墙板之间夹着保温层。但因此材料、重量增加了，增加成本也较多，造型复杂的外墙设计和制作难度也大。夹芯保温板拉结件的设计与锚固安全性也是个薄弱环节。

再比如，装配式混凝土建筑对施工误差和遗漏的宽容度非常低。一旦预制构件内的预埋件或预埋物漏埋，基本无法弥补，只能重新制作，而造成损失和工期延误。为了满足整体性要求，装配式混凝土建筑非常依赖后浇混凝土，导致预制构件出筋量多，现场作业复杂。

再如国外住宅基本都设有吊顶，地面架空，同层排水，无需在混凝土结构内预埋管线，维修和更换很容易。而且吊顶后叠合板的板缝基本可以不需特殊处理，规避了板缝之间采用现浇带引起的施工麻烦，也不需要在已经就很薄的叠合预制板内预埋管线。但吊顶、架空都意味着层高的加大，对地产商来说就是成本的较大量增加。两者矛盾需要综合平衡。

(6) 建筑外立面丰富化暂时无法满足

使用装配式混凝土建筑规模最大的日本和北欧等国家都喜欢简洁的建筑外立面，或者主要以保障房应用为主，不需要太多的立面造型，所以很适合采用装配式混凝土建筑。而我国现在装配式混凝土建筑应用比较广泛的是商品住宅建筑，消费者大都喜欢建筑外立面尽可能丰富，能体现个性化，这就与复杂造型的建筑很难适应装配式、控制难度也大的特点相矛盾。所以后续还需进一步研究建筑外立面在装配式前提下的丰富化手段。

3. 装配式混凝土建筑设计配套管理体系不够完善

(1) 装配式混凝土建筑相关的法规政策不健全

国家层面对装配式建筑的推广力度还是很大的，也相应制定了部分政策和法规。但针对装配式建筑发展配套的以全产业链为基础的政策制度研究和制定还未能及时跟进。比如建筑构件生产商积极投入大量人力物力和财力，研发出新技术并拥有专利，却制约于资质管理规定而无法参与设计和工程施工；企业发展装配式建筑需投入研发经费，开发成本高，因此如没有国家鼓励支持政策，缺乏发展装配式建筑的动力；现行的设计、招标投标、施工、构件生产等管理体制，大部分主要围绕现浇混凝土建造方式，缺乏针对预制生产技术的管理制度；还比如，缺乏全过程监管、考核和奖惩法规制度体系，现行财政、税收、信贷等政策引导不足等。政府需营造完善的政策措施和制度体系，并制定和落实各项激励措施和保障措施，使政策法规体系与装配式建筑的发展相协调，形成可持续的市场运行机制，加快推动装配式建筑的发展。

（2）设计市场、设计管理等方面尚需研究改进

传统的设计行业市场，因为建筑行业的条块分割，设计与施工、设计与项目策划等脱节现象愈发严重。建筑师和设计工程师成了绘图匠，对建筑技术和质量、效率、效益的总控能力大幅度降低，最后演绎到现在的低价竞争日趋激烈，导致全过程服务、精细化设计等设计理念渐疏于市场，建筑设计的水平和质量持续降低。这些现象与装配式混凝土建筑设计格格不入。对装配式混凝土建筑设计来说，需要设计阶段强力的介入，包括前期的采用装配式建筑的技术和经济可行性的市场调研和方案推演，预制构件拆分的设计分析，预制装配率的确定，以及覆盖业主、设计、施工、预制构件厂家等多方的协同等，不是低价设计能解决的，更不是设计师们只需以绘图匠的身份而不需全过程服务、精细化设计就能胜任的。

现阶段的施工图审查制度也是装配式混凝土建筑技术应用的障碍之一。审查人员或者对装配式混凝土建筑技术不是很熟悉，或者即便熟悉，审查时又往往不会考虑工程实际情况，而自行解释规范的执行标准等。特别是建筑领域采用全国统一的设计标准和质量保证标准，对北上广深等一线城市和其他经济欠发展地区放在同一标准水平线上，体现不出差异化，不尽合理，很难产生出高品质的建筑作品来。这点在技术含量、生产设备、施工管理等相对要求高的装配式混凝土建筑领域更加突出。

（3）工程建设监管及其运行模式还需跟进调整

现行工程建设审批、监管、责任分配等监管及其运行模式，需要进一步调整，以适合装配式混凝土建筑建造模式。目前，绝大部分地方的做法，还是依托传统现浇建造的监管模式，比如，预制构件厂的产品质量检测归政府质监部门管控，运送到现场才由施工单位、监理单位验收确认。既没有考虑装配式混凝土建筑在设计、预制构件加工制作、施工的一体化特点，还忽视了预制构件在运输过程中的易变形特点的质量控制。

4. 装配式混凝土建筑预制构件制作运输中的问题

适用的构件预制和安装工艺是装配式混凝土建筑得以最终成形的必由路径。

基于相应的预制构件形状、规格与连接节点构造的特点，需要配套建立相应构件预制工艺，包括工厂流水线设计、模具设计、钢筋成形技术、现场施工构件安装工艺流程、钢筋连接工艺等，以保证施工质量。目前存在的问题包括：

（1）生产制作方面

我国取消了预制构件企业的资质审查认定后，构件生产的入门门槛降低了，导致构件产品质量良莠不齐，区域布局不合理等情况，同时构件产品相应的质量监督监控等体系还有待完善。

设备工艺方面，国内还严重缺乏能满足市场需求的生产线设备企业。虽已建成大量的构件生产厂，但其生产能力还未得到实践验证，设备质量稳定性和产品的市场适用性也未得到考验。自动化生产线和设备多以引进为主，而且基本限于叠合楼盖、预制楼梯等，内、外墙板生产线不多。而且这些生产线特别在初期的稳定性和对口性差，生产的构件质量参差不齐，有的报废率高达30%，其中叠合板等薄壁构件裂缝、预埋件质量等问题最多。

国内常用的生产线以环形生产线为主，缺乏柔性，对品种变更的适应能力差，导致构件产能难以提高。如将外墙板、内墙板、叠合板分别独立生产，存在加大了初期投资为后续经营带来很大压力的问题。造成这种情况的主要原因在于钢筋绑扎时间长、有些设备结合构件的特殊要求不适用、各工序时间节拍不匹配、模具通用性不高（比如剪力墙多采用定制化边模，能循环利用的很少）等方面。

由于装配式建筑刚起步不久，而大量的预制构件厂组建形成，对构件生产设备和专业人员的需求极大，但对装配式技术熟悉、理解并运用的专业技术人员、管理人员和技术工人还是很缺乏的。行业内也未形成有效的交流和培训机制。

（2）预制构件运输方面

预制构件运输要经过充分准备，制定科学系统的设计方案，及时探查运输线路的实际情况，准备充足的装运工具及相关设备材料。否则，会经常出现突发问题，运输很难有序开展，效率低。

在运输质量保障方面，存在构件布置不合理、保护措施不力等现象，比如构件支撑点不稳，车辆弹簧承受荷载不均匀导致构件碰撞损坏。构件装运顺序混乱导致卸车麻烦，容易使构件在反复倒运中损坏。如果道路环境差也会致使构件损坏，运输效率低。

项目在市区时，运输受交通法规制约，只能夜间运输，而吊装又只能白天进行，造成运输安全风险大，效率低下，运输成本高，特别是有些项目场地小，无法停放备货车辆，备货不及时而造成吊装误工、工期延长。再加上运输还受限高、限高、限宽、车辆改装等限制，使得运输成本大幅提高。

另外，运输能耗以及污染问题也是与当前环保政策相冲突的焦点，当运输距离远时更加突出。

5. 装配式混凝土建筑施工安装中的问题

（1）施工人才短缺严重

施工现场作业的工人以农民工为主，大部分未经过系统培训，更不用说对新知识、新事物的接受能力欠缺了。在这种情况下，仓促上阵，边干边学，建设装配式建筑，施工质量堪忧。

（2）施工方案不严谨

装配式混凝土建筑的施工工艺与传统现浇混凝土结构区别很大，其局部模板、支撑体系都需进行有效计算和论证。但目前相关的参考数据还是很欠缺的，在这种情况下，施工单位编制施工方案时只能过多依靠经验，存在随意性，比如如何确定对拉螺杆间距，如何确定叠合楼板支撑体系中立杆和梁的间距，如何做好雨天时三明治墙板的保温层渗水保护等，都可能因此造成质量隐患。

（3）缺乏系统工具体系

装配式混凝土建筑在国外通常都有成熟的系统工具体系，防水性能良好，以有效控制调节施工精度，保护成品。我国在这方面还很欠缺。如还是按传统方法施工，难度不仅大很多，精度也无法保障，体现不出装配式建筑的优势。

（4）吊装施工方面

装配式混凝土建筑的预制构件安装质量相比传统的现浇混凝土建筑要复杂很多。安装现场构件堆放损坏、安装过程磕碰损伤、安装工艺质量把控不严、套筒灌浆质量难以评价、质量验收缺乏严谨性等现象，在装配式混凝土建筑中很容易出现，且不容易改进和评价。需要相关各方密切配合，提高施工工艺水平和技术质量把控水平，以共同改善安装质量。

6. 装配式混凝土建筑成本高居不下

从事装配式预制构件生产的厂家和施工企业，往往投资巨大，如不能形成经营规模，有较大风险。所以需要一定的建设规模才能发展下去，否则厂房设备摊销成本过高，很难维持运营。

建设单位不太愿接受装配式混凝土建筑，其原因也在于建造成本高。这两方面的矛盾导致装配式混凝土建筑的发展阻力还是很大的。所以要在国家政策、全产业链的形成、标准通用部品部件、技术研发精进、BIM 技术管理应用等方面集成发力，降低装配式混凝土建筑的成本，推动装配式混凝土建筑的发展。

第二节　装配式混凝土建筑未来展望

早在 20 世纪 50 年代，美国意大利裔建筑师保罗・索莱里就提出世界上最早的生态建筑理念，即建筑要节约土地，节约能源，节约其他资源，减少废物排放和环境污染等。时至今日，这些理念已被全世界接纳而成世界共识。随后低耗能建筑、被动式太阳能技术、雨水回收利用系统下的海绵城市、零排放建筑、耐久性1万年混凝土、智能化建筑、空中造楼机与3D打印机建筑，乃至预制钢筋混凝土盒子组成的装配式建筑等，带有鲜明生态理念的建筑或技术纷纷问世，给全世界建筑行业带来全新的创新和变革。

我国党的十八大报告明确提出："要坚持中国特色新型工业化、信息化、城镇化、农业现代化道路。推动信息化与工业化深度融合"。时隔五年后的党的十九大报告再次强调："更好发挥政府作用，推动新型工业化、信息化、城镇化、农业现代化同步发展"。以上充分表明了党中央和国务院对将生态建筑理念贯彻到我国新型工业化中以推动建筑工业化的重视。

1. 决定未来建筑的因素

要讨论装配式混凝土建筑的未来展望，首先要看看决定未来建筑的因素有哪些。回顾建筑历史，从上述生态建筑理念的提出到发展的历程，以及装配式建筑的发展历史可以看出，未来建筑取决于建筑科技技术的重大进步，可归结为如下方面：

（1）新建筑材料的发现或发明，如天然水泥、人造水泥、耐久性1万年混凝土、高强混凝土、高强钢筋、钢材、玻璃等；

（2）技术上的进步，比如高层建筑结构、大跨度结构、膜结构、计算机技术辅助计算与设计、BIM技术等；

（3）工艺进步，如焊接技术、套筒技术、浆锚技术等；

（4）功能需要驱动，如大空间的需要，节能减排的需要等。

2. 未来建筑展望

基于上述决定未来建筑的因素，结合现实社会对建筑的期许和人们对建筑的期望，可以基本描述出未来建筑的大致模样：

（1）低排放或零排放的绿色建筑；

（2）屋顶绿化、立面绿化和周边环境绿化的绿色建筑；

（3）结构更耐久，使用寿命更长；

（4）现浇建筑可在工地实现工厂化建造或打印；

（5）出现更多具有实用功能的陆上和海上流动建筑；

（6）建造过程、使用功能和管理维护更智能化和人性化；

（7）装配式建筑趋向BIM化、模块化、智能化。

3. 装配式混凝土建筑的未来展望

（1）从短期来看

① 政府支持力度继续加大，市场驱动力不断增强。在国务院的文件精神鼓

舞下，目前全国各地都已陆续出台有关装配式建筑政策。特别是相关配套政策，如财政、金融、税收、土地等支持政策或措施的出台，装配式建筑的支持力度将更大，将在全社会广泛得到认可、接受，由此而带动市场的跟进，一旦装配式建筑的社会环境效益转换为市场竞争力时，装配式建筑发展的内驱力将不断增强。

②技术体系更丰富、更完善。装配式混凝土框架结构因为其预制率高，现场作业少，生产、施工效率高，更适合建筑产业化发展，在政府主导的各类公共建筑，可采用装配式混凝土框架结构或框架-剪力墙结构为主的技术体系；对高层住宅建筑，仍以新趋成熟、有规范依据的装配式混凝土剪力墙结构为主的技术体系；应大力推进城镇化的需要，多层建筑可采用装配式混凝土剪力墙结构为主的多层建筑工业化技术体系。同时，鼓励产业和技术、产品集成，强化与绿色建筑和绿色技术的融合，梳理出一系列先进、成熟、可靠的新技术、新产品、新工艺，在充分论证的基础上发布装配率较高的多高层装配式混凝土建筑的技术体系和施工工艺。

③ BIM 技术全面应用，设计施工水平全面提升。以工业化、产业化、信息化的思维重新建立装配式混凝土建筑理念。设计上建立包括商品住宅、保障房住宅在内的住宅设计标准体系；生产上建立模块化生产标准，以标准化设计体系细分模块化部品，利用 BIM 数据库直接与市场准入产品同步更新；施工上建立标准化施工原则，施工节点、安装节点标准化，形成单户型标准化部品施工装修包，利用 BIM 数据时刻跟踪各种部品信息。从而推动 BIM 技术在建筑规划、勘察、设计、生产、施工、装修、运维全过程的集成应用，提升装配式混凝土建筑设计和施工水平。

④ 工程总承包模式全面应用。作为国际通行的工程建设项目组织实施方式，工程总承包模式优势明显，是推进集设计标准化、生产工厂化、施工装配化、装修一体化、管理信息化于一体的装配式混凝土建筑发展的必然需求。为配套工程总承包模式而调整的招标投标、施工许可、竣工验收等政策制度，将助力工程总承包模式在装配式混凝土建筑领域的综合优势突出体现，大大降低装配式建筑工程综合造价，提高工程质量和效益，进一步提升装配式建造方式的市场竞争力。

⑤ 装配式产业链条更加完备。统筹发展装配式混凝土建筑设计、生产、施工及设备制造、运输、装修和运行维护等全产业链，将使产业链更具完备，产业配套能力将不断增强。尤其是装配式建筑部品部件库、装配式混凝土建筑的标准化部品部件目录的建立，有力地促进了部品部件社会化生产。

（2）从远期来看

发展装配式混凝土建筑是响应国家的新型建筑工业化战略的一个重要途径，

也是新型建筑工业化的核心和技术支撑。它要得到发展，与市场主导、政策推动、技术研发、企业管理密切相关，只要某个环节拖后腿，装配式混凝土建筑技术体系就无法充分创新并实现产业化推广应用。

① 未来的装配式混凝土建筑必然以信息化为核心，进而带动实现工业化。以建筑的系统信息为基础，实现建筑全生命周期系统中信息的高效传递。建筑全生命周期系统涵盖了建筑的所有阶段，必然涉及所有的参与单位，包括建设单位、设计单位、预制构件生产单位、施工单位、运营维护单位等。建筑的不同阶段，相关各方工作相互协调，各种标准化信息均得以全过程跟踪与识别。

② 未来的装配式混凝土建筑必然以技术创新实现工业化。装配式混凝土建筑是现代科学技术和现代化管理紧密结合的产物。通过技术创新，建立成熟适用的技术体系与施工工艺，而借助管理，成功将技术体系与施工工艺应用于建设全过程，二者缺一不可。从设计角度，技术创新重点在于技术体系创新，涵盖了标准化、一体化、信息化的建筑设计方法、与技术体系相适应的预制构件生产工艺、整套高效可行的建筑施工工法、可靠适宜的检验检测质量保障措施等四项技术支撑。

③ 未来的装配式混凝土建筑必然是建筑行业先进的生产方式的产物。装配式混凝土建筑，从构成元素，至少包括主体结构、围护结构、装饰装修和设备管线等，而从过程元素，又涉及设计研发、部品部件生产、施工建造和开发管理等全过程的各个环节。未来的装配式混凝土建筑势必将规划设计、部品生产、施工建造、开发管理等环节整合为一体，形成完整的产业链，并以产业链建设为核心，实现建筑全生命周期系统的运行体系有效运转，最终实现建筑业生产方式的工业化、集约化和社会化。

④ 未来的装配式混凝土建筑必然是绿色建造的载体。装配式混凝土建筑，其建造方式有效实现了节能减排和资源节约，是绿色建造的保证。其主要特征具体体现为：标准化设计的优化，减少因设计不合理造成的材料、资源浪费；工厂化生产，减少现场手工湿作业带来的建筑垃圾、污水排放、固体废弃物弃置；装配化施工，减少噪声排放、现场扬尘、运输遗洒，提高质量和效率；信息化技术，依靠动态参数，实施定量、动态的施工管理，以最少的资源投入，达到高效、低耗和环保。

参考文献

［1］ 中华人民共和国国家标准. 装配式混凝土建筑技术标准 GB/T 51231—2016［S］. 北京：中国建筑工业出版社，2017.

［2］ 中华人民共和国行业标准. 装配式混凝土结构技术规程 JGJ 1—2014［S］. 北京：中国建筑工业出版社，2014.

［3］ 中华人民共和国国家标准. 装配式建筑评价标准 GB/T 51129—2017［S］. 北京：中国建筑工业出版社，2017.

［4］ 中华人民共和国国家标准. 混凝土结构设计规范 GB 50010—2010（2015 年版）［S］. 北京：中国建筑工业出版社，2016.

［5］ 中华人民共和国国家标准. 建筑抗震设计规范 GB 50011—2010（2016 年版）［S］. 北京：中国建筑工业出版社，2016.

［6］ 中华人民共和国行业标准. 高层建筑混凝土结构技术规程 JGJ 3—2010［S］. 北京：中国建筑工业出版社，2010.

［7］ 中华人民共和国地方标准. 装配式混凝土建筑结构技术规程 DBJ15-107-2016［S］. 北京：中国城市出版社，2016.

［8］ 住房城乡建设部住宅产业化促进中心. 大力推广装配式建筑必读——技术・标准・成本与效益［M］. 北京：中国建筑工业出版社，2016.

［9］ 住房城乡建设部住宅产业化促进中心. 大力推广装配式建筑必读——制度・政策・国内外发展［M］. 北京：中国建筑工业出版社，2016.

［10］ 住房城乡建设部科技与产业化发展中心. 中国装配式建筑发展报告（2017）［M］. 北京：中国建筑工业出版社，2017.

［11］ 徐其功. 装配式混凝土结构设计［M］. 广州：中国建筑工业出版社，2017.

［12］ 汪杰，李宁，江韩，张奕，等. 装配式混凝土建筑设计与应用［M］. 南京：东南大学出版社，2018.

［13］ 郭正兴，朱张峰，管东芝. 装配整体式混凝土结构研究与应用［M］. 南京：东南大学出版社，2018.

［14］ 汪杰，李宁，江韩，张奕，等. 装配式混凝土建筑设计与应用［M］. 南京：东南大学出版社，2018.

［15］ 江韩，陈丽华，吕佐超，娄宇. 装配式建筑结构体系与案例［M］. 南京：东南大学出版社，2018.

［16］ 郭学明. 装配式混凝土结构建筑的设计、制作与施工［M］. 北京：机械工业出版社，2018.

［17］ 郭学明. 装配式混凝土建筑构造与设计［M］. 北京：机械工业出版社，2018.

［18］ 郭学明，李青山，黄营. 装配式混凝土建筑——结构设计与拆分设计 200 问［M］. 北京：

机械工业出版社，2018.

[19] 田玉香. 装配式混凝土建筑结构设计及施工图审查要点解析 [M]. 北京：中国建筑工业出版社，2018.

[20] 文林峰. 装配式混凝土结构技术体系和工程案例汇编 [M]. 北京：中国建筑工业出版社，2017.

[21] 崔瑶，范新海. 装配式混凝土结构 [M]. 北京：中国建筑工业出版社，2016.

[22] 曾桂香，唐克东. 装配式建筑结构设计理论与施工技术新探 [M]. 北京：中国水利水电出版社，2018.

[23] 谢俊，邬新邵. 装配式剪力墙结构设计与施工 [M]. 北京：中国建筑工业出版社，2017.

[24] 上海隧道工程股份有限公司. 装配式混凝土结构施工 [M]. 北京：中国建筑工业出版社，2016.

[25] 焦安亮. 装配式环筋扣合锚接混凝土剪力墙结构体系及建造技术 [M]. 北京：中国建筑工业出版社，2017.

[26] 刘晓晨，王鑫，李洪涛，郑卫锋. 装配式混凝土建筑概论 [M]. 重庆：重庆大学出版社，2018.

[27] 庄伟，匡亚川，廖平平. 装配式混凝土结构设计与工艺深化设计从入门到精通 [M]. 北京：中国建筑工业出版社，2016.

[28] 中华人民共和国行业标准. 钢筋连接用灌浆套筒 JG/T 398—2012 [S]. 北京：中国标准出版社，2012.

[29] 中华人民共和国行业标准. 钢筋套筒灌浆连接应用技术规程 JGJ355—2015 [S]. 北京：中国建筑工业出版社，2015.

[30] 中华人民共和国行业标准. 混凝土接缝用建筑密封胶：JC/T 881—2017 [S]. 北京：中国标准出版社，2017.

[31] 国家建筑标准设计图集. 桁架钢筋混凝土叠合板（60mm 厚底板）15G366—1 [S]. 北京：中国计划出版社，2015.

[32] 国家建筑标准设计图集. 预制钢筋混凝土板式楼梯 15G367—1 [S]. 北京：中国计划出版社，2015.

[33] 国家建筑标准设计图集. 预制钢筋混凝土阳台板、空调板及女儿墙 15G368—1 [S]. 北京：中国计划出版社，2015.

[34] 国家建筑标准设计图集. 预制混凝土外挂墙板（一）16J110—2　16G333 [S]. 北京：中国计划出版社，2017.

[35] 杨霞. 预制装配式建筑外墙防水密封现状及存在的问题 [J]. 中国建筑防水，2016（12）：16-18.

[36] 张勇. 装配式混凝土防水技术概述 [J]. 中国建筑防水，2015（13）：1-5.

[37] 彭伟文. 内浇外挂型预制凸窗设计与安装的探讨 [J]. 建筑结构，2016，46（S1）：641-646.

[38] 许瑛. 装配式建筑预制混凝土外挂墙板设计研究 [J]. 建筑技术，2016，8（10）：82-84.